2025 최신개정판

NCS 국가직무능력표준
교육과정 반영

KB184176

제과제빵 산업기사 필기

(기능사 대비 가능)

이소영, 박지영, 박진희 공저

CBT 기출
복원문제
3회차 수록

한눈에 보기 쉬운 핵심 및 요점정리!

2022년 ~ 24년 CBT 기출복원문제 수록!

종목별 실전모의고사 5회차 수록!

머리말

국민건강의 중요성에 대한 인식이 꾸준하게 높아지고 있는 만큼 식문화도 함께 발전하게 되면서 제과·제빵 분야에서도 더더욱 전문화된 산업기사 자격증을 필요로 하는 시대가 되었습니다.

제과·제빵산업기사는 2022년 7월 27일에 산업인력공단에서 출제기준이 처음 공표되어, 2022년 9월에 첫 시험이 시행되었습니다. 이에 따라 전문 제과·제빵인이 되기 위하여 발빠르게 이 자격시험을 준비하려는 수험생들도 증가하고 있습니다.

단기간에 효율적으로 공부하여 제과산업기사와 제빵산업기사에 합격할 수 있도록 그동안의 제과·제빵 실무와 NCS 교육과정, 교단에서의 강의 경험 등을 토대로 이 교재를 출간하게 되었습니다.

이 교재의 특징은 아래와 같습니다.

1. 핵심요약이론
   '합격CODE'와 '중간 점검 실력 체크' 문제들을 통해 다시 복습할 수 있도록 구성되어 있어 완벽하게 시험대비를 할 수 있도록 집필되어 있습니다.

2. 실전모의고사
   출제기준을 정확하게 분석하여 시험에 꼭 나올 문제만을 엄선하였고, 각 문제마다 상세한 해설을 덧붙여 독학하는 수험생들에게도 충분히 도움이 될 수 있게끔 이루어져 있습니다.

3. CBT 기출복원문제 ★★★
   <u>2022년~24년까지 실제 시험에 출제되었던 문제들</u>을 최대한 복원하여 수록하였습니다.

끝으로 이 교재를 집필하는 데 도움을 주신 마루나 출판사 대표님과 편집부 모든 직원들에게 진심으로 감사드리며 수험생 여러분들에게 합격의 영광이 함께하시기를 기원합니다.

저자 일동

출 제 기 준

◆ 시험정보

과자류 · 빵류 제품 제조에 필요한 이론지식과 숙련기능을 활용하여 생산계획을 수립하고 재료 구매, 생산, 품질관리, 판매, 위생 업무를 실행하는 직무이다.

- 직무 분야 : 식품가공
- 중직무 분야 : 제과 · 제빵
- 자격 종목 : 제과 · 제빵산업기사
- 적용 기간 : 25년 1월 1일 ~ 27년 12월 31일

◆ 응시자격

- 기능사 자격증 보유 + 실무경력 1년
- 고용노동부령이 정하는 기능경기대회 입상자
- 관련학과의 대학졸업자 또는 졸업예정자
- 관련학과 전문대 졸업자 또는 졸업예정자
- 동일한 종목 및 유사 분야에서의 실무경력 2년 이상인 자

◆ 시험 방법 및 유형

등 급	시험 과목	유형	문항 수	시험 방법	시험 시간
산업기사	위생안전관리	객관식	20문항	필기시험	1시간 30분
	제과점관리		20문항		
	과자류 · 빵류 제품 제조		20문항		

◆ 합격자 기준

전 과목 총점의 60% 이상을 득점하고, 각 과목 만점의 40% 이상을 득점한 자

목차

공통편

제과편

CONTENTS

제 빵 편

모 의 고 사

기 출 복 원

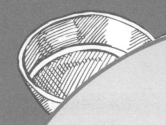

공 통 편

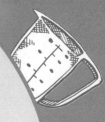

PART 1. 위생안전관리

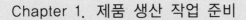

PART 2. 제과점 관리

Chapter 1 | 제품 생산 작업 준비

1. 작업환경 점검

(1) 작업환경 및 작업자 위생 점검

1) 제과 제빵 공정상 조도 기준

작업 내용	표준 조도(Lux)	한계 조도(Lux)
포장, 장식, 마무리	500	300~700
계량, 반죽, 정형	200	150~300
굽기	100	70~150
발효	50	30~70

2) 생산 작업장 시설

① 작업 동선 고려
② 판매 장소와 주방 장소의 면적 배분은 1 : 1
③ 작업의 효율을 위한 작업 테이블의 위치는 작업장 중앙
④ 환기는 소형의 환기 장치를 여러 개 설치하는 것이 효율적
⑤ 창의 면적은 벽 면적의 70%, 바닥 면적의 20~30%가 이상적
⑥ 바닥은 미끄럽지 않고 배수관의 내경은 10cm 이상
⑦ 재료는 적절한 환기 시설이 된 저장실 보관
⑧ 가스 사용 장소에는 환기 닥트 설치
⑨ 그 외 싱크대의 위치 및 전기 콘센트도 작업환경에 주요 요소

3) 작업자 위생 점검

① 항상 단정하고 깨끗한 외모
② 소화계 증상 또는 염증 환자, 화농성 질환자 조리 금지
③ 작업장 내에서 작업 외 행위 금지
④ 작업 변경 시 손 및 도구 세척 및 소독
⑤ 개인 소지품 및 작업과 관련 없는 물품은 작업장 내 반입 금지

(2) 생산관리

1) 생산관리의 개요

① 사람(Man), 재료(Material), 자금(Money)의 3요소를 유효적절하게 사용하여 양질의 물건을 적은 비용, 필요한 양, 필요한 시기에 만들어내기 위한 관리 또는 경영 수단과 방법

② 생산 활동의 구성요소(5M)

사람(Man), 기계(Machine), 재료(Material), 방법(Method), 관리(Management)

③ 기업 활동의 구성요소

ㄱ 1차 관리

- Man(사람 질과 양), Material(재료, 품질), Money(자금, 원가)

ㄴ 2차 관리

- Method(방법), Minute(시간, 공정), Machine(기계, 시설), Market(시장)

④ 생산관리의 목표

납기관리, 원가관리, 품질관리, 생산량 관리(유연성)

2) 생산계획

① 원가의 구성요소

직접 원가	직접 재료비 + 직접 노무비 + 직접 경비
제조 원가	직접 원가 + 제조 간접비
총 원가	제조 원가 + 판매비 + 일반 관리비
판매 가격	총 원가 + 이익

기초 원가

기초 원가 = 직접 노무비 + 직접 재료비

② 원가 계산의 목적

ㄱ 제품 가격 결정

ㄴ 원가관리

ㄷ 이익 산출

ㄹ 예산 편성

ㅁ 재무제표 작성

3) 원가 절감 방법

① 재료비의 원가 절감

ㄱ 철저한 구매 관리와 합리적인 결제 방법의 합리화

ㄴ 배합 설계와 공정 설계를 최적으로 하여 생산 수율을 향상

ㄷ 재료의 선입선출 관리로 재료 손실 및 재고를 최소화

ㄹ 공정별 철저한 품질관리로 불량률 최소화

② 작업관리를 개선하여 불량률 감소로 원가 절감
   ㉠ 작업자 태도의 점검 : 작업 표준 내용 기준을 설정하여 수시 점검
   ㉡ 기술 수준의 향상과 숙련도 제고 : 적정 기술자를 적재적소 배치 또는 교육 실시
   ㉢ 작업 여건의 개선 : 작업 표준화 실시, 작업장 정리 정돈 및 작업환경 개선
③ 노무비 절감
   ㉠ 표준화와 단순화를 계획   ㉡ 생산의 소요시간, 공정 시간을 단축
   ㉢ 제조 방법의 개선   ㉣ 설비 관리 철저

4) 생산 시스템 분석

① 생산 시스템의 정의
투입에서 생산 활동과 산출까지의 전 과정을 관리하는 것
  – 투입 : 밀가루, 설탕, 달걀 같은 원재료를 사용
  – 산출 : 빵 또는 과자를 생산하는 활동을 통해 나온 제품
② 생산과 비용
   ㉠ 변동비의 절감과 더불어 생산액을 높이는 것이 중요
   ㉡ 고정비는 생산 여부와 관계없이 일정하게 지출되는 비용이므로 고정비를 줄이는 노력이 필요
③ 생산가치(부가가치)의 분석
   ㉠ 노동생산성

$$ⓐ \text{ 물량적 노동생산성} = \frac{\text{생산금액(생산량)}}{\text{인원} \times \text{시간}}$$

$$ⓑ \text{ 가치적 노동생산성} = \frac{\text{생산가치} \times \text{이익} \times \text{생산금액(생산량)}}{\text{인원} \times \text{시간} \times \text{임금}}$$

$$㉡ \text{ 노동 분배율} = \frac{\text{인건비}}{\text{부가가치(생산가격)}} \times 100$$

$$㉢ \text{ 1인당 생산가치(부가가치)} = \frac{\text{부가가치(생산가치)}}{\text{인원}}$$

$$㉣ \text{ 생산가치율} = \frac{\text{부가가치(생산가치)}}{\text{생산금액}} \times 100$$

· **개당 제품의 노무비** = 사람 수 × 시간 × 시간당 노무비(인건비) ÷ 제품의 개수

· **제품 회전율** = $\dfrac{\text{매출액}}{\text{평균 재고액}} \times 100$

PLUS TIP 손익분기점

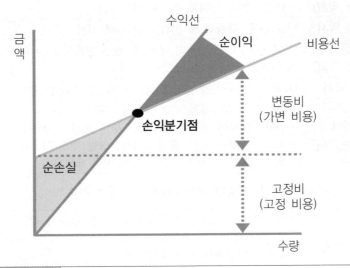

고정비	매출액의 증감에 관계없이 일정액이 소요되는 비용 (임차료, 보험료, 직원 기본급, 감가상각비 등)
변동비	매출액의 증감에 따라 비례적으로 증감하는 비용 (재료비, 포장비, 직원 잔업 수당 등)
매출액	생산량 × 가격
손익분기점	· 손실과 이익의 분기점이 되는 매출액 · 수익, 비용, 이익의 관계를 분석, 검토하는 기준 · 매출이 손익분기점 이상이면 이익, 이하이면 손실 발생

2. 기기 도구 점검

(1) 설비 및 기기의 종류

1) 주방 주요 설비

① 주방 벽·바닥

㉠ 주방의 벽면은 타일 재질이 청소에 편리함

㉡ 바닥은 약 1/2인치 배수관 쪽으로 경사를 만들어 배수가 원활하게 함

② 주방 천장

㉠ 내열성과 내습성이 강한 소재 사용

㉡ 환풍기 및 후드

2) 제과·제빵 기기의 종류 및 특징

① 믹서 : 반죽을 빠르게 치대어 글루텐을 발전시키거나 재료들을 균일하게 혼합 및 공기 포집에 사용

버티컬 믹서 (수직형 믹서)	· 주로 소규모 제과점에서 사용 · 장점 : 반죽 상태를 수시로 점검 가능
수평형 믹서	단일 품목, 대량의 빵 반죽을 만들 때 사용
스파이럴 믹서 (나선형 믹서)	(제빵 전용) 나선형 훅이 내장. 힘 좋은 반죽이 되나 너무 고속으로 사용 시 믹싱 단계를 지나칠 수 있으므로 주의
에어 믹서	(제과 전용) 공기를 넣어 믹싱하여 일정한 기포를 형성
믹서에 사용하는 기구	· 믹싱 볼 : 재료들을 섞는 원통형 기구 · 휘퍼 : 반죽에 공기를 혼입하여 부피 형성 시 사용(제과용) · 비터 : 반죽을 교반, 혼합, 유연한 크림 제조 시 사용 · 훅 : 글루텐을 생성, 발전시킬 때 사용(제빵용)

② 오븐 : 공장의 설비 중 제품의 생산능력을 나타내는 기준

데크 오븐	· 반죽이 들어가는 입구와 제품이 나오는 출구가 같음 · 오븐 내 열전도가 균일하지 않을 경우 굽기 도중 자리를 바꿔줘야 함 · 윗불과 아랫불의 온도 조절 가능 · 소규모 제과점에서 주로 사용
터널 오븐	· 반죽이 들어가는 입구와 제품이 나오는 출구가 다름 · 반죽이 터널을 통과하면서 굽기가 완료 · 설치에 넓은 면적이 필요하고 열 손실이 많음 · 대규모 공장에서 많이 사용
컨벡션 오븐	· 오븐 내의 열을 팬을 사용하여 강제 순환 · 반죽에 균일하게 열전도 되어 일정한 크기와 고른 착색의 제품 생산 가능 · 데크 오븐에 비해 낮은 온도에서 빠르게 굽기가 가능 · 하드 계열의 빵이나 쿠키류 굽기에 유용(수분 손실이 큼)
로터리 오븐	· 컨벡션 오븐처럼 팬을 사용(수분 손실이 큼) · 오븐 안의 선반(또는 랙)이 회전하면서 굽기로 열 분배가 고름

③ 튀김기 : 자동 온도 조절 장치로 튀김유를 일정한 온도로 유지해 제품을 튀김
④ 파이롤러
   ㉠ 반죽의 두께를 조절하면서 밀어 펼 수 있는 기계(파이, 페이스트리 등을 만들 때 사용)
   ㉡ 주로 냉장고, 냉동고 옆 위치가 적합(냉장휴지, 냉동처리)
⑤ 도우 컨디셔너(제빵 전용)
   빵 반죽을 전자 프로그램에 의해 자동으로 온도, 습도 및 시간을 조절하여 냉동 → 해동 → 냉장 → 발효함
⑥ 발효기(제빵 전용) : 제품의 특성에 맞게 온도와 습도를 조절하여 반죽을 발효시키는데 사용
⑦ 분할기(제빵 전용) : 1차 발효가 끝난 반죽을 정량의 반죽으로 분할
⑧ 라운더(제빵 전용) : 반죽이 둥글려지면서 표피가 매끄럽게 정리됨

3) 제과 · 제빵 도구의 종류 및 특징

스크레이퍼	· 반죽 분할 및 긁어내기, 모으기 등에 사용 · 사용 용도에 따라 스테인리스 또는 플라스틱 재질을 사용

고무주걱	반죽을 긁어내거나 짤 주머니 등으로 옮길 때 등의 용도로 사용
스패출러	케이크 등을 아이싱할 때 사용
짤 주머니	제과 반죽이나 크림 등을 넣고 짤 때 사용
모양 깍지	짤 주머니 사용 시 장식 모양을 낼 때 사용. 파이핑 튜브라고도 함
팬	다양한 형태의 과자나 빵을 구울 때 사용(Tin) 또는 평평한 철판(Pan)
전자저울	용기의 무게를 뺀 정확한 중량 측정 가능
온도계	재료, 반죽 또는 제품의 온도 측정
체	가루를 곱게 체 치거나 이물질, 수분 제거에 사용

(2) 설비 및 기기의 위생 · 안전 관리

작업장(바닥, 벽, 천장, 환기시설 등)	찌꺼기/이물질 등 제거 후 세제로 세척, 건조 후 소독
냉장고, 냉동고	성애/이물질 등 제거, 내부 및 주변 청소, 소독
발효기, 도우 컨디셔너	습기 제거 후 건조, 정기적으로 청소
오븐	오븐 내외 그을음 청소 및 내부 탄화물 제거
튀김기	사용한 기름 제거 후 비눗물로 10분 정도 끓여 내부 세척 후 건조
파이롤러	깨끗한 솔 등으로 이물질 제거
소도구	중성세제로 세척, 자외선 소독 1일 1회 이상
식자재 및 완성 제품이 닿는 설비 및 기기는 모두 소독제를 분무하여 소독	

3. 배합표 작성 및 점검

(1) 반죽법 결정

① 제품의 성격 점검
② 소비자의 기호와 구매 패턴을 파악
③ 생산시설, 생산인력, 생산기술 등을 고려

(2) 배합표

① 일명 레시피
② 반죽을 하는 데 필요한 재료, 중량, 각각의 비율 등을 숫자로 표시

(3) 배합표의 종류

1) Baker's %(베이커스 퍼센트)

① 밀가루의 양을 100%로 환산, 각 재료의 양을 %로 표시
② 소규모 제과점, 실험실, 개발실, 교육기관

2) True % 배합표(트루 퍼센트)

   ① 전 재료의 양을 100%로 환산, 각 재료의 양을 %로 표시
   ② 대량 생산 공장

(4) 배합량 조절 계산

   1) 각 재료의 무게(g)

   각 재료의 무게(g) = 밀가루 무게(g) × 각 재료의 비율(%)

   2) 밀가루 무게(g)

   밀가루의 무게(g) = 밀가루 비율(%) × 총 반죽 무게(g) / 총 배합률(%)

   3) 총 반죽 무게(g) = 총 배합률(%) × 밀가루 무게(g) / 밀가루 비율(%)

(5) 제과와 제빵 반죽의 차이점

분류 기준		제 과	제 빵
팽창 형태		화학적, 물리적(화학적 팽창제, 증기압)	생물학적(이스트 발효)
설탕	함량	많음	적음
	기능	윤활작용 및 색·맛·질감 등 영향	주로 이스트의 먹이
밀가루의 종류		박력분(글루텐 함량 적음)	강력분(글루텐 함량 많음)
반죽(글루텐)		가능한 한 글루텐의 생성 억제	글루텐의 생성, 발전

4. 재료 준비 및 계량

(1) 재료 준비

   ① 가루 재료 : 체로 쳐서 사용(밀가루, 탈지분유, 이스트 푸드 등)
   ② 생이스트 : 잘게 부수어 사용 또는 물에 녹여서 사용
   ③ 이스트 푸드 : 가루 재료에 혼합하고 분산시켜 사용
   ④ 우유
      ㉠ 원유 : 가열 살균 후 식혀서 사용
      ㉡ 시유 : 반죽의 희망 온도 고려해서 사용
   ⑤ 물 : 반죽의 희망 온도 고려해서 사용
   ⑥ 유지 : 반죽 속에 넣을 경우 유연한 상태로 사용
   ⑦ 탈지분유 : 설탕 또는 밀가루와 분산시켜 사용
   ⑧ 견과류 : 오븐에 살짝 구워 사용
   ⑨ 건과류 : 물로 가볍게 세척 후 주류에 절이면 풍미 향상, 식감 개선
   ⑩ 과일 : 투입 전 소량의 밀가루로 섞음

가루 재료를 체로 치는 이유

· 가루 속의 덩어리나 불순물 제거
· 공기의 혼입으로 반죽의 산화 촉진 및 이스트의 활성 촉진
· 재료의 고른 분산으로 혼합이 용이
· 흡수율이 증가하여 수화 작용이 빨라짐
· 밀가루의 부피 증가

합격 CODE 제빵에서 재료 계량 시 주의점

이스트와 설탕, 소금은 재료 계량을 함께 하지 않음(이스트의 활력을 저해)

---

(2) 재료의 계량

① 재료 계량 방법에는 무게를 재는 방법과 부피를 측정하는 방법이 있음
② 제과 · 제빵에서는 배합표에 따라 재료의 양을 정확히 계량하기 위해 무게 계량법을 사용
   (단위 : mg, g, kg)
③ 1kg = 1000g(1g = 0.001kg), 1g = 1000mg(1mg = 0.001g)

Chapter 2	식품위생 관련 법규 및 규정

1. 식품위생법 관련 법규

(1) 목적

① 식품으로 인한 위생상 위해 방지
② 식품영양의 질적 향상 도모
③ 국민 보건 증진에 이바지

(2) 대상 : 식품, 식품첨가물, 기구, 용기, 포장

(3) 용어

1) 식품 : 모든 음식물(단, 의약으로 섭취는 제외)

2) 식품첨가물

① 식품을 제조, 가공, 조리 또는 보존 과정에서 감미, 착색, 표백 또는 산화 방지 등의 목적으로 식품에 사용
② 기구, 용기, 포장을 살균/소독하는 데에 사용되어 간접적으로 식품으로 옮겨갈 수 있는 물질 포함

3) 식품첨가물의 사용 목적

① 품질유지, 품질 개량에 사용   ② 영양 강화
③ 보존성 향상   ④ 관능 만족

(4) 식품의약품안전처장은 식품, 식품첨가물, 기구, 용기, 포장의 공전(기준과 규격) 작성 및 보급

(5) 식품 관련 영업***

영업 허가	식품조사처리업	식품의약품안전처장
	단란주점영업, 유흥주점영업	특별자치도지사, 시장, 군수, 구청장
영업 등록	식품제조가공업, 식품첨가물제조업	특별자치도지사, 시장, 군수, 구청장
영업 신고	식품운반업, 즉석판매제조가공업, 식품소분판매업, 식품냉동냉장업, 용기포장류제조업, 휴게음식점업, 일반음식점업, 위탁급식영업, 제과점영업	특별자치도지사 또는 시장, 군수, 구청장

> 합격 CODE **식품접객업**
>
> 일반음식점영업, 휴게음식점영업, 단란주점영업, 유흥주점영업, 위탁급식영업, 제과점영업

2. HACCP

(1) 정의

① 위해 요소 중점 관리 기준(Hazard Analysis Critical Control Point)
② 식품의 원재료 생산부터 소비자가 섭취하기 전까지의 각 단계에서 위해 요소를 분석하고(HA) 중점적으로 관리하기 위한 기준점을(CCP) 결정하여 식품의 안전성 확보를 위한 과학적인 위생 관리체계

(2) 식품의약품안전처장 – 식품별로 HACCP을 정하고 고시

(3) HACCP의 12절차 7원칙★

준비단계	· 제1절차 (HACCP 팀 구성) · 제2절차 (제품 설명서 작성) · 제3절차 (용도 확인) · 제4절차 (공정 흐름도 작성) · 제5절차 (공정 흐름도 현장 검증)
적용단계	· 제6절차(1원칙) (위해 요소 분석) · 제7절차(2원칙) (중요 관리점 결정) · 제8절차(3원칙) (한계 기준 설정) · 제9절차(4원칙) (모니터링 체계 확립) · 제10절차(5원칙) (개선 조치 방법 수립) · 제11절차(6원칙) (검증 절차 및 방법 수립) · 제12절차(7원칙) (기록의 유지 관리)

3. 제조물책임법(PL법)

(1) 의의

① 제조물의 결함으로 발생한 손해에 대한 피해자 보호를 위해 제정
② 소비자를 보호하고 국민 생활의 안정과 제품의 안전에 대한 의식을 높여 기업의 경쟁력 향상을 도모

(2) 특징

제조자의 과실이 없더라도 제조물의 결함만 객관적으로 입증되면 제조자가 배상 책임을 져야 함

(3) 적용 대상

1) 제조물 : 제조 또는 가동된 동산(완제품, 부품, 원재료)

2) **결함** : 해당 제조물에 다음 중 어느 하나에 해당하는 제조상, 설계상 또는 표시상의 결함이 있거나 그 밖에 통상적으로 기대할 수 있는 안전성이 결여되어 있는 것

제조상의 결함	제조업자가 제조물에 대해 제조상·가공상의 주의의무를 이행하였는지에 관계없이 제조물이 원래 의도한 설계와 다르게 제조·가공됨으로써 안전하지 못하게 된 경우
설계상의 결함	제조업자가 합리적인 대체설계를 채용하였더라면 피해나 위험을 줄이거나 피할 수 있었음에도 대체 설계를 채용하지 아니하여 해당 제조물이 안전하지 못하게 된 경우
표시상의 결함	제조업자가 합리적인 설명·지시·경고 또는 그 밖의 표시를 하였더라면 해당 제조물에 의해 발생할 수 있는 피해나 위험을 줄이거나 피할 수 있었음에도 이를 하지 아니한 경우

4. 식품첨가물

(1) 정의

① 식품을 제조, 가공, 조리 또는 보존하는 과정에서 감미, 착색, 표백 또는 산화 방지 등을 목적으로 식품에 사용되는 물질
   (기구, 용기, 포장을 살균, 소독에 사용되어 간접적으로 식품으로 옮아갈 수 있는 물질 포함)
② 규격과 사용 기준은 식품의약품안전처장이 정함

(2) 조건*

① 인체에 유해한 영향이 없음
② 미량으로도 효과가 큼
③ 독성이 없거나 극히 적음
④ 무미, 무취, 자극적이지 않음
⑤ 사용이 간편하고 경제적
⑥ 식품의 영양성분을 유지
⑦ 이화학적 변화에 안정적

(3) 종류

1) 식품의 변질 방지

보존료(방부제)	·식품의 변질, 부패 방지, 영양가 및 신선도 유지 ·데히드로초산(치즈, 버터, 마가린) ·프로피온산(제과, 제빵) ·안식향산(간장, 청량음료) ·소르빈산(식육, 어육 연제품, 팥앙금, 잼)
살균제(소독제)	·식품 부패 원인균 또는 병원균의 사멸 ·차아염소산나트륨, 표백분
산화 방지제(항산화제)	·유지의 산패나 식품의 산화에 의한 변질 방지 ·BHT, BHA, 비타민 E(토코페롤), 프로필갈레이트(PG), 세사몰

2) 품질 개량 및 유지

밀가루 개량제	· 밀가루 표백 및 숙성시간 단축, 품질 개량 · 과산화벤조일, 과황산암모늄, 이산화염소, 브롬산칼륨, 아조디카본아마이드
유화제 (계면활성제)	· 서로 혼합되지 않는 두 종류의 액체를 혼합할 때, 분리되지 않고 분산 · 빵과 과자에서 부피를 크게 하고 조직을 부드럽게 함 · 빵에서는 글루텐과 전분 사이의 자유수 분포를 조절하여 노화 방지 · 레시틴, 글리세린, 대두 인지질, 모노디글리세리드
증점제(호료)	· 식품에 점착성 증가, 유화 안정성, 선도 유지, 형체 보존에 도움 · 점착성을 줌으로써 촉감을 좋게 하기 위해 사용 · 카제인, 젤라틴, 메틸셀룰로오스, 알긴산나트륨
이형제	· 제과, 제빵에서 제품을 틀에서 쉽게 분리 · 유동파라핀
피막제	· 과일 및 채소류 표면에 피막을 만들어 호흡 억제, 수분 증발 방지, 신선도 유지 · 몰포린지방산염, 초산비닐수지
영양강화제	· 식품에 영양소를 강화할 목적으로 사용 · 비타민류, 무기염류, 아미노산류

3) 식품 제조에 필요

소포제	· 제조공정 중 생긴 기포 제거 또는 생성 방지 · 규소수지(실리콘수지)
팽창제	· 빵, 과자 등을 부풀려 모양을 갖추게 함 · 효모(이스트), 명반, 소명반, 염화암모늄, 탄산수소나트륨, 베이킹파우더

4) 기호성과 관능 만족

감미료	· 식품의 조리, 가공 시 단맛 부여 · 사카린나트륨, 아스파탐, 스테비오사이드, D-소르비톨
산미료	· 청량감과 상쾌한 맛을 강화하기 위해 식품에 산미 부여 · 구연산, 주석산, 사과산, 젖산
표백제	· 식품의 본래 색 제거 또는 퇴색과 변색 방지 · 과산화수소, 무수아황산, 아황산나트륨, 차아황산나트륨
발색제	· 식품 내 유색 물질과 결합하여 색을 안정화, 선명하게 발색 · 질산칼륨, 질산나트륨, 황산 제1철
착색료	· 인공적으로 색을 부여 또는 외관상 좋게 하기 위해 착색 · 캐러멜, β 카로틴, 식용황색 4호 등
착향료	· 후각신경을 자극할 특유의 향을 첨가해 식욕 증진 · 에스테르류, 알코올류, 멘톨, 계피알데히드, 바닐린 등

| Chapter | 3 | 개인위생관리 |

1. 개인위생관리 사항

건강관리	건강검진	1회/년 : 식품위생분야 종사자의 건강진단규칙 (완전 포장 제품, 식품첨가물 운반 또는 판매 종사자는 제외)
복장관리	작업장에서 착용해야 하는 것	위생모(긴머리 : 묶기 포함), 위생복, 앞치마, 안전화(화장실용 신발 별도로 구비)
	작업장에서 착용해선 안 되는 것	이물질이 묻은 작업복, 각종 장신구(목걸이, 반지, 팔찌, 귀걸이 등), 짙은 화장, 개인 소지품 및 사무용품

2. 식중독 관리

(1) 정의

식품의 섭취로 인하여 인체에 유해한 미생물 또는 유독 물질에 의해 발생했거나 발생한 것으로 판단되는 감염성 또는 독소형 질환(식품위생법 제2조 제14호)

(2) 식중독의 종류 및 특징

구 분		특 징
세균성 식중독	감염형	살모넬라균, 장염 비브리오균, 병원성 대장균, 웰치균 등
	독소형	황색포도상구균(엔테로톡신), 클로스트리디움 보툴리누스(뉴로톡신) 등
자연독 식중독	동물성	복어(테트로도톡신), 모시조개, 굴(베네루핀), 섭조개(삭시톡신) 등
	식물성	버섯독(무스카린), 감자(솔라닌, 셉신) 등
곰팡이 식중독		아플라톡신(간장독), 에르고톡신(맥각독), 시트리닌(황변미독) 등
기타 식중독		알레르기성 식중독(히스타민), 바이러스성 식중독(노로바이러스) 등
화학적 식중독	유해성금속	수은, 주석, 카드뮴, 납, 구리, 비소, 아연 등
	농약	유기인제, 유기염소제(DDT, BHC), 비소화합물
	유해착색료	아우라민, 로다민 B 등
	유해표백제	삼염화질소, 롱가릿, 형광표백제 등
	유해감미료	둘신, 사이클라메이트, 니트로아닐린 등
	유해보존료	포름알데히드, 승홍수, 붕산 등
	유기화합물	다이옥신, 니트로사민, 벤조피렌, 메틸알콜 등
	합성플라스틱	멜라민수지, 페놀수지 등

> **합격 CODE** **식중독 발생 시 알아두어야 할 사항**
>
> ① 보고체계
>   의심환자 발생 → 의사, 한의사 → 보건소장 → 시장, 군수 → 시·도지사 → 보건복지부장관 →
>   역학조사 실시
> ② 식중독 담당기관
>   중앙정부(식약처, 질병관리본부), 지방청(식중독 지원반, 원인식품 조사반), 시·도(식중독 대책반,
>   역학조사반), 시·군·구(식중독 상황처리반), 보건소(시·군·구 역학조사반)

(3) 세균성 식중독

1) 감염형 식중독

살모넬라 (Salmonella)균 식중독	원인균	살모넬라균
	특징	그람음성간균, 호기성 또는 통성 혐기성균
	잠복기	12~24시간(평균 20시간)
	증상	구토, 복통, 설사 등의 급성 위장증세와 발열, 오한, 전신권태
	원인 식품	어패류, 육류, 달걀, 우유 및 유제품, 채소샐러드 등
	예방대책	· 65℃에서 30분 가열처리 · 냉장, 냉동보관(10℃ 이하에는 발육하지 않음)
장염 비브리오 (Vibrio)균 식중독	원인균	비브리오균
	특징	그람음성간균, 호염성 세균(3~4% 식염농도 생존)
	잠복기	10~18시간(평균 12시간)
	증상	복통, 구토, 점액 혈변, 설사 등의 급성위장염
	원인 식품	어패류 및 가공품, 오염된 도마 등을 통한 2차 감염
	예방대책	가열 섭취, 저온 보관, 2차 오염 예방을 위한 조리도구 소독, 살균
병원성 대장균 식중독	원인균	병원성 대장균(O-157:H7 등)
	특징	그람음성간균
	잠복기	10~30시간(평균 13시간)
	증상	식욕부진, 복통, 발열, 설사, 구토, 급성위장염
	원인 식품	치즈, 우유, 햄, 소시지 등
	예방대책	청결한 위생상태 유지, 분변 오염에 주의
웰치균 (Clostridium perfringens) 식중독(중간형)	원인균	A, B, C, D, E, F형 식중독 원인균은 A형
	특징	내열성균, 균과 독소 모두 작용, 독소는 엔테로톡신
	잠복기	8~20시간(평균 12시간)
	증상	구토, 설사, 복통
	원인 식품	육류 및 가공품, 튀김식품 등
	예방대책	분변의 오염 방지, 조리식품은 냉장·냉동보관(재가열 섭취 금지)

2) 독소형 식중독

포도상구균 (Staphylococcus) 식중독	원인균	황색포도상구균
	특징	· 장독소 엔테로톡신을 생성 · 내열성이 강해 120℃에서 30분 가열해도 파괴되지 않음
	잠복기	1~6시간(평균 3시간 정도의 가장 짧은 잠복기)
	증상	구토, 복통, 설사, 급성위장염
	원인 식품	김밥, 떡, 우유 및 유제품
	예방대책	화농성 질환자의 식품 취급 금지
클로스트리디움 보툴리눔균 (Clostridium botulinum) 식중독	원인균	보툴리누스균
	특징	· 신경독 뉴로톡신(Neurotoxin) 생성 · 독소인 뉴로톡신은 열에 약하지만, 형성된 포자(아포)는 열에 강함 · 매우 높은 치명률을 가지고 있음
	잠복기	12~36시간(가장 긴 잠복기)
	증상	언어장애 등의 신경마비 증상, 사시, 동공 확대
	원인 식품	통조림, 병조림, 햄, 소시지 등 식품
	예방대책	음식물의 가열처리 및 살균처리, 위생적 보관

PLUS TIP

▣ **장독소**

· 엔테로톡신 생성
· 내열성이 강함
· 120℃에서 30분 가열해도 파괴되지 않음

▣ **신경독소**

· 형성된 포자(아포)는 열에 강함
· 뉴로톡신은 열에 약함
· 매우 높은 치명률

합격 CODE   세균성 식중독

1. **증상** : 두통, 설사, 구토, 복통(급성 위장염) 등
2. **종류**
   ① **감염형 식중독** : 살모넬라 식중독, 장염 비브리오 식중독, 병원성 대장균
   ② **독소형 식중독** : 포도상구균 식중독, 보툴리누스균 식중독 등
   ③ **중간형 식중독** : 웰치균 식중독(균과 독소 모두 작용)
3. **예방법**
   ① 화농성 질환자의 식품 취급을 금지
   ② 조리한 식품은 빠른 시간 내에 섭취
   ③ 냉장·냉동 보관하여 오염균의 발육·증식을 방지
   ④ 식기, 도마 등은 세척과 소독을 철저히 함

(4) 자연독 식중독

1) 동물성

독 소	특 징
테트로도톡신 (Tetrodotoxine)	· 복어의 난소 〉 간 〉 내장 〉 피부 순으로 함유 · 잠복기 : 30분~5시간 · 끓여도 파괴되지 않음 · 치사률이 60% 정도로 가장 높음(치사량 : 2mg) · 신경마비, 지각이상, 호흡장애 등 · 산란 직전(5~6월)에는 섭취를 주의, 전문조리사만이 조리
삭시톡신 (Saxitoxin)	· 섭조개, 대합 등 · 치사율 10% · 신경마비 · 유독시기 : 2~4월
베네루핀 (Venerupin)	· 모시조개, 바지락, 굴 등 · 강한 내열성으로 100℃에서 1시간 이상 가열해도 파괴되지 않음 · 출혈, 혈변, 혼수증상 · 유독시기 : 5~9월

2) 식물성

식 물	독 소
감자	· 솔라닌(Solanine) : 감자의 싹과 녹색 부위 · 셉신(Sepsine) : 부패 감자
독버섯	아마니타톡신(Amanitatoxin), 무스카린(Muscarine), 무스카리딘(Muscaridine), 콜린, 뉴린, 팔린 등
목화씨	고시폴(Gossypol)
피마자	리신(Ricin)
청매실, 살구씨	아미그달린(Amygdalin)
독미나리	시큐톡신(Cicutoxin)
독보리	테물린(Temuline)

 독버섯의 감별법

· 색이 선명하고 화려
· 은수저의 색이 검게 변함
· 줄기가 세로로 쪼개지지 않음
· 줄기 표면이 거침
· 쓴맛, 신맛
· 겉 표면에 점액질
· 악취

(5) 화학적 식중독

종 류	오염경로	특 징
카드뮴(Ca)	카드뮴이 함유된 폐수	골연화증, 신장장애, 단백뇨
수은(Hg)	오염된 해산물	언어장애, 지각이상
비소(As)	비소농약 잔류	구토, 설사
메틸알콜	증류주, 과실주	두통, 현기증, 실명
납(P)	도자기, 법랑, 유리가루	피로, 체중 감소
구리(Cu)	식기	구토, 설사, 복통
아연(Zn)	용기, 식기	구토, 설사, 복통
PCB(미강유)	PCB	식욕부진, 흑피증

PLUS TIP 이타이이타이병, 미나마타병

종 류	원 인	증 세
이타이이타이병	일본의 금속공장에서 유출된 '카드뮴'이 상수와 농지를 오염시켜 체내 축적	골연화증과 신장장애 등을 유발
미나마타병	일본 미나마타 지역에서 '수은'에 오염된 어패류를 섭취한 사람에게 발생	신경장애, 언어장애, 지각이상

(6) 곰팡이 독소

① 곰팡이가 생산하는 유독 대사산물
② 곡류, 견과류 등과 같이 곰팡이가 번식하기 쉬운 식품에서 주로 발생
③ 곰팡이의 생육 억제 수분량은 13% 이하

원인 곰팡이	독소 및 증상	원인 식품
아플라톡신중독 (아스퍼질러스 플라버스)	아플라톡신 (간장독)	쌀, 보리, 땅콩, 옥수수, 된장
황변미중독 (페니실리움 속 푸른곰팡이)	시트리닌 (신장독, 간장독, 신경독)	저장미 (쌀에 곰팡이가 번식 누렇게 됨)
맥각중독 (맥각균)	에르고톡신 (간장독, 유산, 조산 위험)	호밀, 보리, 밀

(7) 기타 식중독

1) 알레르기 식중독(부패성 식중독)

① 세균의 증식 또는 독소가 아닌 세균 오염에 의한 부패 산물이 원인으로 나타난 알러지 반응
② 원인 식품 및 원인 물질
    ㉠ 붉은색 어류나 그 가공품의 부패 산물
    ㉡ 히스타민(Histamine)
    ㉢ 모르가니균(프로테우스균)

③ 증상 : 전신 홍조. 두드러기

④ 치료 : 수 시간 후 자동 회복 또는 항히스타민제 복용

2) 노로바이러스

① 오염 식수, 물로 재배된 채소, 과일 식품 등의 섭취로 감염되고 24시간~28시간 내에 구토, 설사, 복통 발생

② 예방대책으로는 손 씻기, 식품을 충분히 가열하여 섭취(치료법과 백신 없음)

합격 CODE   유해 첨가물에 의한 식중독

① 유해 착색제 : 아우라민(노란색), 로다민 B(붉은 색)

② 유해 감미료 : 둘신(설탕의 250배, 혈액독), 사이클라메이트(설탕의 40~50배, 발암성)

③ 유해 표백제 : 롱가릿, 형광표백제

---

3. 감염병의 종류, 특징 및 예방 방법

(1) 감염병의 정의

세균, 바이러스, 진균, 기생충 등의 병원체에 감염되어 사람 사이, 동물 사이, 또는 사람과 동물 사이에 발병, 증식함으로써 일어나는 질병

(2) 감염병 발생의 발생 과정

병원체/병원소 ↓ 병원소로부터의 탈출 ↓ 병원체의 전파 ↓ 새로운 숙주로의 침입 ↓ 숙주의 감수성과 면역	① 병원체 : 병의 원인이 되는 미생물(세균, 바이러스 등) ② 병원소 : 병원체가 생존, 증식을 하며 인간에게 전파될 수 있는 상태로 저장 (보균자, 동물, 토양, 물 등) ③ 병원소로부터의 탈출 : 동물 및 사람이 병원소인 경우 호흡기관 또는 소화기관을 통해 탈출 ④ 병원체의 전파 ㉠ 직접 전파 : 보균자와의 직접적인 접촉 ㉡ 간접 전파 : 하천이나 우물물 등을 오염(수인성 감염), 위생 동물에 의한 전파(매개 감염) ⑤ 새로운 숙주로의 침입 : 소화기관, 호흡기관, 피부 점막을 통해 인체에 침입 ⑥ 숙주의 감수성과 면역 : 숙주가 면역력이 약하거나 감수성이 높으면 감염

보균자

체내에 병원균을 보유하고 그 병의 증상이 나타나지 않으나 균을 배출하여 다른 사람에게 감염시킬 우려가 있는 사람(건강보균자, 잠복기보균자, 회복기보균자)

합격 CODE   감염병 발생의 3대 요소

① 감염원 (병원체, 병원소)
② 감염경로(환경, 전파)
③ 숙주의 감수성(면역력)

 감수성

① 숙주에 침입한 병원체에 대항하여 감염 또는 발병을 막을 수 없는 상태
② 감수성이 높을수록(면역력이 낮을수록) 감염이 잘 됨
③ 감수성 지수
   두창, 홍역(95%) 〉 백일해(60~80%) 〉 성홍열(40%) 〉 디프테리아(10%) 〉 소아마비 (0.1%)

(3) 감염병의 분류

1) 병원체에 따른 감염병 분류

세균성 감염병	콜레라, 장티푸스, 파라티푸스, 세균성 이질, 디프테리아, 결핵, 백일해, 페스트, 브루셀라증 등
바이러스성 감염병	소아마비(급성 회백수염, 폴리오), 천열, 홍역, 일본뇌염, 광견병 등
리케치아성 감염병	발진티푸스, 발진열, 쯔쯔가무시증, Q열 등
원충성 감염병	아메바성 이질 등

2) 감염 경로에 따른 감염병 분류

호흡기계	비말(기침, 재채기 등), 공기 매개	디프테리아, 폐렴, 백일해, 성홍열, 결핵 등
소화기계	물이나 음식 섭취	콜레라, 세균성이질, 장티푸스, 파라티푸스 등
점막 피부	신체 접촉	파상풍, 페스트, 일본뇌염 등(혈액, 성접촉으로 감염)

3) 법정 감염병 종류와 특성

1급 감염병	생물테러 감염병 또는 치명률이 높거나 집단 발생의 우려가 커서 발생 또는 유행 즉시 신고, 음압격리와 같은 높은 수준의 격리 필요 에볼라바이러스병, 마버그열, 라싸열, 크리미안콩고출혈열, 남아메리카출혈열, 리프트밸리열, 두창, 페스트, 탄저, 보툴리눔독소증, 야토병, 신종감염병증후군, 중증급성호흡기증후군(SARS), 중동호흡기증후군(MERS), 동물인플루엔자 인체감염증, 신종인플루엔자, 디프테리아
2급 감염병	전파 가능성을 고려하여 발생 또는 유행 시 24시간 이내에 신고. 격리가 필요 결핵, 수두, 홍역, 콜레라, 장티푸스, 파라티푸스, 세균성이질, 장출혈성대장균감염증, A형간염, 백일해, 유행성이하선염, 풍진, 폴리오, 수막구균감염증, b형헤모필루스인플루엔자, 폐렴구균감염증, 한센병, 성홍열, 반코마이신내성황색포도알균(VRSA)감염증, 카바페넴내성장내세균속균종(CRE)감염증, E형간염

3급 감염병	그 발생을 계속 감시할 필요가 있어 발생 또는 유행 시 24시간 이내에 신고
	파상풍, B형간염, 일본뇌염, C형간염, 말라리아, 레지오넬라증, 비브리오패혈증, 발진티푸스, 발진열, 쯔쯔가무시증, 렙토스피라증, 브루셀라증, 공수병, 신증후군출혈열, 후천성면역결핍증(AIDS), 크로이츠펠트-야콥병(CJD) 및 변종크로이츠펠트-야콥병(vCJD), 황열, 뎅기열, Q열, 웨스트나일열, 라임병, 진드기매개뇌염, 유비저, 치쿤구니야열, 중증열성혈소판감소증후군(SFTS), 지카바이러스감염증
4급 감염병	1급~3급까지의 감염병 외에 유행 여부를 조사하기 위해 표본감시 활동이 필요
	인플루엔자, 매독, 회충증, 편충증, 요충증, 간흡충증, 폐흡충증, 장흡충증, 수족구병, 임질, 연성하감, 클라미디아감염증, 반코마이신내성장알균(VRE)감염증, 메티실린내성황색포도알균(MRSA)감염증, 다제내성녹농균(MRPA)감염증, 다제내성아시네토박터바우마니균(MRAB)감염증, 장관감염증, 성기단순포진, 급성호흡기감염증, 해외유입기생충감염증, 엔테로바이러스감염증, 사람유두종바이러스감염증, 첨규콘딜롬

[시행 2021.6.16.] [법률 제17642호, 2020.12.15., 일부 개정]

 면역의 종류

능동면역	자연능동면역	질병 감염 후 획득한 면역
	인공능동면역	예방접종(백신)으로 획득한 면역
수동면역	자연수동면역	모체로부터 얻는 면역(태반, 수유)
	인공수동면역	혈청 접종으로 얻는 면역

4) 경구 감염병
① 병원체가 입을 통하여(경구 감염) 침입하여 감염을 일으키는 소화기계 감염병
② 경구 감염병의 종류 및 특성
　㉠ 세균성 경구 감염

장티푸스	환자, 보균자와의 직접 접촉 또는 파리 매개로 식품을 통한 간접 접촉. 고열
파라티푸스	잠복기가 장티푸스보다 짧으나 감염경로와 증상이 장티푸스와 유사
세균성 이질	환자, 보균자의 변에 의해 오염된 물, 우유, 식품(매개체 : 파리), 발열, 설사, 구토, 점액성 혈변
콜레라	비브리오 콜레라균(해양 어패류), 잠복기가 가장 짧음. 설사, 갈증, 피부 건조, 체온 저하

　㉡ 바이러스성 경구 감염

소아마비 (급성회백수염, 폴리오)	분변 또는 인후 분비물. 소아의 척수신경계 손상(영구 마비). 예방접종 필요
천열	환자, 보균자 또는 쥐의 배설물. 수일 동안 발열 증상. 2~3일 후 없어짐

③ 경구 감염병 예방 대책
　㉠ 감염원에 대한 대책
　　ⓐ 환자 격리 치료 관리, 접촉자 검사, 보균자 관리

ⓑ 식품 취급자의 연 1회 건강진단, 개인위생

ⓒ 오염 의심 식품 폐기

ⓛ 감염경로에 대한 대책

　　ⓐ 환자 및 보균자의 배설물 및 환경 소독

　　ⓑ 위생 동물(모기, 바퀴벌레, 쥐, 파리 등) 구제함으로써 감염경로 차단

　　ⓒ 식품 관리 및 주방기구 위생 철저

ⓒ 숙주의 감수성에 대한 대책

　　ⓐ 정기적인 위생교육 및 건강 유지에 노력

　　ⓑ 예방접종을 통한 면역력 증강

위생 동물

식중독 미생물을 보유한 감염원으로 인간의 건강을 해치는 유해 동물 총칭

파리, 바퀴벌레	장티푸스, 파라티푸스, 세균성이질, 콜레라 등 대부분의 경구 감염병
이	발진티푸스, 재귀열
벼룩	페스트, 재귀열
쥐	발진티푸스, 페스트, 쯔쯔가무시증
진드기	유행성 출혈열, 쯔쯔가무시증, 재귀열
모기	일본뇌염, 말라리아, 사상충증, 황열

5) 인수공통 감염병

① 정의 : 사람과 척추동물 사이에 동일한 병원체에 의해 감염

② 예방법

ⓛ 우유의 철저한 멸균처리

ⓛ 병에 걸린 동물은 폐기처분

ⓒ 축사의 소독 및 가축 예방접종

③ 종류

탄저병	소, 말, 양 등 포유동물	조리되지 않은 수육
야토병	산토끼 등 설치류	병에 걸린 토끼 고기, 모피
파상열(브루셀라증)	소, 돼지, 개, 닭 등	유즙, 유제품, 고기
돈단독	돼지	고기
결핵	소, 산양 등	유즙, 유제품
Q열(리케치아성)	소, 양 등	유즙, 고기, 배설물
리스테리아증	소, 닭, 양, 염소 등	유즙, 고기

· 탄저병 : 세균 테러에 이용 가능, 피부를 통해서도 감염
· 파상열(브루셀라증) : 동물 유산 유발
· 인수공통 감염병 중 바이러스성 : 광견병(공수병), 조류인플루엔자

6) 기생충 감염병

① 기생충 감염 종류

  ㉠ 채소류를 통해 감염 : 회충, 요충, 구충(십이지장충), 편충, 동양모양선충(동양털회충)

  ㉡ 어패류를 통해 감염

기생충	간디스토마 (간흡충)	폐디스토마 (폐흡충)	요코가와흡충 (횡천흡충)	광절열두조충 (긴촌충)
제1 중간숙주	왜우렁이	다슬기	다슬기	물벼룩
제2 중간숙주	민물고기 (잉어, 참붕어 등)	가재, 게	민물고기 (은어)	농어, 연어, 숭어

  ㉢ 육류를 통해 감염

   ⓐ 유구조충(갈고리촌충) : 돼지고기 생식

   ⓑ 무구조충(민촌충, 소고기촌충) : 소고기 생식

   ⓒ 선모충 : 쥐 → 돼지고기 생식

② 기생충 감염 예방

  ㉠ 조리기구 살균 및 소독, 철저한 개인위생

  ㉡ 육류, 어패류는 가열 조리

  ㉢ 야채류는 흐르는 물에 3~5회 세척

Chapter 4	환경위생관리

1. 작업환경 위생관리

(1) 위생관리

1) 위생관리의 목적

① 식재료의 보관 및 관리로 위생적인 음식 생산
② 청결한 시설 유지 관리로 기계 설비의 수명 연장

2) 위생적 작업환경을 유지하기 위한 사항

① 외부로부터의 해충, 설치류의 유입 차단(밀폐 가능한 구조로 방충, 방서 관리)
② 작업장은 오염구역과 청결구역으로 구분(교차오염 방지)
③ 정기적인 방제 소독
④ 외부인의 출입을 금하고 탈의실은 작업장 외부에 비치
⑤ 1일 1회 이상 청소 실시

교차오염

① 오염되지 않은 식품이 이미 오염된 식품, 작업자 등의 접촉 또는 작업과정에 혼입되어 병원성 미생물의 전이가 일어나 오염되는 현상
② 예방법
　㉠ 작업의 흐름을 일정한 방향으로 배치
　㉡ 기구, 용기는 식품별로 구분 사용 및 수시로 세척
　㉢ 개인위생관리 및 각 단계 작업 후 손 씻기
　㉣ 구분하여 보관 및 사용하는 것(같이 사용하지 않는 것)
　　ⓐ 조리 전 육류와 채소류　　ⓑ 원재료와 완성 제품
　　ⓒ 식자재와 비식자재　　ⓓ 식품용 위생복과 청소용 위생복

2. 소독제

(1) 소독, 살균, 방부 및 멸균의 정의

방 부	미생물의 증식 억제(부패와 발효 방지)
소 독	병원성 미생물 약화 및 사멸, 감염력과 증식력 제거
살 균	미생물을 포함한 미생물의 영양세포를 사멸
멸 균	병원균 및 비병원균을 아포까지 사멸시켜 무균상태

소독력

멸균 〉 살균 〉 소독 〉 방부

(2) 소독 · 살균 방법

1) 물리적 방법

① 열탕 소독법(자비소독)
  ㉠ 조리기구, 용기, 식기
  ㉡ 끓는 물(100℃)에서 15~20분간 가열

② 증기 소독법
  ㉠ 조리대, 조리기구
  ㉡ 증기 발생 장치 사용

③ 자외선 살균법
  ㉠ 자외선 살균 등을 사용하여 물, 공기, 용액, 도마, 조리기구의 표면 살균
  ㉡ 살균효과가 큼
  ㉢ 자외선 조사 후 피조사물의 변화가 적음
  ㉣ 표면 투과성이 나쁨
  ㉤ 거의 모든 균종에 대해 유효

2) 화학적 방법

① 소독제의 구비조건
  ㉠ 강한 살균력   ㉡ 경제성, 편리성, 안전성
  ㉢ 부식성과 표백성이 없을 것   ㉣ 냄새가 없을 것

② 소독제의 종류 및 특징

염소	상수도 소독
석탄산(페놀)	오물 소독 : 다른 소독제의 살균력 표시 기준
역성비누	무독성, 조리사의 손이나 식기, 과일, 야채 등 소독
과산화수소	3% 수용액, 피부 상처 소독
알코올	70% 수용액, 금속, 유리, 조리기구, 손 소독
그 외	차아염소산나트륨, 크레졸 비누액, 포르말린, 승홍, 포름알데히드, 생석회 등

3. 미생물의 종류와 특징 및 예방 방법

(1) 미생물의 종류

세균(Bacteria)	· 형태에 따라 구균, 간균, 나선균으로 분류 · 세균성 식중독, 경구 감염병, 부패의 원인, 유산 음료의 발효균(락토바실루스)
곰팡이(Mold)	식품 변패의 원인이나 누룩곰팡이(술, 된장, 간장 등 제조에 사용)처럼 인간에게 유익한 것도 있음
효모(Yeast)	출아증식에 의한 무성생식, 비운동성, 주류 제조, 제빵 등에 활용
바이러스(Virus)	미생물 중 가장 작음, 살아있는 세포에만 증식
리케치아(Rickettsia)	세균과 바이러스의 중간 형태, 발진티푸스의 병원체, 식품과는 크게 관련 없음

PLUS TIP

◙ **미생물의 크기**

곰팡이 〉 효모 〉 세균 〉 리케치아 〉 바이러스

◙ **미생물의 증식 방법**

세균	분열법. 식품의 부패와 발효
효모	출아법. 빵이나 술의 제조에 이용
곰팡이	포자. 빵과 밥 등의 부패에 관여
바이러스	기생생활, 유전정보 복사. 발효식품 제조 시 생산균주를 오염시킴

(2) 미생물 생육에 필요한 조건

1) **영양소** : 탄소원(에너지원), 질소원(세포 구성 성분), 무기질(인, 황), 발육소(비타민, 발육에 필요)

2) **수분** : 대부분의 미생물은 75%가 수분으로 구성, 생리 조절에 필요

합격 CODE 수분활성도(Aw)

① 일정한 온도에서 식품이 나타내는 수증기압에 대한 순수한 물의 최대 수증기압 비
② 식품 수분의 수증기압 ÷ 순수한 물의 수증기압
③ 일반 식품에서의 Aw는 1보다 작음
④ 미생물의 생육에 필요한 Aw(수분활성도) : 세균(0.95) 〉 효모(0.88) 〉 곰팡이(0.80)
⑤ Aw가 높을수록 미생물의 발육이 쉬워짐
⑥ Aw를 낮추기 위해 식염이나 설탕을 첨가하거나, 농축이나 건조 시킴

PLUS TIP

자유수(유리수)와 결합수

식품 내 수분은 크게 자유수와 결합수로 구분
· **자유수** : 일반적인 수분으로 쉽게 건조됨, 0℃ 이하에서 얼음, 미생물이 이용 가능, 수용성 물질을 용해시킴
· **결합수** : 식품의 성분과 단단히 결합되어 있어 쉽게 건조되거나 얼지 않고 미생물이 이용할 수 없음, 수용성 물질 용해 불가

3) **온도**

① 저온균 : 최적 온도 10~20℃(수중 세균)
② 중온균 : 최적 온도 25~40℃(병원성 세균, 식품 부패 세균)
③ 고온균 : 최적 온도 50~60℃(온천균)

4) **산소**

① 호기성균 : 산소가 있어야 생육(곰팡이, 효모)
② 통성 혐기성균 : 산소 유무에 상관없이 생육(효모, 세균)
③ 편성 혐기성균 : 산소가 없어야 생육(보툴리누스균-통조림)

5) 미생물 종류에 따른 증식에 최적 pH(수소이온농도) 조건

    ① pH 4~6 : 효모, 곰팡이

    ② pH 6.5~7.5 : 일반 세균

6) 삼투압 조건

    ① 설탕, 식염 등에 의한 삼투압은 세균 증식에 영향(증식 억제 : 당장법, 염장법)

    ② 3%의 식염 : 일반 세균의 증식 억제, 호염균은 증식

    ③ 내염성 세균은 8%의 식염에도 증식

압력(기압)

압력은 미생물의 증식에 직접적인 영향이 없음

4. 방충 · 방서 관리

(1) 방충 · 방서의 목적

쥐나 해충의 침입을 예방, 박멸함으로써 생산 활동 중 발생될 수 있는 해충으로부터의 영향 최소화

(2) 방충 · 방서의 3원칙

    ① 벌레, 쥐 등이 들어오는 것을 막음(진입 방지)

    ② 벌레, 쥐 등이 먹을 수 있는 음식과 물을 제거(먹이 제거)

    ③ 벌레, 쥐 등이 숨거나 서식할 장소를 제거(은닉장소 제거)

(3) 진입 방지 방법

    ① 검수 시 해충 또는 해충의 흔적이 보이는지 확인

    ② 외부에서 작업장으로의 유입로 차단(배수구망, 콘크리트 벽, 방충망 등 설치)

    ③ 작업장의 밀폐 여부 수시 점검

    ④ 창에는 방충 · 방서용 금속망을 설치하고 30메쉬(mesh)가 적당

(4) 먹이 제거 방법

    ① 작업장 주변 음식물 폐기물이 방치되지 않도록 주의

    ② 배수로 청소

(5) 은닉 장소 제거

    ① 정기적으로 서식 흔적이 있는지 점검

    ② 포충등, 트랩 및 쥐덫 설치 및 방역 작업

Chapter 5 | 공정 점검 및 관리

1. 공정의 이해 및 관리

(1) 공정 관리

① 제품 설명서와 공정 흐름도 작성
② 위해 요소 분석 통해 중요 관리점 결정
③ 세부적인 관련 계획 수립

2. 공정별 위해 요소 파악 및 예방

(1) 가열 전 제조공정(CCP1 : 가열을 함으로써 잔존할 수 있는 세균 제거)

① 재료의 입고 및 보관 : 온도 기록 관리 및 외관 상태 확인
② 계량 : 작업 중 이물질 혼입 방지 관리
③ 배합(반죽) : 믹서기의 노후 상태 확인 및 관리
④ 성형 : 성형기의 노후 상태 확인 및 관리

(2) 가열 후 제조공정(청결 제조공정)

① 가열 : 가열 온도와 시간 관리
② 냉각 : 냉각 온도와 개인위생관리
③ 충전물 주입 및 내포장 : 사용 도구 관리 및 개인위생관리

(3) 내포장 후 제조공정 CCP2 금속검출기를 통과시킴으로써 이물질, 금속 제거

① 금속 이물질 검출 : 내포장 후 금속검출기 통과
② 외포장
③ 보관 및 출고

PLUS TIP

중요 관리지점(CCP, Critical Control Point)
HACCP의 12가지 절차 중 위해 요소 예방, 제거 및 허용 가능한 수준까지 감소시켜 제품의 안전성을 확보하기 위하여 중점적으로 관리하는 공정이나 단계

Chapter 6 | 제품 품질관리

1. 품질관리기법

1) **ISO9001(품질 경영시스템)** : 국제표준화기구에서 제정한 국제 규격, 제품 및 서비스의 품질보증, 제품 책임을 달성하기 위한 품질 경영을 실행하기 위해 도입된 것으로 조직의 경쟁력을 강화할 수 있는 표준

2) **ISO22000(식품안전 경영시스템)** : ISO9001을 바탕으로 Codex(국제식품규격위원회)의 HACCP 원칙을 포함하여 식품의 품질뿐만 아니라 식품안전을 관리할 수 있는 규격

2. 품질검사

높은 오븐 온도	· 껍질 색이 빨리 진해지므로 언더 베이킹 되기 쉬워 옆면이 약함 · 껍질 형성이 빨라 부피가 작음 · 굽기 손실이 적고 수분이 남아 눅눅한 식감이 됨 · 반점이나 불규칙한 색이 나고 껍질이 분리되기도 함
낮은 오븐 온도	· 껍질 색이 옅어 오버 베이킹 되기 쉬워 껍질이 두껍고 광택이 부족함 · 껍질 형성이 늦어 부피가 커짐 · 굽기 손실이 많아 퍼석한 식감이 됨 · 풍미가 떨어짐
과량의 증기	· 오븐 팽창이 좋아 빵의 부피가 커짐 · 껍질이 두껍고 질겨지며 수포가 생김
부족한 증기	· 껍질이 빠르게 형성되어 윗면이 갈라지고 팽창이 저해됨 · 껍질 색이 균일하지 않고 광택이 부족
부적절한 열 분배	오븐 내의 위치에 따라 굽기 상태가 달라져 고르게 익지 않음
불충분한 패닝 간격	· 제품당 열 흡수량이 적어져 잘 익지 않음 · 틀에 패닝 시 : 옆면이 약해 주저앉음 · 평철판에 패닝 시 : 오븐 팽창 및 오븐 라이즈 도중 제품끼리 붙을 수 있음

3. 제품 관리

(1) 제품 평가 기준

1) 외부 평가

부피	분할 무게에 대한 완제품의 부피로 평가
껍질	· 색 : 윗면과 옆면 및 바닥면이 황금갈색으로 고르게 착색. 줄무늬나 반점 등이 없어야 함 · 두께 : 일정하고 너무 질기거나 딱딱하지 않아야 함
외형의 균형	좌우, 앞뒤 대칭을 이뤄 한쪽으로 기울거나 솟아오르거나 꺼지지 않음
터짐성	옆면에 적당한 터짐(Break)과 찢어짐(Shred)이 나타나는 것이 좋음

2) 내부 평가

조직	· 탄력성이 있고 부드럽고 매끈한 느낌이 있어야 함 · 물렁하고 거칠며 부서지지 않음
기공	균일한 작은 기공과 얇은 기공벽으로 이루어진 길쭉한 기공들로 고르게 형성
속 색	얼룩이나 줄무늬가 없는 밝은 크림색을 띤 흰색이 이상적

3) 식감 평가

냄새	좋은 느낌의 상쾌하고 고소한 향
맛	가장 중요한 항목으로 제품 고유의 맛이 나며 만족스러운 식감

(2) 어린 반죽과 지친 반죽으로 만든 제품

1) 외부 특성

구 분	어린 반죽(발효가 덜 된 것)	지친 반죽(발효가 지나친 것)
부피	작음	커진 뒤 주저앉음(큼 → 작음)
껍질	진한 껍질 색	연한 껍질 색
	거칠고 질김 (기포가 있을 수 있음)	두껍고 바삭거림 (부서지기 쉬움)
외형의 균형	뾰족한 모서리, 매끄럽고 유리같은 옆면	둥근 모서리, 움푹 들어간 옆면
터짐성	작음	커진 뒤 주저앉음

2) 내부 특성

구 분	어린 반죽(발효가 덜 된 것)	지친 반죽(발효가 지나친 것)
조직	거침	거침
기공	거칠고 열린 두꺼운 세포벽	거칠고 열린 얇은 세포벽
속 색	어두움	밝음

3) 식감

구 분	어린 반죽(발효가 덜 된 것)	지친 반죽(발효가 지나친 것)
맛	덜 발효된 맛	더 발효된 맛(신맛)
향	약하고 밀가루 냄새	발효 향이 강하고 신 냄새

(3) 제품의 결함과 원인*

결 함	원 인
질긴 껍질	· 성형 시 반죽을 거칠게 다룸 · 과다한 2차 발효(지친 반죽) · 2차 발효실의 습도 또는 오븐 속 증기 과다 · 발효 부족 · 낮은 오븐 온도

껍질의 반점	· 설탕의 용출, 용해 덜 된 분유(배합 재료가 고루 섞이지 않음) · 덧가루 과다 사용 · 2차 발효 시 수분 응축
두꺼운 껍질	· 쇼트닝, 소금, 설탕, 분유, 질 좋은 단백질이 들어있는 밀가루 사용량이 정량보다 초과 · 이스트 푸드, 효소제 사용 과다 · 지친 반죽 · 2차 발효실 낮은 온도 및 습도 부족 · 과도한 굽기, 오븐 스팀량 부족, 낮은 오븐 온도
껍질의 갈라짐	· 효소제 사용 부족 · 지치거나(발효 과다) 어린 반죽(발효 부족) · 너무 낮은 2차 발효실 습도 · 오븐의 높은 윗 온도 · 너무 빨리 냉각함
연한 껍질 색	· 설탕 사용 부족, 과도한 효소제 사용, 연수(단물) 사용 · 1차 발효 시간 초과, 낮은 2차 발효실 습도 · 굽기 시간 부족, 낮은 오븐 온도와 습도
진한 껍질 색	· 과다한 설탕 및 분유 사용 · 1차 발효 부족, 높은 2차 발효실 습도 · 과도한 굽기, 높은 오븐 온도
부피가 작음	· 이스트 및 이스트 푸드 사용량 부족, 알칼리성 물 사용 · 설탕, 소금, 쇼트닝, 분유, 효소제 사용 과다 · 부족한 믹싱 · 부족한 반죽량 · 지나친 발효 또는 불충분한 2차 발효 · 높은 오븐의 초기 온도 또는 오븐 내 증기량 많거나 적음
부피가 큼	· 소금 사용량 부족, 우유 및 분유의 사용량이 많음 · 팬에 비해 많은 반죽량, 과다한 1차 발효와 2차 발효 · 낮은 오븐 온도
표피 수포 발생	· 질은 반죽 · 어린 반죽(발효 부족) · 2차 발효 시 높은 습도 · 높은 오븐의 윗불 온도
바닥이 움푹 들어감	· 틀이 뜨거울 때 패닝, 기름칠 안 된 틀, 수분이 있는 틀 바닥 · 2차 발효 초과 또는 2차 발효 시 높은 발효실 습도 · 굽기의 초기 오븐 온도가 높음
날카로운 모서리	· 소금 사용량 과다 · 지나친 믹싱 · 진 반죽 · 발효실의 높은 습도
거친 기공과 조직	· 이스트 푸드 사용량 부족, 경수 사용 또는 알칼리성 물 사용 · 된 반죽 또는 질은 반죽, 발효 부족 · 낮은 오븐 온도

브레이크와 슈레드 (터짐과 찢어짐) 부족	· 이스트 푸드 부족, 분유 사용 과다, 효소제 사용 과다 · 질은 반죽, 발효 부족 또는 지나친 발효 · 높은 오븐 온도, 오븐 증기 부족
옆면의 찌그러짐	· 지친 반죽, 2차 발효 과다 · 반죽량 과다 · 고르지 못한 오븐 열(일정하지 않은 간격의 패닝)
빵 속 줄무늬	· 과다한 제빵 개량제, 믹싱 중 재료의 고르지 못한 혼합, 된 반죽 · 과량의 덧가루 사용, 중간 발효 시 건조
진한 빵 속 색	· 맥아 사용 과다 · 이스트 푸드 사용 과다 · 낮은 오븐 온도 · 패닝 시 높은 철판 온도

(4) 기계적 특성*

1) 아밀로그래프 : 밀가루의 점도 변화, α-아밀라아제의 효과를 측정

2) 패리노그래프 : 글루텐의 흡수율, 믹싱 시간, 글루텐의 질, 반죽의 내구성을 측정

3) 익스텐소그래프 : 반죽의 신장성과 신장에 대한 저항을 측정(점탄성 파악), 개량제의 효과를 판단

4) 레오그래프 : 반죽이 기계적 발달할 때 일어나는 변화 측정, 밀가루의 흡수율 계산에 적합

5) 믹소그래프 : 글루텐 발달 정도를 기록, 밀가루 단백질의 함량과 흡수의 관계, 믹싱 시간과 내구성 판단

PART 1 중간 점검 실력 체크

01

양성비누(역성비누)에 대한 설명으로 옳지 않은 것은?

① 양이온성 계면활성제이다.
② 살균력이 강하고 물에 잘 녹는다.
③ 냄새가 없고 자극성과 부식성이 없어 손이나 식기류 소독에 사용한다.
④ 음이온 계면활성제와 함께 사용할 때 세척력이 증가한다.

> **해설** 양성비누(역성비누)는 손 세정제로 가장 적합한 소독제이며 양이온성 계면활성제로, 세척력과 항균 활성 능력이 있다. 음이온 계면활성제와 함께 사용하면 세척력이 저하되므로 음이온 계면 활성제인 비누로 먼저 세정한 후에 양성비누를 사용하면 좋다.

02

교차오염 관리를 위한 방법으로 적절하지 않은 것은?

① 손 씻기를 철저히 한다.
② 개인위생 관리를 철저히 한다.
③ 조리된 음식 취급 시 맨손으로 취급한다.
④ 화장실의 출입 후 손을 청결히 하도록 한다.

> **해설** 교차오염 관리를 위하여 조리된 음식 취급 시 맨손으로 작업하는 것을 피해야 한다.
> 교차오염이란 오염되지 않은 식품이 이미 오염된 식품, 작업자 등의 접촉 또는 작업과정에 혼입되어 병원성 미생물의 전이가 일어나 오염되는 현상
> **■ 교차오염 예방법**
> ① 작업의 흐름을 일정한 방향으로 배치
> ② 기구, 용기는 식품별로 구분 사용 및 수시로 세척
> ③ 개인위생 관리 및 각 단계 작업 후 손 씻기
> ④ 구분하여 보관 및 사용하는 것(같이 사용하지 않는 것)
>   ㉠ 조리 전 육류와 채소류
>   ㉡ 원재료와 완성 제품
>   ㉢ 식자재와 비식자재
>   ㉣ 식품용 위생복과 청소용 위생복

03

저장 관리의 원칙을 잘못 설명한 것은?

① 저장위치 표시의 원칙
② 분류저장의 원칙
③ 품질보존의 원칙
④ 선입후출의 원칙

> **해설** **■ 선입선출의 원칙**
> 재료가 효율적으로 순환되기 위하여 유효 일자나 입고일을 기록하여 먼저 구입하거나 생산한 것부터 순차적으로 판매·제조하는 것으로, 재료의 신선도를 최대한 유지하고 낭비의 가능성을 최소화할 수 있다.

04

작업장 바닥에 대한 설명으로 옳지 않은 것은?

① 바닥에 미끄러지거나 넘어지지 않도록 액체가 스며들도록 한다.
② 바닥의 배수로나 배수구는 쉽게 배출되도록 한다.
③ 쉽게 균열이 가지 않고 미끄럽지 않은 재질로 선택한다.
④ 물 세척이나 소독이 가능한 방수성과 방습성, 내약품성 및 내열성이 좋은 것으로 한다.

> **해설** 바닥에 액체가 스며들면 쉽게 손상되고, 미생물을 제거하기 어려워진다. 특히 기름기가 많은 구역에서는 미끄러지거나 넘어지는 사고 발생의 원인이 되기도 한다.

세로 텍스트: 위생안전관리

정답 01. ④   02. ③   03. ④   04. ①

05

도넛에서 발한을 제거하는 방법은?

① 도넛에 묻히는 설탕의 양을 감소시킨다.
② 기름을 충분히 예열시킨다.
③ 점착력이 없는 기름을 사용한다.
④ 튀김 시간을 증가시킨다.

해설 – 발한은 반죽 내부의 수분이 밖으로 배어나오는 현상
– 설탕 사용량을 늘림
– 튀기는 시간 증가로 제품의 수분 함량을 낮춤
– 도넛을 충분히 냉각 후 아이싱

06

반죽의 신장성과 신장에 대한 저항성을 측정하는 기기는?

① 페리노그래프   ② 레오퍼멘토메터
③ 믹서트론   ④ 익스텐소그래프

해설 ▣ 밀가루 반죽의 물리적 시험
① 패리노그래프 : 글루텐의 흡수율, 믹싱시간, 글루텐의 질, 반죽의 내구성을 측정
② 아밀로그래프 : 밀가루의 점도 변화, α–아밀라아제의 효과를 측정
③ 익스텐소그래프 : 반죽의 신장성과 신장에 대한 저항을 측정(점탄성 파악), 개량제의 효과를 판단
④ 레오그래프 : 반죽이 기계적 발달할 때 일어나는 변화 측정, 밀가루의 흡수율 계산에 적합
⑤ 믹소그래프 : 글루텐 발달 정도를 기록, 밀가루 단백질의 함량과 흡수의 관계, 믹싱시간과 내구성 판단

07

식품첨가물이 갖추어야 할 조건으로 옳지 않은 것은?

① 식품에 나쁜 영향을 주지 않을 것
② 다량 사용하였을 때 효과가 나타날 것
③ 상품의 가치를 향상시킬 것
④ 식품 성분 등에 의해서 그 첨가물을 확인할 수 있을 것

해설 ▣ 식품 첨가물의 구비조건
– 사용방법이 간편하고 미량으로도 충분한 효과가 있을 것
– 독성이 적거나 없으며 인체에 유해한 영향을 미치지 않을 것
– 물리적/화학적 변화에 안정할 것
– 값이 저렴할 것
– 식품 자체의 영양가를 유지하며 식품 제조 및 가공에 꼭 필요할 것

08

기생충 감염의 중간숙주의 연결이 바르지 못한 것은?

① 십이지장충 – 모기   ② 말라리아 – 사람
③ 폐흡충 – 가재, 게   ④ 무구조충 – 소

해설 • 간디스토마(간흡충) – 왜우렁이 – 민물고기
• 폐디스토마(폐흡충) – 다슬기 – 가재, 게
• 유구조충(갈고리촌충) – 돼지
• 무구조충(민촌충, 소고기촌충) – 소

09

채소로 감염되는 기생충으로 짝지어진 것은?

① 편충, 동양모양선충   ② 폐흡충, 회충
③ 구충, 선모충   ④ 회충, 무구조충

해설 중간숙주가 없이 채소에 의해 발생하는 기생충은 회충, 요충, 편충, 구충(십이지장충), 동양모양선충이다.

10

기생충과 인체 감염원인 식품의 연결이 틀린 것은?

① 유구조충 – 돼지고기
② 무구조충 – 민물고기
③ 동양모양선충 – 채소
④ 아나사키스 – 바다생선

해설 무구조충 – 소고기

11

통조림, 병조림과 같은 밀봉 식품의 부패가 원인이 되는 식중독과 가장 관계 깊은 것은?

① 살모넬라 식중독

② 클로스트리디움 보툴리누스 식중독

③ 포도상구균 식중독

④ 리스테리아균 식중독

해설 클로스트리디움 보툴리누스 식중독의 원인 식품 : 통조림, 병조림, 햄, 소시지 등이 원인 식품이고 뉴로톡신이라는 신경독소를 생성한다.

12

세균성 식중독 중에서 잠복기가 가장 짧은 것은?

① 클로스트리디움 보툴리누스 식중독

② 장구균 식중독

③ 살모넬라 식중독

④ 포도상구균 식중독

해설
• 포도상구균 식중독의 평균 잠복기는 3시간이다. (잠복기가 가장 짧음/식사 후 식중독 발생 가능)
• 클로스트리디움 보툴리누스 식중독은 신경마비 증상을 나타내며 가장 높은 치사율을 보인다.
• 포도상구균의 균체는 열에 약하나 균에 의해 발생한 독소는 열에 강하다.

13

다음 중 아플라톡신(Aflatoxin)에 대한 설명으로 틀린 것은?

① 곰팡이 독으로서 간암을 유발한다.

② 탄수화물이 풍부한 곡물에서 많이 발생한다.

③ 열에 비교적 약하여 100℃에서 쉽게 불활성화된다.

④ 강산이나 강알칼리에서 쉽게 분해되어 불활성화된다.

해설 아플라톡신은 곰팡이 독소로서 간장독을 일으키며 열에 안정하기 때문에 가열조리를 한 후에도 그대로 남아 있을 수 있다.
수분 16% 이상, 상대습도 80~85% 이상, 온도 25~30℃인 환경에서 잘 생성된다.
– 아플라톡신 : 아스퍼질러스 플라버스 곰팡이가 번식하여 독소 생성(곡류, 땅콩 등)

14

과일 통조림으로부터 용출되며, 다량 섭취 시 구토, 설사, 복통 등을 일으킬 가능성이 있는 물질은?

① 수은(Hg)

② 주석(Su)

③ 아연(Zn)

④ 구리(Cu)

해설 통조림은 강철판에 얇게 주석을 입힌 캔으로 채소나 과일 등을 보관할 때 사용하는데, 캔으로부터 주석이 용출되어 중독을 일으키기도 한다. 다량 섭취 시 구토, 설사, 복통 등의 증상이 나타난다.

15

덜 익은 매실, 살구씨, 복숭아씨 등에 들어있으며, 인체의 장 내에서 청산을 생산하는 것은?

① 솔라닌

② 고시폴

③ 시큐톡신

④ 아미그달린

해설
• 감자 : 솔라닌
• 독미나리 : 시큐톡신
• 면실유(목화씨) : 고시폴

16

모체로부터 태반이나 수유를 통해 얻어지는 면역은?

① 자연능동면역

② 인공능동면역

③ 자연수동면역

④ 인공수동면역

▣ **능동면역**
- 자연능동면역 : 질병감염 후 획득한 면역
- 인공능동면역 : 예방접종(백신)으로 획득한 면역

▣ **수동면역**
- 자연수동면역 : 모체로부터 얻는 면역(태반, 수유)
- 인공수동면역 : 혈청 접종으로 얻는 면역

17

다음의 정의에 해당하는 것은?

> 식품의 원료관리, 제조 · 조리 · 유통의 모든 과정에서 위해한 물질이 식품에 섞이거나 식품이 오염되는 것을 방지하기 위하여 각 과정을 중점적으로 관리하는 기준

① 식품안전관리인증기준(HACCP)
② 식품 Recall 제도
③ 식품 CODEX 기준
④ ISO 인증제도

해설 식품안전관리인증기준(HACCP)은 식품의 원료관리 및 제조 · 가공 · 조리 · 소분 · 유통의 모든 과정에서 위해한 물질이 식품에 섞이거나 식품이 오염되는 것을 방지하기 위하여 각 과정의 위해 요소를 확인 · 평가하여 중점적으로 관리하는 기준이다.

18

다음 중 밀가루의 표백과 숙성을 위하여 사용하는 첨가물은?

① 개량제
② 유화제
③ 점착제
④ 팽창제

해설 - 유화제 : 서로 혼합되지 않는 두 종류의 액체를 유화시키기 위해 사용한다.
- 점착제 : 식품의 점착성을 증가시켜 교질상의 미각을 증진시킨다.
- 팽창제 : 식품을 부풀게 하여 적당한 형체를 갖추게 하기 위해 사용되는 첨가물이다.

19

식품과 독성분의 연결이 틀린 것은?

① 굴 – 베네루핀(Venerupin)
② 섭조개 – 삭시톡신(Saxitoxin)
③ 독버섯 – 아미그달린(Amygdaline)
④ 독보리 – 테물린(Temuline)

해설 • 청매 – 아미그달린(Amygdaline)
• 독버섯 – 무스카린, 뉴린, 콜린, 아마니타톡신(버섯 식중독균), 무스카리딘, 팔린

20

살모넬라균에 의한 식중독 증상과 가장 거리가 먼 것은?

① 심한 설사
② 급격한 발열
③ 심한 복통
④ 신경마비

해설 ▣ **살모넬라균 식중독**
- 세균성 식중독 중 감염형
- 60℃에서 20분 가열 시 사멸
- 생육 최적 온도 37℃
- 최적 pH 7~8
- 그람음성 무아포성 간균
- 고열, 설사 증상
- 보균자의 배설물에서 오염

제과점 관리

Chapter	1	재료 구매관리

1. 재료 구매 · 검수

(1) 구매의 유형

중앙 구매	본사에서 전문 팀을 두고 일괄적으로 재료를 구매하는 방법으로 대량 구매 시 비용 절감 효과가 있으며 거래처 관리가 용이한 반면 긴급 발주 시 비능률적이다.
분산 구매	독립적으로 물품을 구매하는 방법으로 긴급 발주에 유리한 방식으로 소규모 개인점에 이용
수시 구매	돌발 상황이나 긴급한 상황에서 일어나는 비정상적인 구매로 비효율적임
공동 구매	제과점들의 책임자가 공동목적으로 협력을 통해 품목을 구매하는 방법으로 원가절감을 할 수 있으나 공동 협력이 어려울 수 있다.

(2) 구매 절차

① 구매 물품 및 소요량의 결정   ② 구매 요구서 및 발주서의 작성
③ 원 · 부재료의 검수   ④ 원 · 부재료의 저장
⑤ 공급업체 평가

(3) 검수 관리

1) 검수에 필요한 구비 요건

     ① 검수 장소로 사용할 창고와 같은 공간
     ② 검수에 적당한 조명
     ③ 안전하고 위생적인 장소(상온보관 시설 및 냉장 · 냉동 시설)
     ④ 급 · 배수 시설, 방충 · 방서 관리, 선반, 팔레트, 저울, 온도계와 계산기 등

2. 재료 재고관리

1) 재고관리 원칙

     ① 원 · 부재료의 범주와 적재 위치를 설정
     ② 입고된 순서대로 선입 · 선출될 수 있도록 관리
     ③ 적재 시 입 · 출고의 빈도수, 분류법을 사용, 체계적 방법으로 재고관리

2) 재고조사 : 재고관리 책임자는 정기적으로 원 · 부재료와 생산에 필요한 모든 물품의 재고조사 실시 필요

3. 재료의 성분 및 특징

(1) 밀가루

1) 밀알의 구조*

껍질 (과피, 밀기울)	· 밀의 14% 차지 · 영양적으로 좋지만 완성 제품의 식감에 영향을 주므로 일반 밀가루는 제분 과정에서 분리 · 셀룰로오스와 회분 함유
배유	· 밀의 83% 차지 · 분말화하여 밀가루 생산 · 빵 만들기에 적합한 글리아딘과 글루테닌이 거의 동량으로 함유
배아(씨눈)	· 밀의 2~3% 차지 · 지방이 약 10% 함유되어 있어 제분 시 일반적으로 제거됨 · 배아유는 식용, 약용으로 사용

2) 제분과 제분수율

① 제분 : 밀알의 껍질과 배아 부위를 제거하고 내배유 부위를 부드럽게 만들어 전분이 손상되지 않게 고운 가루로 만드는 것

② 템퍼링(조질) : 껍질과 배아의 분리를 쉽게 하기 위해 껍질을 단단하게 하고 내배유를 부드럽게 만드는 공정

③ 제분수율(제분율) : 밀알을 제분하여 밀가루를 만들 때 밀알에 대한 밀가루의 양을 %로 나타낸 것
예 밀알 100g을 전부 밀가루로 만든 전밀가루 100g은 제분수율 100%, 밀가루가 80g라면 제분수율 80%

　㉠ 제분수율이 낮을수록 껍질 부위가 적은 고급 밀가루가 되지만 회분과 단백질의 함량이 떨어지므로 영양가는 떨어짐

　㉡ 제분수율이 높을수록 껍질 부위가 증가하므로 소화율은 감소함

1급 밀가루로 제분 시 성분 변화
· 수분과 탄수화물 증가
· 단백질 감소(1% 감소)
· 회분 감소(1.8%에서 0.4~0.45%로 감소)

3) 밀가루의 분류 및 특성

① 단백질(글루텐) 함량에 따른 밀가루의 제품 유형별 분류

종 류	단백질 함량(%)	용 도	밀의 종류
강력분	12~15	빵용	경질춘맥, 초자질
듀럼분	11~12.5	스파게티, 마카로니	듀럼분, 초자질
중력분	8~10	우동, 면류	연질동맥, 중자질
박력분	7~9	과자용	연질동맥, 분상질

② 회분 함량에 따른 밀가루의 등급별 분류

등 급	회분 함량(%)
특등급	0.3~0.4
1등급	0.4~0.45
2등급	0.46~0.6
최하 등급	1.2~2

PLUS TIP **파종시기에 따른 밀가루의 분류**
· **강력분** : 봄에 파종(경춘밀), 밀알이 적색을 띠며 단단함(경질소맥)
· **박력분** : 겨울에 파종(연동밀), 밀알이 흰색을 띠며 부드러움(연질소맥)

4) 밀가루의 성분

① 단백질
  ㉠ 제빵에 있어 중요한 품질이며, 지표는 글리아딘과 글루테닌
  ㉡ 글리아딘 : 신장성, 점성에 영향
  ㉢ 글루테닌 : 탄력성에 영향
  ㉣ 글리아딘과 글루테닌이 물과 만나 믹싱에 의해 글루텐 형성
  ㉤ 글루텐
    ⓐ 글리아딘(36%), 글루테닌(20%)과 그 외 메소닌(17%), 알부민, 글로불린(7%), 나머지는 탄수화물, 수분, 회분 등으로 구성
    ⓑ 글루텐은 점성과 탄력성 풍부. 발효과정에서 탄산가스를 보유하는 능력이 있어 반죽에 부피감을 줌
    ⓒ 젖은 글루텐 : 밀가루와 물을 2 : 1로 반죽한 후 물로 전분을 씻어낸 글루텐 덩어리

PLUS TIP **글루텐 함량**
· **젖은 글루텐 함량(%)*** : (젖은 글루텐 무게 ÷ 밀가루 무게) × 100
· **건조 글루텐 함량(%)** : 젖은 글루텐 함량(%) ÷ 3

② 탄수화물
  ㉠ 대부분이 전분이며 밀가루의 약 70% 차지
  ㉡ 전분 함량 : 강력분 〈 박력분
  ㉢ 제분 과정 중 전분 입자가 손상된 손상 전분의 적당량은 4.5~8%
  ㉣ 그 외 덱스트린, 셀룰로오스, 당류, 펜토산 등 함유

PLUS TIP **손상 전분**
· 제분공정에서 밀이 분쇄될 때 전분립이 충격을 받아 전분 입자가 손상받은 것
· 일반 전분에서 손상 전분으로 대치 시 흡수율이 2배 증가

③ 지방 : 1~2% 함유, 저장성에 악영향

④ 회분
　　㉠ 밀가루의 등급 결정하는 지표
　　㉡ 밀기울(껍질)의 양을 판단하는 기준
　　㉢ 껍질 부위가 적을수록(제분율이 낮을수록) 회분 함량이 적어짐 : 밀가루 등급 상승
⑤ 수분 : 10~14% 함유
⑥ 효소 : 전분을 분해하는 아밀라아제와 단백질을 분해하는 프로테아제 함유

 프로테아제

　· 글루텐 조직 연화
　· 햄버거 번, 잉글리시 머핀 반죽에 흐름성을 부여하기 위해 첨가
　· 빵 반죽 발효 시 작용(반죽의 신장성을 증대시켜 이산화탄소를 보유할 수 있도록 함)
　· 과다 시 글루텐 조직이 끊어져 끈기가 없어짐

---

5) 표백과 숙성
① 밀가루의 표백 : 카로티노이드계 색소(크림색) 제거
　　㉠ 자연 표백 : 공기 중 산소와 접촉하여 산화작용을 받아 탈색(2~3개월)
　　㉡ 표백제 : 과산화벤조일, 산소, 과산화질소, 이산화염소, 염소가스
② 밀가루의 숙성 : 생화학적으로 불안한 상태에서 제빵 적성을 향상
　　㉠ 자연 숙성 : 공기 중 산소에 의해 자연적으로 산화시키는 것(2~3개월)
　　㉡ 인공 숙성 : 브롬산칼륨, ADA(아조디카본아미드), 비타민 C 등은 표백작용 없이 밀가루 숙성제로 작용
③ 영양강화제 : 비타민, 무기질 등 밀가루에 부족한 영양소 첨가

합격 CODE **밀가루의 숙성 전/후 특성 비교**

숙성 전 밀가루	숙성 후 밀가루
노란빛(크산토필)	흰색
pH 6.1~6.2	pH 5.8~5.9
빵 발효에 부적당	발효 촉진
글루텐의 교질화가 이루어지지 않음	글루텐 질 개선으로 흡수성 좋음
효소 작용이 활발	환원성 물질이 산화되어 반죽 글루텐 파괴가 줄어듦

6) 밀가루의 보관
① 온도 : 18~24℃, 습도 : 55~65%
② 환기가 잘되는 곳
③ 휘발유, 암모니아 등 냄새가 강한 물건에 주의
④ 위생 동물 차단
⑤ 오래된 밀가루부터 먼저 사용

7) 밀가루의 선택 기준

① 안정된 품질
② 2차 가공 내성이 좋음
③ 흡수량이 많을 것
④ 제빵 : 단백질(글루텐) 함량이 많은 것 → 강력분(경질)
⑤ 제과 : 단백질(글루텐) 함량이 적은 것 → 박력분(연질)

 밀가루 선택 시 고려사항
· **단백질의 양과 질** : 빵의 부피 영향, 과자의 구조력 결정
· **흡수량** : 제품의 부드러움, 저장성
· **회분량** : 열 반응에 관여하여 착색과 고소함

(2) 기타 가루

1) 호밀가루

① 밀가루와 단백질의 양적 차이는 없으나 질적 차이가 있음
 ㉠ 밀가루의 경우 글리아딘과 글루테닌은 90%, 호밀가루는 25.7%
 ㉡ 탄력성과 신장성이 나쁘므로 밀가루와 혼합 사용
② 펜토산 함량이 높아 반죽을 끈적이게 하고 글루텐의 탄력성을 약화시킴
③ 제분율에 따라 백색, 중간색, 흑색 호밀가루로 분류. 흑색 호밀가루에 회분(칼슘, 인)이 많이 함유
④ 제빵에서 사용 시 사워종을 사용하면 양질의 호밀빵 생산 가능

2) 활성 밀 글루텐(건조 글루텐)

① 밀가루에서 단백질을 추출하여 만든 연한 황갈색 미세 분말
② 부재료로 인해 밀가루가 희석될 때 개량제로 사용하여 점성과 탄력성이 있는 글루텐 형성
③ 효과
 ㉠ 반죽의 내구성 개선
 ㉡ 발효, 성형하는 동안 안정성 증가
 ㉢ 제품의 부피 증가와 기공 조직 저장성 개선
 ㉣ 흡수율 증가

3) 옥수수가루

① 옥수수 전분은 음식물 조리의 농후화제로 사용
② 불완전 단백질인 제인이 많고 일반 곡류에 부족한 트레오닌과 메티오닌이 많아 혼식 섭취하면 좋음

4) 감자가루

제과 · 제빵 사용 시 주로 노화 지연제, 향료제, 이스트 영양제로 사용

5) 땅콩가루

단백질 함량이 높고 필수 아미노산 함량이 높아 영양 강화 식품으로 이용

6) 보리가루

① 비타민, 무기질, 섬유질이 많아 건강빵 만들 때 사용
② 보리 특유의 구수한 맛, 조직이 거칠고 색이 어두운 편

7) 대두분

① 밀가루에 부족한 각종 아미노산을 함유하여 밀가루의 영양 보강제로 사용
② 제품의 구조력 강화, 흡수율 감소, 껍질 색 개선, 식감 개선 등의 물리적 특성에 영향

8) 프리믹스

① 제품의 특성에 맞게 밀가루 등의 재료가 균일하게 혼합된 원료로 물과 섞어 편리하게 작업 가능
② 재료 계량 및 공정의 편리
③ 저장 면적 축소 및 효율적인 재고관리
④ 달걀, 우유 등의 위생상의 문제 해결

(3) 감미제*

1) 감미제의 기능

제 과	제 빵
· 단맛 · 제품에 향 부여 · 껍질 색 형성(캐러멜화 반응, 메일라드 반응) · 속 결과 기공을 부드럽게 함(글루텐 연화 작용) · 노화 지연, 저장성 증가 · 달걀 단백질의 기포력 저하, 기포 안정성과 포집력 향상 · 흐름성, 퍼짐성 조절	· 단맛 · 껍질 색 형성(메일라드 반응, 캐러멜화 반응) · 속 결과 기공을 부드럽게 함 · 발효 시 이스트에 먹이 제공 · 노화 지연, 저장성 증가(수분 보유력) · 속 결과 기공을 부드럽게 함(글루텐 연화 작용)

합격 CODE 캐러멜화 반응 / 메일라드 반응
· 캐러멜화 반응 : 당을 고온 가열하면 생기는 갈색 반응. 설탕은 160℃에서 시작
· 메일라드 반응 : 아미노산과 환원당이 가열 반응. 갈색으로 변화. 비환원성 당인 설탕은 반응이 나타나지 않음

2) 설탕(Sucrose)

사탕수수나 사탕무의 즙액을 농축, 결정화 후 원심분리하면 생성되는 원당으로 만든 당류

① 정제당 : 당밀과 불순물을 제거하여 만든 순수한 당
　㉠ 액당 : 설탕 또는 전화당이 물에 녹아 있는 시럽 상태

ⓒ 전화당(트리몰린) : 설탕을 가수분해하여 생성되는 동량의 포도당과 과당의 시럽 형태 혼합물
  ⓐ 갈색화 반응이 빠름
  ⓑ 수분 보유력이 좋음
  ⓒ 쿠키의 광택과 촉감을 위해 사용
ⓒ 황설탕 : 약과, 약식, 캐러멜 색소 원료로 사용
ⓔ 분당 : 설탕을 마쇄한 분말에 3%의 전분 혼합해서 덩어리 생기는 것 방지
ⓜ 입상형 당 : 알갱이 형태의 설탕
② 함밀당 : 불순물만 제거하고 당밀이 포함된 설탕(미네랄이 풍부). 흑설탕

3) 당밀(Molasses)

사탕수수를 정제하는 공정에서 원당을 분리하고 남은 부산물. 설탕과의 구분 성분은 회분(무기질)

① 제과·제빵에 당밀을 사용하는 이유
 ⓐ 특유의 맛과 향 부여
 ⓑ 노화를 지연
 ⓒ 향료와의 조화
② 럼주 : 당밀을 발효 후 증류한 것

4) 전분당

① 포도당(dextrose)
 ⓐ 전분을 효소나 산으로 가수분해해서 생성
 ⓑ 설탕보다 감미도는 낮으나 껍질 색이 더 진하게 나고 입안에 청량감 부여
 ⓒ 효모(이스트)의 영양원으로 발효 촉진
② 물엿(Corn Syrup)
 ⓐ 전분을 산분해법, 효소전환법, 산효소법의 3가지 방법으로 만든 전분당
 ⓑ 설탕에 비해 감미도는 낮지만 점성, 보습성이 좋아 제품의 조직을 부드럽게 함

5) 맥아(Malt)와 맥아 시럽(Malt Syrup)

① 맥아 : 발아시킨 보리의 낟알
② 맥아 시럽
 ⓐ 탄수화물 분해 효소, 단백질 분해 효소 함유
 ⓑ 맥아당, 가용성 단백질, 광물질, 기타 맥아 물질을 추출한 액체로 구성된 시럽
 ⓒ 이스트 발효 촉진, 특유의 향과 껍질 색 개선, 제품 내부 수분 함량 증가
 ⓓ 캔디 등 제조 시 설탕의 재결정화 방지

6) 올리고당(Oligosaccharides)

① 단당류가 3~10개로 구성
② 소화효소에 분해되지 않고 장까지 도달해 비피더스균의 먹이가 되어 장 활동을 활발하게 함
③ 청량, 설탕에 비해 항충치성

7) 유당(젖당, Lactose)

이스트에 의해 발효되지 않고 잔류당으로 남아 굽기 중 갈변반응을 일으켜 제품의 껍질 색 형성

(4) 유지류

1) 유지의 종류와 특징

버터	· 우유의 유지방(수분 함량 16% 내외) · 유중수적형(W/O, Water in Oil) · 융점이 낮고 가소성 범위가 좁음 · 독특한 맛과 풍미(디아세틸, 유기산)
마가린	· 버터 대용품, 식물성 유지를 경화시킴 · 유중수적형(W/O, Water in Oil) · 가소성, 유화성, 크림성이 좋으나 풍미가 버터보다 못함
라드	· 돼지 지방조직 정제 · 가소성의 범위가 넓지만 크림성과 산화 안정성이 낮음 · 쇼트닝가를 높이기 위해 빵, 파이, 쿠키, 크래커에 사용
쇼트닝	· 라드 대용품, 식물성 유지를 니켈 촉매로 경화 · 크림성이 좋아서 제품을 부드럽게 함 · 케이크 반죽의 유동성, 기공과 조직, 부피, 저장성 개선
튀김 기름★	· 지방 100%, 수분 0% · 적정 튀김 온도 : 180~195℃ · 발연점이 높은 식용유나 면실유를 많이 사용 · 발연 현상 : 기름을 비등점(끓는점) 이상으로 계속 사용하면 유리지방산이 증가하며 푸른 연기가 발생, 이때의 온도점이 발연점 · 튀김 기름의 조건 : 높은 발연점, 산패에 대한 안정성(저항성), 낮은 산가(유리지방산가)

> **합격 CODE 유리지방산 발생 요인(튀김 기름의 4대 적)**
>
> 공기(산소), 이물질, 온도(반복 가열), 수분(물) : 기름의 산패로 발연점이 낮아지고 아크롤레인이 생성

2) 유지의 화학적 반응

① 가수분해
   ㉠ 유지는 가수분해 과정을 통해 모노–글리세리드, 디–글리세리드와 같은 중간 생성물을 만들고 최종적으로 지방산과 글리세롤로 분해
   ㉡ 유지의 가수분해 속도는 온도의 상승에 비례하여 증가
   ㉢ 튀김 기름에서는 가수분해에 의해 생성된 지방산(유리지방산) 함량이 높아지면 발연점이 낮아지고 기름에 거품이 일어남
② 산화
   ㉠ 유지가 대기 중의 산소와 반응하여 과산화물을 형성
   ㉡ 자가산화(Auto oxidation) : 유지가 대기 중에서 산화하여 산패가 되는 것
   ㉢ 산패 : 유지를 공기 중에 오래 두었을 경우 산화되어 냄새, 맛, 색이 변하는 현상

PLUS TIP

유지의 산패

· 유지의 산패 정도를 나타내는 지표 : 산가, 아세틸가, 과산화물가, 카르보닐가
· 유지의 산패 촉진 요인 : 산소, 열, 수분, 자외선, 이중결합수, 유리지방산 함량, 금속(구리, 철), 이물질

합격 CODE   유지의 온도 상승

· 가수분해 촉진
· 유리지방산 함량 증가
· 산가, 과산화물가, 점도, 중합도 증가
· 발연점 낮아짐(푸른 연기 발생, 아크롤레인 생성)

---

3) 건성

① 불포화지방산의 유지가 공기 중 산소를 흡수하여 산화·중합·축합을 일으키며 점성이 증가하여 고체로 되는 성질

② 요오드가* : 1g의 지방에 흡수되는 요오드의 mg 수(지방의 불포화도 측정)

불건성유	요오드가 100 이하	올리브유, 피마자유, 땅콩기름 등
반건성유	요오드가 100~130	채종유, 참기름, 면실유, 미강유, 옥수수유 등
건성유	요오드가 130 이상	아마인유, 들깨기름, 해바라기씨유, 호두기름 등

③ 요오드가가 높으면 지방의 불포화도가 높음. 불포화도가 높으면 유지의 산패가 쉽게 일어남

PLUS TIP

유지의 산가(유리지방산가), 검화가, 과산화물가

· 산가
 ① 1g의 유지에 들어있는 유리지방산을 중화하는데 필요한 수산화칼륨의 양을 %로 표시
 ② 유지의 가수분해 정도를 나타내는 지수, 유지의 질을 판단
· 검화가 : 유지 1g을 검화하는데 필요한 수산화칼륨(KOH)의 mg 수
· 과산화물가 : 유지 1kg에 들어있는 과산화물의 함유량을 측정

---

4) 유지의 안정화

① 항산화제

항산화제 (산화 방지제)	· 산화적 연쇄반응을 방해함으로써 유지의 안정 효과를 갖게 함 · 비타민 E(토코페롤), PG(프로필갈레이트), BHA, BHT, NDGA, 구아검 등
항산화제 보완제 (항산화 보조제)	· 단독으로는 효과가 없지만 항산화제와 같이 사용하면 항산화 효과를 상승 · 비타민 C, 구연산, 주석산, 인산

② 유지의 경화(수소 첨가)
 ㉠ 불포화지방산의 이중결합에 니켈(Ni) 촉매로 수소를 첨가시켜 불포화도 감소(융점 상승)
 ㉡ 트랜스지방(Trans Fat) : 유지를 경화시키기 위해 수소를 첨가하는 과정에서 생성
 ㉢ 다양한 물리적 특성을 향상시켜 과자류 제품 제조를 용이하게 함
 ㉣ 섭취 시 인체 내 LDL(저밀도 지단백질)을 증가시켜 혈관 질환 유발 원인 물질로 작용

ⓜ 대표적 제품 : 쇼트닝, 마가린(엑스트라버진 올리브유나 참기름 같은 압착유에는 트랜스
지방이 없음)

5) 유지의 물리적 특성을 사용한 제과·제빵 품목

① 가소성 : 상온에서 고체 형태를 유지하여 자유롭게 정형 가능한 성질(퍼프 페이스트리, 데니시
페이스트리)

② 크림성 : 믹싱 중 공기를 포집하여 부피가 팽창하는 성질(버터 크림, 파운드 케이크 등)

③ 쇼트닝성 : 빵 과자에 부드러움과 바삭함을 주는 성질(식빵, 크래커)

④ 유화성 : 물과 기름을 잘 섞이게 하는 성질(레이어 케이크류, 파운드 케이크)

⑤ 안정성 : 유지의 산화와 산패를 장기간 억제하는 성질(튀김 기름, 쿠키, 크래커)

융점(녹는점)이 높으면 가소성이 좋음

· 쇼트닝 〉 마가린 〉 버터
· 가소성 범위가 넓은 유지는 낮은 온도에선 딱딱하지 않고 높은 온도에선 너무 무르지 않음

6) 제과·제빵에서의 유지의 기능

① 영양가를 높이고 특유의 맛과 향 형성

② 글루텐 연화 작용

③ 저장성 증가(수분 증발 방지, 노화 지연)

④ 반죽의 신장성 증가

⑤ 빵의 부피를 크게 함(가스 보유력 증가)

(5) 유제품

1) 우유의 물리적 성질과 구성 성분

① 성질

ⓐ 비중 : 평균 1.03

ⓑ pH : 6.6

② 성분

ⓐ 수분 87.5%, 고형질 12.5%

ⓑ 유지방 : 카로틴, 콜레스테롤, 지용성 비타민 함유

ⓒ 유단백질

ⓐ 카제인 : 유단백질 중 80% 차지. 산과 레닌에 의해 응고

ⓑ 유장 단백질 : 락토알부민, 락토글로불린(산에 강하고 열에 의해 응고)

ⓓ 유당 : 우유의 주된 당. 유산균에 의해 발효, 이스트에 의해 발효되지 않고 남아 껍질 색 형성

ⓔ 무기질 : 칼슘, 인

ⓕ 비타민 : 비타민 A, 비타민 B_2

③ 우유의 살균법(가열법)

구 분	저온 장시간(LTLT)	고온 단시간(HTST)	초고온 순간(UHT)
온도	60~65℃	72~75℃	130~150℃
시간	30분	15초	3초

2) 유제품의 종류 및 특징

① 시유 : 일반적으로 판매하는 액상 우유
② 농축 우유
   ㉠ 수분 함량을 감소시켜 고형질 함량을 높인 것
   ㉡ 생크림 : 우유의 지방을 분리하여 농축하여 생산(휘핑용 생크림 – 유지방 35% 이상)
   ㉢ 연유 : 우유를 1/3로 농축(무당연유), 40%의 설탕 첨가 후 1/3로 농축(가당연유)
③ 분유
   ㉠ 우유의 수분을 제거 후 분말 상태로 만든 것
   ㉡ 전지분유 : 우유의 수분만 제거
   ㉢ 탈지분유 : 우유의 수분과 유지방을 제거
   ㉣ 그 외 : 가당분유(당류 첨가), 혼합분유(곡류가공품 첨가)
④ 유장 제품
   ㉠ 유장 : 우유에서 유지방, 카제인을 분리하고 남은 부분(주성분 : 유당)
   ㉡ 분말화하여 식빵 등에 첨가하면 저장성 향상
⑤ 발효 제품
   ㉠ 카제인을 응고시켜 발효, 숙성
   ㉡ 요구르트 : 유즙에 젖산균 첨가 발효하여 생산
   ㉢ 치즈 : 유즙에 레닌을 첨가하여 발효 생산(유청 제거)
⑥ 버터 : 크림을 휘저어 엉키게 하여 굳힘(유지방 함량 : 약 80~81%)

PLUS TIP 자연치즈 종류

구 분	숙성기간	종 류
연질치즈	숙성기간이 짧거나 없음	코티지치즈, 크림치즈, 로마주블랑, 카망베르
반경질치즈	수주 또는 수개월 숙성	뮌스터, 스틸톤
경질치즈	수개월 또는 1년 이상 숙성	고다, 에담, 체다, 그뤼에르
(블루치즈인 고르곤졸라는 곰팡이와 세균에 의해 발효, 숙성시켜 생산)		

3) 제과 · 제빵에서 유제품의 기능

① 믹싱 내구력 향상(글루텐 강화)
② 발효 내구성 상승(완충작용으로 반죽의 pH 조절)
③ 제품의 껍질 색(유당)
④ 노화 지연(수분 보유)
⑤ 영양가 향상(밀가루에 부족한 필수 아미노산 리신, 칼슘 보충)
⑥ 맛과 풍미 향상

제빵 시 4~6%의 분유 사용 효과

① 제품의 기공과 결 개선
② 제품의 부피 증가
③ 분유 속 유당의 껍질 색 개선
④ 노화 지연
⑤ 반죽의 믹싱 내구성, 발효 내구성 강화
⑥ 영양 가치 상승, 맛과 풍미 향상

(6) 계면활성제

1) 계면활성제(유화제)의 특징

① 친유기와 친수기가 있어서 액체 표면의 장력을 감소
② 물과 기름을 섞이게 함

2) 계면활성제의 종류

모노디글리세리드 (Mono di glycerides)	· 가장 많이 사용 · 지방의 가수분해로 생성되는 중간산물 · 유지에 녹으면서 물에도 분산되고 유화식품을 안정시킴 · 빵 과자의 노화를 늦춤
레시틴(Lecithin)	· 쇼트닝과 마가린의 유화제로 사용 · 옥수수와 대두유로부터 추출 · 반죽에 넣으면 유동성이 커짐 · 산화 방지 효과
그 외	아실 락티레이트(Acyl lactylate), SSL(Sodium Stearoyl-2-Lactylate)

친수성-친유성 균형(HLB)

계면활성제 분자 중 친유성단에 대한 친수성단의 크기와 강도의 비
· 1~9 : 친유성(기름에 용해, 유중수적형)
· 11~20 : 친수성(물에 용해, 수중유적형)

HLB 수치	용 해	유화의 종류	대표적 제품
1~9	친유성	· 기름에 물이 분산된 형태 · 유중수적형(W/O, Water in Oil)	버터, 마가린
11~20	친수성	· 물에 기름이 분산된 형태 · 수중유적형(O/W, Oil in Water)	우유, 마요네즈, 아이스크림

3) 계면활성제의 기능

① 물과 유지를 균일하게 분산시켜 반죽의 기계 내성 향상
② 제품의 조직과 부피 개선
③ 노화 지연
④ 케이크 반죽과 아이싱의 유화제

(7) 달걀

1) 달걀의 구성

① 구성비 및 각 부위별 고형분과 수분의 비율(%)

부 위	구성비	수 분	고형분
껍질	10	–	–
전란	90	75	25
노른자	30	50	50
흰자	60	88	12

2) 성분과 특징

① 껍질
   ㉠ 대부분 탄산칼슘으로 구성
   ㉡ 미세한 구멍이 있어 세균 침투가 가능하나 큐티클 층이 세균 침투 방지
   ㉢ 큐티클이 제거되는 요인 : 오래된 달걀, 물로 씻기, 표면 마찰
② 흰자
   ㉠ 알칼리성(pH 8.5~9.0), 기포성과 열 응고성이 있음
   ㉡ 흰자 단백질

오브알부민	필수 아미노산을 고루 함유
콘알부민	철과의 결합능력(미생물이 이용 못하는 항세균 물질)
그 외	오보뮤코이드, 라이소자임, 아비딘

③ 노른자
   ㉠ 고형질의 약 70%가 지방(트리글리세리드, 인지질, 콜레스테롤, 카로틴, 지용성 비타민)
   ㉡ 레시틴 : 인지질의 대부분을 차지. 유화제로 사용

3) 신선한 달걀 판별

① 껍질이 거칠고 윤기가 없으며 까슬까슬한 촉감
② 흔들어 보았을 때 소리가 없음
③ 난황계수 0.41~0.45, 난백 계수 0.14~0.17
④ 빛에 비췄을 때 속이 밝고 노른자가 공 모양
⑤ 6~10%의 소금물에서 가라앉음

$$난황계수 = \frac{난황의 높이(mm)}{난황의 지름(mm)}$$

$$난백계수 = \frac{난백의 높이(mm)}{난백의 평균 지름(mm)}$$

4) 제과·제빵에서 달걀의 기능

① 농후화제 : 열에 의해서 응고. 걸쭉해짐(커스터드 크림, 푸딩)
② 결합제 : 점성. 달걀 단백질의 응고성(크로켓 빵가루 묻힘, 커스터드 크림)
③ 유화제 : 레시틴의 유화제 역할(케이크, 아이스크림, 마요네즈)
④ 팽창제 : 흰자의 기포성(스펀지 케이크, 엔젤 푸드 케이크 등)
⑤ 착색제 : 굽기 전 제품에 바르면 당과 아미노산의 메일라드 반응으로 색상이 진해짐(쇼트 브레드 쿠키)
⑥ 영양 강화 : 양질의 완전 단백질 공급원

달걀의 기포성

· 달걀 흰자의 기포성을 좋게 하는 재료
  – 주석산 크림, 레몬즙, 식초, 과일즙 등의 산성 재료와 소금
· 달걀 흰자의 포집성(안정성)을 좋게 하는 재료
  – 설탕, 산성 재료

(8) 소금

1) 특징

① 나트륨(Na)과 염소(Cl)의 화합물 (NaCl)

② 정제염 99% + 탄산칼슘, 탄산마그네슘 1%

2) 제과 제빵에서 소금의 기능

① 점착성 방지, 신장성 부여

② 재료의 맛 향상, 풍미 증가

③ 삼투압 작용으로 잡균의 번식 억제(방부 효과)

④ 설탕의 감미도 조절

⑤ 열 반응을 촉진해 제품의 내부 및 껍질 색 형성에 도움

⑥ 기공이 좋아짐

⑦ 이스트의 발효 억제(발효 속도 조절)

⑧ 글루텐 강화로 제품의 탄력성 증대

⑨ 칼슘 : 제빵 개량 효과, 마그네슘 : 반죽의 내구성 증대

(9) 물

1) 경도에 따른 물의 분류와 특징*

물에 녹아있는 칼슘염과 마그네슘염의 양을 탄산칼슘의 양으로 환산해 분류(ppm)

종 류	특 징	조치사항
연수(단물)	· 증류수, 빗물 · 반죽에 사용 시 글루텐을 연화시켜 점착성이 증가 · 가스 보유력을 떨어뜨려 오븐 스프링이 나빠짐 · 60ppm 이하	· 물의 양(흡수율) 감소(2%) · 이스트 푸드와 소금 증가 · 이스트 양 감소 및 발효 시간 단축
아경수	· 반죽의 글루텐을 적당히 경화(제빵에 적합) · 120~180ppm 미만	
경수(센물)	· 광천수, 바닷물, 온천수 · 반죽에 사용 시 글루텐을 경화시켜 반죽이 질겨짐 · 탄력성 증가. 발효 시간이 길어짐 · 180ppm 이상	· 이스트 사용량 증가, 발효 시간 연장 · 맥아 첨가(효소 공급으로 발효 촉진) · 소금과 이스트 푸드 양 감소 · 물의 양 증가
일시적 경수	끓이면 연수가 됨	
영구적 경수	끓여도 경도에 영향이 없음	

2) pH에 따른 물의 분류와 특징

① pH는 반죽의 효소 작용과 글루텐의 물리성에 영향
② 약산성(pH 5.2~5.6)의 물이 제빵용 물로 가장 적합
③ 산성과 알칼리성 물

산성의 물을 사용할 경우	알칼리성의 물을 사용할 경우
· 발효 촉진 · 글루텐 용해로 반죽이 찢어지기 쉬움 · 기공이 작고 조직이 조밀 · 여린 껍질 색, 약한 향 · 이온교환수지를 이용해 물을 중화시켜 사용	· 발효 지연 · 탄력성이 떨어지고 부피가 작고 노란색의 빵 · 기공이 열리고 조직이 거침 · 레몬즙, 과일주스, 주석산 크림 등의 양을 증가시켜 사용(제과) · 황산칼슘을 함유한 이스트 푸드의 양을 증가시켜 사용(제빵)

3) 제과 · 제빵에서 물의 기능

① 용매로 작용 및 균질화 : 당, 소금, 밀가루, 수용성 성분 등을 분산, 용해
② 반죽 온도, 반죽 농도 조절
③ 글루텐 형성에 도움
④ 굽기 중 증기압 형성으로 팽창 작용
⑤ 효모와 효소의 활성

(10) 이스트(효모, yeast)

1) 특징

① 빵, 맥주, 포도주 등 제조 시 사용되는 미생물
② 생이스트의 1g 당 세포 수는 50억~100억
③ 반죽 내 발효 시 이산화탄소, 에틸알코올, 유기산 생성하여 반죽을 팽창, 숙성시키고 향미 성분을 부여
④ 반죽의 신장성, 반죽의 취급, 기계적 내성을 향상
⑤ 완제품의 기공과 조직을 개선
⑥ 혼합 시간을 단축
⑦ 효소 : 프로테아제, 리파아제, 인버타아제, 말타아제, 치마아제

합격 CODE **이스트의 효소★★★**

당질 분해 효소	지방 분해 효소	단백질 분해 효소
인버타아제, 말타아제, 치마아제	리파아제	프로테아제

① 치마아제
  ㉠ 빵 반죽 발효 중 최종적인 부분을 담당하는 효소
  ㉡ 포도당과 과당을 분해하여 탄산가스(반죽의 팽창)와 에틸알코올(반죽의 pH를 낮춤. 향 발달)을 생성
② 이스트는 유당 분해 효소인 락타아제가 들어있지 않아 유당이 반죽에 남아 색상 형성에 도움

2) 이스트의 종류와 특성

① 생이스트 : 압착효모, 수분은 약 70%

② 활성 건조효모(드라이이스트)

  ㉠ 생이스트의 수분을 8~9% 정도로 건조

  ㉡ 생이스트를 대체하여 사용할 경우 40~50%로 사용

  ㉢ 물(이스트 양의 4배, 40~45℃)에 5~10분간 수화시킨 후 사용

  ㉣ 인스턴트이스트 : 수화 없이 바로 사용

  ㉤ 장점 : 저장성, 경제성, 균일성, 편리성, 정확성

3) 이스트의 번식 조건

① 양분 : 당, 질소, 인산, 칼륨

② 공기 : 호기성균으로 산소 필요

③ 온도 : 28~32℃(가장 활발한 온도는 38℃)

④ 최적 pH : pH 4.5~4.8

4) 이스트의 사용량 조절

이스트 사용량을 증가시키는 경우	이스트 사용량을 감소시키는 경우
설탕, 소금의 사용량 증가	손으로 작업하는 공정이 많을 때
낮은 반죽 온도	많은 작업량
우유량 증가	실내 온도가 높을 때
질 좋은 글루텐 함유 밀가루 사용	천연 효모와 병행 사용
발효 시간 조절(시간 단축)	발효 시간 조절(시간 지연)

5) 취급 시 주의점

① 높은 온도의 물에 닿지 않도록 주의(이스트 사멸)

② 소금, 설탕 및 개량제(이스트 푸드)와 직접 닿지 않도록 주의(삼투압 영향)

③ 보관 : 냉장 온도, 깨끗한 밀봉 용기 사용(잡균 오염 방지), 선입선출

글루타티온

① 오래된 효모에 많이 함유되어 있는 글루타티온은 환원성 물질로 효모가 사멸하면서 환원제로 작용

② 반죽을 약화시키고 빵의 맛과 품질을 떨어뜨림

(11) 이스트 푸드

1) 이스트 푸드의 특징

① 이스트의 발효를 촉진, 반죽의 질 개선을 위한 제빵 개량제로 사용

② 사용량 : 밀가루 중량 대비 0.1~0.2%

2) 이스트 푸드의 역할과 구성 성분

질소 공급	이스트의 영양원인 질소를 공급하여 가스 발생력 향상		염화암모늄, 황산암모늄, 인산암모늄
물 조절	칼슘의 양 증가시켜 물의 경도 조절로 반죽 탄력성 향상		황산칼슘, 인산칼슘, 과산화칼슘
반죽 조절	효소제 : 반죽의 신장성 향상, 가스 보유력 향상		프로테아제, 아밀라아제
	산화제 : 글루텐 강화, 제품의 부피 증가, 발효 시간 단축		아스코르브산(비타민 C), 브롬산칼륨, 요오드칼륨, 아조디카본아미드(ADA)
	환원제 : 글루텐 연화, 반죽 시간 단축		시스테인, 글루타티온

산화제, 환원제
산화제는 반죽을 단단하게, 환원제는 반죽을 연하게 함

(12) 팽창제

1) 팽창제의 종류
① 천연 팽창제 : 이스트(효모)
  ㉠ 빵에 사용, 가스 발생이 많음
  ㉡ 부피 팽창, 연화 작용, 향의 개선이 목적
② 화학적 팽창제 : 베이킹파우더, 탄산수소나트륨(중조, 소다), 암모늄계 팽창제(탄산암모늄, 염화암모늄)
  ㉠ 사용이 간편
  ㉡ 단점 : 팽창력이 약함. 갈변 및 뒷맛이 좋지 않음
  ㉢ 주로 과자류에 사용

화학적 팽창제를 과다 사용 시
· 밀도가 낮고 부피가 큼   · 속 결이 거침
· 속 색이 어두움   · 노화가 빠름
· 기공이 많아 찌그러지기 쉬움

2) 화학적 팽창제의 종류 및 특징
① 탄산수소나트륨(중조, 소다)
  ㉠ 단독 사용 또는 베이킹파우더 형태로 사용
  ㉡ 식품을 알칼리성으로 만들며 과량 사용 시 소다 맛, 비누 맛, 제품의 색 변화
② 베이킹파우더
  ㉠ 탄산수소나트륨 + 산성 작용제(탄산가스 발생 시기 조절) + 전분(분산제, 완충제 역할)
  ㉡ 탄산수소나트륨($2NaHCO_3$) → 이산화탄소(CO_2) + 물 (H_2O) + 탄산나트륨 (Na_2CO_3)
  ㉢ 탄산수소나트륨 단독 사용과 다른 점 : 산성 작용제의 조합에 따라 가스 발생 속도와 상태를 조절 가능

    ② 산성 작용제 사용에 따른 반응 속도

      주석산 〉 산성 인산칼슘 〉 피로인산칼슘 〉 인산알루미늄소다 〉 황산알루미늄소다

    ⑩ 베이킹파우더 무게의 12% 이상의 유효 이산화탄소가 발생되어야 함

    ⑪ 케이크 제조 시 부드러운 조직(단백질 연화)과 부피 팽창이 목적(이산화탄소 발생)

③ 암모늄계 팽창제

    ㉠ 밀가루 단백질을 부드럽게 하는 효과(쿠키에 사용 시 퍼짐성 증대)

    ㉡ 굽기 중 분해되어 잔류물이 안 남음

    ㉢ 종류 : 탄산수소암모늄, 염화암모늄

④ 그 외

    ㉠ 중탄산칼륨(나트륨 섭취 제한 환자를 위한 대체 팽창제)

    ㉡ 중탄산암모늄(수분과 열에 쉽게 반응하여 가스 발생)

    ㉢ 주석산칼륨(중조와 작용 시 속효성 베이킹파우더가 됨)

    ㉣ 이스파타(이스트파우더의 약칭, 찜류와 화과자에 많이 사용)

PLUS TIP

중화가(Neutralizing Value)

산에 대한 중조의 비율로서 적정량의 유효 이산화탄소를 발생시키고 중성이 되는 수치

· **중화가** = 중조의 양 / 산성제의 양 × 100

· **산성제의 양** = 베이킹파우더의 양 − 전분의 함량 − 중조의 함량

---

(13) 안정제★

1) 안정제의 특징

상태가 불안정한 유동성의 혼합물에 점도를 증가시켜 안정된 구조로 바꿔주는 첨가물

2) 안정제의 사용 목적

① 아이싱의 끈적거림과 부서짐 방지

② 제품의 흡수율을 높여 노화 지연

③ 머랭과 휘핑 크림의 수분 배출을 억제하여 기포 안정화

④ 파이 충전물 등의 농후화제로 사용(포장성 개선)

⑤ 젤리, 무스, 바바루아, 파이충전물, 아이스크림 등에 사용

3) 안정제의 종류

한천	· 우뭇가사리에서 추출. 물에 불린 후 끓는 물에 녹여 사용 · 설탕 사용 시 한천이 완전 용해된 후 첨가 · 젤리, 광택제 등으로 사용
젤라틴	· 동물의 껍질, 연골 속의 콜라겐에서 추출 · 물과 함께 가열 시(약 35℃) 녹아 친수성 콜로이드를 형성(용액에 대하여 1% 농도로 사용)하고 식으면 굳음(가역적 과정) · 산이 존재하면 응고 능력 저하 · 무스, 바바루아 등에 사용

펙틴	· 과일의 껍질 및 과육 성분 · 잼 제조 시 겔화 조건 : 당(60% 이상) + 펙틴(1.5%) + 산(pH 0.3%) · 잼, 젤리, 마멀레이드
CMC	식물 뿌리의 셀룰로오스에서 추출, 산에 약하며 냉수에 쉽게 팽윤
알긴산	· 갈조류(다시마, 미역 등)의 세포막 구성 성분에서 추출 · 칼슘과는 단단한 교질체가 되지만 산이 존재하면 농후화 능력 감소
검류	· 구아검, 로커스트빈검, 카라야검, 아라비아검 · 유화제, 안정제, 점착제, 증점제 등으로 사용 · 친수성 물질(냉수에 용해) · 탄수화물로 구성, 낮은 온도에서도 높은 점성

(14) 향료와 향신료

1) 향료

① 특징 : 제품에 독특한 개성을 부여하여 후각을 자극해서 식욕을 증진시키는 재료

② 성분에 따른 분류

    ㉠ 천연 향료 : 천연 식물에서 추출(꿀, 당밀, 코코아, 초콜릿, 과일분말, 감귤류, 바닐라 등)

    ㉡ 합성 향료 : 천연향에 들어있는 향 물질을 유지에 합성

        (버터 : 디아세틸, 바닐라빈 : 바닐린, 계피 : 시나몬 알데히드)

    ㉢ 인조 향료 : 천연향과 같은 맛이 나도록 화학성분을 조작

③ 가공 방법에 따른 분류

    ㉠ 비알코올성 향료(오일)

        – 오일, 글리세린, 식물성유에 향을 용해

        – 굽기 과정에서 휘발하지 않음(캐러멜, 캔디, 비스킷)

    ㉡ 알코올성 향료(에센스)

        – 에틸알코올에 향을 용해

        – 열에 의해 휘발성이 큼(아이싱, 충전물 제조)

    ㉢ 유화 향료

        – 물속에 유화제를 사용하여 향료를 분산

        – 내열성이 있고 물에 잘 섞여 오일과 에센스 대신 사용 가능

    ㉣ 분말 향료

        – 유화 향료의 원료를 용해시킨 후 분무 건조

        – 취급이 용이(아이스크림, 추잉껌, 제과)

2) 향신료

① 기능 : 소량 첨가하여 주재료의 불쾌한 냄새 제거

    ㉠ 재료들과 어울려 풍미 향상 및 제품의 보존성을 높여줌

    ㉡ 식욕 증진, 방부 작용, 약리 작용

② 종류

넛메그 (Nutmeg)	·육두구 열매를 건조 ·단맛과 향 ·1개의 종자에서 넛메그와 메이스(Mace)를 얻음 ·도넛에 사용
오레가노 (Oregano)	·꿀풀과 다년생 식물의 잎을 건조 ·톡 쏘는 향기 ·피자소스, 파스타
박하 (Peppermint)	·박하잎을 건조 ·시원하고 산뜻한 향
계피 (Cinnamon)	·녹나무과의 상록수 껍질 ·케이크, 쿠키, 초콜릿, 과자류 등 사용
카다몬 (Cardamon)	·생강과의 다년초 열매 깍지 속의 작은 씨 건조 ·커피 향과 어울림 ·푸딩, 케이크, 페이스트리
정향(Clove)	·정향나무의 열매를 건조 ·단맛이 강한 크림소스
생강(Ginger)	·열대성 다년초의 다육질 뿌리 ·매운맛과 특유의 향
올스파이스 (Allspice, 자메이카 후추)	·익기 전의 올스파이스나무 열매 건조 ·프루츠 케이크, 카레, 파이, 비스킷
후추(Pepper)	·후추 나무 과실을 건조 ·상큼한 향기와 매운맛
캐러웨이 (Caraway)	·씨를 통째로 갈아 사용 ·상큼한 향기와 부드러운 단맛과 쓴맛 : 호밀빵
바닐라(Vanilla)	·바닐라 빈을 발효하여 생긴 바닐린 결정 ·바닐라 특유의 향 : 초콜릿, 과자, 아이스크림

(15) 초콜릿

1) 초콜릿(카카오 매스, 비터 초콜릿)의 구성 성분

① 코코아 : 62.5%

② 카카오버터 : 37.5%

③ 유화제 : 0.2~0.8%

합격 CODE   **초콜릿의 코코아와 카카오버터 구성비** ➡ 코코아 5/8 : 카카오버터 3/8

PLUS TIP   **카카오버터** ➡ 천연 식물 지방, 단순지방(트리글리세리드)

·초콜릿의 풍미, 구용성, 감촉, 맛 등을 결정
·가소성이 매우 적음(입에 넣자마자 녹음)

2) 초콜릿의 종류

① 원료에 의한 분류

구 분	코코아	카카오버터	유화제(레시틴)	설탕	향(바닐라향)	분유	유성색소
카카오 매스	○	○	○				
다크 초콜릿	○	○	○	○	○		
밀크 초콜릿	○	○	○	○	○	○	
화이트 초콜릿		○	○	○	○	○	
컬러 초콜릿		○	○	○	○	○	○

② 사용 용도에 의한 분류

가나슈용 초콜릿	다크 초콜릿 + 생크림
코팅용 초콜릿 (파타글라세)	(카카오 매스 - 카카오버터) + 식물성 유지 + 설탕 : 템퍼링 작업이 필요 없음
코코아 분말	카카오 매스를 압착, 버터와 카카오 박으로 분리하여 카카오 박을 분말로 만든 것
커버추어 초콜릿	· 일정 온도에서 유동성과 점성을 갖는 대형 판초콜릿 · 사용 전 템퍼링 작업이 필요함

3) 템퍼링(Tempering)

① 융점이 서로 다른 카카오버터를 안정적인 β형 구조의 초콜릿으로 굳히는 작업
② 효과
 ㉠ 매끈한 광택(윤기)
 ㉡ 초콜릿의 구용성(입안에서의 용해성)이 향상
 ㉢ 지방 블룸(Fat Bloom) 현상 방지
③ 방법

수냉법	40~45℃로 녹이고 27~29℃로 냉각시킨 후 다시 30~32℃로 온도 조절
대리석법	· 40~45℃로 녹이고 전체의 1/2~2/3을 대리석 위에 부어 혼합하면서 냉각 · 점도가 생기면 나머지 초콜릿에 넣고 용해하여 30~32℃로 맞춤
접종법	초콜릿을 완전히 용해한 다음 온도를 36℃ 정도로 낮추고 그 안에 템퍼링한 초콜릿을 용해
오버나이트법	전날 저녁 36℃로 보온해서 다음 날 아침 32℃로 조절한 후 전체를 균일하게 혼합

합격 CODE 블룸(bloom)

① 초콜릿의 표면에 생기는 흰 반점(꽃과 닮아서 붙여진 이름)
② 지방 블룸과 설탕 블룸으로 나뉨
③ 적정 보관 조건 : 온도 15~18℃, 습도 40~50%, 직사광선 피할 것

지방 블룸	잘못된 템퍼링으로 표면에 용출된 카카오버터가 굳으면서 생김
설탕 블룸	잘못된 보관으로 표면에 용출된 설탕이 굳으면서 생김

(16) 견과류 / 주류

1) 견과류

① 의미 : 단단하고 굳은 껍질과 깍정이에 1개의 종자만이 싸여있는 나무 열매의 총칭

② 종류

    ㉠ 아몬드 : 블렌치 아몬드, 슬라이스 아몬드, 아몬드 파우더

      (마지팬 : 설탕과 아몬드를 갈아 만든 페이스트 반죽)

    ㉡ 호두 : 산화되기 쉬우므로 보관에 주의

    ㉢ 헤이즐넛 : 개암나무 열매. 향긋한 맛과 향

    ㉣ 피스타치오 : 풍미가 좋으나 가격이 비쌈

    ㉤ 그 외 마카다미아, 캐슈넛, 코코넛, 잣, 땅콩 등이 사용됨

2) 주류

① 제과·제빵에 사용 시 잡내를 제거하고 풍미와 향을 냄

② 종류

양조주	· 곡물이나 과일이 원료로 효모 발효주 · 대부분 저 알코올 농도(청주, 맥주, 포도주, 막걸리)
증류주	· 양조주를 증류한 것 · 증류 횟수에 따라 주정 함량 상승(위스키, 브랜디, 진, 럼, 보드카)
혼성주	· 양조주나 증류주에 식물(주로 과일)을 이용해 향미, 맛, 색을 침출시키고 당, 색소를 가하여 제조 · 일반적으로 고 알코올 농도(리큐르, 매실주 등)

럼, 브랜디, 꼬냑

· 럼(럼주) : 당밀을 원료인 증류주, 제과에 많이 사용
· 브랜디 : 과실을 주정 원료로 만든 증류주의 총칭
· 꼬냑 : 프랑스 코냑 지방의 포도주를 원료로 한 브랜디

---

③ 리큐르(Liqueur) : 증류주에 과실, 과즙, 약초, 향초 등 배합하고 감미료와 착색료를 더해 만든 혼성주

    ㉠ 오렌지 리큐르 : 큐라소(Curacao), 트리플 섹(Triple Sec), 그랑 마르니에(Grand Marnier), 코앵트로(Cointreau)

    ㉡ 체리 리큐르 : 마라스키노(Maraschino), 키르슈(Kirsch)

    ㉢ 커피 리큐르 : 칼루아(Kahlua)

4. 기초재료과학

(1) 탄수화물(Carbohydrates)

1) 탄수화물의 구조와 특성
① 탄소(C), 수소(H), 산소(O)의 3원소로 구성 일반식은 $C_N(H_2O)_M$ 또는 $C_NH_{2M}O_M$으로 표시
② 탄소와 물이 결합된 화합물
③ 단당류, 이당류, 다당류 등 자연계에 널리 분포하며 당질(Glucide)이라고도 불림

2) 탄수화물의 분류와 특성
① 단당류 : 가수분해에 의해 더 이상 분해되지 않는 가장 단순한 탄수화물

포도당	환원당	・포도, 과일즙에 많이 함유 ・혈액 중에 0.1% 존재(혈당) ・글루코겐 형태로 저장(저장성 다당류)
과당	환원당	・꿀과 과일에 다량 함유 ・모든 당류 중 감미도가 가장 강함 ・용해성이 가장 좋고 흡수성과 조해성이 큼
갈락토오스	환원당	유당의 구성 성분, 뇌신경 조직의 성분

② 이당류 : 단당류 2분자가 화학적으로 결합된 당(가수분해 시 단당류 2분자 생성)

자당 (설탕)	비환원당	・흡습성, 캐러멜화 반응. 감미도 측정하는 기준 ・사탕수수나 사탕무우에 존재한다.	인버타아제(invertase) 포도당 + 과당
맥아당 (엿당)	환원당	발아한 보리, 엿기름에 존재	말타아제(maltase) 포도당 + 포도당
유당 (젖당)	환원당	・포유동물의 유즙 속에 존재 ・장내 잡균의 번식을 막아 장을 깨끗하게 함(정장 작용)	락타아제(lactase) 포도당 + 갈락토오스

합격 CODE 당류의 상대적 감미도
・설탕(자당)을 기준으로 감미 정도를 수치로 환산한 값
・과당(175) 〉전화당(130) 〉자당(설탕, 100) 〉포도당(75) 〉맥아당, 갈락토오스(32) 〉유당(16)

③ 다당류
ㄱ 전분(녹말, starch) : 곡류, 고구마, 감자 등에 존재. 식물의 에너지원으로 이용되는 저장 탄수화물
ㄴ 섬유소(셀룰로오스) : 해조류, 채소류에 많이 존재. 식물의 세포벽 골격을 형성
ㄷ 펙틴 : 과일류의 껍질에 많이 존재. 산과 결합 시 젤(gel)을 형성하여 젤리나 잼을 만드는 데 사용
ㄹ 글리코겐 : 동물성 전분. 간이나 근육에 저장
ㅁ 덱스트린(호정) : 전분이 가수분해되는 과정에서 생성되는 중간생성물
ㅂ 한천 : 우뭇가사리에서 추출. 젤(gel) 형성 능력이 강하여 펙틴과 같은 안정제로 사용
ㅅ 이눌린 : 돼지감자에 다량 함유. 과당의 결합체

3) 전분

① 전분의 구조와 특징

포도당이 배열되어 있는 형태에 따라서 아밀로오스(amylose)와 아밀로펙틴(amylopectin)으로 구분

구 분	아밀로오스	아밀로펙틴
분자량	적음	많음
포도당 결합 상태	직쇄상 배열 / 선형 구조 (α-1, 4 결합)	측쇄상 배열 / 곁사슬 구조 (α-1, 4결합), (α-1, 6결합)
요오드 용액 반응	청색 반응	적자색 반응
호화 / 노화	빠름	느림
함유량	일반 곡물 17~28%	· 일반 곡물 72~83% · 찹쌀/찰옥수수 100%

② 전분의 호화(α화)

㉠ 생전분(β-전분)에 물을 넣고 가열하면 팽윤되며 점성이 커지고 투명도도 증가하여 반투명의 α-전분 상태가 됨(콜로이드 상태)

㉡ 호화된 전분을 α-전분 또는 호화전분이라고도 하며 생전분보다 소화가 잘됨

㉢ 호화 촉진 인자

전분 입자의 크기	입자가 클수록 호화 촉진
수분량	많을수록 호화 촉진
가열 온도	높을수록 호화 촉진
pH	높을수록(알칼리성) 호화 촉진
염류	NaOH, KOH 첨가하면 호화 촉진

③ 전분의 노화

㉠ 전분을 상온에 방치하면 전분 분자끼리의 결합력이 물 분자와의 결합력보다 크기 때문에 침전을 만들거나 딱딱하게 굳어지는 현상

㉡ α-전분(호화전분)의 수분이 빠져 β-전분(생전분)으로 돌아가며 이를 β화(노화)라고 함

㉢ 주요 원인은 수분 증발(오븐에서 나오자마자 노화 시작)

㉣ 미생물의 변질과는 다름

㉤ 노화 최적 상태

ⓐ 수분 함량 : 30~60%

ⓑ 최적 온도 : 냉장 온도 0~5℃(전분의 노화대)

㉥ 노화 방지법

ⓐ 반죽에 α-아밀라아제 첨가

ⓑ 저장 온도 : -18℃ 이하(노화 정지), 또는 21~35℃(노화 지연) 유지

ⓒ 수분 함량 : 15% 이하

ⓓ 전분의 종류 : 아밀로펙틴이 아밀로오스보다 노화 지연

ⓔ 계면활성제나 레시틴 사용, 설탕량 증가, 유지량 증가, 모노디글리세리드(유화제) 사용

ⓕ 탈지분유, 달걀에 의한 단백질 증가
ⓖ 양질의 재료 사용, 방습 포장

합격 CODE **전분의 물리적 성질 변화**

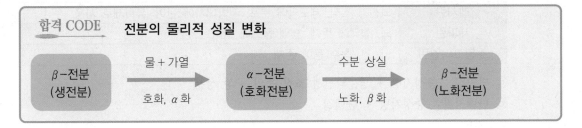

4) 전분의 가수분해

전분에 묽은 산을 넣고 가열하거나, 전분에 아밀라아제를 넣고 호화온도(55~60℃) 유지

PLUS TIP **전분의 가수분해 과정에서 생성되는 식품과 당류**

① 전분의 가수분해 과정

② **식혜** : 쌀의 전분을 가수분해하여 부분적 당화시킴(다량의 맥아당)
③ **엿** : 쌀의 전분을 가수분해하여 완전히 당화시켜 농축, 조청을 만들고 그 구성 포도당을 결정화한 것
④ **물엿** : 옥수수 전분을 가수분해하여 당화시킴(물엿 특유의 점성 성분 : 덱스트린)
⑤ **포도당** : 설탕량 일부를 대체 사용 시 재료비 절약, 껍질 색 개선 효과

(2) 지방(지질, 유지 Fat / Oil)

1) 지방의 구조와 특성

① 탄소(C), 수소(H), 산소(O)의 3원소로 구성된 유기화합물
② 1분자의 글리세린(글리세롤)과 3분자의 지방산이 에스테르 결합(트리글리세리드)
③ 지방산이 불포화지방산인 경우 실온에서 액체(기름, Oil)
④ 지방산이 포화지방산인 경우 실온에서 고체(지방, Fat)
⑤ 유지 : 기름과 지방을 총칭

2) 지방의 분류와 특성

① 단순지방
  ㉠ 중성지방 : 3분자의 지방산과 1분자의 글리세롤이 결합한 구조
          지방산에 따라 상온에서 지방(고체)과 오일(액체)로 나뉨
  ㉡ 납(왁스) : 고급 지방산과 고급 알코올이 1:1로 결합한 고체 형태의 단순지방. 영양적 가치는 없음

② 복합지방

  ㉠ 인지질 : 중성지방 + 인산

레시틴	뇌신경 조직, 세포막에 분포. 지방대사에 관여. 유화제로 사용
세파린	뇌, 혈액에 존재, 혈액 응고에 관여
스핑고미엘린	뇌, 간, 척수 등에 존재

  ㉡ 당지질 : 중성지방 + 당, 뇌신경 조직 등의 구성 성분

  ㉢ 단백지질 : 중성지방 + 단백질

③ 유도지방

  ㉠ 중성지방, 복합지방이 가수분해할 때 유도되는 지방

  ㉡ 알칼리성 용액에서 비누화하지 않는 물질

  ㉢ 콜레스테롤, 에르고스테롤, 글리세롤, 지방산

3) 지방의 구조

① 지방산의 분류 : 탄소와 탄소 사이의 이중결합 유무에 따라 포화지방산과 불포화지방산으로 분류

포화지방산	불포화지방산
단일결합만으로 이루어진 지방산	1개 이상의 이중결합이 있는 지방산
상온에서 고체 상태	상온에서 액체 상태
동물성 유지에 많이 함유 (그 외 마가린, 코코넛유, 팜유)	식물성 유지(올리브유, 들기름, 콩기름), 등푸른생선
※ 대표적인 포화지방산 ·뷰티르산 ·스테아르산 ·팔미트산	※ 대표적인 불포화지방산 ·올레산(이중결합 1개) ·리놀레산(이중결합 2개) ·리놀렌산(이중결합 3개) ·아라키돈산(이중결합 4개) ·EPA, DHA

② 글리세린(글리세롤)

  ㉠ 무색, 무취, 감미

  ㉡ 식품의 수분을 잡아들여 보유하는 흡습성이 좋아 보습제로 사용

  ㉢ 물과 기름의 유탁액에 대한 안전기능(크림을 만들 때 물과 지방의 분리를 억제)

  ㉣ 식품의 윤기를 좋게 하는 독성 없는 극소수 용매 중 하나

  ㉤ 식품의 색상과 광택을 좋게 하는 독성 없는 극소수 용매 중 하나

  ㉥ 보습성이 뛰어나 제품의 저장성을 연장시킴

  ㉦ 제과·제빵 시 습윤제, 보습제, 유화제, 용매제로 사용

PLUS TIP **유지의 융점을 낮추는 요인**

·탄소의 수가 적은 것

·이중결합수가 많은 것

·**뷰티르산** : 탄소수가 4개로 천연의 지방을 구성하는 지방산 중 가장 적음(버터에 함유)

---

(3) 단백질(Proteins)

1) 단백질의 특성

① 탄소(C), 수소(H), 산소(O), 질소(N), 황(S) 등의 원소로 구성된 유기화합물

② 질소에 의해 단백질의 특성이 규정됨

③ 단백질을 구성하는 기본단위는 아미노산

2) 아미노산

① 단백질의 기본 구성단위

② 염기성 아미노그룹(아미노기, $-NH_2$), 산성인 카르복실기 그룹($-COOH$)을 함유하는 유기화합물

③ 염기와 산의 특징을 가지고 있음

④ 물에 녹아 음이온과 양이온의 양전하를 가지므로 용매의 pH에 따라서 용해도가 달라짐

⑤ 아미노산의 분류

구 분	중성 아미노산	산성 아미노산	염기성 아미노산	함황 아미노산
구조적 특징	· NH_2^+ 1개 · $COOH^-$ 1개	· NH_2^+ 1개 · $COOH^-$ 2개	· NH_2^+ 2개 · $COOH^-$ 1개	분자 안에 황(S)을 함유
주요 아미노산	이소류신, 류신, 트레오닌, 발린	글루탐산	리신	메티오닌 시스틴, 시스테인

PLUS TIP **빵 반죽의 탄력과 신장에 영향을 미치는 아미노산**
· **시스틴** : 이황화 결합($-S-S-$)을 갖고 있으므로 반죽의 구조를 강하게 하고, 가스 포집력을 증가시키며 반죽을 다루기 좋게 함
· **시스테인** : 치올기($-SH$)를 갖고 있으므로 반죽의 구조를 부드럽게 하여 글루텐의 신장성을 증가시키고 반죽 시간과 발효 시간을 단축시키며 노화를 방지

3) 단백질의 분류

– 생물학적 분류 : 동물성단백질, 식물성단백질

– 화학적 성질에 따른 분류 : 단순단백질, 복합단백질, 유도단백질

① 단순단백질 : 아미노산만으로 이루어진 단백질(가수분해 시 아미노산만 생성)

알부민	물이나 묽은 염류 용액에 용해, 열과 강한 알코올에 응고
글로불린	물에는 녹지 않으나 묽은 염류 용액에는 용해. 열에 응고
글루텔린	물과 중성 용매에는 녹지 않으나 묽은 산과 알칼리에는 용해(밀-글루테닌)
프롤라민	물과 중성 용매에는 녹지 않으나 70~80%의 알코올, 묽은 산과 알칼리에는 용해 (밀-글리아딘, 옥수수-제인, 보리-호르테인)

② 복합단백질 : 단순단백질에 다른 물질(또는 화합물)이 결합되어 있는 단백질

핵단백질	· 단백질 + 핵산 · 세포핵을 구성하는 단백질

당단백질 (글루코프로테인)	단백질 + 당질(뮤신, 뮤코이드)
인단백질	단백질 + 유기인(우유-카제인, 달걀 노른자-오보비텔린)
금속단백질	· 단백질 + 금속(철, 구리, 아연, 망간 등) · 호르몬의 구성 성분
색소단백질 (크로모단백질)	발색단을 가지고 있는 단백질 화합물(헤모글로빈, 엽록소, 미오글로빈 등)

③ 유도단백질 : 효소나 산, 알칼리, 열 등의 작용제에 의한 분해로 얻어지는 단백질의 1차, 2차 분해 산물(종류 : 메타프로테인, 프로테오스, 펩톤, 폴리펩티드, 펩티드)

4) 단백질의 구조

1차 구조	펩티드 결합 (아미노기와 다른 카르복실기가 물을 잃고 축합된 결합)	사슬 모양
2차 구조	· 폴리펩티드 결합이 수소결합 · 이온결합으로 접힘	나선 구조, 병풍 구조
3차 구조	폴리펩티드 사슬이 구부러지고 압축됨	구상, 섬유상 복잡한 구조
4차 구조	3차 구조 단백질이 모여 소단위가 입체적 배열	전체적인 단백질의 구조

5) 단백질의 성질

① 등전점
  ㉠ 용매의 +, – 전하량이 같아져 단백질이 중성이 된 시점의 pH
  ㉡ 아미노산의 종류에 따라 등전점이 다름
② 용해성
  ㉠ 종류에 따라 용매에 대한 용해도가 다르고 용매의 pH에 따라 용해도가 다름
  ㉡ 등전점의 단백질은 용해도가 적음
③ 변성
  열, 자외선, 산, 알칼리, 유기약품, 금속이온, 염류 등에 의해 단백질 구조가 변함
④ 응고성
  ㉠ 열, 산, 알칼리를 가하면 단백질이 응고되는 성질
  ㉡ 우유의 카제인 : 효소(레닌)와 산에 의해 응고되어 치즈, 요구르트가 됨

(4) 효소

1) 효소의 구성 및 특징

① 주성분 : 단백질(온도, pH, 수분 등의 영향을 받음)
② 고열, 강산, 강알칼리 등에 의해 단백질 변성되어 활성을 잃음
③ 영양소는 아니지만 생체 내 유기화학 반응의 촉매 역할
④ 기질 특이성 : 한 가지 효소는 한 가지 물질(기질)에만 작용

2) 효소의 분류와 특성*

① 탄수화물 분해 효소

㉠ 이당류 분해 효소

인버타아제(Invertase)	설탕을 포도당과 과당으로 분해	제빵용 이스트, 장액에 존재
말타아제(Maltase)	맥아당을 2개의 포도당으로 분해	제빵용 이스트, 장액
락타아제(Lactase)	유당을 포도당과 갈락토오스로 분해	장액에 존재, 이스트에는 존재하지 않음

㉡ 다당류 분해 효소

아밀라아제(Amylase) (디아스타아제)	·α-아밀라아제 (전분을 덱스트린으로 분해, 액화 효소) ·β-아밀라아제 (전분을 맥아당으로 분해, 당화 효소)	침(프티알린), 밀가루
셀룰라아제(Cellulase)	섬유소를 포도당으로 분해	초식동물
이눌라아제(Inulase)	이눌린을 과당으로 분해	

㉢ 산화 효소

치마아제(Zymase) (찌마아제)	포도당과 과당을 알코올과 이산화탄소로 산화	제빵용 이스트
퍼옥시다아제 (페록시다아제)	카로틴계 황색 색소를 무색으로 산화	대두

PLUS TIP -ase/-ose 탄수화물(단당류, 이당류)은 -ose로 끝나고, 효소 이름은 -ase로 끝나요.

단당류	포도당(Glucose), 과당(Fructose), 갈락토오스(Galactose)
이당류	자당(Sucrose), 맥아당(Maltose), 유당(Lactose)
이당류 분해 효소	인버타아제(Invertase), 말타아제(Maltase), 락타아제(Lactase)
다당류 분해 효소	아밀라아제(Amylase), 셀룰라아제(Cellulase), 이눌라아제(Inulase)
산화 효소	치마아제(Zymase), 퍼옥시다아제(Peroxidase)

② 지방 분해 효소 : 지방을 지방산과 글리세린으로 분해

리파아제	지방을 지방산과 글리세롤로 분해	이스트, 장액
스테압신	지방을 지방산과 글리세롤로 분해	췌액

③ 단백질 분해 효소

프로테아제	단백질을 펩톤, 폴리펩티드, 펩티드, 아미노산으로 분해	밀가루, 발아 중인 곡식
펩신	단백질을 펩톤과 프로테오스로 분해	위액
레닌	단백질 응고에 관여	반추동물의 위액
트립신	단백질과 펩톤, 프로테오스를 폴리펩티드로 분해	췌액

펩티다아제	펩티드를 디펩티드로 분해	췌액
에렙신	프로테오스, 펩톤, 펩티드를 아미노산으로 분해	장액

3) 제빵에 관련 있는 효소

밀가루	이스트
α-아밀라아제 β-아밀라아제 프로테아제	인버터아제 말타아제 리파아제 프로테아제 치마아제

5. 재료의 영양학적 특성

(1) 영양소 : 식품에 함유되어 있는 여러 성분 중 체내에 흡수되어 생활 유지를 위한 생리적 기능에 이용

(2) 영양소의 분류

열량 영양소	탄수화물, 지방, 단백질	에너지원으로 이용
구성 영양소	단백질, 무기질, 물	근육, 골격, 효소, 호르몬 등 구성
조절 영양소	무기질, 비타민, 물	생리작용과 대사작용 조절

일반 성인의 섭취 열량 대비 권장량

· 탄수화물 65%   · 단백질 15%   · 지방 20%

(3) 탄수화물(당질)

1) 영양학적 기능

① 에너지원(4kcal/g)
② 단백질 절약 작용(탄수화물 부족 시 단백질을 에너지원으로 사용)
③ 지방대사에 관여(간에서 작용)
④ 피로 회복에 효과적(섭취~소비의 시간이 짧다)
⑤ 혈당 유지(혈액 중 포도당 0.1% 포함, 필요시 글리코겐 분해 사용)
⑥ 변비 예방(섬유질 섭취 시)
⑦ 감미료로 사용
⑧ 장내 정장작용과 칼슘 흡수 촉진(유당)
⑨ 유아의 뇌, 신경조직의 성분(갈락토오스)
⑩ 장내 비피더스균 증식에 도움(올리고당)
⑪ 과잉 섭취 시 비만, 당뇨병, 동맥 경화 유발

2) 탄수화물의 대사

① 소화는 입에서부터 시작하여 최종적으로 단당류로 분해되며 소장에서 흡수

② 체내에서 대사할 때 비타민 B군이 조효소(Coenzyme)로 작용, 인(P)과 마그네슘(Mg) 등의 무기질이 필요

③ TCA cycle을 거치며 완전히 산화되어 이산화탄소와 물로 분해

(4) 지방(지질)

1) 영양학적 기능

① 에너지원(9kcal/g)

② 체온 조절(체온의 발산 방지)

③ 내장 기관 보호(외부의 충격으로부터 보호)

④ 지용성 비타민(vitamin A, D, E, K)의 흡수 촉진

⑤ 변비 예방(장내 윤활제 역할)

⑥ 필수지방산 공급

⑦ 담즙산, 성호르몬, 부신피질 호르몬의 주성분(콜레스테롤)

⑧ 자외선에 의해 프로비타민 D인 비타민 D_2로 전환(에르고스테롤)

⑨ 뇌신경에 분포, 지방대사에 관여(레시틴)

⑩ 과잉 섭취 시 비만, 유방암, 대장암, 고혈압, 동맥경화 유발

합격 CODE 필수지방산

체내에서 합성되지 않아 음식물을 통해 섭취해야만 하는 지방산

① 세포막을 구성

② 성장 촉진, 피부 건강 유지, 혈청 콜레스테롤을 감소

③ 뇌와 신경조직, 시각 기능을 유지

④ 결핍증 : 피부염, 성장 지연, 생식 장애, 시각 기능 장애

⑤ 모두 불포화지방산(하지만, 모든 불포화지방산이 필수지방산은 아님)

⑥ 종류* : 리놀레산, 리놀렌산, 아라키돈산

콜레스테롤, 에르고스테롤

콜레스테롤	에르고스테롤
· 신경조직, 뇌조직(동물성 스테롤)	· 효모, 버섯 등 식물성 식품(식물성 스테롤)
· 담즙산, 성호르몬, 부신피질 호르몬의 주성분	· 자외선에 의해 비타민 D_2로 전환
· 자외선에 의해 비타민 D_3로 전환	(프로비타민 D)
· 다량 섭취 시 고혈압, 동맥경화 유발시킴	

---

2) 지방의 대사

① 글레세롤과 지방산으로 분해되어 소장에서 흡수(담즙산의 지방 유화작용)되어 간으로 이동

② 간에서 산화 과정을 거친 후, 이산화탄소와 물로 분해

전구체

어떤 물질 대사나 화학반응 등에서 특정 물질이 되기 전 단계의 물질

📖 비타민 A의 전구체 : 베타카로틴
   비타민 D_2의 전구체 : 에르고스테롤
   비타민 D_3의 전구체 : 콜레스테롤
   펩신의 전구체 : 펩시노겐

(5) 단백질

1) 영양학적 기능

① 에너지원(4kcal/g)
② 체조직, 혈액, 효소, 호르몬, 항체 등을 구성
③ 체내 수분 함량(삼투압 조절) 및 체액의 pH 유지
④ 장시간 섭취 결핍 시 콰시오카 혹은 마라스무스 질병

질소계수

· 질소는 단백질만 갖고 있는 원소
· 단백질에 평균 16% 함유되어 있어 식품의 질소 함유량을 알면 6.25(질소계수)를 곱하여 식품의 단백질 함량을 산출(단백질의 양 = 질소의 양 × 6.25)

2) 영양학적 분류

완전 단백질	부분적 완전 단백질	불완전 단백질
필수 아미노산을 고루 갖춘 단백질 (생명 유지 O, 성장 발육 O)	몇 개의 필수 아미노산이 부족한 단백질 (생명 유지 O, 성장 발육 ×)	생명 유지 ×, 성장 발육 ×
카제인, 락토알부민(우유) 오브알부민, 오보비텔린(달걀) 미오신(육류) 미오겐(생선) 글리시닌(콩)	글리아딘(밀) 호르데인(보리) 오리제닌(쌀)	제인(옥수수) 젤라틴(육류)

합격 CODE 필수 아미노산

· 체내 합성이 되지 않아 음식물로 섭취해야만 하는 아미노산
· 생명 유지, 체조직의 구성, 성장 발육에 필요
· **성인★** : 트립토판(Tryptophan), 발린(Valine), 트레오닌(Threonine), 이소류신(Isoleucine), 류신(Leucine), 리신(Lysine), 페닐알라닌(Phenylalanine), 메티오닌(Methionine), 히스티딘(Histidine) – 9종
· **성장기 어린이** : 성인 필수 아미노산(9종) + 아르기닌(Arginine) – (10종)

※ 필수 아미노산 9종에 포함되어 있는 "히스티딘(Histidine)"의 경우 과거에는 성인에게 있어 준필수 아미노산으로 분류됐으나, 최근 FAO/WHO/UNU(1985)는 필수 아미노산으로 취급하고 있다.

3) 영양평가지표

① 생물가(Biological Value, BV)
   ㉠ 체내 이용 정도 평가하는 방법. 생물가가 높을수록 체내 이용률이 높음
   ㉡ 우유(90), 달걀(87), 돼지고기(79), 소고기(76), 생선(75), 대두(75), 밀가루(52)

② 단백가(Protein Score, PS)
   ㉠ 필수 아미노산 비율이 이상적인 표준 단백질을 100으로 가정하고, 다른 단백질의 필수 아미노산 함량을 비교. 단백가가 높을수록 영양가가 큼
   ㉡ 달걀(100), 소고기(83), 우유(78), 대두(73), 쌀(72), 밀가루(47), 옥수수(42)

> **PLUS TIP**
>
> **제한 아미노산**
> · 제한 아미노산 : 필수 아미노산 중 이상형보다 적은 아미노산
> · 제한 아미노산이 2종 이상일 경우 가장 적은 아미노산을 제 1 제한 아미노산이라 함

4) 단백질의 상호보조

① 단백가가 낮은 식품이라도 부족한 필수 아미노산을 보충할 수 있는 식품과 함께 섭취 시 체내 이용률이 상승
② 콩 + 쌀, 빵 + 우유, 옥수수 + 우유 등

5) 단백질의 대사

① 위와 췌장, 소장에서 분비되는 효소에 의해 아미노산으로 분해, 소장에서 흡수
② 필요한 각 조직을 구성하고 남은 아미노산은 간으로 운반 저장됨
③ 최종적으로 요소, 요산, 크레아티닌 등의 질소 화합물 형태로 소변을 통해 배설

(6) 무기질 : 체내에서 합성되지 않으므로 반드시 음식물을 통해 섭취해야만 하며 체중의 약 4%에 해당

1) 무기질의 종류

종류	체내 기능	과잉증 / 결핍증	주요 급원 식품
칼슘(Ca)	골격, 근육 수축 이완, 혈액 응고	구루병, 골연화증, 골다공증	· 우유, 유제품, 달걀 등 비타민 D – 흡수 촉진 · 시금치의 수산 – 흡수 방해
인(P)	골격, 세포 구성	거의 없음	우유, 치즈 육류, 콩류, 어패류, 난황 등
마그네슘(Mg)	신경 자극 전달, 근육 수축 이완, 체액의 pH 유지	경련, 근육 약화	곡류, 채소, 견과류
나트륨(Na)	체액의 삼투압 조절, 수분 조절	과잉 시 동맥경화증	소금, 육류, 우유, 치즈
염소(Cl)	위액(HCl) 주요 성분	소화불량, 식욕부진	소금, 우유, 달걀, 육류
아연(Zn)	인슐린 호르몬 구성	당뇨병	굴, 청어, 간, 달걀 등
구리(Cu)	철의 흡수와 운반	악성빈혈	동물의 내장, 해산물, 견과류
요오드(I)	티록신 호르몬(갑상선 호르몬) 구성 성분	과잉 시 바세도우씨병 갑상선종, 부종	해조류, 어패류, 유제품
코발트(Co)	비타민 B$_{12}$ 구성	악성빈혈, 적혈구 장애	간, 콩, 해조류
철(Fe)	헤모글로빈(혈색소) 구성, 적혈구 형성	빈혈	동물의 간, 난황, 살코기 등

2) 체내 기능에 따른 무기질의 분류

① 구성 영양소

 ㉠ 경조직(뼈, 치아) 구성 : 칼슘(Ca), 인(P)

 ㉡ 연조직(근육, 신경) 구성 : 황(S), 인(P)

 ㉢ 체내 기능 물질 구성

 ⓐ 티록신 호르몬(갑상선 호르몬) 구성 : 요오드(I)

 ⓑ 인슐린 호르몬 구성 : 아연(Zn)

 ⓒ 헤모글로빈 구성 : 철(Fe)

 ⓓ 비타민 B_{12} 구성 : 코발트(Co)

 ⓔ 비타민 B_1 구성 : 황(S)

② 조절 영양소

 ㉠ 삼투압 조절 : 나트륨(Na), 염소(Cl), 칼륨(K)

 ㉡ 체액 중성 유지 : 칼슘(Ca), 칼륨(K), 나트륨(Na), 마그네슘(Mg)

 ㉢ 심장의 규칙적 운동 : 칼슘(Ca), 칼륨(K)

 ㉣ 혈액 응고 : 칼슘(Ca)

 ㉤ 신경 안정 : 칼륨(K), 나트륨(Na), 마그네슘(Mg)

 ㉥ 샘 조직 분비(효소의 기능 촉진) : 위액 - 염소(Cl), 장액 - 나트륨(Na)

3) 산·알칼리 평형

산성 식품	알칼리성 식품
황, 인, 염소 등 산성 무기질이 많이 포함된 식품	칼슘, 나트륨, 칼륨, 마그네슘, 철 등 알칼리성 무기질이 많이 포함된 식품
곡류, 육류, 어패류, 난황 등	채소, 과일 등의 식물성 식품, 우유 등

(7) 비타민

1) 비타민의 영양적 특징

① 탄수화물, 지방, 단백질 대사의 조효소 역할

② 몸을 구성하는 물질이 되거나 에너지원으로 사용되진 않으나 신체 기능 조절

③ 음식물을 통해서 섭취해야 하며 결핍 시 결핍증 유발

2) 비타민의 종류와 특징*

지용성 비타민	수용성 비타민
· 기름과 유기용매에 용해 · 섭취량 과다 시 체내에 저장 또는 독성 유발 · 결핍증이 서서히 나옴 · 림프관으로 흡수되어 간장에 운반 저장됨 · 전구체가 존재, 매일 공급할 필요는 없음 · 비타민 A, 비타민 D, 비타민 E, 비타민 K	· 물에 용해 · 섭취량 과다 시 소변을 통해 배출 · 결핍증이 빠르게 나타남 · 모세혈관으로 흡수 · 매일 공급해야 함 · 비타민 B군(B_1, B_2, B_3, B_6, 비타민 B_{12}), 비타민 C

3) 비타민의 기능, 결핍증, 급원식품*

구 분	종 류	기 능	결핍 시	급원식품
지용성 비타민	비타민 A (레티놀)	발육 촉진, 저항력 증강, 시력에 관여	야맹증	간유, 버터, 난황, 녹황색 채소(시금치, 당근)
	비타민 D (칼시페롤)	칼슘 / 인의 흡수, 뼈의 성장	구루병, 골다공증	어유, 간유, 난황, 버터
	비타민 E (토코페롤)	항산화제, 근육 위축 방지	불임증, 근육 위축증	식물성 기름, 난황, 우유
	비타민 K (필로퀴논)	혈액 응고, 포도당 연소	혈액 응고 지연	간유, 난황, 녹색 채소
수용성 비타민	비타민 B$_1$ (티아민)	당질 대사, 식욕촉진	각기병, 피로, 권태감	쌀겨, 간, 돼지고기, 난황, 대두, 배아
	비타민 B$_2$ (피보플라빈)	발육 촉진, 입안 점막 보호	구순구각염, 피부염	우유, 치즈, 간, 달걀, 녹색 채소
	비타민 B$_3$ (나이아신)	당질, 단백질, 지질 대사	펠라그라, 피부병	간, 육류, 콩, 효모, 생선
	비타민 B$_6$ (피리독신)	단백질 대사	피부병, 성장 정지	육류, 배아, 곡류, 난황
	비타민 B$_{12}$ (시아노코발라민)	적혈구 생성에 관여, 성장 촉진	악성빈혈, 성장 정지	간, 내장, 난황, 살코기
	엽산(폴릭산)	헤모글로빈 생성	빈혈	간, 달걀
	비타민 C (아스코르브산)	세포의 산화 / 환원 조절, 저항력 증강	괴혈병, 저항력 감소	시금치, 무청, 감귤류, 풋고추

(8) 물

① 체중의 약 2/3를 차지
② 체내 영양소 및 노폐물 운반
③ 삼투압 및 체온 조절
④ 체내 분비액의 주요성분, 대사 과정에서 촉매작용
⑤ 외부 자극으로부터 내장 기관 보호
⑥ 대장에서 대부분의 수분 흡수
⑦ 소변과 대변 또는 호흡과정에서 배출

체내 수분 부족 시
· 전해질의 균형이 깨지고 혈압 강하
· 허약, 무감각, 근육부종 등
· 맥박이 빠르고 약해지며 호흡이 짧고 잦아짐
· 심한 경우 혼수상태 및 생명의 위험 초래

(9) 소화와 흡수

1) 체내 소화효소의 특징

① 효소는 유기화합물인 단백질로 구성되어 적정 온도, pH, 수분 등의 환경에서 작용 능력이 커짐
② 고온이 되면 효소의 단백질이 변성되어 기능 약화 및 상실
③ 기질 특이성이 있어 한가지 효소는 한가지 물질에 반응

2) 인체 내 소화, 흡수 과정

장소	작용 효소	영양소의 소화	영양소의 흡수
입	프티알린(아밀라아제)	전분을 덱스트린과 맥아당으로 분해	영양소 흡수 ×
위	펩신	·pH 2의 산성용액(위액)에서 작용 ·단백질을 펩톤과 프로테오스로 분해	물, 소량의 알코올
	레닌	유즙을 응고시켜 펩신이 쉽게 작용	
췌장	아밀롭신(아밀라아제)	전분을 맥아당으로 분해	영양소 흡수 ×
	스테압신	담즙에 의해 유화된 지방을 지방산과 글리세롤로 분해	
	트립신	단백질과 펩톤, 프로테오스를 폴리펩티드로 분해	
	펩티다아제	펩티드를 디펩티드로 분해	
소장	수크라아제(인버타아제)	자당을 포도당과 과당으로 분해	대부분의 영양소
	말타아제	맥아당을 포도당 2분자로 분해	
	락타아제	유당을 포도당과 갈락토오스로 분해	
	에렙신	프로테오스, 펩톤, 펩티드를 아미노산으로 분해	
	리파아제	지방을 지방산과 글리세롤로 분해	
대장	–	장내 세균에 의해 섬유소 분해	대부분의 수분

PLUS TIP

▣ 담즙의 기능

간에서 생성되어 쓸개에 저장되었다가 십이지장으로 배출
(지방을 유화해서 리파아제의 지방 분해를 도움)

▣ 유당불내증

우유 속 유당을 소화하지 못함(락타아제 결여)

▣ 영양소의 흡수 이동

·**탄수화물의 흡수** : 소장의 모세혈관을 통해 흡수, 문맥을 통해 간으로 이동
·**지방의 흡수** : 소장의 림프관을 통해 흡수되어 혈관으로 이동
·**단백질의 흡수** : 소장의 융모를 통해 흡수, 문맥을 통해 간으로 이동

| ## 설비 구매관리

1. 생산 계획 및 생산 설비 능력

(1) 생산 계획 : 일정한 기간 안에 어떠한 물품을 생산하기 위하여 세우는 계획

① 총괄 계획 : 1년 단위로 전체의 수요 변동 예측에 대응하여 생산 수준, 고용 수준, 재고 수준, 외부 조달(완제품과 반제품) 수준, 내부 조달 수준의 통제 가능한 변수를 통합하여 월별 또는 주간 단위로 생산량을 수요량에 일치

② 자재 소요 계획 : 고객의 주문에 응하여 구매, 생산, 포장 관리의 전체 공정을 주간 단위로 관리하여 식자재와 생산 설비, 작업 공정, 재고, 우선 납기 순위를 합리적으로 조정하여 수립

(2) 생산 설비 능력 : 계획된 수요량을 필요한 시간에 최대 생산량이 가능하도록 설계된 생산 설비 시스템

① 설계 능력 : 현재의 제품 설계, 제품 가공, 생산 정책, 인적 자원, 생산 설비를 토대로 일정 기간 중 최대 성능으로 최대의 생산이 가능한 최대 산출 능력

② 유효 능력(시스템 능력) : 생산 시스템의 내외 여건(제품 가공, 유지 보수, 식사 시간, 휴식 시간, 일정 계획의 어려움, 품질 요소) 아래에서 일정 기간 동안 최대의 생산이 가능한 산출량

③ 실제 산출(생산)량 : 현재의 설비나 시스템 능력에서 실제로 달성된 산출량

$$설비 \ 이용률 = 실제 \ 능력 \div 설계 \ 능력$$

$$효율 = 실제 \ 능력 \div 유효 \ 능력$$

연습문제

문제 M 쌀빵 전문점 컨벡션 오븐의 설계 능력은 하루 125개이고, 유효 능력은 하루 100개이다. 하지만 실제 생산량은 하루 80개이다. M 쌀빵 전문점 컨벡션 오븐의 이용률과 효율을 구하시오.

정답 컨벡션 오븐의 이용률 = 80 ÷ 125 = 0.64 (64%), 효율 = 80 ÷ 100 = 0.8 (80%)

2. 생산 설비 구매 순서

① 구매 요구서(타당성 검토 → 설치 환경 검토 → 설비 선정 → 신기술 검토)가 접수되면 당해 연도의 구매 계획서 작성

② 구매 절차의 흐름도에 따라 적정 설비(효율적인 공간 배치와 설비 운용) 선정

③ 설비의 구매 타당성 분석을 통하여 경제성(성능, 가격, 손익 비용, 효과 등) 확인

④ 최종 업체를 선정 후 구매 계약

⑤ 입고 후 시험 운전을 통해 품질 확인

⑥ 자산 관리자는 자산 이력 카드 작성

Chapter 3	인력 관리

1. 인력 관리

(1) 베이커리 인력 관리의 개념 : 제과점에서 필요로 하는 인력의 조달과 유지, 활용, 개발에 관한 계획적이고 조직적인 관리 활동

(2) 베이커리 인력 관리의 목적

① 조직의 목적과 종업원의 욕구를 통합하여 극대화
② 기업의 목표인 생산성 목표와 기업 조직의 유지를 목표로 조직의 인력 관리
③ 경영활동에 필요한 유능한 인재 확보, 육성, 개발 → 공정한 보상과 유지 활동

(3) 베이커리 인력 계획의 과정

인력 수요 예측 → 인력 공급 방안 수립 → 인력 공급 방안 시행 → 인력 계획 평가

2. 직업윤리

(1) 정의 : 개인이 자신의 직무를 잘 수행하고 자신의 직업과 관련된 직업과 사회에서 요구하는 규범에 부응하여 개인이 갖추고 발달시키는 직업에 대한 신념, 태도, 행위

① 소명의식 : 자신이 맡은 일은 하늘에 의해 맡겨진 일이라고 생각하는 태도
② 천직의식 : 자신의 일이 자신의 능력과 적성에 꼭 맞는다 여기고 그 일에 열성을 가지고 성실히 임하는 태도
③ 직분의식 : 자신이 하고 있는 일이 사회나 기업을 위해 중요한 역할을 하고 있다고 믿고 자신의 활동을 수행하는 태도
④ 책임의식 : 직업에 대한 사회적 역할과 책무를 충실히 수행하고 책임을 다하는 태도
⑤ 전문가의식 : 자신의 일이 누구나 할 수 있는 것이 아니라 해당 분야의 지식과 교육을 밑바탕으로 성실히 수행해야만 가능한 것이라 믿고 수행하는 태도
⑥ 봉사의식 : 직업 활동을 통해 다른 사람과 공동체에 대하여 봉사하는 정신을 갖추고 실천하는 태도

(2) 직업윤리의 5대 원칙

① 객관성의 원칙 : 공사 구분을 명확히 하고, 모든 것을 숨김없이 투명하게 처리하는 원칙
② 고객중심의 원칙 : 고객에 대한 봉사를 최우선으로 생각하고 현장 중심, 실천 중심으로 일하는 원칙
③ 전문성의 원칙 : 자기업무에 전문가로서의 능력과 의식을 가지고 책임을 다하며, 능력을 연마하는 것
④ 정직과 신용의 원칙 : 정직하게 수행하고, 본분과 약속을 지켜 신뢰를 유지하는 것
⑤ 공정경쟁의 원칙 : 법규를 준수하고, 경쟁원리에 따라 공정하게 행동하는 것

Chapter **4** | 판매관리

1. 원가

(1) 원가의 의의 및 종류

1) 원가의 의의
① 기업이 생산하는 데 소비한 경제가치
② 특정한 제품의 제조, 판매, 서비스를 제공하기 위하여 소비된 경제가치

2) 원가의 종류★★★
재료비, 노무비, 경비(발생하는 형태에 따라 분류)

재료비	· 제품 제조에 소비된 물품의 원가 · 단체급식시설에 있어 재료비는 급식재료비를 의미 · 급식재료비, 재료 구입비 등
노무비	· 제품 제조에 소비된 노동의 가치 · 임금, 급료, 수당, 상여금, 퇴직금
경비	· 제품 제조에 소비된 재료비, 노무비 이외의 비용 · 수도, 전력비, 광열비, 감가상각비, 보험료 등

(2) 원가 분석 및 계산

1) 원가계산의 구조
① 제품의 생산에 따른 분류

직접비	· 특정 제품에 사용된 것이 확실하여 직접 부담시킬 수 있는 비용 · 직접 재료비(주요 재료비), 직접 노무비(임금), 직접 경비(외주 가공비)
간접비	· 여러 제품에 공통적 또는 간접적으로 소비되는 비용 · 간접 재료비(보조 재료비), 간접 노무비(급료, 수당) · 간접 경비(보험료, 감가상각비. 전력비, 통신비 등)

② 생산량과 비용의 관계

고정비	· 생산량의 증가와 관계없이 고정적으로 발생하는 비용 · 임대료, 노무비 중 정규직원 급료, 세금, 보험료, 감가상각비, 광고 등
변동비	· 생산량의 증가에 따라 비례하여 함께 증가하는 비용 · 식재료비, 노무비 중 시간제 아르바이트 임금 등

2) 원가계산의 목적
① 가격 결정의 목적
② 원가관리의 목적
③ 예산편성의 목적
④ 재무제표 작성의 목적

3) 원가계산의 원칙

① 진실성의 원칙 : 제품의 제조 등에 발생한 원가를 있는 그대로 계산하여 진실성 파악
② 계산 경제성의 원칙 : 원가의 계산 시 경제성 고려
③ 발생 기준의 원칙 : 모든 비용과 수익은 그 발생 시점을 기준으로 계산
④ 정상성의 원칙 : 정상적으로 발생한 원가만 계산
⑤ 확실성의 원칙 : 원가의 계산 시 여러 방법이 있을 경우 가장 확실한 방법 선택
⑥ 상호관리의 원칙 : 원가계산은 일반회계·각 요소별·부문별·제품별 계산과 상호관리 가능
⑦ 비교성의 원칙 : 원가계산은 다른 일정 기간 또는 다른 부문의 원가와 비교

4) 원가계산의 기간

경우에 따라서 3개월 또는 1년에 한 번씩 실시하기도 하지만 보통 1개월에 한 번씩 실시하는 것이 원칙

5) 원가의 구성***

① 직접 원가 : 직접 재료비 + 직접 노무비 + 직접 경비
② 제조 원가 : 직접 원가 + 제조 간접비
③ 총 원가 : 제조 원가 + 판매비 + 일반 관리비
④ 판매 원가 : 총 원가 + 이익

			이익
		판매비, 일반 관리비	
	간접 재료비		
제조 간접비	간접 노무비	제조 원가	총 원가
	간접 경비		
직접 재료비 직접 노무비 직접 경비	직접 원가		
직접 원가	제조 원가	총 원가	판매 원가

6) 원가 분석 및 계산

① 원가관리 : 원가를 적절하게 통제하기 위하여 원가를 합리적으로 절감하려는 경영 기법
② 손익분기점*** : 수입과 총비용이 일치하는 점(손실도 이익도 없음)
③ 감가상각* : 시간이 지남에 따라 손상되어 감소하는 고정자산(토지, 건물 등)의 가치를 내용연수에 따라 일정한 비율로 할당하여 감소시켜 나가는 것(감소된 비용 = 감가상각비)

7) 감가상각의 3요소

기초 가격	구입 가격(취득 원가)
잔존 가격	고정자산이 내용연수에 도달했을 때 매각하여 얻을 수 있는 추정 가격 잔존 가격(기초 가격의 10%)
내용연수	자신이 취득한 고정자산이 유효하게 사용될 수 있는 추산 기간 내용연수(사용한 연수)

8) 감가상각 계산법

① 정률법 : 기초 가격에서 감가상각비 누계를 차감한 미상각액에 대하여 매년 일정률을 곱하여 산출한 금액을 상각하는 방법

② 정액법 : 고정자산의 감가 총액을 내용연수로 균등히 할당하는 방법

$$\text{매년의 감가상각액} = \frac{(\text{기초가격}-\text{잔존가격})}{\text{내용연수}}$$

$$\text{누적 감가상각액} = \frac{(\text{기초가격}-\text{잔존가격})}{\text{내용연수}} \times \text{누적연수}$$

9) 용어

① 대차대조표(balance sheet)의 개념 : 일정 시점에 있어서 기업의 재무 상태를 나타내는 표로서 기업의 자산·부채·자본의 상태를 보여줌

② 순이익 또는 순손실 : 일정 기간 동안 발생한 총수익에서 총비용을 차감한 것

Chapter 5 | 고객 관리

1. 고객 관리

(1) **고객만족** : 고객의 욕구와 기대에 최대한 부응하여 그 결과로서 상품과 서비스의 재구입이 이루어지고 고객의 신뢰감이 연속적으로 이어지는 상태

(2) **고객만족의 3요소**

① 하드웨어적 요소 : 제과점의 상품, 기업 이미지와 브랜드 파워 등 외적으로 보이는 요소
② 소프트웨어적 요소 : 제과점의 상품과 서비스, 절차, 규칙, 관련 문서 등 보이지 않는 무형의 요소
③ 휴먼웨어적 요소 : 제과점의 직원이 가지고 있는 서비스 마인드와 접객 태도 등의 인적 자원을 말함

Chapter 6 | 베이커리 경영

1. 수요 예측

(1) 수요 예측의 필요성

① 불확실한 수요량을 판단하기 위해 필요
② 베이커리 기업의 경우 정확한 예측을 통하여 과잉 재고로 인한 자본의 이자 손실과 재고 부족으로 인한 판매 손실을 초래하지 않아야 함
③ 정확한 판매 예측을 통하여 제품에 대한 재고가 발생하지 않도록 해야 함

(2) 수요 예측과 접근 방법

① 예측은 일반적으로 과거에 있던 인과 관계가 미래에도 존재할 것이라고 가정
② 예측된 내용은 지속적으로 추적하고 조정하여 사용함으로써 가능한 오차에 대비
③ 유사한 품목을 집단화하거나 그 예측 기간을 넓혀 예측하는 것이 개별적이고 부분적으로 예측하는 것보다 정확
④ 일반적으로 단기적 예측이 장기적 예측보다 불확실성이 적기 때문에 정확함

(3) 수요 예측의 접근 방법과 절차

① 수요 예측의 목적과 예측 결과의 사용 시기 결정
② 수요 예측 기간 결정
③ 수요 예측 기법 선택
④ 필요한 자료 수집 및 분석
⑤ 만일 예측된 자료가 잘 맞으면 이를 활용하여 앞의 상황을 수정·보완, 잘 맞지 않는 경우 재검토 필요

(4) 수요 예측의 기법

① 계량적 예측 방법 : 과거의 풍부한 시계열 데이터(Time-series)를 분석하여 예측하는 방법(상관관계 분석, 회귀 분석 등)
② 비계량적 예측 방법 : 새로운 시장을 공략하거나 기존의 자료가 축적이 되어 있지 않아서 계량적인 방법을 사용할 수 없는 환경에서 많이 사용되는 예측 방법(판단에 의한 예측, 2차 정보에 의한 예측, 델파이 방법)

PLUS TIP

■ **델파이 기법(Delphi method)**★★★
전문가의 경험적 지식을 통한 문제 해결 및 미래 예측을 위해 전문가 패널을 구성하여 수회 이상 설문하는 정성적 분석 기법이다.

(5) 효과적인 수요 예측 기법의 선정

① 예측 시기는 시의적절하게 선정되어야 함
② 예측은 정확해야 하며, 예측 결과의 사용을 위하여 결과의 정확도를 항시 기술하여야 함
③ 예측은 신뢰성이 확보되어야 함, 사용자에게 신뢰를 줄 수 있는 자료 확보 병행
④ 예측의 단위는 의미 있는 단위로 표현
⑤ 예측 결과는 서류로 작성

2. 생산관리

(1) 생산관리의 정의 : 사람(Man), 재료(Material), 자금(Money)의 3요소를 유효 적절하게 사용하여 좋은 물건을 싼 비용으로, 필요한 양을 필요한 시기에 만들어 내기 위한 관리 또는 경영(Management)

1) **생산 활동의 구성요소(5M)** : 사람(Man), 기계(Machine), 재료(Material), 방법(Method), 관리(Management)

2) **기업 활동의 구성요소(제과 생산관리 구성요소에도 적용됨)**
   ① 제1차 관리 : 사람(Man), 재료(Material), 자금(Money)
   ② 제2차 관리 : 기계(Machine), 방법(Method), 시간(Minute), 시장(Market)

(2) 생산관리의 기능

1) **품질보증 기능**
   ① 품질 : 제품 고유 특성의 집합이 고객의 요구 사항을 충족시키는 정도
   ② 품질보증 : 품질 요구 사항이 충족될 것이라는 신뢰를 제공하는 데 중점을 둔 품질 경영의 한 부분

2) **적시 적량 기능** : 시장의 수요 경향을 헤아리거나 고객의 요구에 바탕을 두고 생산량을 계획하며 요구 기일까지 생산하는 기능

3) **원가 조절 기능** : 제품을 기획부터 제품 개발, 생산 준비, 조달, 생산까지 제품 개발에 드는 비용을 계획된 원가에 맞추는 기능

(3) 생산 계획 : 수요 예측에 따라 생산의 여러 활동을 계획하는 것, 생산해야 할 상품의 종류, 수량, 품질, 생산 시기, 실행 예산 등을 과학적으로 계획하는 일

1) **생산 계획의 분류**
   ① 생산량 계획
   ② 인원 계획 : 평균적인 결근율, 기계의 능력 등을 감안하여 세움
   ③ 설비 계획 : 기계화와 설비 보전과 기계와 기계 사이의 생산 능력의 균형을 맞추는 작업을 계획
   ④ 제품 계획 : 신제품, 제품 구성비, 개발 계획을 세우는 것(제품의 가격, 가격의 차별화, 생산성, 계절 지수, 포장 방식, 소비자의 경향 등을 고려)

⑤ 합리화 계획 : 생산성 향상, 원가 절감 등 사업장의 사업 계획에 맞추어 계획

⑥ 교육훈련 계획 : 관리 감독자 교육과 작업 능력 향상 훈련을 계획

2) **원가의 구성요소** : 원가는 직접 원가(재료비, 노무비, 경비)에 제조 간접비를 가산한 제조 원가, 그리고 그것에 판매, 일반 관리비를 가산한 총 원가로 구성됨

① 직접 원가 = 직접 재료비 + 직접 노무비 + 직접 경비

② 제조 원가 = 직접 원가 + 제조 간접비

③ 총 원가 = 제조 원가 + 판매비 + 일반 관리비

3. 재고관리

(1) **재고** : 식재료의 제조 과정에 있는 것과 판매 이전에 있는 보관 중인 것을 말한다.

(2) **재고관리** : 상품 구성과 판매에 지장을 초래하지 않는 범위 내에서 재고 수준을 결정하고, 재고상의 비용이 최소가 되도록 계획하고 통제하는 경영 기능

(3) **재고의 기본 기능**

① 생산 과정의 공급과 수요의 시간적 차이 해결

② 다량의 제품 주문 시 공급자로부터 가격 할인을 받아 구매 비용 감소 가능

③ 인플레이션 등 가격 변동에 대비 가능

④ 계절적 변동, 수요 폭등에 대비한 완충 역할

(4) **재고관리의 목적과 비용**

1) **목적** : 유동 자산 가치 파악, 재고품 상태의 파악, 식재료의 원가 비용과 미실현 비용의 파악, 재고 회전율의 파악, 신규 주문 대비, 적정한 재고 유지

2) **필요 조건** : 재고 비용 최소화, 고객의 수요와 고객 서비스 만족, 생산 과정에 필요한 원료의 재고 부족이 발생하지 않도록 사전 통제

3) **재고관리 방법**

① 최대, 최소 관리 방법 : 일반적으로 많이 사용, 일정한 양을 정하여 재고량 감소 시 구매하여 항상 일정한 최대 재고와 최저 재고 내에서 재고량을 준비하도록 관리하는 방법

② 비율법 : 최대 최소의 재고 대신 평균 사용량의 비율을 기준으로 하여 관리하는 방법

③ 확률적 통계 방법 : 수요량 납입 기간 등 결정 요소 확정 시 주문량이나 그 시기를 결정하는 방법

4) **재고관리 비용**

① 재고 주문 비용(Setup cost) : 식재료를 보충 구매하는 데 소요되는 비용(청구비, 수송비, 검사비 등 포함), 고정비의 성격

② 재고 유지 비용(hold cost) : 재고 보유 과정에서 발생하는 비용(보관비, 세금, 보험료 등이 포함), 변동비의 성격

③ 재고 부족 비용(Shortage cost) : 충분한 식재료를 보유하지 못함으로써 발생하는 비용
④ 폐기로 인한 비용 : 유통기한이 지난 재료의 폐기, 열화 재료의 폐기 등

(5) 재고관리 시 점검 사항

① 물품을 종류별, 규격별로 정연하게 보관하고 있는가?
② 물품의 상태는 양호한가?
③ 물품별 입·출고 카드는 준비되어 있는가?
④ 입·출고 카드는 현행에 맞게 기록되어 있는가?
⑤ 정기적인 재고 조사를 실시하고 있는가?
⑥ 실제 재고 조사 실시 결과 이상이 없는가?
⑦ 적정 재고의 산출 근거는 타당한가?
⑧ 유통기한은 확인하였는가?
⑨ 알레르기 원료, 유기농 원료 등은 구분되는가?
⑩ 보관 온도는 적정한가?

(6) 재고관리 방법

① 정량 주문 방식 : 원재료의 재료량이 줄어들면 일정량을 주문하는 방식
② ABC 분석 : 자재의 품목별 사용금액을 기준으로 하여 자재를 분류하고 그 중요도에 따라 적절한 관리 방식을 도입하여 자재의 관리 효율을 높이는 방안(소비금액 상위 10% A그룹, 다음 20% B그룹, 나머지 C그룹)

4. 마케팅 관리

(1) **마케팅의 개념** : 기업이 개인이나 조직의 목표를 만족시켜 주기 위해 아이디어, 제품, 서비스, 가격, 촉진, 유통을 계획하고 실행하는 과정{미국마케팅학회(AMA: American Marketing Association)}

(2) **환경 분석** : 효과적 마케팅 활동을 위해 영업장을 둘러싼 외부 환경과 내부 환경을 잘 분석하고 이에 대처하는 전략이 필요

1) 외부 환경

① 인구 통계적 환경 : 인구의 변동, 지리적 구성, 연령별 구성, 성별 구성, 출생률, 사망률 등
② 경제적 환경 : 소득의 증감에 따라 구매 패턴의 변화 유발
③ 자연적 환경 : 자연재해 등 통제 불가능한 환경
④ 기술적 환경 : 기계와 장비의 발달로 제품의 표준화, 규격화 등
⑤ 정치적·법률적 환경 : 기업 규제, 위생관리법, 소방법, 환경관련법 등
⑥ 사회 문화적 환경 : 사회의 신념이나 가치, 규범 등
⑦ 경쟁사 환경 : 경쟁사의 전략, 목표, 약점과 강점을 파악하여 대응 전략 마련

2) 내부 환경 : 강점은 이용하고 약점은 수정·보완하기 위하여 자사의 보유 성과 수준, 강점과 약점, 업체의 제약 조건 분석하는 것

(3) 마케팅 믹스 관리

1) **제품(Product) 관리** : 마케팅 믹스 중 가장 핵심

① 제품 계획의 3가지 차원
   ㉠ 소비자가 실제로 구매하는 핵심 제품
   ㉡ 소비자가 실체적 제공물에서 느낄 수 있는 수준에서 인식된 실제 제품
   ㉢ 소비자가 실제 제품에 추가적 서비스와 편익을 포함한 확장 제품

2) **가격(Price) 관리** : 이익뿐만 아니라 시장의 수요에도 큰 영향을 미침

① 가격 결정에 영향을 미치는 요인 : 기업 목표, 가격 목표, 원가 구조, 다른 마케팅 믹스 변수, 경쟁사, 소비자의 반응, 정부의 정책 등
② 가격을 결정하는 방법
   ㉠ 경쟁 업체의 가격을 기준으로 해서 결정하는 경쟁 중심의 가격 결정 방법
   ㉡ 원가 중심의 가격 결정 방법
   ㉢ 소비자의 지각된 가치를 이용하여 가격을 결정하는 소비자 중심의 가격 결정 방법

3) **촉진(Promotion) 관리**

① 촉진 : 목표 고객을 대상으로 자사의 상품 정보를 제공하는 것
② 촉진 수단
   ㉠ 인적 판매 : 판매원을 통하여 제품이나 서비스를 소비자에게 직접 알리는 활동
   ㉡ 홍보 : 대가를 지불하지 않고 일반 대중에게 기업과 제품을 알리고 좋은 이미지와 좋은 관계를 유지하려는 활동
   ㉢ 광고 : 대중 매체를 통하여 불특정 다수에게 자사의 제품이나 서비스를 알리는 것
   ㉣ 판매 촉진 : 즉각적인 판매 증대를 유도하기 위한 단기적인 유인책

4) **입지(Place) 관리**

① 입지 : 생산된 제품과 서비스가 소비자 또는 사용자에게 정확하고 편리하게 이전되는 과정
② 입지 선정 시 유의해야 할 사항 : 보행 인구, 차량 통행 인구, 대중교통 수단의 인구 및 이용의 용이성, 통과 차량의 속도, 점포 면적, 주차 면적, 인접 상권, 도시 계획 등

5) **서비스 프로세스(Process) 관리**

   – 서비스 프로세스 : 서비스가 진행되는 절차나 활동

6) **서비스 물리적 증거(Physical evidence) 관리** : 무형의 서비스가 제공되는 데 필요한 모든 유형적 요소들

   – 물리적 증거의 구성 : 물리적 환경(각종 시설물, 간판, 주차장, 주변 경치, 실내 장식, 색상, 가구, 온도 등), 종업원의 유니폼, 광고, 메모지, 영수증 등

7) **서비스 종업원(Person) 관리** : 고객과 최접점에 있는 종업원에게 동기 부여를 줌으로써 서비스의 품질이 향상되고 기타 원가절감이나 업무의 효율성이 높아짐

5. 고객 분석

(1) 상권(Trading Area, Market Area) : 점포와 고객을 흡인하는 지리적 영역, 모든 소비자의 공간 선호(Space Preference)의 범위

(2) 상권의 범위

① 1차 상권 : 점포 고객의 60~70%가 거주하는 지역, 점포에 가장 근접
② 2차 상권 : 점포 고객의 20~25%가 거주하는 지역, 1차 상권의 외곽에 위치
③ 3차 상권 : 1, 2차 상권에 포함되는 고객 이외에 나머지 고객들이 거주하는 지역

(3) 상권의 유형

① 아파트 상권 : 완전히 폐쇄된 상권, 제과점의 경우 단골 고객에 대한 관리가 중요
② 역세권 상권 : 유동 인구가 많아 테이블 회전율이 높은 업종을 선택하는 것이 효율적
③ 학교 주변 상권 : 판매 대상이 항상 고정적이기 때문에 구매 단위 역시 고정적
④ 주택가 상권 : 배후지 세력이 다소 유동적이어서 생활 수준 정도를 반드시 관찰 필요
⑤ 중심지 대로변 상권 : 간판이나 상품 진열에 특색 개성화 필요, 유동 고객이 많으므로 직원들의 친절 중요
⑥ 사무실(Office) 상권 : 외식업 분야가 50% 이상 차지, 퇴근 시간 이후로 영업, 주말에는 판매 대상이 거의 없음

6. 매출 손익관리

(1) 손익 계산서(Profit and Loss Statement)

1) 손익 계산서의 개념 : 일정 기간의 경영 성과를 나타내는 표

– 경영 성과 : 수익과 비용의 흐름을 일정 기간 집계하여 나타낸 흐름량(Flow) 개념의 계산서

2) 손익 계산서의 구조

수익, 비용, 순이익은 손익 계산서의 기본 요소이다. 수익은 기업이 일정 기간 소비자에게 재화 용역을 판매하여 얻어진 총매출액을 의미한다. 비용은 기업 일정 기간 수익을 발생하기 위하여 지출한 비용이다.

① 비용 : 기업 일정 기간 수익을 발생하기 위하여 지출한 비용
  ㉠ 매출 원가 = 기초 재고액 + 당기 매입액 – 기말 재고액
  ㉡ 판매비 : 판매 활동에 따른 비용으로 관련 직원의 급여, 광고비, 판매 수수료 등
  ㉢ 일반 관리비 : 기업의 관리와 유지에 따른 비용으로 일반적인 급여, 보험료, 감가상각비, 교통비, 임차료 등
  ㉣ 영업 외 비용 : 기업의 주요 영업 활동에 직접 관련되지 않은 부수적 활동에 따라 발생하는 거래로 나타나는 비용(지급 이자 창업비 상각, 매출 할인, 대손 상각 등)

      ⑩ 특별 손실 : 불규칙적 · 비반복적으로 발생하는 손실(자산 처분 손실, 재해 손실)

      ⓑ 세금 : 사업 소득세(개인사업자), 법인세(법인)

      ⓢ 부가가치세 : 물품이나 용역이 생산, 제공, 유통되는 모든 단계에서 매출 금액 전액에 대하여 과세하지 않고 기업이 부가하는 가치 즉, 마진에 대해서만 과세하는 세금

  ② 수익

      ㉠ 매출액 : 상품 등의 판매 또는 용역의 제공으로 실현된 금액

      ㉡ 영업 외 수익 : 주요 영업 활동과 관련 없이 발생하는 수익

      ㉢ 특별 이익 : 고정 자산 처분 이익 등과 같이 불규칙적이고 비반복적으로 발생하는 이익

(2) 손익분기점(Break-Even Point)

1) 매출액에 의한 손익분기점을 구하는 방법

손익분기점(매출액) = 고정비 ÷ {판매 가격 - (변동비 ÷ 매출액)}

2) 판매수량에 의한 손익분기점을 구하는 방법

손익분기점(판매수량) = 고정비 ÷ {1 - (변동비 ÷ 판매 가격)}

01

식품의 변질에 대해 잘못 설명한 것은?

① 부패 : 단백질 식품이 미생물에 의해서 분해되어 암모니아나 아민 등이 생성되어 악취가 심하게 나고 인체에 유해한 물질이 생성되는 현상
② 변패 : 단백질, 지방질, 탄수화물 등의 성분들이 미생물에 의하여 변질되는 현상
③ 산패 : 유지가 산화되어 역한 냄새가 나고 점성이 증가할 뿐만 아니라 색깔이 변색되어 품질이 저하되는 현상
④ 발효 : 탄수화물이 미생물의 분해작용을 거치면서 유기산, 알코올 등이 생성되어 인체에 이로운 식품이나 물질을 얻는 현상

> **해설** 변패 : 단백질 이외의 지방질이나 탄수화물 등의 성분들이 미생물에 의하여 변질되는 현상

02

쇼케이스 관리 시 적정 온도는?

① 10℃ 이하
② 15℃ 이하
③ 20℃ 이하
④ 25℃ 이하

> **해설** 쇼케이스는 온도를 10℃ 이하로 유지하고, 문틈 등에 쌓인 찌꺼기를 제거하여 청결하게 관리한다.

03

총 원가는 어떻게 구성되는가?

① 제조 원가 + 판매비 + 일반 관리비
② 직접 재료비 + 직접 노무비 + 판매비
③ 제조 원가 + 이익
④ 직접 원가 + 일반 관리비

> **해설** 총 원가는 제조 원가, 판매비, 일반 관리비로 구성되어 있다.

04

저장 관리의 원칙을 잘못 설명한 것은?

① 저장 위치표시의 원칙
② 분류 저장의 원칙
③ 품질 보존의 원칙
④ 선입후출의 원칙

> **해설** ■ 선입선출의 원칙
> 재료가 효율적으로 순환되기 위하여 유효일자나 입고일을 기록하여 먼저 구입하거나 생산한 것부터 순차적으로 판매 · 제조하는 것으로, 재료의 신선도를 최대한 유지하고 낭비의 가능성을 최소화할 수 있다.

05

달걀의 기능으로 옳지 않은 것은?

① 밀가루와 결합작용을 한다.
② 제품에 수분을 공급한다.
③ 노른자의 레시틴이 유화작용을 한다.
④ 믹싱 중 거품을 제거하는 소포제 역할을 한다.

> **해설** 달걀은 기포성이 있으며, 믹싱 중 공기를 혼합하므로 팽창작용을 한다.

정답   01. ②   02. ①   03. ①   04. ④   05. ④

06

달걀 흰자의 기포성에 관한 설명으로 옳은 것은?

① 오래된 달걀보다 신선한 달걀의 흰자가 기포 형성이 잘된다.
② 수양난백이 농후난백보다 기포 형성이 잘된다.
③ 흰자 거품을 낼 때 다량의 설탕을 넣으면 기포 형성이 잘된다.
④ 실온에 둔 것보다 냉장고에서 꺼낸 달걀의 기포 형성이 쉽다.

해설 신선한 달걀은 오래된 달걀보다 기포 형성이 잘 되지 않는다.
농후난백은 신선한 달걀의 특징이다.
– 농후난백 : 달걀을 깼을 때 노른자 주변에 뭉쳐 있는 흰자 부위
– 수양난백 : 옆으로 넓게 퍼지는 흰자

■ 난백의 기포성(거품성)***

영향을 미치는 요인		– 수양난백이 많은 달걀 (오래된 달걀) 사용하면 거품성 ↑ – 달걀의 적온은 30℃ 정도 에서 거품성↑ – 난백을 적당히 거품을 낸 후 설탕을 넣으면 안정도 ↑ – 밑이 좁고 둥근 바닥의 그릇을 이용할 경우 거품성 ↑
첨가물의 영향	거품성↑	식초, 레몬즙 등
	거품성↓	지방, 난황, 우유, 주석산, 식염, 설탕 등
기포성을 이용한 식품		스펀지 케이크, 머랭 등

07

유지의 도움으로 흡수, 운반되는 비타민으로만 구성된 것은?

① 비타민 A, B, C, D
② 비타민 A, D, E, K
③ 비타민 B, C, E, K
④ 비타민 A, B, C, K

해설 유지의 도움으로 흡수, 운반되는 비타민은 지용성 비타민이다.

■ 지용성 비타민과 수용성 비타민의 차이점***

구분	지용성 비타민	수용성 비타민
특징	– 기름에 용해 – 기름과 함께 섭취 시 흡수율 증가 – 과잉 섭취 시 체내 저장 – 결핍증이 서서히 나타남 – 매회 식사 시 공급 받을 필요 없음	– 물에 용해 – 과잉 섭취 시 필요량 제외하고 모두 배출 – 결핍증이 바로 나타남 – 매회 식사 시 필요한 양만큼 섭취가 필요
종류	비타민 A, D, E, K	비타민 B군(B_1, B_2, B_3, B_6, B_9, B_{12}), 비타민 C

08

찹쌀과 찰옥수수의 아밀로오스와 아밀로펙틴에 대한 설명으로 옳은 것은?

① 아밀로오스 함량이 더 많다.
② 아밀로오스 함량과 아밀로펙틴의 함량이 거의 같다.
③ 거의 아밀로펙틴으로 이루어져 있다.
④ 아밀로펙틴은 존재하지 않는다.

해설 찹쌀이나 찰옥수수, 차조 등의 찰 전분은 거의 아밀로펙틴으로만 구성되어 있다.
– 멥쌀 : 아밀로오스 20%, 아밀로펙틴 80% 함유
– 찹쌀 : 아밀로펙틴 100% 함유, 광택이 없고 불투명, 우유색(찰떡, 인절미 등)
아밀로펙틴이 높을 때 노화가 느려지는 특징이 있다.

09

제과 · 제빵에서 달걀의 역할로만 묶인 것은?

① 영양가치 증가, 유화 역할, pH 강화
② 영양가치 증가, 유화 역할, 조직강화
③ 영양가치 증가, 조직 강화, 방부효과
④ 유화 역할, 조직 강화, 발효시간 단축

달걀은 양질의 완전 단백질 공급원인 동시에 달걀 흰자는 단백질의 피막을 형성하여 부풀리는 팽창제의 역할을 하며, 노른자의 레시틴은 유화제 역할을 한다.

10

환원당과 아미노화합물의 축합이 이루어질 때 생기는 갈색 반응은?

① 캐러멜화 반응(Caramelization)
② 메일라드 반응(Maillard Reaction)
③ 아스코브산(Ascorbic Acid)의 산화에 의한 갈변
④ 효소적 갈변(Enzymatic Browning Reaction)

해설
• 메일라드 반응(Maillard Reaction) : 아미노산과 환원당(포도당, 과당, 맥아당 등)이 반응하여 갈색의 중합체인 멜라노이딘(Melanoidine)을 만드는 갈색화 반응이다.
비효소적 갈변반응으로 당류와 아미노산, 펩타이드, 단백질 모두를 함유하고 있는 대부분의 모든 식품에서 자연 발생적으로 일어난다.
• 캐러멜화 반응(Caramelization) : 설탕이 높은 온도(160℃)로 가열하면 여러 단계의 화학반응을 거쳐 진한 갈색이 되고, 당류 유도체 혼합물의 변화로 풍미를 만든다.

11

아밀로오스(Amylose)의 특징이 아닌 것은?

① 아밀로펙틴보다 호화가 느리다.
② 아밀로펙틴보다 분자량이 적다.
③ 일반 곡물 전분 속에 약 17~28% 존재한다.
④ 요오드 용액에 청색 반응을 일으킨다.

해설
• 아밀로오스 : 요오드에 청색 반응을 일으키며, 분자량이 작고 호화가 빠르다.
• 아밀로펙틴 : 요오드에 적자색 반응을 일으키며, 분자량이 크고 호화가 늦다.

12

이형제의 조건으로 옳지 않은 것은?

① 바르기 쉽고 골고루 잘 발라져야 한다.
② 무색, 무미, 무취로 제품의 맛에 영향이 없어야 한다.
③ 고온이나 장시간의 산패에 잘 견디는 안정성이 높은 기름이어야 한다.
④ 발연점이 낮은 기름이어야 한다.

해설 이형제의 종류로는 유동 파라핀(백색광유), 정제 라드(쇼트닝), 식물유(면실유, 대두유, 땅콩기름), 혼합유 등이 있다.
발연점이 높은 기름(210℃ 이상)이어야 한다.

13

식품의 수분활성도(Aw)에 대한 설명으로 틀린 것은?

① 식품이 나타내는 수증기압과 순수한 물의 수증기압의 비를 말한다.
② 일반적인 식품의 Aw 값은 1보다 크다.
③ Aw 값이 작을수록 미생물의 이용이 쉽지 않다.
④ 어패류의 Aw는 0.99~0.98 정도이다.

해설 일반 식품의 수분활성도는 항상 1보다 작다.
▣ 수분활성도(Aw)
① 일정한 온도에서 식품이 나타내는 수증기압에 대한 순수한 물의 최대 수증기압 비
② 식품 수분의 수증기압 ÷ 순수한 물의 수증기압
③ 일반 식품에서의 Aw는 1보다 작음
④ 미생물의 생육에 필요한 Aw(수분활성도) : 세균(0.95) 〉 효모(0.88) 〉 곰팡이(0.80)
⑤ Aw가 높을수록 미생물의 발육이 쉬워짐
⑥ Aw를 낮추기 위해 식염이나 설탕을 첨가하거나, 농축이나 건조

14

다음 중 필수지방산이 아닌 것은?

① 올레산   ② 리놀레산
③ 아라키돈산   ④ 리놀렌산

> **해설** ■ **필수지방산의 종류**
> 리놀레산, 리놀렌산, 아라키돈산

15

어떤 단백질의 질소 함량이 18%라면 이 단백질의
질소계수는 약 얼마인가?

① 5.56   ② 6.22
③ 6.88   ④ 7.14

> **해설** 질소계수 = 100/질소 함량 = 100/18 = 약 5.56

16

밀가루 제품의 가공 특성에 가장 큰 영향을 미치는
것은?

① 리신   ② 글로불린
③ 트립토판   ④ 글루텐

> **해설** 밀가루에 들어있는 글루텐은 불용성 단백질로,
> 글루텐 함량에 따라 박력분, 중력분, 강력분으로
> 나뉜다.
> – 글루텐 : 밀가루의 단백질로 탄성이 높은 글루
>   테닌과 점성이 높은 글리아딘이 물과 결합하여
>   점탄성 성질을 가짐
> ■ **밀가루의 분류**

분류	용도	단백질 함량(%)	입자 크기
강력분	제빵, 파스타	12~15	거칠다.
중력분	제면, 다목적용	8~10	약간 미세함
박력분	쿠키, 케이크	7~9	아주 미세함

17

당과 산에 의해서 젤을 형성하며 젤화제, 증점제,
안정제 등으로 사용되는 것은?

① 한천   ② 펙틴
③ 씨엠씨(CMC)   ④ 젤라틴

> **해설** 펙틴은 감귤류, 사과즙에서 추출되는 탄수화물의
> 중합체로 응고제, 증점제, 안정제, 고화 방지제,
> 유화제 등으로 사용된다.

18

필수 아미노산만으로 짝지어진 것은?

① 트립토판, 메티오닌
② 트립토판, 글리신
③ 리신, 글루타민산
④ 류신, 알라닌

> **해설** 필수 아미노산 : 체내에서 합성되지 않아 반드시
> 음식으로 섭취해야 하는 아미노산
> ■ **필수 아미노산의 종류**
> – 성인(9종) : 페닐알라닌, 트립토판, 발린, 류신,
>   이소류신, 메티오닌, 트레오닌, 리신, 히스티딘
> – 성장기(10종) : 성인의 필수 아미노산(9종) +
>   아르기닌

19

다음 중 제과에서 사용하는 물에 대해 잘못 설명한
것은?

① 물은 부피 팽창, 맛의 형성 등에 매우 중요한
   역할을 한다.
② 음용수는 이상한 맛이나 악취가 나서는 안 되며,
   무색투명해야 한다.
③ 서울시 수돗물의 평균 경도는 65mg/L 내외로
   아경수에 해당한다.
④ 연수로 반죽을 하면 글루텐이 연화되고, 경수로
   반죽하면 글루텐이 단단해진다.

해설 물의 경도는 화학적으로 물에 칼슘 및 마그네슘 이온양을 이에 대응하는 탄산칼슘의 양으로 환산하여 표시한 것으로, 연수(0~60ppm), 아연수(61~120ppm), 아경수(121~180ppm), 경수(181ppm 이상)로 분류하며, 평균 경도 65mg/L 내외는 아연수에 해당한다. 제빵용수로 가장 적합한 물은 아경수이며, 부드러운 제과는 연수가 적합하다.

20

콜레스테롤에 관한 설명 중 잘못된 것은?

① 담즙의 성분이다.
② 비타민 D_3의 전구체가 된다.
③ 설탕의 결정화를 감소·방지한다.
④ 노른자, 소고기, 돼지고기, 새우 등에 들어 있다.

해설 – 세포의 구성성분으로 동물의 뇌신경에 존재
– 적혈구의 파괴와 예방·보호
– 담즙산 및 스테로이드 호르몬의 전구체
– 자외선을 받으면 비타민 D_3가 생성(비타민 D_3의 전구체)

제 과 편

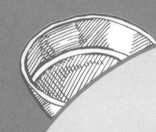

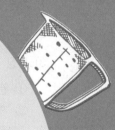

PART 3. 과자류 제품 제조

PART 3 과자류 제품 제조

Chapter 1 | 과자류 제품 반죽 및 반죽 관리

1. 반죽법의 종류 및 특징

(1) 반죽형 반죽

1) **기본 재료** : 밀가루, 설탕, 달걀, 유지

2) 유지의 크림성, 유화성을 이용, 화학팽창제를 사용

3) 특징

① 완제품의 질감이 부드러움(많은 양의 유지와 화학 팽창제 사용)
② 거품형에 비해 비중이 높고 완제품의 식감이 무거움

4) **제품** : 레이어 케이크류, 파운드 케이크, 머핀 케이크, 과일 케이크, 마드레느, 바움쿠엔 등

5) **반죽형 반죽의 종류 및 특징**

① 크림법
   ㉠ 균일하게 혼합한 유지 + 설탕에 달걀을 나누어 넣으면서 크림 상태로 만든 후, 체친 건조 재료와 액체 재료를 혼합
   ㉡ 부피가 큰 제품 제조에 적합
   ㉢ 단점 : 스크래핑(믹서볼 내부에 붙은 재료를 긁어내어 잘 혼합되도록 하는 작업)을 자주 해야 함

② 블렌딩법
   ㉠ 비터를 사용하여 유지에 밀가루를 넣어 유지를 파슬파슬하게 피복 후, 건조 재료와 액체 재료 첨가
   ㉡ 제품의 조직이 부드럽고 유연함
   ㉢ 반죽의 공기 혼입이 적어 완제품의 팽창이 상대적으로 적음

③ 1단계법(단단계법)
   ㉠ 모든 재료를 한꺼번에 혼합하여 믹싱
   ㉡ 유화제와 팽창제를 첨가
   ㉢ 믹서의 성능이 좋아야 함
   ㉣ 노동력과 제조 시간이 절약됨

④ 설탕/물 반죽법

　㉠ 유지에 설탕물 시럽(설탕 2 : 물 1)을 혼합(유화제 사용) 후 건조 재료 섞고 달걀 넣어 반죽

　㉡ 대량 생산 용이, 균일한 껍질 색, 좋은 체적(부피)의 제품 생산

　㉢ 해당 장비, 시설이 필요하여 초기 시설비가 많이 소요

합격 CODE 반죽형 반죽법의 종류와 특징

구 분	방 법	특 징
크림법	유지 + 설탕에 달걀을 여러 번 나눠 첨가해 크림화	부피가 큰 제품, 스크래핑을 자주 해야 함
블렌딩법	유지에 밀가루를 넣어 피복 후 믹싱	부드럽고 유연한 조직, 완제품의 팽창이 작음
1단계법	모든 재료를 한번에 혼합하여 믹싱	노동력과 시간 절약
설탕/물 반죽법	유지에 설탕물(설탕 2 : 물 1) 시럽 첨가	· 대량 생산 용이, 껍질 색 균일 · 최초 시설비 부담

6) 고율배합과 저율배합***

① 밀가루와 설탕, 전체 액체(달걀 + 우유)와 설탕의 양에 따라 구분

② 고율배합과 저율배합 비교

구 분	고율배합	저율배합
밀가루와 설탕의 양	밀가루 ≦ 설탕	밀가루 ≧ 설탕
밀가루와 전체 액체의 양	밀가루 < 전체 액체	밀가루 ≧ 전체 액체
설탕과 전체 액체의 양	설탕 < 전체 액체	설탕 = 전체 액체
달걀과 쇼트닝의 양	달걀 ≧ 쇼트닝	달걀 ≦ 쇼트닝
믹싱 중 공기 포집양	다량	소량
반죽의 비중	낮음	높음
반죽의 점도	낮음	높음
화학팽창제 사용량	적음	많음
굽기(온도, 시간)	오버 베이킹(저온 장시간)	언더 베이킹(고온 단시간)
특징	신선도가 높고 부드러움 지속 (저장성)	퍽퍽한 질감, 묵직한 식감
대표적 제품	레이어 케이크류 제품	머핀 케이크

 PLUS TIP 설탕과 밀가루, 전체 액체와 설탕의 상관관계에 따라 배합률을 고율배합과 저율배합으로 구분하는 것은 반죽형 반죽에만 해당되는 개념

(2) 거품형 반죽

1) 달걀의 기포성과 열변성(응고성) 이용

2) 달걀 사용량이 많아 반죽형 반죽보다 완제품의 질감이 질김

3) 반죽의 비중이 낮고 식감이 가벼움

4) 흰자(난백)만 사용 : 거품형 머랭 반죽

  전란 사용 : 스펀지 반죽

5) 머랭 반죽

   ① 흰자 1 : 설탕 2

   ② 초반 중속 휘핑으로 기포 형성 후 저속 휘핑으로 기포 균일화

   ③ 종류 : 냉제 머랭법, 온제 머랭법, 이탈리안 머랭법, 스위스 머랭법

PLUS TIP 머랭 제조 시 주의사항
① 신선한 달걀을 사용
② 믹싱 용기 및 거품기, 흰자에 이물질(달걀 노른자, 먼지, 유지 또는 물 등)이 없어야 함

6) 스펀지 반죽***

   ① 전란에 설탕, 소금 첨가 후 거품 낸 후 밀가루 첨가

   ② 노른자가 흰자 단백질에 신장성, 부드러움 부여하여 부피 팽창, 연화 작용 향상

   ③ 반죽법의 종류 및 특징

      ㉠ 공립법

         ⓐ 흰자와 노른자를 함께 사용하여 거품을 냄

         ⓑ 더운 믹싱법(중탕법, 가온법)

            - 달걀과 설탕을 43℃까지 중탕 후 거품을 냄

            - 장점 : 기포성이 양호, 휘핑 시간 단축, 균일한 껍질 색, 달걀 비린내 감소

            - 단점 : 달걀이 익으면 조직이 나빠지고 제품이 찌그러질 수 있음

         ⓒ 찬 믹싱법

            - 중탕하지 않고 거품을 냄. 설탕 비율이 낮은 저율배합에 적합

            - 특징 : 기포성은 떨어지나 거품이 치밀하고 안정적

      ㉡ 별립법

         ⓐ 흰자와 노른자로 분리하여 각각에 설탕을 넣고 거품을 낸 후 반죽

         ⓑ 공립법에 비해 제품이 부드러움

      ㉢ 1단계법(단단계법)

         ⓐ 모든 재료를 한꺼번에 넣고 거품을 내는 방법

         ⓑ 기포제 or 기포 유화제를 사용함

㉣ 제누와즈법

ⓐ 반죽 마지막에 50~70℃로 중탕한 유지를 넣고 가볍게 섞음

ⓑ 유지가 단백질을 부드럽게 만드는 연화 작용으로 부드러운 질감의 제품 제조

ⓒ 대표 제품 : 버터 스펀지 케이크

7) 제품 : 스펀지 케이크, 롤 케이크, 카스테라, 엔젤 푸드 케이크 등

합격 CODE **거품형 반죽법의 종류와 특징**

분 류		특 징
공립법	더운 믹싱법	· 달걀과 설탕을 43℃까지 중탕 후 거품을 냄 · 휘핑 시간 단축, 껍질 색 균일, 달걀 비린내 감소
	찬 믹싱법	· 중탕하지 않고 거품을 냄 · 기포체가 치밀하고 안정적, 베이킹파우더(팽창제) 사용
별립법		· 흰자와 노른자로 나눠 각각 설탕 첨가 거품 · 공립법에 비해 제품이 부드러움

PLUS TIP **달걀의 기포성과 포집성, 반죽 온도와의 상관관계**

· 반죽 온도 20℃에 가까워지면 포집성이 좋고, 50℃에 가까워지면 기포성이 좋음

· 기포성과 포집성이 모두 좋은 반죽 온도는 약 30℃

---

(3) 시퐁형 반죽★★★

① 머랭법(거품형)과 블렌딩법(반죽형)을 동시에 사용

② 별립법과 같이 흰자와 노른자를 분리해서 따로 반죽

③ 별립법과는 다르게 노른자 거품이 없음

④ 반죽의 굽기 중 팽창 요인 : 흰자의 거품, 화학팽창제

⑤ 가볍고 부드러운 식감

⑥ 대표 제품 : 시퐁 케이크

(4) 반죽 종류에 따른 상대적 식감과 질감 차이

반죽 종류	식 감	질 감
반죽형	무거움	부드러움
거품형	가벼움	질김

2. 반죽의 결과 온도

(1) 제품별 반죽 희망 온도

① 일반적인 과자 : 22~24℃
② 희망 온도가 낮은 제품 : 퍼프 페이스트리(20℃), 애플파이(18℃), 쿠키(18~24℃)
③ 희망 온도가 높은 제품 : 슈(40℃)

 일반적으로 시험에는 반죽의 희망 온도가 낮은 제품으로 퍼프 페이스트리가 많이 출제돼요.

(2) 반죽의 형태에 따른 적정하지 않은 반죽 온도의 영향

	반죽형 반죽 : 유지의 응고	거품형 반죽 : 달걀의 기포력 저하
온도가 너무 낮은 반죽	· 적은 공기 포집, 작은 기포 크기 · 완제품의 조직이 조밀하고 부피가 작음 · 식감이 나쁘고 굽는 시간이 늘어나 착색이 진함	
	반죽형 반죽 : 유지의 용해	거품형 반죽 : 달걀의 기포력 증가
온도가 너무 높은 반죽	· 적은 공기 포집, 작은 기포 크기 · 완제품의 조직이 조밀하고 부피가 작음 · 식감이 나쁨	· 많은 공기 포집, 큰 기포 크기 · 기공이 열리고 조직이 거칠며 부피가 큼 · 노화 빠르고 식감이 나쁨

(3) 반죽 온도 조절 계산

① 마찰계수
(결과 온도×6) - (실내 온도 + 밀가루 온도 + 설탕 온도 + 쇼트닝 온도 + 달걀 온도 + 수돗물 온도)
② 사용할 물 온도
(희망 온도×6) - (실내 온도 + 밀가루 온도 + 설탕 온도 + 쇼트닝 온도 + 달걀 온도 + 마찰계수)
③ 얼음 사용량

$$\frac{사용할\ 물의\ 양 \times (수돗물의\ 온도 - 계산된\ 사용할\ 물\ 온도)}{80 + 수돗물\ 온도}$$

④ 조절하여 사용할 수돗물 양 = 사용할 물의 양 - 얼음 사용량

 반죽 온도 계산
· 수온 구하는 공식은 시험에서 실내 온도, 밀가루 온도, 수돗물 온도가 제시되면,
(결과 온도 × 3), (희망 온도 × 3)
· 실내 온도, 밀가루 온도, 설탕 온도, 쇼트닝 온도, 달걀 온도, 마찰계수가 제시되면,
(결과 온도 × 6), (희망 온도 × 6)
· 얼음 사용량 구하는 식에서 80은 얼음이 녹아 액체로 변할 때 생기는 열(융해열)을 나타낸 값

3. 반죽의 비중

(1) 제과에서 사용하는 비중의 의미

① 같은 부피의 물에 대한 반죽의 무게를 비례값으로 나타낸 상대적 수치
② 값 : 0~1
③ 비중이 제품에 미치는 영향

구 분	비중이 1에 가까워짐	비중이 0에 가까워짐
비중	높음	낮음
반죽 속 혼입된 공기 양	적음	많음
부피	작음	큼
기공	작음	큼
조직	조밀	거침

(2) 비중 측정 계산 순서

1) 반죽과 물을 각각 같은 비중 컵에 담아 무게 측정

2) 반죽과 물의 무게 계산

① 반죽의 무게 = (반죽의 무게 + 비중 컵의 무게) − 비중 컵의 무게
② 물의 무게 = (물의 무게 + 비중 컵의 무게) − 비중 컵의 무게

3) 비중 = 반죽의 무게 ÷ 물의 무게

(3) 제품별 반죽의 비중★★

반죽형 케이크	0.8~0.9	파운드 케이크, 레이어 케이크류
거품형 케이크	0.45~0.55	스펀지 케이크
기 타	0.4~0.5	시퐁 케이크, 롤 케이크

4. 반죽의 산도

(1) pH의 의미

① 산성과 알칼리성의 정도를 나타내는 수소이온 활성도
② pH 7을 중성으로 하고 pH 1~14로 표시
③ pH 수치가 내려갈수록 산도가 커지고, pH 수치가 올라갈수록 알칼리도가 커짐

(2) 제품에 미치는 산도(pH)의 영향

① 산성 : 글루텐을 응고시켜 부피 팽창을 방해하고 당의 열 반응 방해로 껍질 색 여림
② 알칼리성 : 글루텐을 용해시켜 부피 팽창을 유도하고 당의 열 반응 촉진으로 껍질 색 진함

반죽의 pH	특 징	조 절
산성	작은 기공, 조직이 조밀, 연한 향, 연한 껍질 색, 신맛, 부피가 작음(퍼짐성 ↓)	알칼리성으로 조절(중조 첨가)
알칼리성	열린 기공, 조직이 거침, 강한 향, 진한 껍질 색, 소다 맛, 부피가 큼(퍼짐성 ↑)	산성으로 조절 (주석산 크림, 사과산, 구연산, 레몬즙 첨가)

(3) 제품별 적정 pH

데블스푸드 케이크	8.5~9.2	초콜릿 케이크	7.8~8.8
옐로 레이어 케이크	7.2~7.6	엔젤 푸드 케이크	5.2~6.0
과일 케이크	4.4~5.0		

합격 CODE   **제품별 적정 pH**

· 데블스 푸드 케이크, 초콜릿 케이크의 pH가 높은 이유(알칼리성) : 색, 맛, 향 등을 진하게 하기 위함
· 엔젤 푸드 케이크, 과일 케이크의 pH가 낮은 이유(산성)
① 엔젤 푸드 케이크 : 하얀 색의 제품
② 과일 케이크 : 새콤한 맛

(4) 재료별 pH

박력분	5.2	증류수	7
우유	6.6	중조(소다)	8.4~8.8
베이킹파우더	6.5~7.5	흰자	8.8~9

합격 CODE   **제과 완제품의 균일성, 품질 조절의 3요소 : 반죽의 온도, 비중, 산도**

구 분	적정보다 낮을 때	적정보다 높을 때
반죽 온도	기공 조밀, 부피 작음, 식감 나쁨, 착색 진함	큰 기공, 부피 큼, 노화 빠름
반죽 비중	큰 기공, 거친 조직, 큰 부피	기공 조밀, 부피 작음, 제품이 묵직함
반죽 pH	(산성) 기공 조밀, 부피 작음, 여린 색, 신맛	(알칼리성) 거친 조직, 부피 큼, 진한 색, 소다 맛

5. 부속물 제조(충전물, 토핑물)

(1) 충전물

① 슈, 파이, 타르트 등에 내용물을 채우는 형태. 필링이라고도 함
② 성형할 때 넣어 굽거나, 굽기 후 충전하는 2가지 방법

③ 아몬드 크림
　　㉠ 버터를 부드럽게 하고 설탕과 달걀을 넣어 크림화한 후, 아몬드가루를 넣어 만든 크림
　　㉡ 보통 타르트 충전에 많이 사용
④ 커스터드 크림
　　㉠ 우유, 달걀, 설탕 + 안정제(옥수수 전분 또는 박력분) 첨가하여 끓인 크림
　　㉡ 달걀은 크림을 걸쭉하게 하는 농후화제, 크림에 점성을 부여하는 결합제 역할

PLUS TIP **농후화제** – 교질용액 상태로 만드는 것(종류 : 달걀, 전분, 박력분 등)

---

⑤ 버터 크림 : 크림 상태로 만든 버터에 114~118℃로 끓인 설탕 시럽을 조금씩 넣으면서 휘핑하여 제조. 마지막에 연유, 향료(에센스 타입)를 넣고 섞어 마무리
⑥ 가나슈 크림 : 초콜릿과 끓인 생크림을 1 : 1로 혼합하여 만든 크림. 6 : 4 배합도 많이 사용됨
⑦ 과일 충전물 : 과일에 설탕을 넣고 조린 것

(2) 토핑물

1) 반죽 윗면에 바르거나 뿌리고 올려서 사용하는 형태
2) 아이싱 : 설탕을 위주로 한 재료를 빵, 과자 제품에 덮거나 모양을 냄. 상품 가치성의 증가 및 맛 향상
　① 아이싱의 종류와 특징★★
　　㉠ 단순 아이싱 : 분설탕, 물, 물엿, 색, 향료를 섞고 43℃로 데워 되직한 페이스트 상태로 만든 것
　　㉡ 크림 아이싱 : 크림 상태로 만든 아이싱
　　㉢ 크림 아이싱의 종류
　　　ⓐ 퍼지 아이싱 : 설탕, 버터, 초콜릿, 우유 등 사용. 광택이 있음
　　　ⓑ 퐁당 아이싱 : 설탕 시럽을 기포하여 만든 것
　　　ⓒ 마시멜로 아이싱 : 거품 올린 흰자에 뜨거운 시럽을 첨가하여 만든 것. 많은 공기가 함유
　　㉣ 조합형 아이싱 : 단순 아이싱과 크림 아이싱을 혼합한 방법
　② 아이싱의 보관 및 사용
　　㉠ 중탕으로 가열(35~43℃)하여 사용
　　㉡ 굳은 아이싱은 설탕 시럽(설탕 2 : 물 1)을 넣고 풀어 사용하기도 함
　　㉢ 끈적거림 방지 방법
　　　ⓐ 최소의 액체 사용
　　　ⓑ 안정제, 농후화제 사용(젤라틴, 한천, 로커스트빈검, 카라야검 등)
　　　ⓒ 흡수제 사용(전분, 밀가루), 유화제는 사용 안 함
3) 글레이즈 : 과자류 표면에 광택 부여
　① 표면이 마르지 않도록 젤라틴, 젤리, 시럽, 퐁당, 초콜릿 등을 바름
　② 글레이즈 후 온도와 습도가 낮은 냉장 진열장 또는 통풍이 잘되는 장소에서 판매

4) 머랭 : 달걀 흰자와 설탕으로 휘핑하여 거품 포집

　　① 냉제 머랭(프렌치 머랭)

　　　　㉠ 실온에서 흰자와 설탕을 1 : 2의 비율로 휘핑

　　　　㉡ 거품 안정을 위해 소금 0.5%와 주석산 0.5%를 첨가하기도 함

　　② 온제 머랭

　　　　흰자(1), 설탕(2)를 섞고 43℃로 데운 후 휘핑하여 거품이 안정되면 분설탕(0.2)를 넣어 완성

　　③ 스위스 머랭

　　　　㉠ 흰자 1/3과 설탕 2/3를 섞어 43℃로 데워서 휘핑하며 레몬즙 첨가한 후, 흰자와 설탕의 비율을 1 : 1.8로 한 냉제 머랭을 섞어 완성

　　　　㉡ 구웠을 때 광택이 나고 안정성이 커서 하루 정도 보관 후 사용해도 무방함

　　④ 이탈리안 머랭

　　　　㉠ 흰자를 거품 내면서 114~118℃로 끓인 설탕 시럽을 조금씩 첨가하여 만드는 머랭

　　　　㉡ 무스나 냉과에 사용

합격 CODE　주석산(주석산 크림)의 사용

반죽의 pH를 낮춤(레몬즙, 식초, 구연산, 타타르 크림으로 대체 가능)

설탕의 재결정화 방지 목적	흰자의 거품을 튼튼하게 만들 목적
· 이탈리안 머랭 제조 시 시럽 · 버터 크림 제조 시 시럽 · 설탕 공예용 당액(시럽)	· 냉제 머랭 제조 · 화이트 레이어 케이크 제조 · 엔젤 푸드 케이크

PLUS TIP　머랭 제조 시 주의 사항

· 신선한 달걀을 사용

· 흰자 거품 올릴 때 이물질(달걀 노른자, 유지, 물 등)이 없어야 함

5) 퐁당 : 설탕에 물을 넣고 끓인 후 고운 입자(유백색 상태)로 재결정화 시킨 것

　　① 38~44℃에서 사용

　　② 물엿, 전화당 등의 시럽 형태의 당 첨가(수분 보유력 증대)

　　③ 보관 중 굳으면 시럽(설탕 : 물 = 2 : 1)을 소량 첨가, 가열하여 되기 조절 후 사용

6) 휘핑 크림 : 식물성 지방이 40% 이상인 크림을 휘핑. 4~6℃에서 거품이 잘 일어남

7) 생크림 : 우유의 지방이 35~40% 정도의 크림을 휘핑(크림 : 분설탕 = 100 : 10~15)

　　- 보관이나 작업은 냉장 온도(0~5℃)가 좋음

8) 디플로메트 크림 : 커스터드 크림과 생크림을 1 : 1의 비율로 혼합

PLUS TIP　설탕 시럽(당액) 제조

· 설탕(100), 물(25~30)을 114~118℃로 끓여서 사용

· 버터 크림, 이탈리안 머랭 제조

Chapter 2 | 과자류 제품 반죽 정형

1. 분할 패닝 방법

(1) 패닝의 정의

① 일정한 모양을 갖춘 틀의 부피에 알맞도록 반죽을 채워 넣는 작업
② 비용적과 팬의 부피를 계산하여 적정량을 패닝하여야 균일한 제품 생산 가능
③ 패닝 시 반죽량이 많으면 윗면이 터지거나 흘러 넘침
④ 패닝 시 반죽량이 적으면 모양새가 안 남

(2) 비용적

① 반죽 1g을 굽는데 필요한 팬의 부피(단위 cm^3/g)
② 비용적 = 틀 부피(용적) ÷ 반죽 무게
③ 비용적에 따른 패닝양과 제품의 무게

비용적	큼	적음
무게	가벼움	무거움
패닝양	적게 패닝	많게 패닝

④ 제품 적정 패닝양과 비용적

제품명	패닝양(%)	비용적 (cm^3/g)
스펀지 케이크	틀 높이의 50~60	5.08
레이어 케이크류	틀 높이의 55~60	2.96
엔젤 푸드 케이크	틀 높이의 60~70	4.70
파운드 케이크	틀 높이의 70	2.40
푸딩	컵 높이의 95	–

> **합격 CODE** **비용적 비교**
>
> 동일한 틀에 같은 양의 반죽을 넣었을 때
> ① 제품의 부피가 가장 큰 것 : 스펀지 케이크(거품형 반죽)
> ② 제품의 부피가 가장 작은 것 : 파운드 케이크(반죽형 반죽)

(3) 틀 부피 계산

① 원형팬 : 반지름 × 반지름 × 3.14 × 높이(경사진 원형팬은 평균반지름을 구해서 계산)
② 사각팬 : 가로 × 세로 × 높이(경사진 사각팬은 평균 가로 × 평균 세로 × 높이로 계산)

③ 옆면이 경사지고 중앙에 경사진 관이 있는 원형 팬 : 전체 둥근틀의 부피에서 관이 차지하는 부피를 빼서 구함
④ 정확한 치수 측정이 어려운 팬 : 유채씨나 물을 담아서 메스실린더로 부피를 구함

제과 제품 제조의 성형 방법

① **짜기** : 짤 주머니에 모양 깍지를 끼우고 철판에 짜 놓는 방법
② **찍어내기** : 반죽을 일정한 두께로 밀어 펴기 후 원하는 모양의 틀을 사용하여 찍어내는 방법
③ **접어 밀기** : 유지를 반죽으로 감싼 뒤 밀어 펴고 접는 방법
④ **패닝** : 일정한 모양의 틀에 적정량의 반죽을 채워 넣는 방법

---

2. 제품별 성형 방법 및 특징

(1) 반죽형 케이크

1) 파운드 케이크

재료 계량	밀가루 100%, 유지 100%, 설탕 100%, 달걀 100%(기본 재료 모두 동량, 저율배합) ① 밀가루 　㉠ 부드러운 질감의 제품 : 박력분 　㉡ 쫄깃한 질감(조직감이 강한 질감)의 제품 : 중력분으로 대체 ② 유지는 팽창 기능, 유화 기능, 윤활 기능(흐름성)의 기능
반죽 (믹싱)	주로 크림법 사용 ① 유지 + 설탕, 소금 첨가 후 균일하게 혼합 ② 달걀을 조금씩 나눠 넣으며 크림화 ③ 체친 건조 재료를 넣고 섞은 후 액체 재료를 넣고 섞음 ④ 반죽 온도 20~24℃, 비중 0.8±0.05
패닝	틀 높이의 70%, 비용적 : 2.40cm³/g
굽기	윗불 200℃, 아랫불 180℃, 2중팬 사용 → 칼집 낸 후, 온도 낮춰서 굽기

파운드 케이크

① **2중팬 사용 목적** : 제품 바닥과 옆면에 두꺼운 껍질 형성 방지, 제품의 조직과 맛을 좋게 하기 위해
② 최근에는 윗면에 칼집을 내어 터짐을 유도하기보다 자연스럽게 터트리는 추세
　㉠ 터짐 원인
　　ⓐ 설탕 입자가 용해되지 않고 잔류
　　ⓑ 높은 굽기 온도(껍질이 빨리 생성)
　　ⓒ 반죽 내 수분 불충분
　　ⓓ 패닝 후 바로 굽지 않아 반죽의 표면이 건조
　㉡ 터짐 방지를 위한 조치
　　ⓐ 굽기 직전에 증기를 분무
　　ⓑ 굽기 초반부터 다른 평철판으로 덮어 굽기

파운드 케이크 응용 제품

① **마블 케이크** : 반죽의 1/4 정도를 코코아 반죽(초콜릿과 코코아 첨가)으로 만들어 나머지 흰 반죽과 섞어 대리석 무늬로 만든 케이크

② **과일 파운드 케이크**
  ㉠ 과일 : 전체 반죽의 25~50%, 건조 과일이나 시럽을 제거한 과일 사용
  ㉡ 밑바닥에 과일이 가라앉는 것을 방지하는 방법 : 과일에 밀가루를 묻혀 사용
  ㉢ 과일은 반죽 마지막 단계에 첨가 혼합
  ㉣ 건조 과일 사용 시 과일의 전처리
    ⓐ 목적 : 식감 개선, 반죽과 과일 간의 수분 이동 방지, 과일 본래의 풍미 유도
    ⓑ 방법 : 과일 무게의 12%의 물(27℃)에서 4시간 밀폐 용기에 담가 놓음

③ **모카 파운드 케이크** : 보통의 파운드 케이크 반죽에 커피를 넣어 만든 제품

2) 레이어 케이크

화이트 레이어 케이크, 옐로우 레이어 케이크, 데블스 푸드 케이크, 초콜릿 케이크

재료 계량	밀가루 사용량(100%) 〈 설탕 사용량(110~180%)(고율배합)	
	옐로우 레이어 케이크	① 전란 사용 ② 달걀 = 쇼트닝 × 1.1 ③ 우유 = 설탕 + 25 − 달걀 ④ 설탕 : 110~140%
	화이트 레이어 케이크	① 흰자 사용 ② 주석산 크림(0.5%) 사용 　㉠ 흰자의 구조 및 내구성 강화 　㉡ 내상을 하얗게 하기 위해
		① 흰자 = 쇼트닝 × 1.43 ② 우유 = 설탕 + 30 − 흰자 ③ 설탕 = 110~160%
	데블스 푸드 케이크	옐로우 레이어 케이크에 코코아 사용
		① 달걀 = 쇼트닝 × 1.1 ② 우유 = 설탕 + 30 + (코코아 × 1.5) − 달걀 ③ 천연 코코아(산성) 사용 시 중조(코코아의 7%)를 사용 　→ 더치 코코아(중성, 진한 색, 맛과 향이 증가), 베이킹파우더 감소 ④ 설탕 = 110~180%
	초콜릿 케이크	옐로우 레이어 케이크에 비터초콜릿 사용
		① 달걀 = 쇼트닝 × 1.1 ② 우유 = 설탕 + 30 + (코코아 × 1.5) − 달걀 ③ 조절한 유화 쇼트닝 = 원래의 유화 쇼트닝 − (카카오버터 × 1/2) ④ 설탕 = 110~180% ⑤ 카카오버터 = 초콜릿 × 3/8
반죽 (믹싱)	·화이트 레이어 케이크, 옐로우 레이어 케이크, 초콜릿 케이크 : 크림법 사용 ·데블스 푸드 케이크 : 블렌딩법 ·반죽 온도 24℃, 비중 0.85~0.9	
패닝	틀 높이의 55~60%, 비용적 : 2.96cm³/g	
굽기	온도 180℃, 시간 30~35분	

반죽형 케이크 제조 시 발생할 수 있는 문제점

① 반죽의 분리 현상 : 낮은 반죽 온도, 달걀의 일시 투입량 과다, 반죽이 덜 됨, 유화성 없는 유지 사용
② 굽는 도중 수축 : 팽창제 사용 과다, 믹싱 시 과도한 공기 흡입(지나친 크림화), 적절하지 않은 굽기 온도
③ 부피가 작아짐 : 비중이 높음, 강력분 사용, 팽창제 양 부족, 우유나 물 과량 투입
④ 굽기 후 부서짐 : 밀가루 사용량 부족, 지나친 크림화, 팽창제 과량 사용, 유지 과량 사용
⑤ 거친 조직 : 높은 반죽 온도, 지나친 크림화, 과도한 팽창제, 낮은 굽기 온도, 알칼리성 반죽

(2) 거품형 케이크

스펀지 케이크	① 밀가루(100%) : 달걀(166%) : 설탕(166%) : 소금(2%) ② 공립법과 별립법을 사용. 주로 공립법 사용(달걀의 기포성) ③ 박력분 사용. 중력분 사용 시 전분(12% 이하)을 섞어 사용 ④ 반죽 비중 : 0.45~0.55, 적정 패닝양 : 팬의 50~60%, 비용적 : 5.08cm³/g ⑤ 굽기 전 탭핑(충격 가함, Tapping)하여 기포 정리 및 안정화 ⑥ 굽기 직후 틀 제거하여 실온 냉각 ⑦ 굽기 온도가 높거나 오래 굽기 시 제품 수축 ⑧ 응용 제품 : 카스텔라(건조 방지를 위해 나무틀 사용)
롤 케이크	① 젤리 롤 케이크(공립법), 소프트 롤 케이크(별립법) ② 반죽 비중 : 0.4~0.50 　㉠ 말기 시 터짐 방지를 위해 스펀지 케이크보다 노른자↓, 전란↑ 　㉡ 달걀의 공기 포집성↑ 　㉢ 롤케이크가 스펀지 케이크보다 가벼움(비중이 낮음) ③ 종이를 깐 평철판에 패닝하고 남은 반죽으로 무늬 반죽 만들어 사용 ④ 구운 직후 바로 철판 빼고 냉각(찐득거림, 수축, 말기 시 표면 터짐 예방)
엔젤 푸드 케이크	① 달걀은 흰자만 사용, 주석산 크림(주석산 칼륨) + 소금 : 1% ② 설탕 = 100 - (흰자 + 밀가루 + 주석산 크림 + 소금) ③ 패닝 : 이형제(물) 분무 후 틀의 60~70%, 비용적 : 4.70cm³/g ④ 오버 베이킹 시 수분 손실량 많음

합격 CODE　롤 케이크 말기 시 표면 터짐★★★

1) 터짐 원인
　① 표피의 수분의 증발　　② 과도한 팽창으로 점착성 약화
2) 터짐 방지
　① 설탕의 일부를 물엿으로 대체　　② 반죽에 글리세린 또는 덱스트린 첨가
　③ 팽창제 사용 줄임　　④ 노른자 대신 전란 사용 증가
　⑤ 비중 높지 않게 믹싱 조절　　⑥ 반죽 온도가 낮지 않도록 조절
　⑦ 굽기 시 밑불이 너무 높지 않게 조절　　⑧ 오버 베이킹 주의
　⑨ 굽기 직후 철판 제거

■ 스펀지 케이크 제조 시 달걀의 기능

① 구조력 강화(결합 작용)　　　　② 반죽에 수분 공급
③ 팽창 작용(공기 포집)　　　　　④ 유화 작용(노른자의 레시틴)

■ 엔젤 푸드 케이크에서 주석산 크림의 역할★

머랭을 희고 단단하게 만들어 줌(pH를 낮춤)
① 산전 처리법 : 주석산 크림을 머랭과 같이 섞음(튼튼하고 탄력있는 제품)
② 산후 처리법 : 주석산 크림을 밀가루와 같이 섞음(부드러운 기공과 조직)

■ 이형제★

굽기 후 제품이 틀에서 분리가 잘 되게 하기 위하여 사용
① 시폰 케이크, 엔젤 푸드 케이크 : 물 분무
② 반죽형 케이크(파운드 케이크 등) : 유지 + 밀가루

(3) 퍼프 페이스트리(프렌치 파이)

① 반죽에 유지를 말아서 만든 많은 결이 있는 제품(가소성 범위가 넓은 유지 사용)
② 유지에 함유된 수분이 증기로 변하여 형성된 증기압으로 팽창
③ 기본 배합률

재 료 명	비율(%)	재 료 명	비율(%)
밀가루(강력분)	100	물(냉수)	50
유지(반죽용 유지 + 충전용 유지)	100	소금	1

④ 강력분 사용 이유 : 수차례에 걸쳐 접기와 밀기 공정을 통한 반죽 층과 유지 층을 형성하기 위함
⑤ 반죽 : 발전 단계 후기(반죽 희망 온도 : 20℃, 과자류 반죽 중 가장 낮음)
⑥ 제조공정

반죽형 (스코틀랜드식)	밀어 편 반죽 위에 피복용 유지를 조금씩 바르는 방법
	① 장점 : 작업 편리
	② 단점 : 덧가루 과량 사용, 단단한 제품
접기형 (프랑스식)	반죽으로 유지를 싸서 접기와 밀어 펴기 반복
	① 결이 균일하고 부피가 큼
	② 충전용 유지가 많을수록 완제품의 부피가 커지나 성형 공정이 어려워짐
	③ 접기 횟수가 증가할수록 부피가 증가하나 최고점을 지나면 부피는 감소함

⑦ 정형 시 주의사항
　㉠ 밀어 펴기는 일정한 두께로 과도하지 않도록 주의
　㉡ 날카로운 칼이나 페이스트리 휠 등을 사용하여 절단 → 파지(자투리 반죽) 최소화
　㉢ 공정 중 냉장 휴지(휴지의 완료 : 손으로 살짝 눌렀을 때 눌린 자국이 남음)
⑧ 굽기
　㉠ 굽기 중 색이 날 때까지 오븐 문을 열지 않도록 주의(제품이 주저앉는 원인)
　㉡ 오븐 온도가 낮으면 글루텐이 말라 신장성이 줄고 증기압이 발생하지 않아 제품의 부피가 작고 묵직함

ⓒ 오븐 온도가 높으면 껍질이 먼저 생겨 제품이 갈라짐
ⓔ 기본 배합에 설탕이 없으므로 일반적으로 온도를 높게 설정

▣ 퍼프 페이스트리 반죽의 냉장 휴지 목적
① 재료를 수화시켜 글루텐 안정
② 반죽과 유지의 되기를 같게 하여 층을 분명히 함
③ 반죽 연화 및 이완으로 밀어 펴기를 용이하게 함
④ 성형 과정 중 반죽 절단 시 수축 방지
⑤ 손상된 글루텐 재정돈

▣ 퍼프 페이스트리 제조 시 발생할 수 있는 문제점★★★
① 굽기 시 유지가 흘러나옴
    ㉠ 과도한 밀어 펴기   ⓛ 적절하지 않은 오븐 온도
    ⓒ 박력분 사용   ⓔ 오래된 반죽
② 불규칙 또는 부족한 팽창
    ㉠ 덧가루 과량 사용   ⓛ 밀어 펴기 사이 불충분한 휴지
    ⓒ 예리하지 못한 칼 사용   ⓔ 굽기 전 달걀물 과량 사용
    ⓜ 부적절한 밀어 펴기   ⓗ 적절하지 않은 오븐 온도
③ 정형 시 반죽 수축
    ㉠ 과도한 밀어 펴기   ⓛ 불충분한 휴지
    ⓒ 반죽 중 유지 사용량이 적음

(4) 슈★★★

① 기본 재료 : 유지, 물, 밀가루, 달걀(설탕은 반죽에 들어가지 않음)
② 물과 유지를 끓인 후 밀가루를 넣고 호화시킴
③ 달걀을 소량씩 넣으며 매끈한 반죽으로 만듦(반죽 희망 온도 : 40℃, 과자류 반죽 중 가장 높음)
④ 패닝 : 굽기 중 팽창이 크므로 충분한 간격 유지
⑤ 굽기 전 물 분무 또는 침지
⑥ 굽기 중 색이 날 때까지 오븐 문을 열면 안 됨(주저앉음)
⑦ 응용 제품 : 에클레어, 파리브레스트, 츄러스(슈 반죽을 튀김)

▣ 슈 제조 시 발생할 수 있는 문제점
① 제품의 윗부분이 둥글게 됨, 내부에 구멍 형성이 좋지 않음, 껍질에 균열이 생기지 않음 : 반죽에 설탕 첨가
② 바닥 껍질 가운데가 위로 올라옴 : 오븐 바닥 온도가 높음, 굽기 초기 수분 손실 과다, 팬 기름칠 과다
③ 팽창하지 않음(밑면 좁고 윗면 공 모양) : 오븐 온도 낮음, 철판에 기름칠이 적음

▣ 슈 반죽에 물 분무 또는 침지 하는 이유
① 껍질이 얇게 되고 팽창을 크게 할 수 있음
② 양배추 모양의 균일한 슈 제조
③ 수막을 형성시켜 팽창하기 전에 껍질 형성과 착색을 방지

(5) 애플파이(쇼트 페이스트리)

① 중력분 또는 박력분 60% + 강력분 40% 사용
② 가소성 범위가 넓은 유지 사용(파이용 마가린, 경화 쇼트닝) - 사용량 : 밀가루 기준 40~80%
③ 껍질 색 착색 효과 : 탄산수소나트륨(중조, 소다) 0.1% 또는 녹인 버터를 바름
④ 유지와 밀가루를 섞어 콩알 크기가 될 때까지 다진 후 설탕, 소금 등을 녹인 찬물로 반죽
⑤ 냉장 휴지(4~24시간)
⑥ 휴지된 반죽을 적당한 두께로 밀어 팬에 깔고 구멍을 낸 후 20℃ 이하로 냉각한 충전물(필링) 충전
⑦ 덮개용 반죽 올리고 노른자로 광택 후 굽기

유지의 입자 크기와 파이 결의 길이

① 유지를 밀가루와 섞어 다질 때 유지의 입자 크기에 따라 파이 결의 길이가 결정
② 유지를 강낭콩 크기로 다졌을 때보다 호두알 크기로 다졌을 때 파이 결이 더 길게 형성

■ **파이 반죽 휴지의 목적**

① 재료의 수화
② 유지와 반죽의 굳은 정도를 같게 맞춰 밀어 펴기 용이
③ 반죽의 연화 및 이완
④ 끈적거림 방지로 작업성 향상

■ **애플파이 제조 시 발생할 수 있는 문제점**

① 질기고 단단한 껍질과 굽기 중 수축 원인
　　㉠ 휴지시간 부족
　　㉡ 강력분 사용, 과도한 반죽, 과도한 밀어 펴기 : 글루텐 형성
　　㉢ 자투리 반죽 사용
② 굽기 중 충전물의 끓어 넘치는 원인*
　　㉠ 높은 충전물 온도
　　㉡ 껍질에 수분이 많음
　　㉢ 껍질에 구멍을 뚫지 않음
　　㉣ 위·아래 껍질을 잘 붙이지 않음
　　㉤ 얇은 바닥 껍질
　　㉥ 낮은 오븐 온도
　　㉦ 천연산이 많이 든 과일 사용
　　㉧ 설탕을 많이 사용

■ **충전물의 농후화제 사용 목적**

① 충전물 조릴 때 호화 촉진
② 산의 작용을 상쇄하여 과일의 색과 향 유지
③ 충전물에 광택 제공
④ 냉각된 충전물의 적정 농도를 유지

(6) 쿠키

1) 쿠키 반죽의 특성에 따른 분류

① 반죽형 반죽 쿠키

드롭(소프트) 쿠키	· 달걀 사용량이 많아 부드러움(짜기) · 버터 쿠키, 오렌지 쿠키	저장 중 건조되어 부스러지기 쉬움
스냅(슈거) 쿠키	· 달걀 사용량이 적고 설탕 사용량이 많음 (찍어내기) · 낮은 온도로 오래 구워 바삭한 식감	저장 중 수분 흡수로 눅눅해지기 쉬움
쇼트 브레드 쿠키	· 유지 사용량이 많아 냉장휴지 필요 (찍어내기) · 부드럽고 바삭한 식감	저장 중 유지의 산패로 쩐내가 나기 쉬움

② 거품형 반죽 쿠키

스펀지 쿠키	· 달걀 사용량이 많아 모든 쿠키 중 수분이 가장 많음(짜기) · 핑거 쿠키(종이 깔고 원형깍지로 5cm 길이로 짠 후 설탕을 고르게 뿌리고 건조 후 굽기)
머랭 쿠키	· 머랭으로 반죽, 낮은 온도(100℃ 이하)에서 건조시키는 정도로 굽기(짜기) · 마카롱, 다쿠와즈

2) 쿠키의 퍼짐을 좋게 하기 위한 조치

① 팽창제 사용　　　　　　　　　② 입자가 큰 설탕 사용
③ 오븐 온도를 낮게 설정　　　　④ 알칼리 재료 사용량 증가

합격CODE　쿠키의 적정 반죽 온도와 포장 온도

· 반죽 온도 : 18~24℃
· 포장 및 보관 온도 : 10℃

합격CODE　쿠키의 퍼짐성

퍼짐성 증가	퍼짐성 감소
묽은 반죽	된 반죽
많은 유지량	적은 유지량
부족한 믹싱	과도한 믹싱
알칼리성 반죽	산성 반죽
낮은 오븐 온도	높은 오븐 온도
입자가 크거나 많은 설탕량	입자가 작거나 적은 설탕량
팽창제 사용	

쿠키의 퍼짐률 = $\dfrac{\text{제품의 지름}}{\text{제품의 두께}}$: 수치가 클수록 퍼짐이 큼

쿠키에 화학 팽창제를 사용하는 목적

① 제품의 부피 팽창 및 퍼짐과 크기 조절
② 부드러운 제품 생산
③ 제품의 색을 진하게 함(중조 : pH를 높여 반죽을 알칼리성으로 만듦)

(7) 케이크 도넛

① 중력분 사용, 향신료(넛메그)
② 공립법 또는 크림법으로 제조(반죽 희망 온도 : 22~24℃)
③ 달걀 : 구조 형성, 수분 공급, 노른자의 레시틴은 유화제 역할
④ 정형 전후 실온 휴지
⑤ 적정 튀김 온도 : 180~195℃
⑥ 적정 튀김 기름 깊이 : 12~15cm
⑦ 마무리 충전 및 아이싱

　　㉠ 글레이즈 : 도넛이 식기 전 글레이즈를 49℃ 전·후로 데워 아이싱
　　㉡ 초콜릿(중탕), 퐁당(직화) : 가온(40℃) 후 아이싱(굳기 전 코코넛, 땅콩, 호두가루 등을 토핑하기도 함)
　　㉢ 도넛 설탕 또는 계피 설탕 : 도넛이 40℃로 냉각되었을 때 토핑
　　㉣ 커스타드 크림 : 도넛 냉각 후 충전 및 냉장 보관

■ 휴지의 효과

① 이산화탄소 발생으로 반죽 팽창
② 표피 건조 방지 및 글루텐의 연화로 밀어 펴기가 쉬워짐
③ 조직을 균질화시켜 과도한 지방 흡수 방지

■ 도넛의 부피가 작은 원인

① 강력분 사용
② 짧은 튀김 시간
③ 성형 중량 미달
④ 낮은 반죽 온도
⑤ 반죽 후 튀기기까지 과도한 시간 경과

■ 케이크 도넛 제조 시 발생할 수 있는 문제점

① 불균일한 형태, 딱딱한 내부, 표면이 갈라짐, 팽창 부족 : 반죽에 수분이 적음
② 불균일한 형태, '혹' 모양 돌출, 딱딱한 내부, 흡유 과다, 과도한 팽창 : 반죽에 수분이 많음
③ 팽창 부족, '혹' 모양 돌출, 흡유 과다, 딱딱한 내부, 표면 갈라짐 : 낮은 반죽 온도
④ 과도한 팽창, '혹' 모양 돌출, 흡유 과다, 표면 요철, 표면 갈라짐 : 높은 반죽 온도
⑤ 색상이 고르지 않음 : 덧가루 과다 사용, 재료가 균일하게 섞이지 않음, 반죽에 이물질 혼입

(8) 냉과* : 냉장고에서 마무리하는 모든 과자류 제품**

바바루아	기본 재료 : 우유, 설탕, 달걀, 젤라틴, 생크림. 과실 퓌레로 맛 보강
무스	· 프랑스어 '거품' · 커스터드 또는 초콜릿, 과일 퓌레에 생크림, 젤라틴 등 넣고 굳힘
푸딩	· 설탕과 달걀의 비 = 1:2, 우유와 소금의 비 = 100:1 · 우유와 설탕을 80~90℃로 데운 후, 달걀을 풀어준 볼에 혼합하여 중탕으로 구움 · 달걀의 열 응고성에 의한 농후화 작용 이용 · 패닝양 : 95%(구울 때 거의 팽창 안 함) · 중탕으로 굽기(160~170℃) : 온도가 높으면 표면에 기포 발생
젤리	과즙, 와인 같은 액체에 펙틴, 젤라틴, 한천, 알긴산 등의 안정제를 넣어 굳힌 제품
블라망제	아몬드를 넣은 희고 부드러운 냉과

| Chapter | 3 | 과자류 제품 반죽 익힘 |

1. 반죽 익히기 방법의 종류 및 특징

(1) 굽기

① 제품의 윗면(복사), 옆면(대류), 밑면(전도)에 각각의 방식으로 열이 전해져 반죽을 익히고 색을 내는 것

② 굽기 원칙*

구 분	언더 베이킹(고온 단시간)	오버 베이킹(저온 장시간)
배합률	저율배합	고율배합
패닝양	소량	다량
제품의 두께	얇은 경우	두꺼운 경우
색/부피	껍질 색이 진하고 부피가 작음	껍질 색이 연하고 부피가 큼
부적절한 굽기 조건의 경우	· 너무 높은 온도로 제품이 설익음 · 조직이 거침 · 중심 부분이 갈라지고 주저앉기 쉬움	· 너무 낮은 온도로 윗면이 평평함 · 껍질이 두꺼워짐 · 수분 손실이 커서 노화가 빠름

(2) 튀기기

1) 튀김용 표준 온도 : 180~195℃

온도가 너무 높을 때	진한 껍질 색, 속이 익지 않음
온도가 너무 낮을 때	부피가 많이 팽창, 껍질이 거칠어짐, 긴 튀김 시간으로 흡유량 증가

 튀김 기름의 깊이
· 이론적 깊이는 12~15cm
· 깊이가 낮으면 튀김물을 넣을 때 온도 변화가 큼
· 깊이가 깊으면 초기 기름 온도 올리는데 열량 소모가 큼

2) 튀김 기름이 갖추어야 할 요건
① 이상한 맛과 냄새가 나지 않음
② 높은 발연점
③ 저장 중 산패에 대한 안정성이 높음
④ 제품 냉각 중 충분히 응결

3) 케이크 도넛의 과도한 흡유 원인**
① 반죽 내 수분 과다(묽은 반죽)
② 믹싱 부족(글루텐 형성 부족)

③ 반죽의 온도가 낮거나 튀김 기름의 온도가 낮아 튀김 시간 증가
④ 고율배합 제품(설탕, 유지, 팽창제 사용량이 많음)

4) 튀김 기름 관련 현상

발연 현상	온도가 비등점 이상으로 올라가면 푸른 연기가 발생
황화/회화 현상	· 튀김 온도가 낮아 기름 흡수가 많아졌을 때 발생 · 기름이 도넛의 설탕을 녹임 　－ 황화 현상 : 신선한 기름을 사용하여 황색(노란색)으로 보이는 현상 　－ 회화 현상 : 오래된 기름을 사용하여 회색으로 보이는 현상
발한 현상	제품에 묻힌 설탕이나 글레이즈가 수분에 녹아 시럽처럼 변함

합격 CODE　**케이크 도넛의 발한 현상★★★**

① 튀긴 도넛 내부의 수분이 표면으로 나와 설탕을 녹임
② 대책
　－ 설탕 사용량을 늘림, 튀기는 시간 증가로 제품의 수분 함량을 낮춤
　－ 튀김 기름에 스테아린을 3~6% 첨가
　－ 도넛을 충분히 냉각 후 아이싱

합격 CODE　**튀김 기름에 스테아린을 3~6% 첨가 시 효과**

① 유지의 융점을 높여 도넛에 설탕이 붙는 점착성 증가
② 설탕의 녹는점을 높여 기름 침투 방지
③ 황화 현상과 회화 현상을 방지

---

(3) 찌기

1) 찜은 수증기가 움직이는 대류를 이용하여 잠열(539kcal/g)이 전달되는 방식

2) **대표적인 제품** : 찜 케이크, 찐빵, 커스타드 푸딩 등

3) 주로 속효성 팽창제 사용

4) 장점

　① 온도 관리가 용이하며 색의 변화가 없어 재료 본래의 색을 활용 가능
　② 제품의 모양 변화가 적고 수용성 성분 및 수분 손실이 적음

2. 익히기 중 성분 변화의 특징

(1) 굽기 중 일어나는 변화*

① 캐러멜화 반응 : 고온 가열 시(160~180℃) 당류가 열에 의해 갈색을 내는 것으로 향미도 변함
② 메일라드 반응(마이야르 반응) : 당류와 아미노산이 결합하여 갈색 색소인 멜라노이딘을 만드는
   반응(캐러멜화 반응보다 향 생성에 중요한 역할)
③ 제품의 구조 형성 : 반죽 중 밀가루, 달걀, 우유 등의 재료가 전분의 호화, 단백질의 응고 등의
   반응
④ 증기압으로 인한 부피 팽창 : 슈는 액체 재료(물, 달걀)가 만들어내는 수증기압, 퍼프 페이스트리는
   유지에 함유된 수분이 증기로 변하여 증기압을 일으켜 팽창

(2) 굽기 손실

① 빵이 구워지는 동안 중량이 줄어드는 현상
② 원인 : 휘발성 물질(이산화탄소, 에틸알코올 등)과 수분의 증발
③ 굽기 손실률(%)

$$\frac{굽기\ 전\ 반죽\ 무게\ -\ 굽기\ 후\ 제품\ 무게}{굽기\ 전\ 반죽\ 무게} \times 100$$

3. 제품 관리

(1) 제품 평가 기준

1) 외부 평가

① 부피 : 알맞게 모양이 부풀어야 함
② 껍질 색 : 식욕을 돋우는 색. 균일하고 반점과 줄무늬 등이 없어야 함
③ 외형의 균형 : 전후, 좌우 균형 잡힌 대칭형
④ 껍질의 특성 : 두껍지 않고 얇으면서 부드러운 식감의 껍질

2) 내부 평가

① 기공, 조직 : 일정한 기공막, 고른 조직
② 속 색 : 밝으며 윤기가 남

3) 식감 평가

① 냄새 : 천연의 고유 향이 바람직함
② 맛 : 가장 중요한 항목으로 제품의 특성을 살린 고유의 맛

Chapter 4 | 초콜릿 제품 만들기

1. 초콜릿(카카오 매스)의 구성 성분

① 코코아 : 62.5%(5/8) ② 카카오버터 : 37.5%(3/8)
③ 유화제 : 0.2~0.8%

합격 CODE **초콜릿의 코코아와 카카오버터 구성비*** ➡ 코코아 5/8 : 카카오버터 3/8

---

2. 초콜릿 가공

(1) 1차 가공

① 발효(fermentation) : 카카오 열매에 함유된 당분과 섬유질을 제거, 싹 나는 것 방지
② 건조(drying) : 발효된 카카오 빈을 건조하여 수분 함량을 6~8%로 맞춤(약 2주 소요)
③ 저장(storage) : 건조한 곳에 저장하여 부패를 방지, 유해 곤충이나 서류에 의한 손상 주의

(2) 2차 가공

1) 카카오 매스 제조

① 콩의 선별(cleaning) : 발효되지 않은 콩, 미숙한 콩, 깨어진 콩 등 선별, 이물질(돌, 금속, 먼지 등) 제거
② 볶기(roasting) : 카카오 빈을 130~140℃의 온도 범위에서 볶아 수분 함량이 1% 이하가 되도록 함
③ 파쇄, 분별(grinding, selection) : 볶은 콩을 롤러로 거칠게 분쇄하여 껍질과 배아 제거, 배유만 선별
④ 배합(mixing)

2) 코코아 분말 제조 : 카카오 매스에서 카카오버터 제거 후 남는 고형분을 건조 및 분쇄하여 제조

3) 초콜릿 제조

① 혼합 : 카카오 매스와 카카오버터를 따뜻한 상태에서 혼합(스위트 초콜릿 60℃, 밀크 초콜릿 40~50℃)
② 미립자화 : 혼합한 초콜릿을 롤러에 통과시켜 초콜릿의 고형분 입자와 첨가물인 설탕이나 분유 등을 보다 작은 크기의 미립자로 제조
③ 정련(conching) : 미립자한 초콜릿을 60~80℃의 온도를 유지하면서 48~96시간 동안 정련
④ 템퍼링(tempering) : 안정한 결정의 카카오버터를 만들기 위해 온도를 조절하는 작업
⑤ 틀에 넣기 : 템퍼링 한 초콜릿을 틀에 채워 넣어 원하는 모양의 초콜릿을 만드는 작업

⑥ 냉각 : 냉장고(소규모), 냉각 터널(대량) 사용

⑦ 포장 및 저장 : 폴리에틸렌 등으로 포장하여 18℃에 저장

3. 초콜릿 용어

① 카카오 배유 : 카카오 콩을 볶아 껍질과 배아를 제거한 것

② 카카오 닙스(nibs) : 카카오 배유를 거칠게 분쇄한 것

③ 카카오 매스 : 카카오 배유를 분쇄한 것, 알칼리 처리한 것도 포함

④ 카카오버터 : 카카오 빈, 카카오 배유, 카카오 매스에서 얻은 유지

⑤ 카카오 케이크(카카오 박) : 카카오 배유 또는 카카오 매스에서 유지의 일부를 제거한 것

⑥ 코코아 분말 : 카카오 케이크를 분쇄한 것(카카오버터 8% 이상, 수분 9% 이하)

4. 초콜릿 종류(배합 조성에 따른 분류)

① 카카오 매스 : 카카오 빈의 배유 부분으로 만든 100% 순수한 카카오(= 카카오 페이스트, 비터 초콜릿)

② 다크 초콜릿 : 쓴맛의 카카오 매스에 카카오버터, 설탕, 레시틴, 바닐라 향 등을 넣어 만든 어두운 다갈색 초콜릿

③ 화이트 초콜릿 : 카카오 매스에서 다갈색의 카카오 고형분을 제거하고 남은 카카오버터에 설탕, 분유, 레시틴, 바닐라 향 등을 넣어 만든 백색의 초콜릿{카카오버터를 20% 이상 함유, 유고형분이 14% 이상(유지방 2.5% 이상)인 것}

④ 밀크 초콜릿 : 다크 초콜릿에 분유를 넣어 만든 것{카카오 고형분 25% 이상(무지방 카카오 고형분 2.5% 이상), 유고형분이 12% 이상(유지방 2.5% 이상)인 것}

⑤ 스위트 초콜릿 : 카카오 매스에 카카오버터와 설탕을 가한 제품{카카오 고형분 함량 30% 이상 (카카오버터 18% 이상, 무지방 카카오 고형분 12% 이상)인 것}

⑥ 패밀리 초콜릿 : 카카오 원료에 식품 또는 식품 첨가물 등을 가하여 가공한 것{카카오 고형분 20% 이상(무지방 코코아 고형분 2.5% 이상), 유고형분이 20% 이상(유지방 5% 이상)인 것}

⑦ 준 초콜릿 : 카카오 고형분에 식품 또는 식품 첨가물 등을 가하여 가공한 것(카카오 고형분 함량 7% 이상인 것)

⑧ 가나슈용 초콜릿 : 카카오 매스에 카카오버터를 넣지 않고 설탕만을 넣어 만든 초콜릿

⑨ 코팅용 초콜릿(파타글라세)*** : 카카오 매스에서 카카오버터를 제거하고 남은 카카오 고형분에 식물성 유지와 설탕 등을 첨가하여 흐름성이 좋게 만든 초콜릿(템퍼링 작업이 필요 없음)

구 분	코코아	카카오버터	유화제(레시틴)	설탕	향(바닐라향)	분유	유성색소
카카오 매스	○	○	○				
다크 초콜릿	○	○	○	○	○		
밀크 초콜릿	○	○	○	○	○	○	
화이트 초콜릿		○	○	○	○	○	
컬러 초콜릿		○	○	○	○	○	○

5. 초콜릿 템퍼링(Tempering)

(1) 초콜릿 템퍼링 목적*

① 초콜릿에 광택이 나며 내부 조직이 치밀해짐
② 초콜릿 틀을 이용한 작업 시 이탈 용이
③ 입안에서 용해성이 좋아 식감이 부드러워짐
④ 팻 블룸(Fat Bloom) 현상 방지

(2) 초콜릿 템퍼링 순서와 방법

1) 템퍼링 순서

① 1단계 : 초콜릿(커버추어)을 녹여 카카오버터가 가지고 있던 결정화 해체
② 2단계 : 결정화가 신속하게 진행되는 온도로 초콜릿 냉각
③ 3단계 : 안정적인 결합만 초콜릿에 남도록 초콜릿의 온도를 다시 올림
④ 4단계 : 작업 진행 도중 초콜릿이 굳어지지 않도록 적정한 온도로 유지

2) 템퍼링 방법

① 수냉법(water bath method)
중탕으로 50~55℃로 녹인 후 찬물 위에서 27~28℃로 식힌 다음 따뜻한 물로 옮겨 30~31℃로 맞춤
② 대리석법(tabling method)
20℃ 정도 되는 대리석에 50℃ 정도로 완전히 녹인 초콜릿의 2/3 정도를 부어서 스패출러나 스크레이퍼로 펴주고 모아주기를 반복하여 온도를 27~28℃로 낮춘 후 남은 초콜릿에 다시 합쳐서 최종 온도 30~31℃로 맞추는 방법
③ 접종법(seeding method)
50℃ 정도로 녹여 놓은 초콜릿에 녹인 초콜릿 1/3 정도 되는 템퍼링 된 초콜릿 조각(혹은 동전 초콜릿)을 조금씩 넣으면서 녹여 최종 온도를 맞추는 방법
④ 불완전 녹이기법(incomplete melting method)
전체 초콜릿의 80% 정도를 중탕이나 전자레인지로 36℃가 넘지 않도록 녹인 후 나머지 녹지 않은 20%를 섞어서 최종 온도를 맞추는 방법

6. 초콜릿 보관 및 결점

(1) 초콜릿 보관

① 이상적인 온도는 14~16℃, 상대 습도는 50~60%
② 포장하지 않고 냉장고나 냉동고에 보관하면 탈색되고 설탕이 표면으로 용출되어 블룸 현상이 발생하여 상품 가치 저하
③ 초콜릿을 다른 식품과 같이 보관 시 향을 흡수하여 맛과 향이 변하므로 별도로 보관
④ 포장하여 빛으로부터 보호되는 어두운 곳에 보관하는 것이 좋음

(2) 초콜릿 결점

1) 팻 블룸(fat bloom)★★★

① 현상 : 초콜릿 표면에 하얀 곰팡이 모양으로 얇은 흰 막이 생기는 현상

② 원인 : 지저분한 틀 사용, 배합률 부적절, 템퍼링 부적절 등으로 카카오버터의 불안정한 결정이 형성되거나 보관 중 온도 변화가 심하면 카카오버터의 용해와 응고가 반복되기 때문

③ 조치 : 템퍼링 과정 준수, 온도가 18~20℃로 일정하게 유지되는 햇빛이 들지 않는 상대습도가 낮은 서늘한 곳에 보관

2) 슈가 블룸(sugar bloom)★★★

① 현상 : 초콜릿의 표면에 작은 흰색 설탕 반점이 생기는 현상

② 원인 : 초콜릿을 상대 습도가 높은 곳이나 15℃ 이하의 낮은 온도에 보관하다 온도가 높은 곳에 보관하면 표면에 작은 물방울이 응축되어 초콜릿의 설탕이 용해하고 다시 수분이 증발하여 설탕이 표면에 재결정하여 반점으로 나타나기 때문

③ 조치 : 습도가 낮고 온도가 일정한 건조한 곳에 보관

Chapter 5 ┃ 장식 케이크 만들기

1. 케이크 아이싱에 사용되는 도구

① 돌림판 : 원형 케이크를 만들기 위한 필수 도구
② 스패출러 : 시트에 생크림이나 버터 크림을 아이싱 하기 위해 사용되는 도구
③ 빵칼 : 아이싱 하기 전 시트를 자르기 위한 도구
④ 삼각 톱날 : 아이싱을 한 후 윗면 또는 옆면에 물결무늬를 낼 때 사용
⑤ 모양 깍지 : 다양한 무늬를 낼 때 사용
⑥ 거품기 및 고무주걱 : 거품기는 크림을 올리거나 섞어 줄 때, 고무주걱은 크림을 짤 주머니에 담을 때나 믹싱볼 주변을 정리할 때 주로 사용
⑦ 모형 케이크 : 케이크 아이싱 연습을 위한 나무 재질의 케이크 모양 도구
⑧ 짤 주머니 : 크림을 넣고 모양을 그리거나 글씨를 쓸 때 사용
⑨ T네일(꽃받침) : 장미꽃을 비롯하여 여러 가지 꽃을 짤 때 사용
⑩ 꽃가위 : 꽃받침에 짜놓은 생크림 꽃을 잘라내어 옮길 때 사용

2. 크림(cream)류

(1) 생크림(fresh cream)

우유의 유지방을 원심 분리하여 얻은 것, 유지방 18% 이상 함유된 크림{거품(form)을 올리기에는 유지방 30% 이상인 제품을 사용하는 것이 좋음}

1) 휘핑 크림(whipping cream)

① 유크림 : 천연 유지방만을 사용, 특유의 부드러운 풍미를 지니나, 유지방 자체가 약해 거칠어지기 쉬움
② 식물성 크림 : 옥수수유, 면실유, 대두유, 야자유 등의 식물성 유지를 주원료로 사용하여 만든 크림
③ 가공유 크림 : 동물성 유지방과 식물성 지방을 조합한 콤파운드 크림

2) 식용 크림 : 유지방 10~30% 정도의 비교적 농도가 낮은 크림, 주로 커피용으로 사용

3) 발효 크림 : 유지방 18% 이상의 크림을 젖산균으로 발효시킨 후 살균과 균질화 과정을 거친 것

(2) 버터 크림(butter cream)

케이크 데커레이션 재료로 가장 많이 사용하는 재료 중 하나, 아이싱과 파이핑, 모양 짜기, 샌드용 등으로 사용되며 설탕 사용량에 따라 크림 맛이 많이 달라짐

(3) 기타 크림 : 생크림이나 버터 크림에 초콜릿이나 기타 재료를 혼합한 크림류

3. 아이싱

아이싱이란 케이크 위에 다양한 크림류를 바르는 공정으로 크게 원형, 돔형, 쉬폰형, 사각형 등 제품의 모양에 따라 아이싱 하는 방법이 달라지며, 아이싱 하는 재료에 따라서도 달라질 수 있음

4. 케이크 디자인의 기본

- 디자인의 구성 원리 : 조화, 균형, 비례, 율동, 강조, 통일

Chapter 6 | 무스 케이크 만들기

1. 무스 케이크

(1) 무스 : 냉과류의 대표 과자로 프랑스어로 '거품'을 의미

(2) 무스 케이크의 종류

① 티라미수(tiramisu) : 'mi(나를)', 'su(위로)', 'tirare(끌어올리다)'의 합성어로 이탈리어로 '기분이 좋아진다'라는 뜻을 가진 케이크로 스펀지 케이크 시트에 에스프레소 시럽을 적시고 마스카르포네치즈와 초콜릿 시럽 등을 차례로 쌓고 윗면에 코코아 파우더를 뿌려서 차갑게 굳힘

② 초콜릿 무스 : 코코아 파우더가 포함된 스펀지 시트에 리큐어가 들어간 초콜릿 무스 크림 반죽을 추가하여 냉동고에 굳힌 뒤 글라사주로 코팅하여 마무리한 케이크

③ 베리샤를로트 : 무스틀 바닥에 스펀지 시트를 먼저 깔고 그 위에 산딸기 퓌레, 생크림, 이탈리안 머랭, 젤라틴 등을 넣고 냉동고에서 굳힌 뒤 비스퀴로 옆을 두르고 베리류를 무스 윗면에 장식으로 가득 얹어 완성한 케이크

2. 무스 케이크 혼합물의 종류

① 노른자 크림(빠따 봄브) : 노른자에 끓인 시럽을 부어 가며 휘핑하여 만든 혼합물(무스의 농도를 진하게 하며 티라미수에 사용)

② 시럽 : 설탕과 물을 끓인 용액으로 향료, 리큐어를 혼합하여 디저트에 다양하게 사용
　㉠ 커피시럽 : 설탕, 물, 깔루아, 에스프레소를 혼합하여 제조
　㉡ 위스키시럽 : 설탕, 물, 위스키를 혼합하여 제조
　㉢ 베리시럽 : 설탕, 물, 베리 리큐어를 혼합하여 제조

③ 이탈리안 머랭 : 설탕과 물을 115℃까지 끓인 시럽을 흰자에 조금씩 흘려 부으면서 거품을 내어 제조

④ 무스 크림 : 달걀, 생크림, 치즈. 머랭, 젤라틴 등을 사용하여 제조

⑤ 글레이즈 : 광택이 나는 재료를 씌우거나 표면에 잼이나 시럽을 바르는 것

⑥ 크럼블 : '산산조각이 나서 부스러지다'라는 뜻을 가진 영국 음식으로 과일 위에 밀가루와 버터로 만든 크럼블을 얹어서 만든 디저트

⑦ 콩포트 : 프랑스어로 '섞기'를 의미하며, 과일에 설탕을 넣고 졸여서 만든 제품

3. 무스 케이크 정형

① 케이크 시트 재단 : 원하는 무스 케이크의 팬 모양으로 케이크 시트를 잘라냄

② 케이크 시트 팬에 담기 : 모양을 낸 케이크 시트를 평철판에 실리콘 패드를 깔고 무스 팬을 놓은 뒤 그 안에 눌러서 평평하게 담음

③ 시럽 사용 : 끓여서 식힌 뒤에 붓으로 케이크 시트 위에 촉촉하게 젖도록 바름

④ 혼합물 팬에 담기 : 무스 케이크 혼합물(무스 크림, 젤리, 크럼블 등)을 팬에 순서에 맞게 담음

⑤ 글레이즈 코팅 : 광택을 내기 위해 마지막에 씌우는 과정
  ㉠ 글라사주 : 과일이나 초콜릿으로 만든 글레이즈를 얇게 입혀 반짝이고 매끈하게 완성하는 제과 기법
  ㉡ 나빠주 : 과일 표면이 마르는 것을 방지하고 케이크를 좀 더 먹음직스럽게 보이게 하는 광택제
  ㉢ 미르와 : 투명한 광택제로 전처리 없이(물에 갤 필요 없이) 조금 덜어서 바로 발라 사용

4. 무스 케이크 완성

(1) **무스 틀 제거하기** : 냉동된 무스를 꺼내서 옆면에 열을 가하여 매끄럽게 무스 틀을 제거

(2) **무스 케이크 장식** : 과일과 허브 장식, 초콜릿 장식(깃, 커브, 짜기, 잎. 코팅 등), 생크림 장식, 색 입히기, 젤라틴 장식, 금박 종이 장식 등

(3) **무스 케이크 포장**

  ① 무스 띠 포장 : 투명한 무스 띠를 무스 옆면에 두르는 용도로 사용
  ② 일회용 케이스 포장 : 작은 사이즈의 일회용 투명 사각 팬이나 원형 틀에 무스를 패닝한 후 무스를 완성하여 뚜껑을 덮어줌
  ③ 종이박스 포장 : 팬에 완성한 무스를 종이박스에 담고 상자 안에 냉매를 넣어서 포장

(4) **보관 상태 관리**

  1) 냉동 보관

    ① 냉동고 : -18℃ 이하에서 보관하는 것을 말함
    ② 급속냉동 : -24℃ 이하에서 냉동하고 -18℃ 이하에서 보관
    ③ 전용 냉동고를 이용
    ④ 냉동고 온도가 유지되는지 매일 확인

  2) 냉장 보관하기

    ① 무스 케이크는 냉동 보관이 원칙이나 업장에서 판매를 위해 꺼내서 글라사주를 씌우거나 마지막 장식을 하여 냉장고로 옮겨서 보관할 수 있음
    ② 냉장 온도 : 0℃~10℃에서 보관
    ③ 냉장 온도는 하루 2회 측정하여 온도 유지 여부를 확인

Chapter **7** | **과자류 제품 마무리 및 포장, 유통**

1. 과자류 · 빵류 제품의 냉각 및 포장

(1) 과자류 · 빵류 제품의 냉각

1) 냉각의 목적

① 굽기를 끝낸 제품의 내부 온도와 수분 함량을 일정한 수준으로 낮춤
② 저장성 증대(곰팡이, 세균 등의 미생물 오염 방지)
③ 제품의 절단 및 포장을 용이하게 함

2) 냉각실의 설정 온도와 상대 습도

① 20~25℃, 75~85%
② 냉각실의 설정에 따른 제품 영향

구 분	제 과	제 빵
상대 습도가 지나치게 낮음	껍질이 지나치게 건조	껍질에 잔주름이 생기며 갈라짐
공기의 흐름이 지나치게 빠름	껍질이 지나치게 건조	· 껍질에 잔주름, 빵 모양의 붕괴 · 옆면이 내부로 끌려들어 가는 키홀링 현상
설정 온도가 높음	냉각 시간 증가	썰기가 어려워 제품 형태 변형 발행
설정 온도가 낮음	표면이 거칠어짐	제품이 건조해지고 노화 진행이 빠름

합격 CODE **냉각 손실**

① 냉각 손실률 : 2%
② 원인 : 냉각하는 동안 수분 증발
③ 여름 〈 겨울
④ 상대 습도가 낮으면 냉각 손실 큼

3) 냉각 방법

자연 냉각	· 상온에서 냉각 · 제품에 따라 소요시간 다름(식빵의 경우 3~4시간)
터널식 냉각	공기배출기를 이용한 냉각. 수분 손실이 큼
공기조절식 냉각 (에어컨디션식 냉각)	· 온도 20~25℃, 습도 85%의 공기에 통과 · 가장 빠른 방법

(2) 과자류 · 빵류 제품의 포장

1) 포장

① 포장의 목적
- ㉠ 미생물의 오염으로부터 보호
- ㉡ 노화 억제를 통한 저장성 증대
- ㉢ 상품의 가치 향상

② 포장 적정 온도
- ㉠ 20~25℃(제과)
- ㉡ 35~40℃(제빵)★

PLUS TIP 포장 온도

충분한 냉각 없이 높은 온도 포장 시	· 썰기가 어려워 형태 유지가 어려움 · 포장지에 수분 과다로 곰팡이 발생 우려
지나친 냉각으로 낮은 온도 포장 시	제품의 노화 가속, 껍질의 지나친 건조

2) 포장 용기의 조건

① 유해 물질이 없고 위생적이어야 함
② 방수성이 있고 작업성이 좋음
③ 통기성이 없고 상품의 가치를 높임
④ 제품이 변형되지 않음

3) 포장재별 특성과 포장 방법

① 포장재별 특성

폴리에틸렌(PE)	· 수분 차단성, 내화학성, 경제성, 기체 투과성 · 1주 이내를 목표로 하는 저지방식품의 간이포장
폴리프로필렌(PP)	· 투명성, 표면 광택도, 기계적 강도 · 각종 스낵류, 빵류 등 각종 유연 포장의 인쇄용으로 사용
폴리스티렌(PS)	· 가벼움, 투명 재질, 충격에 약함 · 발포성 폴리스티렌 : 용기면, 달걀 용기, 육류, 생선류의 트레이로 사용
오리엔티드 폴리프로필렌(OPP)	투명성, 방습성, 내유성 우수, 가열에 수축

PLUS TIP PVC(폴리염화비닐, polyvinyl chloride)

최근 식품을 오염시키는 물질인 디이소데실프탈레이트(DDP)를 포함하고 있어 인체에 유해하기 때문에 식품, 의료, 유아용 장난감 등에 사용 금지됨

② 포장 방법

함기 포장 (상온 포장)	공기가 있는 상태로 포장. 일반 소형 제과점에서 많이 사용. 기계를 사용하지 않음
진공 포장	· 용기에 식품을 넣고 내부를 진공으로 탈기하여 포장 · 내부 공기가 제거되어 공기 접촉이 불가능하여 장기 보존이 가능
밀봉 포장	공기가 내 · 외부로 통하지 않도록 포장. 쿠키, 구운 과자 등의 포장에 사용
가스 충전 포장	포장 내부의 공기를 불활성 가스(탄산가스, 질소가스)로 치환하여 포장

2. 과자류 · 빵류 제품의 저장 및 유통

(1) 저장 방법의 종류 및 특징

1) 저장 방법

① 실온 저장 : 10~20℃, 상대 습도 50~60%, 채광과 통풍이 잘되도록 함
② 냉장 저장 : 0~10℃(보통 5℃ 이하), 상대 습도 75~95% 유지
③ 냉동 저장 : -23~-18℃ 유지, 식품에 함유된 수분(자유수)을 불활성화 시키는 과정으로 저장 기간 연장

2) 저장 관리 원칙

① 저장 위치 표시
② 명칭, 용도 및 기능별 분류 저장
③ 적합 온도 및 습도 고려
④ 선입선출
⑤ 공간 활용 극대화
⑥ 부적절한 유출 방지를 위한 안전성 확보

(2) 유통 방법

① 유통기한 : 제조일로부터 소비자에게 판매가 가능한 기한(Sell by Date)
② 유통 관리

실온 유통	1~35℃(35℃ 포함), 제품의 특성에 따라 계절을 고려
상온 유통	15~25℃(25℃ 포함)
냉장 유통	0~10℃(보통 5℃)
냉동 유통	-18℃ 이하

(3) 저장 및 유통 중 변질 및 오염원 관리 방법

1) 과자류 · 빵류 제품의 노화

① 제품 저장 시 주요 사항 : 제품의 노화 지연
② 제품의 노화 : 냉장 온도에서 빠르게 진행되며 노화된 제품은 식감이 딱딱하고 체내 소화 흡수율이 떨어짐
③ 노화로 인한 제품 변화
　㉠ 껍질의 변화 : 제품 속 수분이 표면으로 이동, 공기 중 수분이 껍질에 흡수 → 표피가 눅눅해지고 질겨짐
　㉡ 내부의 변화 : 제품 속이 건조해지고 향미가 떨어짐(α 전분의 β 화)
④ 노화 영향 조건
　㉠ 시간 : 오븐에서 꺼낸 직후부터 시작, 신선할수록 빠르게 진행
　㉡ 노화 최적 온도 : 0~5℃(냉장 온도)

⑤ 노화 방지법★★

　　㉠ 저장 온도 : −18℃ 이하 또는 21~35℃ 유지

　　㉡ 방습 포장

　　㉢ 계면활성제나 레시틴 사용, 설탕량 증가, 유지량 증가, 모노디글리세리드(유화제) 사용

　　㉣ 탈지분유, 달걀에 의한 단백질 증가

　　㉤ 양질의 재료 사용하여 제조공정을 정확히 지킴

2) 과자류 · 빵류 제품의 변질

① 변질의 요인

　　㉠ 생물학적 요인 : 미생물에 의한 발효 및 부패

　　㉡ 화학적 요인 : 산화, 수소이온농도

　　㉢ 물리적 요인 : 온도, 수분, 빛

② 변질의 종류★★

부패	· 혐기성 세균에 의해 식품 중 단백질 식품 분해 · 악취와 유해 물질(페놀, 메르캅탄, 황화수소, 아민류, 암모니아 등) 생성
변패	단백질 이외의 탄수화물 등이 미생물에 의한 분해로 냄새나 맛 변화
발효	· 식품에 미생물이 번식하여 식품 성질 변화(인체에 유익한 경우에 한함. 식용 가능) · 빵, 술, 간장, 된장 등 제조
산패	· 지방의 산화에 의해 점성 증가, 악취 및 변색으로 품질 저하 · 생물학적 요인(미생물의 분해 작용)이 아님

3) 과자류 · 빵류 제품의 부패

① 부패 : 곰팡이 등의 미생물이 침입하여 맛이나 향 등이 변질됨

② 곰팡이 발생 방지 대책

　　㉠ 위생적인 환경에서 보관

　　㉡ 청결한 작업실, 작업 도구, 작업자의 위생

　　㉢ 곰팡이 발생 촉진 물질 제거

　　㉣ 보존료(프로피온산 나트륨, 프로피온산 칼슘, 젖산, 아세트산 등) 첨가

4) 부패 방지법

① 물리적 방법

건조법	수분 15% 이하
냉장, 냉동법	10℃ 이하 냉장 또는 −40~−20℃ 냉동 저장
자외선 살균법	일광 또는 자외선(2,500~2,800Å), 작업 공간 실내 공기 및 작업대 소독에 적합
방사선 살균법	코발트60(60Co) 방사선 조사
고압증기 멸균법	121℃에서 15~20분 살균, 아포까지 사멸, 통조림 살균에 이용

PLUS TIP

자외선, 방사선 살균법
식품에 영향 없이 살균 가능, 식품 내부까지는 살균되지 않음

② 화학적 방법

    ㉠ 염장법 : 소금 10% 삼투압 이용 – 해산물, 젓갈

    ㉡ 당장법 : 설탕물 50% 삼투압 이용

    ㉢ 초절임법 : 식초산 3~4%나 구연산, 젖산 이용

    ㉣ 가스 저장법 : CA저장법, 탄산가스/질소가스 – 채소, 과일의 호흡작용 억제

합격 CODE   **제과, 제빵류 제품에서 노화와 부패의 차이**

· **노화** : 수분의 이동으로 제품 속은 건조해지고, 껍질은 눅눅하고 질김
· **부패** : 미생물의 침입으로 단백질 성분 파괴, 악취 발생

 제과, 제빵 제품의 유통 시 가장 잘 일어나는 변질의 특징

· 제품에 곰팡이가 발생하여 변질되는 부패와 유지가 산화되는 산패
· **부패에 영향 주는 요소** : 온도, 습도, 산소, 열
· **산패에 영향을 주는 요소** : 햇빛, 수분, 금속, 산소, 온도, 유지의 이중결합

01

다음 중 오븐에서 빵이 갑자기 팽창하는 현상인 오븐 스프링이 발생하는 이유로 옳지 않은 것은?

① 가스압의 증가   ② 탄산가스의 증발
③ 알코올의 증발   ④ 단백질의 변성

> **해설** ■ 오븐 스프링의 원인
> – 가스압이 증가한다.
> – 알코올의 휘발로 증기압이 생긴다.
> – 탄산가스의 용해도가 감소한다.

02

손상된 전분 1% 증가 시 흡수율의 변화는?

① 1% 감소   ② 1% 증가
③ 2% 감소   ④ 2% 증가

> **해설** 손상된 전분이 1% 증가하면 흡수율은 2% 증가한다.

03

쿠키의 퍼짐이 크게 되는 경우에 대한 설명으로 옳은 것은?

① 반죽이 알칼리성 쪽에 있다.
② 믹싱 시간이 길어서 설탕이 완전히 용해되었다.
③ 전체의 설탕을 일시에 넣고 크림화를 충분히 시켰다.
④ 반죽이 된 상태로 되었다.

> **해설** 설탕의 사용량이 많거나, 반죽이 질거나, 알칼리성 반죽이거나 또는 오븐 온도가 낮으면 쿠키의 퍼짐이 크게 된다.

04

유지의 특징을 바르게 설명한 것은?

① 가소성 : 고체에 힘을 가했을 때 모양의 변화와 유지가 가능한 성질
② 쇼트닝성 : 반죽에 분산해 있는 유지가 거품의 형태로 공기를 포집하고 있는 성질
③ 구용성 : 달걀, 설탕, 밀가루 등을 잘 섞이게 하는 성질
④ 유화성 : 입안에서 부드럽게 녹는 성질

> **해설** ■ 유지의 특징
> – 가소성 : 반고체인 유지의 특징으로 고체에 힘을 가했을 때 모양의 변화와 유지가 가능한 성질로, 사용 온도 범위, 즉 가소성 범위가 넓은 것이 좋다.
> – 크림성 : 반죽에 분산해 있는 유지가 거품의 형태로 공기를 포집하고 있는 성질로, 휘핑할 때 공기를 혼입하여 부피를 증대시키고 볼륨을 유지시킨다.
> – 쇼트닝성 : 반죽의 조직에 층상으로 분포하여 윤활 작용을 하는 유지의 특징이다. 조직층 간의 결합을 저해함으로써 반죽을 바삭바삭하고 부서지기 쉽게 하는 특징을 갖고 있다.
> – 유화성 : 유지가 물을 흡수하여 보유하는 성질로 유화성을 이용한 대표적인 제품으로 파운드 케이크가 있다.
> – 구용성 : 입안에서 부드럽게 녹는 성질이다.

05

다음에서 설명하는 것은?

> 설탕 시럽을 115℃까지 끓인 후 40℃로 식히면서 교반하면, 결정이 일어나면서 희고 뿌연 상태로 만들어지는 것

① 마지팬   ② 생크림
③ 퐁당   ④ 가나슈

> **해설** ① 마지팬 : 아몬드 분말과 분당을 이용하여 만든 것
> ② 생크림 : 유지방 함량이 18% 이상인 크림
> ④ 가나슈 : 초콜릿에 크림을 섞어 만든 것

06

빵류 제품의 노화를 지연시키는 물질이 아닌 것은?

① 설탕　　　　　② 레시틴
③ 아밀로오스　　④ 계면활성제

해설 ■ 노화의 지연 방법
- 아밀로오스보다 아밀로펙틴이 노화가 늦다.
- 계면활성제는 표면장력을 변화시켜 빵, 과자의 부피와 조직을 개선하고 노화를 지연한다.
- 레시틴은 유화작용과 노화지연 작용을 한다.
- 설탕, 유지의 사용량을 증가시키면 수분 보유력이 높아져 노화를 억제할 수 있다.

07

알칼리성 식품에 대한 설명으로 옳은 것은?

① Na, K, Ca, Mg이 많이 함유되어 있는 식품
② S, P, Cl이 많이 함유되어 있는 식품
③ 당질, 지질, 단백질 등이 많이 함유되어 있는 식품
④ 곡류, 육류, 치즈 등의 식품

해설 • 알칼리성 식품 : 나트륨(Na), 칼슘(Ca), 칼륨(K), 마그네슘(Mg)을 함유한 식품 (채소, 과일, 우유, 기름, 굴 등)
• 산성 식품 : 인(P), 황(S), 염소(Cl)를 함유한 식품(곡류, 육류, 어패류, 달걀 류 등)

08

퍼프 페이스트리 반죽에 대한 설명으로 옳지 않은 것은?

① 반죽에 이스트를 넣어 부풀린다.
② 반죽 사이에 유지가 들어가 맛이 고소하다.
③ 반죽이 늘어나는 성질이 좋아 결을 많이 만들 수 있다.
④ 반죽은 제조법에 따라 접이형과 반죽형으로 나눌 수 있다.

해설 퍼프 페이스트리는 반죽에 이스트를 넣지 않고, 구울 때 반죽 사이의 유지가 녹아 생긴 공간을 수증기압으로 부풀려서 만든다.

09

파운드 케이크를 구울 때 뚜껑을 덮는 이유는 무엇인가?

① 케이크 바닥이 검게 되는 것을 막기 위해서
② 케이크의 수분흡수력을 높이기 위해서
③ 케이크 내부가 노란색을 띠게 하기 위해서
④ 껍질 색이 너무 진하지 않고 표피를 얇게 하기 위해서

해설 뚜껑을 덮는 이유는 껍질 색이 너무 진하지 않고 표피를 얇게 하기 위해서이다. 케이크의 바닥이 검게 되는 것을 막으려면 두 겹 겹친 팬 위에 파운드 틀을 얹어 오븐의 중간 칸에 넣고 구워야 한다.

10

반죽형 반죽 제조 시 재료의 전처리에 대해 잘못 설명한 것은?

① 가루는 고운체를 이용하여 체질하여 사용한다.
② 가루를 체질할 때에는 공기의 혼입이 되지 않도록 주의한다.
③ 견과류는 제품의 용도에 따라 굽거나 볶아서 사용한다.
④ 건포도는 10분 이상 물에 담가 두었다가 가볍게 배수시켜 사용한다.

해설 재료의 전처리 과정에서 가루는 고운체를 이용하여 바닥면과 적당한 거리를 두고 공기 혼입이 잘 되도록 체질한다.

11

파운드 케이크를 용적이 1,640cm³인 팬에 구우려고 한다. 알맞은 반죽 양은 약 얼마인가?

① 562g   ② 683g
③ 812g   ④ 924g

해설 파운드 케이크의 비용적은 2.40cm³/g이고, 반죽 양 = 팬 용적 ÷ 팬 비용적이므로, 파운드 케이크 반죽의 양 = 1,640 ÷ 2.40 = 약 683(g)

12

다음 제품의 비중 중 가장 낮은 것은?

① 롤 케이크   ② 레이어 케이크
③ 파운드 케이크   ④ 스펀지 케이크

해설 비중이 낮으면 기공이 크며, 부피가 크고, 조직이 거칠다는 특징이 있다. 반대로 비중이 크면 기공이 작고, 부피가 작으며, 조직이 조밀하다.
   ▣ 제품별 비중
   – 롤 케이크 : 0.4~0.5
   – 파운드 케이크 : 0.8~0.9
   – 레이어 케이크 : 0.8~0.9
   – 스펀지 케이크 : 0.45~0.55

13

다음 중 별립법에 대한 설명으로 옳은 것은?

① 기포가 단단해 져서 굽는 제품에 적합한 방법으로, 공립법에 비해 제품의 부피가 크며 부드러운 것이 특징이다.
② 비단과 같이 우아하고 미묘한 맛이 난다고 하여 붙여진 것이다.
③ 달걀 흰자에 설탕을 넣어서 거품을 낸 것으로 다양한 모양을 만들거나 크림용으로 광범위하게 사용되고 있다.
④ 전란에 설탕을 넣어 함께 거품을 낸다.

해설 ② : 시퐁형에 대한 설명이다.
   ③ : 머랭에 대한 설명이다.
   ④ : 공립법에 대한 설명이다.

14

버터 스펀지 케이크 반죽 제조 시 주의사항으로 옳지 않은 것은?

① 중탕을 할 때 달걀이 익지 않도록 주의한다.
② 달걀에 설탕을 넣고 믹싱한 반죽은 휘퍼 자국이 서서히 사라지는 정도가 되어야 완성된다.
③ 식용유와 반죽을 섞을 때는 부피가 줄지 않도록 잘 섞어야 한다.
④ 밀가루를 넣고 너무 많이 섞으면 비중이 낮아질 수 있다.

해설 밀가루를 넣고 너무 많이 섞으면 글루텐이 생기고 기포가 사라져 비중이 높아질 수 있다.

15

다음 ⓐ, ⓑ, ⓒ에 들어갈 말로 맞는 것은?

> 오버 베이킹은 (ⓐ)에서 (ⓑ) 굽는 것이다.
> (ⓒ)일 때 사용한다.

① ⓐ 낮은 온도, ⓑ 단시간, ⓒ 고배합
② ⓐ 낮은 온도, ⓑ 장시간, ⓒ 고배합
③ ⓐ 높은 온도, ⓑ 단시간, ⓒ 저배합
④ ⓐ 높은 온도, ⓑ 장시간, ⓒ 저배합

해설 • 오버 베이킹 : 반죽이 많거나 고배합일 때 사용하며 낮은 온도에서 장시간 굽는다.
   • 언더 베이킹 : 반죽이 적거나 저배합일 때 사용하며 높은 온도에서 단시간 굽는다.

16

쿠키에 대한 설명으로 옳지 않은 것은?

① 영국의 플레이 번, 미국의 비스킷, 프랑스의 푸르 세크에 해당하는 과자이다.
② 스냅 쿠키는 액체 재료가 드롭 쿠키에 비해 적게 들어간다.
③ 쇼트브레드 쿠키는 밀어 펴는 형태의 쿠키이다.
④ 드롭 쿠키는 스냅 쿠키라고도 한다.

해설 드롭 쿠키(Drop Cookies)는 소프트 쿠키라고도 하며 많은 수분을 함유한 제품이다.

17

반죽형 반죽에 대한 설명으로 옳지 않은 것은?

① 밀가루, 달걀, 우유를 구성 재료로 한다.
② 유지 함량은 달걀 무게의 3/4 이상이다.
③ 많은 양의 유지를 함유한 제품으로 반죽 온도가 중요하다.
④ 대표적인 제품으로 파운드 케이크, 과일 케이크, 머핀 등이 있다.

해설 반죽형 반죽의 유지 함량은 달걀 무게의 1/2 이상이다.

18

반죽 양을 구하는 식은?

① 팬 용적 – 팬 비용적
② 팬 용적 ÷ 팬 비용적
③ 팬 용적 × 팬 비용적
④ 팬 용적 + 팬 비용적

해설 비용적이란 반죽 1g을 굽는 데 필요한 팬의 용적이다. 반죽 양은 '팬 용적÷팬 비용적'이다.

19

퍼프 페이스트리를 제조할 때 주의할 점으로 틀린 것은?

① 반죽을 단기간 보관할 때 –20℃ 이하의 냉동고에서 보관한다.
② 굽기 전에 적정한 휴지를 시킨다.
③ 파지(Scrap Pieces)가 최소로 되도록 성형한다.
④ 충전물을 넣고 굽는 반죽은 껍질에 작은 구멍을 낸다.

해설 이스트를 사용하지 않기 때문에 정형한 반죽은 포장하여 냉장고(0~4℃)에서 4~7일까지 보관이 가능하다. 반죽을 장기간 보관할 시에는 –20℃ 이하의 냉동으로 보관하는 것이 좋다

20

다음 중 엔젤 푸드 케이크에 주석산 크림을 사용하는 이유가 아닌 것은?

① 색을 희게 한다.
② 흡수율을 높인다.
③ 흰자를 강하게 한다.
④ pH 수치를 낮춘다.

해설 주석산 크림은 알칼리성인 흰자의 pH 농도를 낮춰 중화시키므로 머랭을 만들 때 산도를 낮추어 거품을 단단하게 해주고 색을 희게 만들어 준다.

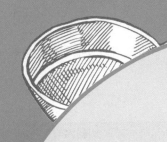

제빵편

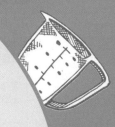

PART 4. 빵류 제품 제조

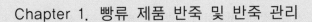

Chapter 1 | 빵류 제품 반죽 및 반죽 관리

1. 반죽법의 종류 및 특징

(1) 스트레이트법(직접법) : 모든 재료를 믹서에 한번에 넣고 반죽하는 방법, 소규모 제과점에서 주로 사용

1) 제조공정

① 배합표 작성 : Baker's % 배합표

재료명	비율(%)	재료명	비율(%)
밀가루	100	소금	2
물	60~64	설탕	4~8
이스트	2~3	유지	3~4
이스트 푸드	0.2	탈지분유	3~5

② 재료 계량 : 배합표대로 신속, 정확, 청결하게 계량(이스트는 소금, 설탕과 닿지 않도록 주의)

③ 반죽(믹싱)

ㄱ 유지를 제외한 모든 재료를 넣고 수화시켜 글루텐 발전

ㄴ 유지 첨가 : 클린업 단계

ㄷ 반죽 온도 : 27℃

④ 1차 발효

ㄱ 온도 27℃, 상대 습도 75~80%, 시간 1~3시간(시간은 이스트 함량과 배합률에 따라 결정)

ㄴ 펀치(가스 빼기)

ⓐ 처음 부피의 약 2배 팽창 또는 발효 시간의 60% 경과한 시점

ⓑ 반죽을 접거나 압력을 가해 가스를 뺌

ㄷ 1차 발효 완료점

ⓐ 반죽의 부피(처음 부피의 3~3.5배 팽창)

ⓑ 반죽의 직물 구조(섬유질 상태) 확인

ⓒ 밀가루 묻힌 손가락으로 찔렀을 때 자국이 살짝 오므라드는 상태

PLUS TIP **펀치의 효과**

① 반죽의 내부 온도와 외부 온도를 균일하게 함

② 산소 공급으로 산화, 숙성을 촉진, 이스트 활동 활성화

③ 반죽의 산화, 숙성을 촉진시켜 글루텐 형성 진행 및 강화

④ 발효 시간을 단축시키고 발효 속도를 일정하게 함

---

⑤ 분할 : 원하는 양으로 반죽을 나눔(10~15분 이내에 작업)

⑥ 둥글리기 : 발효 중 생긴 큰 기포를 제거하며 반죽 표면을 매끄럽게 함

⑦ 중간 발효(벤치 타임)

    ㉠ 분할 및 둥글리기로 상한 반죽을 쉬게 함(유연성 회복, 신장성 증가)

    ㉡ 온도 27~29℃, 상대 습도 75%, 시간 15~20분

⑧ 정형 : 원하는 모양으로 빵의 형태를 만듦

⑨ 패닝 : 빵틀 안에 이음매를 아래로 해서 넣거나 철판에 간격을 맞춰 배열

⑩ 2차 발효 : 온도 35~43℃, 상대 습도 85~90%, 시간 30분~1시간

⑪ 굽기 : 반죽의 크기, 배합률, 제품의 종류에 따라 굽기 온도 조절

⑫ 냉각 : 구워낸 빵을 35~40℃로 식힘

2) 장/단점(스펀지 법과 비교)

장 점	단 점
· 발효 시간이 짧아 발효 손실이 감소 · 시설, 장비, 공정이 간단함 · 노동력과 시간 절감	· 잘못된 공정을 수정하기가 어려움 · 노화가 빠르고 향과 식감이 덜함 · 기계 내성, 발효 내구성이 약함

(2) 스펀지 도우법(중종법) : 처음의 반죽을 스펀지(Sponge) 반죽, 나중의 반죽을 본(Dough) 반죽이라 하여 배합을 두 번 함

1) 제조공정

    ① 배합표 작성 : Baker's % 배합표

재 료	스펀지 비율(100%)	본 반죽 비율(100%)
강력분	60~100	0~40
물	스펀지 밀가루의 55~60	전체 밀가루의 60~70
생이스트	1~3	–
이스트 푸드	0~2	–
소금	–	1.75~2.25
설탕	–	3~8
유지	–	2~7
탈지분유	–	2~4

    ② 재료 계량 : 배합표대로 신속, 정확, 청결하게 계량(이스트는 소금, 설탕과 닿지 않도록 주의)

    ③ 반죽

        ㉠ 스펀지 믹싱 : 스펀지 재료를 픽업 단계까지 믹싱. 저속으로 5~6분. 반죽 온도 24℃

        ㉡ 스펀지 발효 : 온도 27℃, 상대 습도 75~80%, 시간 3~5시간(시간은 이스트 함량과 배합률에 따라 결정)

스펀지 발효 완료점
· 부피 : 4~5배 증가
· 반죽 중앙이 오목하게 들어가는 현상(드롭; drop)이 생김
· pH 4.8, 내부 온도 28~30℃
· 유백색의 반죽 표면, 핀 홀 생성

④ 본 반죽(dough) 믹싱 : 스펀지 반죽과 본 반죽용 재료 모두 넣고 믹싱
  ㉠ 반죽 온도 : 27℃
  ㉡ 반죽이 부드러우면서 잘 늘어나는 상태
⑤ 플로어 타임 : 반죽할 때 파괴된 글루텐을 다시 재결합시키기 위해 10~40분 발효

 플로어 타임(Floor Time)
① 발효 완료된 스펀지를 나머지 재료와 반죽한 후 휴지시키는 공정
② 플로어 타임이 길어지는 경우
  ㉠ 긴 본 반죽 시간
  ㉡ 낮은 본 반죽 온도
  ㉢ 스펀지에 사용한 밀가루의 양이 적음
  ㉣ 본 반죽 상태의 처지는 정도가 큼
  ㉤ 사용하는 단백질의 양과 질이 좋음
③ 플로어 타임이 진행되는 동안 반죽은 건조해지고 표면 광택이 줄어들다가 지나치면 축축하고 끈적이게 됨

⑥ 분할 : 원하는 양으로 반죽을 나눔(10~15분 이내에 작업)
⑦ 둥글리기 : 발효 중 생긴 큰 기포를 제거하며 반죽 표면을 매끄럽게 함
⑧ 중간 발효(벤치 타임)
  ㉠ 분할 및 둥글리기로 상한 반죽을 쉬게 함
  ㉡ 온도 27~29℃, 상대 습도 75%, 시간 15~20분
⑨ 정형 : 원하는 모양으로 빵의 형태를 만듦
⑩ 패닝 : 빵틀 안에 이음매를 아래로 해서 넣거나 철판에 간격을 맞춰 배열
⑪ 2차 발효 : 온도 35~43℃, 상대 습도 85~90%, 시간 60분
⑫ 굽기 : 반죽의 크기, 배합률, 제품의 종류에 따라 굽기 온도 조절
⑬ 냉각 : 구워낸 빵을 35~40℃로 식힘

2) 장/단점(스트레이트법과 비교)

장 점	단 점
· 잘못된 공정을 시정할 기회가 있음 · 노화 지연되어 저장성이 좋음 · 부피가 크고 속 결이 부드러움 · 발효 내구성이 강함	· 발효 손실의 증가 · 시설, 노동력, 장소 등 경비 증가 · 공정 시간의 증가

■ 스펀지 반죽에 밀가루를 증가시킬 경우
① 스펀지 발효 시간이 길어지고 본 반죽의 발효 시간은 짧아짐
② 본 반죽의 반죽 시간이 짧아지고 플로어 타임이 짧아짐
③ 반죽의 신장성이 좋아져 성형 공정이 개선
④ 부피 증대, 얇은 기공막, 부드러운 조직, 품질 향상
⑤ 풍미가 강해짐

■ 스펀지 도우법에서 탈지분유를 스펀지에 첨가하는 경우
탈지분유의 단백질은 빵 반죽의 pH 저하 시 완충 작용하여 이스트와 효소의 활성, 글루텐의 믹싱과 발효 내구성을 조절 가능하므로 다음의 경우 스펀지에 탈지분유를 첨가
① 아밀라아제 활성이 과도할 때
② 밀가루가 쉽게 지칠 때
③ 장시간에 걸쳐 스펀지 발효를 한 후 본 반죽 발효 시간을 단축
④ 단백질 함량이 적거나 약한 밀가루를 사용

(3) 액체 발효법(액종법)

1) 스펀지 도우법의 변형(중종법의 노력과 설비 없이 어느 정도의 기계적 내성이 있는 제품을 생산)
2) 이스트, 이스트 푸드, 물, 설탕, 분유 등을 섞어 2~3시간 발효시킨 액종을 미리 만들어 사용
3) ADMI(아드미)법 : 완충제로 분유 사용
4) 제조공정
   ① 배합표 작성 : Baker's % 배합표

재 료	액종(%)	재 료	본 반죽(%)
물	30	물	32~34
설탕	3~4	강력분	100
생이스트	2~3	액종	35
이스트 푸드	0.1~0.3	소금	1.5~2.5
탈지분유	0~4	설탕	2~5
		유지	3~6

   ② 재료 계량 : 배합표대로 신속, 정확, 청결하게 계량
   ③ 반죽
      ㉠ 액종 만들기 : 액종용 재료를 넣고 섞음(액종 온도 30℃, 2~3시간 발효)
      ㉡ 본 반죽 만들기 : 믹서에 액종과 본 반죽 재료를 넣고 반죽(온도 : 28~32℃)
      ㉢ 플로어 타임 : 15분 발효

액종의 발효
① 완료점 : pH로 확인(pH 4.2~5.0)
② 완충제
   ㉠ 발효하는 동안에 생성되는 탄산가스와 유기산에 의해 pH가 급격히 변하는 것을 방지하는 역할
   ㉡ 분유, 탄산칼슘, 염화암모늄

④ 분할 : 원하는 양으로 반죽을 나눔(10~15분 이내에 작업)

⑤ 둥글리기 : 발효 중 생긴 큰 기포를 제거하며 반죽 표면을 매끄럽게 함

⑥ 중간 발효(벤치 타임)

     ⊙ 분할 및 둥글리기로 상한 반죽을 쉬게 함

     ⓒ 온도 27~29℃, 상대 습도 75%, 시간 15~20분

⑦ 정형 : 원하는 모양으로 빵의 형태를 만듦

⑧ 패닝 : 빵틀 안에 이음매를 아래로 해서 넣거나 철판에 간격을 맞춰 배열

⑨ 2차 발효 : 온도 35~43℃, 상대 습도 85~90%, 시간 60분

⑩ 굽기 : 반죽의 크기, 배합률, 제품의 종류에 따라 굽기 온도 조절

⑪ 냉각 : 구워낸 빵을 35~40℃로 식힘

5) 장/단점

장 점	단 점
· 균일한 제품 생산이 가능 · 발효 손실에 따른 생산손실을 줄일 수 있음 · 한번에 많은 양의 발효가 가능 · 단백질 함량이 낮아 발효 내구력이 약한 밀가루도 빵 생산 가능 · 시간, 노력, 공간, 설비가 스펀지법에 비해 감소	· 산화제, 연화제, 환원제가 필요 · 설비의 위생관리에 신경 써야 함

(4) 연속식 제빵법

1) 액체 발효법의 더 발달된 방법으로 기계적인 설비를 사용하여 적은 인원으로 많은 빵을 만들 수 있는 방법

2) 단일 품목, 대량 생산 작업장에서 사용

3) 제조공정

① 재료 계량 : 배합표대로 신속, 정확, 청결하게 계량

② 액체 발효기 : 액종용 재료를 넣고 섞어 30℃로 조절

③ 열교환기 : 발효된 액종을 통과시켜 30℃로 조절 후 예비 혼합기로 보냄

④ 산화제 용액기 : 산화제(브롬산칼륨, 인산칼륨, 이스트 푸드 등)를 녹여 예비 혼합기로 보냄

⑤ 쇼트닝 온도 조절기 : 쇼트닝을 녹여 예비 혼합기로 보냄

⑥ 밀가루 급송장치 : 액종에 사용하고 남은 밀가루를 예비 혼합기로 보냄

⑦ 예비 혼합기 : 각종 재료들을 고루 섞음

⑧ 디벨로퍼(반죽기) : 3~4기압, 30~60분, 고속 회전하면서 글루텐을 형성하여 분할기로 보냄

⑨ 분할기 : 분할하여 패닝으로 이어짐

⑩ 패닝 : 팬에 정형한 반죽을 일정하게 놓음

⑪ 2차 발효 : 온도 35~43℃, 상대 습도 85~90%, 시간 40분~60분

⑫ 굽기 : 반죽의 크기, 배합률, 제품의 종류에 따라 굽기 온도 조절

⑬ 냉각 : 구워낸 빵을 35~40℃로 식힘

4) 장/단점

장 점	단 점
· 발효 손실 감소 · 설비 감소, 공장 면적 감소 · 노동력 감소	· 일시적 설비 투자 비용이 큼 · 산화제 첨가로 발효 향 감소

(5) 재반죽법

1) 스트레이트법의 변형

2) 모든 재료를 넣고(물은 8% 정도 남김) 발효 후 나머지 물(8%)을 넣고 다시 반죽하는 방법

3) 글루텐의 연화(가스 보유력 향상)에 의해 가벼운 식감, 부드러운 질감의 제품 생산

4) 제조공정

① 배합표 작성

② 재료 계량 : 배합표대로 신속, 정확, 청결하게(이스트는 소금, 설탕과 닿지 않도록 주의)

③ 반죽 : 저속 4~6분, 반죽 온도 25~26℃

④ 1차 발효 : 온도 26~27℃, 상대 습도 75~80%, 시간 2~2.5시간

⑤ 재반죽 : 물 8% 첨가, 중속 8~12분, 반죽 온도 28~29℃

⑥ 플로어 타임 : 15~30분

⑦ 분할 및 둥글리기

⑧ 중간 발효 : 온도 27~29℃, 상대 습도 75%, 시간 15~20분

⑨ 정형 : 원하는 모양으로 빵의 형태를 만듦

⑩ 패닝 : 빵틀 안에 이음매를 아래로 해서 넣거나 철판에 간격을 맞춰 배열

⑪ 2차 발효 : 온도 36~38℃, 상대 습도 85~90%, 시간 40~50분

⑫ 굽기 : 반죽의 크기, 배합률, 제품의 종류에 따라 굽기 온도 조절

⑬ 냉각 : 구워낸 빵을 35~40℃로 식힘

5) 장점

① 반죽의 기계 내성이 양호   ② 스펀지 도우법에 비해 공정 시간 단축

③ 균일한 제품 생산   ④ 식감 양호, 균일한 색상

(6) 노타임 반죽법

1) 발효에 의한 글루텐의 숙성을 산화제와 환원제를 사용한 화학적 숙성으로 대신하며 무발효 반죽법이라고도 함

2) 오랜 발효 시간 없이 배합 후 정형하여 2차 발효를 하는 제빵법(발효 시간 단축)

3) 산화제와 환원제의 기능 및 종류

① 산화제

㉠ 1차 발효 시간 단축

㉡ 밀가루 단백질의 -SH기(치올기)를 -S-S-(이황화결합)기로 변화시킴

  ⓒ 단백질의 구조를 강하게 하고 가스 보유력을 증가시키고 취급성을 좋게 함

  ② 브롬산칼륨(지효성 작용), 요오드칼륨(속효성 작용), 아조디카본아미드(ADA, 표백과 숙성 작용)

 ② 환원제

  ㉠ 반죽 시간 단축

  ⓒ 글루텐 단백질 사이의 이황화결합(-S-S-)을 절단시켜 반죽 시 단백질의 빠른 재정렬을 도움

  ⓒ 프로테아제(단백질분해 효소), L-시스테인(시스틴의 이황화결합 절단), 소르브산, 아황산수소염, 푸마르산 등

4) 장/단점

장 점	단 점
·반죽이 부드럽고 수분 흡수율이 좋음 ·발효 손실이 적고 기계 내성이 양호 ·속 결이 치밀하고 고름 ·제조 시간 절약	·발효에 의한 맛과 향이 좋지 않음 ·제품에 광택이 없고 질이 고르지 않음 ·발효 내성이 떨어짐 ·저장성이 저하되며 재료비 단가가 높음

5) 스트레이트법을 노타임 반죽법으로 변경 시 조치사항★★

 ① 물 사용량 : 1~2% 감소

 ② 설탕 사용량 : 1% 감소

 ③ 생이스트 사용량 : 0.5~1% 증가

 ④ 반죽 온도 : 30~32℃

 ⑤ 산화제 사용 : 브롬산칼륨, 요오드칼륨, 아스코르브산(비타민 C)

 ⑥ 환원제 사용 : L-시스테인

(7) 비상 반죽법

1) 반죽 시간을 늘리고 발효 속도를 촉진시킴으로써 전체 공정 시간을 줄여 짧은 시간에 제품을 생산

2) 갑작스런 주문의 빠른 대처 시 사용

3) 표준 반죽법을 비상 반죽법으로 변경 시 조치 사항★★

필수사항	① 반죽 시간 20~30% 증가(반죽의 신장성 증대로 가스 보유력 증가) ② 설탕 1% 감소(발효 시간 단축으로 인해 잔류당이 많아지므로 껍질 색 조절) ③ 반죽 온도 30℃(이스트의 가스 발생력 증가) ④ 생이스트 2배 증가(가스 발생력 증가) ⑤ 물 1% 증가(작업성 향상, 이스트 활성 증가) ⑥ 1차 발효 시간(공정 시간 단축) ㉠ 비상 스트레이트법 : 15~30분 ⓒ 비상 스펀지법 : 30분 이상
선택사항	① 소금 1.75%로 감소(삼투압 작용과 글루텐 경화로 이스트 활성 방해, 가스 보유력 저하) ② 이스트 푸드 증가(이스트 양 증가에 따름) ③ 분유 1% 감소(완충제 역할로 발효 지연) ④ 식초나 젖산 0.5~1% 첨가(반죽의 pH를 낮춰 발효 촉진)

4) 장/단점

장 점	단 점
· 비상 시 대처 용이 · 노동력과 임금 절약	· 부피가 고르지 못함 · 이스트 냄새 · 노화가 빠름

(8) 찰리우드법(초고속 반죽법)

① 영국의 찰리우드 지방에서 유래. 초고속 반죽기를 이용하여 반죽, 숙성시키므로 플로어 타임 후 분할

② 기계적 숙성 반죽법으로 공정 시간은 줄어드나 발효 향이 떨어짐

(9) 냉동 반죽법

분할 또는 정형을 끝낸 반죽을 −40℃ 급속 냉동시켜 −18℃ 이하로 냉동 저장하여 필요시마다 꺼내어 쓸 수 있도록 반죽하는 방법

1) 재료 준비

① 밀가루 : 단백질 함량 많은 밀가루 선택

② 물 : 가능한 한 수분량을 적게 사용

③ 생이스트 : 2배 증가(냉동 중 가스 발생력 저하)

④ 소금, 이스트 푸드 : 약간 증가

⑤ 설탕, 유지, 달걀 : 증가

⑥ 노화 방지제(SSL) : 소량 첨가

⑦ 산화제(비타민 C, 브롬산칼륨) : 첨가(냉해에 의한 글루텐 연화 작용 방지)

⑧ 환원제(L−시스테인), 유화제 : 첨가(가스 보유력 증가)

2) 제조공정

① 반죽 : 스트레이트법, 반죽 온도 20℃, 다른 제빵법보다 조금 되게 물 조절

② 1차 발효 : 20분 이내(발효 시 생성되는 수분이 얼면서 부피가 팽창하여 이스트와 글루텐 손상)

③ 분할

④ 정형

⑤ 냉동/저장 : −40℃로 급속 냉동하여 −25~−18℃에서 보관

⑥ 해동*

    ㉠ 냉장고(5~10℃)에서 완만 해동

    ㉡ 도우 컨디셔너 또는 리타드 등의 설비로 해동 조절 가능

    ㉢ 차선책으로 실온 해동도 함

⑦ 2차 발효 : 온도 30~33℃, 습도 80%

⑧ 굽기

⑨ 냉각 : 구워낸 빵을 35~40℃로 식힘

냉동 반죽의 가스 보유력 저하 요인

① 냉동/해동 진행 및 냉동 저장에 따른 냉동 반죽 물성의 약화
② 냉동 반죽의 빙결정
③ 해동 시 탄산가스 확산에 의한 기포 수의 감소
④ 냉동 시 탄산가스 용해도 증가에 의한 기포 수의 감소

냉동 반죽법의 특징

① 급속 냉동시키는 이유
    ㉠ 전분의 노화대를 빠르게 통과하면서 전분의 노화 지연
    ㉡ 반죽 내 수분이 얼면서 팽창하여 이스트 사멸 또는 글루텐 파괴를 막기 위함
② 반죽을 되게 하는 이유
    냉동 시 일부 이스트가 죽어 글루타치온(환원성 물질)이 나와 반죽이 퍼지는 것을 막기 위함
③ 저율배합보다 고율배합 제품에 많이 이용
④ 냉동 기간이 길어질수록 품질 저하가 일어나므로 선입선출을 준수해야 함
⑤ 분할량이 크면 냉해를 입을 수 있으므로 좋지 않음

3) 장/단점

장 점	단 점
· 생산 및 공급의 조절이 용이	· 해동으로 인해 반죽의 끈적거림
· 생산성 향상 및 재고관리 용이	· 반죽이 퍼지기 쉬움
· 시간별 갓 구운 제품 제공 가능	· 가스 발생력 및 보유력 약화
· 다품종 소량 생산 가능	· 많은 양의 산화제를 사용
· 작업 효율이 좋아 인건비 절감 효과	· 제품의 노화가 빠름
· 최종 판매장의 시설투자비 절감	· 냉동 저장 시설비 증가

(10) 오버나이트 스펀지법

① 밤새 발효시킨 스펀지를 이용하는 방법 - 발효 손실이 가장 큼
② 발효 시간이 길기 때문에 적은 이스트로 천천히 발효
③ 글루텐이 강한 신장성을 갖기 때문에 가스 보유력이 좋아짐
④ 풍부한 발효 향

(11) 사워종법

① 가공된 이스트를 사용하지 않고 천연 균류를 착상시켜 자가 배양한 발효종을 이용하는 제빵법
② 장점 : 풍미 개량, 반죽 개선, 노화 억제, 보존성 향상, 소화흡수율 향상 등

2. 반죽의 결과 온도

(1) 반죽(믹싱, Mixing)

밀가루, 이스트, 소금, 그 밖의 재료에 물을 혼합하고 치대어 재료를 균질화시키고 빵의 구조를 형성하는 단백질인 글루텐을 발전시키는 공정

글리아딘
(신장성, 점성)
+
글루테닌
(탄력성)
+
물
=
글루텐
(점탄성)

(2) 반죽의 목적

① 재료를 균일하게 분산하여 혼합
② 밀가루의 전분과 단백질에 물을 흡수(수화)
③ 글루텐을 발전시켜 반죽의 점탄성 및 신장성, 가소성 등을 부여
④ 반죽의 공기 혼입으로 이스트 작용 활성화와 반죽의 산화 촉진

> **PLUS TIP**
>
> **반죽으로 인해 부여되는 물리적 성질***
> ① **점탄성** : 점성과 탄력성(원래의 모습으로 되돌아가려는 성질)을 동시에 가지는 성질
> ② **신장성** : 늘어나는 성질
> ③ **흐름성** : 흘러서 팬 또는 용기의 모서리까지 채워지는 성질
> ④ **가소성** : 성형과정에서 형성되는 모양을 그대로 유지하는 성질

(3) 반죽의 단계별 특성 및 제품

픽업 단계	· 원료가 균일하게 혼합 · 글루텐 구조가 형성되기 시작하는 단계 · 반죽이 축축하고 끈적거림 · 믹싱 속도 : 저속 · 데니시 페이스트리
클린업 단계	· 글루텐이 형성되기 시작하는 단계 · 반죽이 한 덩어리가 되고 믹싱볼이 깨끗해짐 · 유지 첨가 시기 · 후염법 : 클린업 단계 직후 소금 첨가 · 스펀지법의 스펀지
발전 단계	· 반죽의 탄력성이 최대 · 반죽이 강하고 단단해짐 · 믹서의 최대 에너지 요구 · 믹싱 속도 : 고속 · 반죽의 믹싱볼 치는 소리가 불규칙적 · 하스 브레드, 프랑스빵

최종 단계	·글루텐이 결합하는 마지막 단계 ·대부분의 빵 반죽에서 최적의 상태 ·반죽이 부드럽고 윤이 남 ·탄력성과 신장성이 가장 좋아 펼치면 찢어지지 않고 얇게 늘어남(Windowpane test) ·식빵, 단과자빵 등 대부분의 빵
렛다운 단계	·오버믹싱, 과반죽, 지친 단계 ·탄력성이 줄어들고 신장성이 커지며 점성이 늘어나는 단계 ·흐름성 최대 ·잉글리시머핀, 햄버거빵
파괴 단계	·탄력성과 신장성 상실 ·글루텐 조직이 파괴 ·반죽이 푸석거리며 구웠을 때 제품이 거칠게 나옴

후염법
·소금을 클린업 단계 직후에 넣어 믹싱하는 방법
·장점 : 반죽 시간 단축, 반죽 온도 감소, 흡수율 증가 및 조직을 부드럽게 하고 반죽의 수화 촉진, 제품 속 색을 갈색으로 만듦

(4) 반죽의 흡수율에 영향을 미치는 요소 ★

영향 요소	흡수율 변화
밀가루 단백질 1% 증가	흡수율 1.5~2% 증가(강력분 〉 박력분)
손상 전분 1% 증가	흡수율 2% 증가
분유 1% 증가	흡수율 0.75~1% 증가
설탕 5% 증가	흡수율 1% 감소
클린업 단계 이후 소금 첨가 픽업 단계에 소금 첨가	흡수율 증가 흡수율 8% 감소
연수 사용 경수 사용	흡수율 감소 흡수율 증가
반죽 온도 5℃ 증가 반죽 온도 5℃ 감소	흡수율 3% 감소 흡수율 3% 증가

(5) 반죽 시간에 영향을 미치는 요소

구 분	반죽 시간 길어짐	반죽 시간 짧아짐
반죽기의 회전 속도	느림	빠름
반죽의 양	많음	적음
소금 첨가 시기	픽업 단계	클린업 단계 이후(후염법)
유지 첨가 시기	픽업 단계	클린업 단계 이후
유지량, 설탕량 – 글루텐 형성 방해	많음	적음

분유, 우유량 – 글루텐 구조 강하게 함	많음	적음
사용되는 물의 양	많음(글루텐 형성 방해)	적당한 양
반죽 온도	낮음	높음(기계적 내성은 약화)
산화제와 환원제 사용	산화제	환원제

(6) 반죽 온도 조절

1) 반죽 온도의 의미 및 특징

① 반죽이 완성된 직후의 온도

② 반죽 온도에 따라 반죽의 발전상태, 되기 정도, 발효의 속도가 달라짐

2) 반죽 온도 영향 인자

① 실내 온도, 수돗물 온도, 밀가루 온도(스펀지 법에서는 스펀지 반죽 온도 포함)

② 수돗물 온도 : 경제성, 작업성의 관점에서 온도 조절이 가장 용이

3) 제빵법에 따른 적합한 반죽 온도

① 스트레이트법 : 27℃

② 스펀지 도우법 : 스펀지 24℃, 본 반죽 27℃

③ 액체 발효법 : 28~32℃

④ 재반죽법 : 25~26℃

⑤ 비상 반죽법 : 30℃

⑥ 냉동 반죽법 : 20℃

4) 스트레이트법에서 반죽 온도 계산 방법

① 마찰계수 = (결과 온도 × 3) – (밀가루 온도 + 실내 온도 + 수돗물 온도)

② 사용할 물 온도 = (희망 온도 × 3) – (밀가루 온도 + 실내 온도 + 마찰계수)

③ 얼음 사용량

$$\frac{\text{사용할 물의 양} \times (\text{수돗물의 온도} - \text{계산된 사용할 물 온도})}{80 + \text{수돗물 온도}}$$

④ 조절하여 사용할 수돗물 양 = 사용할 물의 양 – 얼음 사용량

5) 스펀지법에서 반죽 온도 계산 방법

① 마찰계수 = (결과 온도 × 4) – (밀가루 온도 + 실내 온도 + 수돗물 온도 + 스펀지 반죽 온도)

② 사용할 물 온도 = (희망 온도 × 4) – (밀가루 온도 + 실내 온도 + 마찰계수 + 스펀지 반죽 온도)

③ 얼음 사용량

$$\frac{\text{사용할 물의 양} \times (\text{수돗물의 온도} - \text{계산된 사용할 물 온도})}{80 + \text{수돗물 온도}}$$

④ 조절하여 사용할 수돗물 양 = 사용할 물의 양 – 얼음 사용량

PLUS TIP **반죽 온도 계산**

① 반죽 온도 조절 시 계산 순서 : 마찰계수 → 사용할 물 온도 → 얼음 사용량

② 계산법 용어

　㉠ **마찰 계수** : 반죽 중 마찰에 의해 상승한 온도를 실질적 수치로 환산한 값

　㉡ **결과 온도** : 반죽 종료된 후의 반죽 온도

　㉢ **희망 온도** : 반죽 후 원하는 희망 온도

　㉣ **실내 온도** : 작업장 온도

　㉤ **수돗물 온도** : 반죽에 사용되는 수돗물 온도

　㉥ **80** : 얼음 1g이 녹아 물 1g이 되는데 흡수하는 열량(융해열, 흡수 열량)을 나타낸 상수 (80cal)

③ 문제 풀이 시 제시된 환경 요인(밀가루 온도, 실내 온도, 수돗물 온도, 스펀지 반죽 온도)의 개수에 따라 결과 온도 × 3, 희망 온도 × 3 또는 결과 온도 × 4, 희망 온도 × 4로 계산

Chapter **2** | **빵류 제품 반죽 발효·정형**

1. 1차 발효 조건 및 상태 관리

일반적으로 1차 발효는 온도 27℃, 상대 습도 75~80% 조건에서 진행

(1) 발효의 목적

1) 반죽의 팽창 작용

① 이스트의 가스 발생력 극대화(이산화탄소 발생으로 팽창 작용)
② 반죽의 신장성 향상(가스 보유력 증대)

2) 반죽의 숙성 작용

① 생화학적 작용(이스트 발효 산물)과 화학적 작용(개량제)을 통해 반죽을 분해하여 유연하게 만듦
② 소화흡수율 상승

3) 빵의 풍미 생성 : 발효에 의해 생성된 알코올, 유기산, 에스테르 등을 축적하여 독특한 맛과 향 부여

(2) 발효 중 일어나는 변화

① 반죽의 pH : pH 4.6까지 떨어짐(유기산 생성)
② 단백질 : 프로테아제에 의해 단백질 분해, 글루텐 조직 연화(반죽의 신장성 증가)
③ 전분 : 아밀라아제에 의해 맥아당으로 분해
④ 맥아당 : 말타아제에 의해 2개의 포도당으로 분해
⑤ 설탕 : 인버타아제에 의해 포도당과 과당으로 분해
⑥ 수분 : 당질의 분해 시 수분량 증가(글루텐에 흡수)
⑦ 포도당, 과당 : 치마아제에 의해 이산화탄소, 알코올, 유기산, 열 생성
⑧ 온도 : 치마아제(찌마아제)에 의해 생성된 열은 반죽의 온도를 지속적으로 올리는 원인
⑨ 반죽의 부피 : 치마아제에 의해 생성된 이산화탄소에 의해 부피 증가
⑩ 유당 : 분해되지 않고 잔당으로 남아 굽기 시 캐러멜화 반응(껍질 색 형성)

(3) 발효에 영향을 주는 요인

이스트	· 사용량이 많으면 가스 발생량이 많아짐(발효가 빨라짐) · 신선한 이스트가 가스 발생량이 많아짐(발효가 빨라짐)
설탕	많을수록 발효가 빨라지지만 5%를 초과하면 가스 발생력이 약해짐(발효가 느려짐)
반죽 온도	온도가 높을수록 발효는 빨라짐(38℃에서 최대)
반죽의 산도(pH)	최적의 pH : 4.5~5.5(발효 촉진)
소금	· 표준량(1.75%)보다 많아지면 효소의 작용 억제(발효가 느려짐) · 과량 사용 시 가스 발생 방해(발효 시간이 길어짐), 저장 기간은 길어짐

과량의 설탕과 소금이 발효에 영향을 주는 요인

삼투압 작용으로 이스트의 활력을 방해하여 이스트의 생화학적 작용 저하시킴

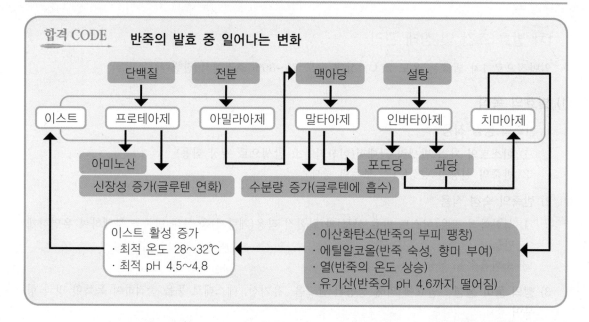

(4) 가스 발생력, 가스 보유력에 관여하는 요인 변화

1) **이스트 사용량** : 이스트의 사용량이 적을수록 발효 시간은 길어지고 많을수록 발효 시간은 짧아짐

$$\text{가감하고자 하는 이스트양} = \frac{\text{기존 이스트양} \times \text{기존 발효 시간}}{\text{조절하고자 하는 발효 시간}}$$

2) **전분의 변화** : α-아밀라아제가 전분을 분해, 발효성 탄수화물(이스트의 먹이로 이용) 생성으로 발효 촉진

3) **단백질의 변화** : 프로테아제는 단백질을 가수분해하여 반죽을 부드럽게 하고 신장성을 증가시킴

이스트 사용량을 변경하는 경우

· 사용량을 감소시키는 경우
  - 천연 효모와 병용 사용, 발효 시간 지연
· 사용량을 조금 감소시키는 경우
  - 실온이 높을 때, 작업량이 많을 때, 수작업 공정이 많을 때
· 사용량을 다소 증가시키는 경우
  - 알칼리성 물 사용, 미숙성 밀가루 사용, 글루텐 질이 좋은 밀가루 사용
· 사용량을 증가시키는 경우
  - 설탕, 소금, 우유, 분유 등의 사용량이 많을 때, 발효 시간 줄일 때

(5) 발효 관리

1) 발효 완료점을 이화학적 특성으로 확인하는 방법

① 물리적인 변화로 확인
  ㉠ 부피가 증가한 상태, 표면의 색 변화, 핀홀(바늘구멍) 등을 확인
  ㉡ 내부 망상조직 상태 확인
  ㉢ 손가락으로 찔렀을 때 손가락 자국이 수축하는 탄력성 정도를 확인(finger test)
② 생화학적인 변화로 확인
  ㉠ 내부의 온도 변화 확인 : 발효가 진행됨에 따라 온도는 올라감
  ㉡ 내부의 pH 변화 확인 : 발효가 진행됨에 따라 pH는 내려감

2) 제빵법에 따른 1차 발효 완료점 비교

스트레이트법	스펀지법
· 부피 : 3~3.5배 증가 · 직물구조(섬유질 상태) 생성 확인 · finger test 시 자국이 약간 오므라드는 상태	· 부피 : 4~5배 증가 · 반죽 중앙이 오목하게 들어가는 현상(드롭; drop) 생길 때 · 반죽 표면이 유백색을 띠며 핀홀이 생김

(6) 발효 손실

1) 1차 발효 공정이 지난 후 반죽 무게가 줄어드는 현상

① 발효 손실률 : 통상 1~2%
② 원인
  ㉠ 반죽 중 수분 증발
  ㉡ 탄수화물이 탄산가스 및 에틸알코올로 산화되어 휘발

2) 발효 손실에 영향 미치는 요인

영향을 미치는 요인	발효 손실이 적은 경우	발효 손실이 큰 경우
배합률	소금, 설탕이 많음	소금, 설탕이 적음
발효 시간	짧은 경우	긴 경우
반죽 온도	낮음	높음
발효실 온도	낮음	높음
발효실 습도	높음	낮음

2. 반죽 분할

(1) 분할

1차 발효를 끝낸 반죽을 미리 정한 양으로 나누는 작업. 분할 작업 중에도 발효가 진행되므로 15~20분 이내에 완료해야 함

1) 분할 방법

기계 분할	① 대량 생산 시 사용 ② 부피에 의해 분할(분할 속도 : 12~16회/분) ③ 반죽이 발효되면 나중에 분할된 반죽의 무게가 가볍게 될 수 있으므로 20분 이내에 완료 ④ 반죽의 온도는 비교적 낮은 것이 좋음 ⑤ 반죽이 분할기에 달라붙지 않도록 유동파라핀 오일을 약간 바름
손 분할	① 소규모 매장에서 적당 ② 속도는 느리지만 반죽의 손상이 적어 단백질 함량이 적은 약한 밀가루 반죽 분할에 유리 ③ 기계 분할에 비해 오븐 스프링이 좋아 부피가 양호한 제품 생산 가능 ④ 최소한의 덧가루 사용

 PLUS TIP 지나친 덧가루 사용은 빵 속 줄무늬를 만들고 맛을 변질시킴(생전분 냄새)

2) 기계 분할 시 반죽의 내구성을 높여 손상을 줄이는 방법

① 스트레이트법보다 스펀지법이 기계에 대한 내구성이 강함
② 반죽의 결과 온도가 비교적 낮을 것
③ 밀가루의 단백질 함량이 높고 양질의 것
④ 반죽은 흡수량이 최적이거나 약간 된 반죽일 것

3. 반죽 둥글리기

(1) 둥글리기의 목적

① 반죽의 단면을 매끄럽게 마무리하고 가스를 균일하게 조절
② 가스를 보유할 수 있는 반죽 구조로 재정돈
③ 기공을 고르게 조절해서 완제품의 조직과 내상에 영향을 줌
④ 반죽의 절단면을 안으로 넣어 표면에 점착성을 적게 함
⑤ 일정한 형태로 만들어 성형하기 적절한 상태로 만듦

(2) 둥글리기 방법

① 덧가루 : 반죽의 점착성을 억제하는 정도로만 소량 사용
② 길게 또는 둥글게 작업하여 다음 단계인 정형 작업을 편리하게 함
③ 과발효 반죽(지친 반죽) : 느슨하게 둥글려서 중간 발효를 짧게 함
④ 미발효 반죽(어린 반죽) : 단단하게 둥글려서 중간 발효를 길게 함

(3) 기계로 하는 자동법과 손으로 하는 수동법 분류

① 자동 : 라운더(Rounder). 빠르게 작업 가능하나 반죽 손상이 많음
② 수동 : 분할 반죽이 큰 경우 작업대에서 양손으로 작업하고 적은 경우엔 손 위에서 작업

 반죽 표면의 끈적거림을 제거하는 방법
PLUS
TIP
① 적정량의 덧가루 사용
② 최적의 발효 상태
③ 반죽에 최적의 가수량
④ 반죽에 유화제 사용

4. 중간 발효 조건 및 상태 관리

(1) 중간 발효

1) 분할 및 둥글리기 작업 중 상실된 물리적 특성을 회복할 수 있도록 잠시 발효시키는 작업

2) 벤치 타임(Bench Time)

3) 목적

① 손상된 글루텐의 구조 재정돈
② 반죽 표면에 얇은 막 형성(끈적거림 방지)
③ 반죽의 유연성 회복(가스 발생)
④ 정형을 쉽게 하기 위함(반죽의 신장성 증가)

4) 공정 관리

① 온도 27~29℃, 상대 습도 75%(보통 작업실의 조건과 같음)
② 시간 10~20분(부피 1.7~2배 팽창)

5) 방법

① 작업대 위에 분할된 반죽을 올리고 면포나 비닐을 덮음
② 겨울에는 캐비닛 발효실 사용
③ 대규모 공장 : 오버헤드 프루퍼(Overhead Proofer) 이용

5. 성형하기

(1) 정형 : 벤치 타임이 끝난 반죽을 밀대로 가스 정리해주고 원하는 모양으로 만드는 공정

1) 작업실의 조건 : 온도 27~29℃, 상대 습도 75%

2) 공정 순서

밀기	반죽을 밀대(또는 롤러)를 사용. 밀어서 큰 가스를 빼고 전체적으로 고르게 분산시킴
말기	적당한 압력으로 고르게 균형 맞춰 말거나 접기
봉하기	이음매가 풀리지 않게 단단히 고정함

성형(Make up, Molding)

① 넓은 의미의 성형(Make up)
　　㉠ 1차 발효를 마친 반죽을 적절한 크기로 분할하고 원하는 모양으로 만드는 작업
　　㉡ 분할 → 둥글리기 → 중간 발효 → 정형 → 패닝의 순서로 진행
② 좁은 의미의 성형(정형, Molding)
　　㉠ 원하는 모양으로 만드는 공정
　　㉡ 밀기 → 말기 → 봉하기의 순서로 진행

(2) 제품별 성형 방법 및 특징

1) 프랑스빵(바게트)

모양 틀을 쓰지 않고 바로 굽는 하스 브레드(Hearth Bread), 겉껍질이 단단한 하드 브레드(Hard Bread)

재료 계량	・빵의 기본 재료(밀가루, 물, 이스트, 소금)로 만듦 ・그 외 비타민 C와 맥아 시럽을 사용하여 반죽의 내성과 탄성을 높임
반죽(믹싱)	발전 단계까지 믹싱 : 탄력성을 줘서 퍼짐을 방지(반죽 온도 : 24℃)
1차 발효	온도 27℃, 상대 습도 65~75%, 시간 70~80분
성형	분할 → 둥글리기 → 중간 발효 → 정형(30cm, 둥근 막대형) → 패닝
2차 발효	온도 30~33℃, 상대 습도 75%, 시간 60분
자르기(Coupe)	표면이 조금 마르면 비스듬히 칼집을 냄
굽기	・오븐 넣기 전후로 스팀 분사 ・220~240℃, 시간 35~40분(오븐 사양마다 다름)

프랑스빵

① 발효 시 상대 습도를 낮게 설정하는 이유
　　㉠ 반죽의 흐름성 억제
　　㉡ 탄력성 부여
　　㉢ 껍질에 바삭함 부여
② 자르기(쿠프)의 이유
　　– 다른 부분의 터짐 방지 및 바게트 특유의 모양
③ 굽기 시 스팀 분사 이유*
　　㉠ 거칠고 불규칙적 터짐 방지
　　㉡ 껍질에 광택 부여
　　㉢ 얇고 바삭한 껍질 형성
　　㉣ 충분한 오븐 스프링 타임 부여
④ 과한 스팀 분사 시 껍질이 질겨짐

2) 빵도넛

① 강력분 80% + 박력분 20%, 독특한 풍미를 위해 대두분, 감자분, 호밀분 등 섞어 사용하기도 함
② 설탕 10~15% 사용(껍질 색 향상과 노화 지연)
③ 넛맥 사용(튀김의 느끼함 상쇄)

④ 2차 발효 시 저온저습으로 발효(모양 유지, 흡유량 줄이기 위함)

⑤ 적정 튀김 기름 온도 : 180~195℃

3) 호밀빵

재료 계량	· 밀가루에 호밀가루를 첨가 배합하여 독특한 맛을 부여하며 색상을 진하게 함 · 호밀가루가 증가할수록 흡수율을 증가시키고 반죽 온도를 낮춤
반죽(믹싱)	클린업 단계에서 유지 첨가 후 발전 단계까지 믹싱(반죽 온도 : 25℃)
1차 발효	· 온도 27℃, 상대 습도 80%, 시간 70~80분 · 일반 식빵에 비해 약간 작게 발효
성형	분할 → 둥글리기 → 중간 발효 → 정형(틴브레드 또는 원로프 하스 브레드 형태) → 패닝
2차 발효	· 온도 32~35℃, 상대 습도 85%, 시간 60분 · 오븐 팽창이 적으므로 팬 위 2cm가 적당
굽기	윗불 180℃, 아랫불 160℃, 시간 40분~50분(오븐 사양마다 다름)

4) 데니시 페이스트리

퍼프 페이스트리에 달걀, 설탕, 버터, 이스트를 넣고 반죽하여 냉장 휴지 후 롤인용 유지(파이용 마가린)를 넣고 밀어 펴서 발효시킨 빵(대표적인 제품 : 크로아상)

반죽(믹싱)	클린업 이후 반죽용 유지를 투입하고 픽업 단계까지 믹싱(반죽 온도 18~22℃)
냉장 휴지	비닐에 싸서 3~7℃ 냉장고에서 30분 정도 휴지
밀어 펴기&접기	반죽을 밀어 펴서 롤인용 유지를 싼 후 밀어서 3절 접기 3회 (접기 후 매번 냉장휴지 30분씩)
성형	· 파지가 많이 생기지 않도록 날카로운 칼로 재단하며 덧가루는 적당량만 사용 · 패닝은 같은 모양의 제품으로 해야 고르게 굽기 가능
2차 발효	온도 27~32℃, 상대 습도 70~75%, 시간 30분
굽기	윗불 200℃, 아랫불 150℃, 시간 15~18분(오븐 사양마다 다름)

PLUS TIP

롤인 유지 함량 및 접기 횟수가 페스트리 부피에 미치는 영향*

· 롤인 유지 함량이 증가할수록 부피는 증가함
· 접기 횟수가 증가할수록 부피는 증가함(단, 최고점을 지나면 감소)

5) 건포도 식빵

일반 식빵에 밀가루 기준 50%의 건포도를 전처리하여 넣어 만든 빵

건포도 전처리	· 건포도에 물을 흡수하도록 전처리 · 27℃의 물에 담가 적신 후 체에 걸러 물기 제거하고 4시간 방치 · 전처리 이유 ① 빵 속 수분 이동 방지(빵 속 건조 방지) ② 건포도 본래의 맛과 향을 살림 ③ 수율과 저장성 증가
반죽(믹싱)	건포도는 최종 단계에서 으깨지지 않도록 혼합

1차 발효	온도 27℃, 상대 습도 80%, 시간 70~80분
성형	· 일반 식빵에 비해 분할량 10~20% 증가 · 밀어 펴기 할 때 건포도 모양이 상하지 않도록 느슨하게 작업 · 팬기름(이형제)을 일반 식빵에 비해 많이 바름(당 함량이 높음)
2차 발효	· 온도 35~45℃, 상대 습도 85%, 시간 50~70분 · 오븐 팽창이 적으므로 팬 위 1~2cm 올라올 때까지 발효
굽기	윗불 180℃, 아랫불 160℃, 시간 40~50분(오븐 사양마다 다름)

건포도를 최종 단계에 넣는 이유
· 반죽이 얼룩지고 거칠어지는 것을 방지, 건포도가 터지는 것을 방지
· 최종 단계 전에 넣을 경우 빵의 껍질 색이 어두워지며 이스트 활력이 떨어짐

6) 단과자빵
식빵 반죽보다 설탕, 유지, 달걀을 더 많이 배합한 빵

반죽(믹싱)	클린업 단계에서 유지 첨가하고 최종 단계까지 믹싱
1차 발효	온도 27℃, 상대 습도 75~80%, 시간 80~100분
성형	분할 → 둥글리기 → 중간 발효 → 정형(크림빵, 단팥빵, 스위트롤, 커피 케이크) → 패닝
2차 발효	온도 35~40℃, 상대 습도 85%, 시간 30~35분
굽기	윗불 190~200℃, 아랫불 150℃, 시간 12~15분(오븐 사양마다 다름)

단과자빵의 정형 방법
· **크림빵** : 일본식 단과자빵. 크림을 싸서 끝부분에 4~5개의 칼집
· **단팥빵** : 일본식 단과자빵. 단팥을 소로 싸서 만든 빵
· **스위트 롤** : 미국식 단과자빵. 반죽을 밀어 펴고 계피설탕 뿌린 후 막대형으로 말아서 4~5cm 길이로 잘라 모양(말발굽형, 야자잎형, 트리플 리프형)을 만든 빵
· **커피 케이크** : 미국식 단과자빵. 커피와 함께 먹는 빵

7) 잉글리시 머핀
① 반죽에 흐름성을 부여
　㉠ 반죽에 물이 많이 들어감(묽은 반죽)
　㉡ 렛다운 단계까지 믹싱
　㉢ 2차 발효 시 고온고습으로 설정(온도 35~43℃, 상대 습도 85~95%, 시간 25~35분)
② 2.5~3cm 높이로(링 지지대 등 사용) 윗 철판 올려서 제품 윗면이 평평하게 210~220℃, 8~12분 굽기

햄버거빵
· 잉글리시 머핀과 같이 반죽에 흐름성을 부여하기 위해 배합표상 물이 많이 첨가되며 렛다운까지 믹싱을 오래 함
· 지속적인 반죽의 흐름성을 위해 2차 발효 시 온도와 상대 습도를 높게 설정

6. 패닝 방법

(1) 패닝 : 정형이 완료된 반죽을 틀(Tin)에 넣거나 팬(Pan)에 일정한 간격으로 나열하는 공정

1) 패닝 시 주의사항

① 반죽의 무게와 상태를 고려하여 비용적에 맞게 넣음
② 반죽의 이음매는 바닥으로 향하도록 하여 2차 발효나 굽기 중 벌어짐을 방지
③ 팬의 온도는 반죽과 같거나 약간 높음(32℃가 적당)
④ 이형제는 적당량만 사용

이형제*

① **사용 목적** : 제품 굽기 후 팬에서 수월하게 분리하기 위함
② **이형제의 조건**
  ㉠ 무미, 무색, 무취(맛, 색, 향이 없는 것)
  ㉡ 발연점 : 210℃ 이상
  ㉢ 산패에 안정성이 높을 것
  ㉣ 적당량만 사용
  ㉤ 과다 사용 시 튀김 현상(밑 껍질이 두껍고 어두움)
③ **이형제의 종류** : 유동파라핀, 정제라드(쇼트닝), 면실유, 땅콩기름, 대두유, 혼합유

2) 반죽량 산출

① 반죽의 분할량 : 틀의 용적 ÷ 비용적
② 비용적 : 반죽 1g을 발효시켜 구웠을 때 제품이 차지하는 부피(단위 cm^3/g)
③ 틀의 용적
  ㉠ 틀의 각 변의 길이 또는 반지름을 잰 후, 밑넓이 × 높이로 계산
  ㉡ 치수 측정이 어려운 팬 : 팬에 유채씨나 물을 담은 후 실린더로 부피를 측정
  ㉢ 식빵의 비용적 : 산형 식빵($3.2\sim3.4cm^3/g$), 풀먼형 식빵($3.3\sim4.0cm^3/g$)

(2) 팬 관리

① 물로 씻으면 안 되며, 굽기 후 마른 천으로 유분 및 탄화물 등을 닦아 제거
② 이형제를 바르고 280℃에서 1시간 정도 굽기(팬 굽기)

팬 굽기의 목적

① 팬에 남아있는 유분 제거(제품의 구움색을 좋게 함)
② 녹슒 방지로 팬의 수명 연장
③ 이형성을 좋게 함
④ 열의 흡수를 좋게 하여 전도율을 높임

7. 2차 발효 조건 및 상태 관리

(1) 2차 발효

① 정형 공정을 거치면서 상처받은 글루텐 회복 및 좋은 외형과 식감의 제품을 얻기 위해 온도 38℃ 전후, 상대 습도 85% 전후의 발효실 조건에서 부피를 70~80% 부풀리는 작업
② 2차 발효의 관리 요소 : 온도, 습도, 시간

(2) 2차 발효의 목적

① 정형 공정 중 가스가 빠진 반죽을 다시 부풀림
② 이스트와 효소를 활성화하여 알코올, 유기산 및 방향성 물질 생성
③ 바람직한 외형과 식감을 얻을 수 있음
④ 반죽의 신장성 증가로 오븐 팽창이 잘 일어남

(3) 제품에 따른 2차 발효 온도와 상대 습도

발효 구분	조 건	제 품
고온고습	35~38℃, 상대 습도 75~90%	식빵, 단과자빵 등 일반적인 빵
건조	32℃, 상대 습도 65~70%	도너츠
저온저습	27~32℃, 상대 습도 75%	데니시 페이스트리, 크로와상, 브리오슈, 하스 브레드

PLUS TIP

■ **제품별 2차 발효 조건 설정**
① 햄버거빵, 잉글리시 머핀 : 반죽의 흐름성을 위해 상대 습도를 높게 설정
② 하스 브레드(바게트, 하드 롤 등) : 반죽에 탄력성이 많아야 하므로 상대 습도를 낮게 설정
③ 도너츠(빵도넛) : 2차 발효 완료 후 튀김기로 옮겨 넣어야 하므로 반죽에 탄력성 부여 및 표면에 수포가 생기지 않도록 낮은 상대 습도로 설정
④ 롤인 유지 사용 제품(데니시 페이스트리, 크로와상) : 발효 중 롤인용 유지가 흘러내리지 않아야 하므로 유지의 융점보다 온도를 낮게 설정하며, 완제품의 껍질이 바삭하여야 하므로 습도도 낮게 설정함
⑤ 브리오슈 : 반죽에 유지 함량이 많아 온도가 높으면 반죽 속의 유지가 빠져나오므로 발효 시 낮은 온도로 설정

■ **하스 브레드(hearth bread)**
철판이나 틀을 사용하지 않고 오븐에 깔려 있는 바닥에 전달되는 열로 직접 구운 빵

(4) 2차 발효 조건과 제품에 미치는 영향

온도	온도가 낮음	·발효 시간이 길어짐 ·제품 겉면이 거침 ·풍미 생성이 충분하지 않음 ·반죽의 기공막이 두껍고 오븐 팽창이 나쁨
	온도가 높음	·발효 시간이 짧아짐 ·속과 껍질이 분리됨 ·반죽이 산성이 되어 세균 번식이 쉬움

습도	습도가 낮음	· 껍질 형성이 빠르게 일어남 · 부피가 크지 않고 표면이 갈라짐 · 껍질 색이 고르지 않아 얼룩이 생기고 광택이 부족 · 제품 윗면이 솟아올라 터지거나 갈라짐
	습도가 높음	· 껍질이 거칠고 질겨짐 · 껍질에 수포, 반점, 줄무늬가 생김 · 제품 윗면이 납작함
시간	어린 반죽 (발효 시간 부족)	· 껍질의 색이 짙고 붉은기가 생김 · 껍질에 균열이 일어나기 쉬움 · 속 결이 조밀, 부피가 작음
	지친 반죽 (발효 시간 초과)	· 신맛, 연한 껍질 색, 결이 거침 · 저장성이 나쁨. 노화가 빠름 · 부피가 너무 크거나 윗면이 주저앉아 움푹 들어감 · 내부 기공이 거침

Chapter **3** | **빵류 제품 반죽 익힘**

1. 반죽 익히기 방법의 종류 및 특징

(1) 굽기

1) 굽기

① 반죽을 가열하여 단백질과 전분 등이 변성되어 소화하기 쉬우며 향이 있는 완성제품을 만드는 것
② 2차 발효까지 진행된 생화학적 반응이 정지됨(미생물과 효소의 불활성화)

2) 굽기의 목적

① 생전분을 α화 하여 소화가 잘 되게 함(전분의 호화)
② 탄산가스를 열 팽창시켜 빵의 부피를 키움(오븐 스프링, 오븐 라이즈)
③ 껍질에 구운 색을 내며 맛과 향을 향상(캐러멜화 반응, 메일라드 반응)
④ 단백질의 열변성과 전분의 호화로 빵의 구조와 형태를 만듦(단백질 변성, 전분 호화)
⑤ 이스트와 각종 효소의 불활성화(효모와 효소의 열변)

3) 굽기 원칙*

구 분	언더 베이킹(고온 단시간)	오버 베이킹(저온 장시간)
발효 상태	발효 과다	발효 부족
분할량	적은 분할량	많은 분할량
속 결 상태	내상이 거칠어지기 쉬움	제품이 부드러움
제품 윗면	볼록 튀어나오고 갈라짐	평평함
반죽량이 같을 경우	설탕, 유지, 분유량이 적은 반죽에 사용 (저율배합)	설탕, 유지, 분유량이 많은 반죽에 사용 (고율배합)
단점	·수분이 빠지지 않아 껍질이 쭈글거림 ·중심이 익지 않을 경우 주저앉기 쉬움	·수분 손실이 커서 노화가 빨리 진행 ·껍질이 두꺼워짐
대표적 제품	과자빵	식빵

(2) 튀기기

1) 튀김용 표준 온도 : 180~195℃

온도가 너무 높을 때	진한 껍질 색, 속이 익지 않음
온도가 너무 낮을 때	부피가 많이 팽창, 껍질이 거칠어짐, 긴 튀김 시간으로 흡유량 증가

 튀김 기름의 깊이
① 이론적 깊이는 12~15cm
② 깊이가 낮으면 튀김물을 넣을 때 온도 변화가 큼
③ 깊이가 깊으면 초기 기름 온도 올리는데 열량 소모가 큼

2) 빵도넛의 과도한 흡유 원인

① 반죽 내 수분 과다
② 믹싱 부족(글루텐 형성 부족)
③ 반죽의 온도가 낮아 튀김 시간 증가
④ 튀김 기름의 온도가 낮음
⑤ 고율배합 제품(설탕, 유지, 팽창제 사용량이 많음)

3) 튀김 기름 관련 현상

발연 현상	온도가 비등점 이상으로 올라가면 푸른 연기가 발생

황화/회화 현상	·튀김 온도가 낮아 기름 흡수가 많아졌을 때 발생
	·기름이 도넛의 설탕을 녹임
	  – 황화 현상 : 신선한 기름을 사용하여 황색(노란색)으로 보이는 현상
	  – 회화 현상 : 오래된 기름을 사용하여 회색으로 보이는 현상

발한 현상	제품에 묻힌 설탕이나 글레이즈가 수분에 녹아 시럽처럼 변함

합격 CODE 빵도넛의 발한 현상★

① 튀긴 빵도넛 내부의 수분이 표면으로 나와 설탕을 녹임
② 대책
  ㉠ 설탕 사용량을 늘림, 충분히 냉각, 튀기는 시간 증가로 제품의 수분 함량을 낮춤
  ㉡ 튀김 기름에 스테아린을 3~6% 첨가

---

(3) 찌기

① 찜은 수증기를 이용하여 잠열(539kcal/g)이 전달되는 방식(대류 현상)
② 대표적인 제품 : 찜 케이크, 찐빵, 커스타드 푸딩 등
③ 속효성 암모늄계 팽창제(이스파타) 사용 : 강한 팽창력, 제품의 색을 희게 함, 과량 사용 시 암모니아 냄새

2. 익히기 중 성분 변화의 특징

(1) 굽기 중 일어나는 변화

오븐 팽창 (오븐 스프링)	·반죽 내부 온도가 49℃에 달하면 반죽이 급격히 부풀어 처음 크기의 약 1/3 정도 부피 팽창 ·이유 : 오븐 열에 의해 반죽 내부 탄산가스와 알코올의 기화로 가스압 증가
오븐 라이즈	반죽 내부 온도가 60℃까지 오르는 동안 이스트가 활동하면서 탄산가스를 생성시켜 반죽의 부피가 조금씩 팽창(이스트는 60℃에 이르면 사멸)
효소작용	·아밀라아제는 적정 온도 범위 안에서 10℃ 상승에 따라 활성이 2배가 됨 ·아밀라아제가 전분을 가수분해하여 반죽이 부드러워지고 팽창이 수월해짐 ·효소의 불활성 온도(α-아밀라아제 : 65~95℃, β-아밀라아제 : 52~72℃)

전분의 호화	·54℃에서 팽윤을 시작하여 70℃ 전후로 유동성이 떨어지며 호화가 완료 ·전분의 호화는 수분과 온도에 의해 영향을 받음 ·빵의 껍질 부분 : 건호화(수분 증발), 빵의 내부 부분 : 습호화
단백질 변성 (글루텐의 응고)	·74℃가 넘으면 글루텐이 굳기 시작하며 단백질의 수분이 전분으로 이동하여 전분의 호화를 도움 ·호화된 전분과 함께 빵의 내부 구조를 형성
향의 생성	·주로 껍질에서 생성되어 빵 내부로 침투되고 흡수되어 형성 ·원인 : 사용 재료 (분유, 유제품), 이스트 발효 산물, 화학적 변화, 열 반응 산물 ·향에 관계하는 물질 : 유기산류, 알코올류, 에스테르류, 케톤류
껍질의 갈색화 반응	·캐러멜화 반응 : 당 성분이 높은 온도(160~180℃)에 의해 갈색으로 변하는 반응 ·메일라드 반응(마이야르 반응) : 환원당과 아미노산이 결합하여 갈색 색소인 멜라노이딘을 만드는 반응. 제품의 색과 향에 영향

(2) 굽기 손실

① 빵이 구워지는 동안 중량이 줄어드는 현상

② 원인 : 휘발성 물질(이산화탄소, 에틸알코올 등)과 수분의 증발

③ 굽기 손실에 영향을 주는 요인 : 배합률, 굽는 온도, 굽는 시간, 제품의 크기와 모양, 패닝 방식 등 다양함

④ 굽기 손실 비율(%)

$$\frac{반죽\ 무게 - 빵\ 무게}{반죽\ 무게} \times 100$$

⑤ 일반적인 제품별 굽기 손실 비율(%)

    ㉠ 풀먼 식빵 : 7~9

    ㉡ 단과자빵 : 10~11

    ㉢ 일반 식빵 : 11~13

    ㉣ 하스 브레드 : 20~25

Chapter 4 | 조리빵 제조

1. 조리빵의 종류

① 샌드위치
  ㉠ 샌드위치의 정의 및 유래 : 샌드위치는 얇게 자른 두 장의 빵 사이에 갖가지 충전물을 넣은 것,
     18세기 말 영국의 샌드위치 백작이 트럼프 놀이에 열중한 나머지 식사할 시간도 아까워 아랫
     사람으로 하여금 빵 사이에 육류와 채소류를 끼워서 갖고 오게 하고 그것을 먹은 것에서 유래
  ㉡ 샌드위치의 종류
     ⓐ 오픈 샌드위치 : 슬라이스 빵 위에 충전물을 얹기만 하고 빵을 포개지 않은 것
     ⓑ 클럽 샌드위치 : 슬라이스 한 빵 여러 장 사이사이에 충전물을 샌드한 것
     ⓒ 클로즈드 샌드위치 : 두 장의 슬라이스 빵 사이에 충전물을 샌드한 것
② 햄버거 : 일종의 샌드위치로 원형의 빵을 수평으로 이등분하여 속에 햄버그 스테이크와 소스,
   채소 등을 끼운 것을 말함
③ 피자파이 : 발효 반죽을 깔개로 사용해 만든 이탈리아 파이의 한 종류로 빵에 토마토 등을 조미
   하여 만들기 시작(바닥 껍질이 두꺼운 형태인 시실리안 스타일과 얇은 형태인 나폴리 스타일로
   구분)
④ 소시지빵 : 단과자빵 반죽을 타원형으로 밀어 펴서 충전물로 소시지를 넣고 나뭇잎, 꽃잎 등의
   모양을 내고 양파, 치즈 등을 올려 구운 빵
⑤ 크로켓 : 튀김 요리의 일종으로 빵 반죽에 고기, 채소, 감자 등을 넣어 발효시킨 후 빵가루를
   묻혀 튀긴 조리빵
⑥ 야채빵 : 단과자빵 반죽에 여러 가지 채소를 넣는 빵으로 2차 발효시킨 후 야채빵 위에 마요네즈,
   케첩 등을 토핑하여 구워줌

2. 조리빵 충전물

충전물은 제품을 굽기 전 또는 구운 후에 제품의 기본 반죽 이외에 추가로 들어가는 식품을 말하며
크림류, 앙금류, 잼류, 버터류, 치즈류, 채소류, 육가공품류, 소스류, 어류, 시럽류, 견과류 등으로
매우 다양

3. 조리빵 토핑물

토핑물은 제품을 굽기 전 또는 구운 후에 제품의 기본 반죽 이외에 추가로 위에 얹는 식품을 말하며
충전물과 비슷한 재료로 사용되며 종류도 다양함

Chapter 5	냉동빵 제조

1. 냉동 반죽

(1) 개념 : 빵 반죽 또는 반가공품을 급속 냉동하여 일정 시간에서 일정 일자까지 굽기를 연장하여, 일정한 품질을 장기간 유지하고 필요한 시기에 해동·생산하는 것을 말함

(2) 냉동 반죽의 장점

① 신선한 빵 공급, 노동력 절약   ② 작업 효율의 극대화
③ 다품종 소량 생산 가능   ④ 설비와 공간의 절약
⑤ 배송의 합리화   ⑥ 반품의 감소
⑦ 재고관리 용이   ⑧ 가정용 제빵 생산의 단순화 등

(3) 냉동 반죽의 단점

① 이스트(Yeast)의 동결 손상으로 초래되는 동결 장해
② 동결 장해에 의한 글루텐 구조의 변화로 인한 반죽 형태 변화

(4) 냉동 반죽법

① 후염법 : 반죽 혼합 시 글루텐 발전 40~50% 시점에서 소금을 넣는 방법
② 후이스트법 : 글루텐 발전 60~70% 시점에서 이스트를 넣는 방법

2. 냉동 반죽의 원료 특성 및 중요성★★★

(1) 밀가루 : 글루텐 함량이 높고 글루텐의 질이 좋은 품질의 밀가루를 사용해야 함(또는 활성글루텐 첨가)

(2) 이스트(Yeast)

① 발효 과정에서 초기 5~15분 정도 발효가 늦게 진행되는 인스턴트 드라이 이스트를 주로 사용
② 스트레이트법에서의 사용량보다 100~150% 증가시켜 사용
③ 냉동 내성이 좋은 냉동 반죽 전용 이스트를 사용하는 것이 좋음

(3) 물 : 보통 윈도 베이커리(Window bakery)에서 제조하는 냉동 반죽은 다음날 사용하기 위해 수화량을 1~2% 감소시킴

3. 반죽 온도

냉동 반죽은 제빵 공정의 초기 단계에서 발효를 멈추게 한다. 정지된 발효를 필요할 때 복원시켜 최종 제품의 품질을 유지하는 것은 물론, 정확한 반죽 온도와 좀 더 낮은 반죽 온도가 요구됨(낮은 온도의 물 사용)

4. 냉동 반죽의 제조공정과 종류

① 분할·원형 냉동 반죽(Frozen dough) : 분할·냉동하여 저장했다가 필요시 출고시키는 방법(다품종 소량 생산)

② 성형 냉동 반죽(Make-up frozen dough) : 분할·성형하여 바로 냉동 저장하는 방법

③ 발효 냉동 반죽(Fermented frozen) : 성형 후 반죽을 발효실에 넣어 어느 정도 발효시킨 단계에서 꺼내어 급속 냉동 처리한 냉동 제빵법

④ 파베이크(Par-baked) : 껍질 부분의 착색을 억제한 굽기 방법으로 껍질에 적절한 착색을 위해 재굽기로 만드는 방법

⑤ 완제품 냉동(Product frozen) : 완성된 제품을 동결하여 저장한 후, 점포에서 해동·판매하는 방법

| Chapter 6 | 빵류 제품 마무리 및 냉각, 포장 |

1. 과자류 · 빵류 제품의 냉각 및 포장

(1) 과자류 · 빵류 제품의 냉각

1) 냉각의 목적

① 굽기를 끝낸 제품의 내부 온도와 수분 함량을 일정한 수준으로 낮춤
② 저장성 증대(곰팡이, 세균 등의 미생물 오염 방지)
③ 제품의 절단 및 포장을 용이하게 함

2) 냉각실의 설정 온도와 상대 습도

① 20~25℃, 75~85%
② 냉각실의 설정에 따른 제품 영향

구 분	제 과	제 빵
상대 습도가 지나치게 낮음	껍질이 지나치게 건조	껍질에 잔주름이 생기며 갈라짐
공기의 흐름이 지나치게 빠름	껍질이 지나치게 건조	· 껍질에 잔주름, 빵 모양의 붕괴 · 옆면이 내부로 끌려들어 가는 키홀링 현상
설정 온도가 높음	냉각 시간 증가	썰기가 어려워 제품 형태 변형 발행
설정 온도가 낮음	표면이 거칠어짐	제품이 건조해지고 노화 진행이 빠름

합격 CODE   냉각 손실

① 냉각 손실률 : 2%   ② 원인 : 냉각하는 동안 수분 증발
③ 여름 〈 겨울   ④ 상대 습도가 낮으면 냉각 손실 큼

---

3) 냉각 방법

자연 냉각	· 상온에서 냉각 · 제품에 따라 소요시간 다름(식빵의 경우 3~4시간)
터널식 냉각	공기배출기를 이용한 냉각. 수분 손실이 큼
공기조절식 냉각 (에어컨디션식 냉각)	· 온도 20~25℃, 습도 85%의 공기에 통과 · 가장 빠른 방법

(2) 과자류 · 빵류 제품의 포장

1) 포장

① 포장의 목적
  ㉠ 미생물의 오염으로부터 보호   ㉡ 노화 억제를 통한 저장성 증대
  ㉢ 상품의 가치 향상

② 포장 적정 온도

ㄱ 20~25℃(제과)

ㄴ 35~40℃(제빵)★

 포장 온도

충분한 냉각 없이 높은 온도 포장 시	· 썰기가 어려워 형태 유지가 어려움 · 포장지에 수분 과다로 곰팡이 발생 우려
지나친 냉각으로 낮은 온도 포장 시	제품의 노화 가속, 껍질의 지나친 건조

2) 포장 용기의 조건

① 유해 물질이 없고 위생적이어야 함

② 방수성이 있고 작업성이 좋음

③ 통기성이 없고 상품의 가치를 높임

④ 제품이 변형되지 않음

3) 포장재별 특성과 포장 방법

① 포장재별 특성

폴리에틸렌(PE)	· 수분 차단성, 내화학성, 경제성, 기체 투과성 · 1주 이내를 목표로 하는 저지방식품의 간이포장
폴리프로필렌(PP)	· 투명성, 표면 광택도, 기계적 강도 · 각종 스낵류, 빵류 등 각종 유연 포장의 인쇄용으로 사용
폴리스티렌(PS)	· 가벼움, 투명 재질, 충격에 약함 · 발포성 폴리스티렌 : 용기면, 달걀 용기, 육류, 생선류의 트레이로 사용
오리엔티드 폴리프로필렌(OPP)	투명성, 방습성, 내유성 우수, 가열에 수축

 PVC(폴리염화비닐, polyvinyl chloride)

최근 식품을 오염시키는 물질인 디이소데실프탈레이트(DDP)를 포함하고 있어 인체에 유해하기 때문에 식품, 의료, 유아용 장난감 등에 사용 금지됨

② 포장 방법

함기 포장 (상온 포장)	공기가 있는 상태로 포장. 일반 소형 제과점에서 많이 사용. 기계를 사용하지 않음
진공 포장	· 용기에 식품을 넣고 내부를 진공으로 탈기하여 포장 · 내부 공기가 제거되어 공기 접촉이 불가능하여 장기 보존이 가능
밀봉 포장	공기가 내·외부로 통하지 않도록 포장. 쿠키, 구운 과자 등의 포장에 사용
가스 충전 포장	포장 내부의 공기를 불활성 가스(탄산가스, 질소가스)로 치환하여 포장

2. 과자류 · 빵류 제품의 저장 및 유통

(1) 저장 방법의 종류 및 특징

1) 저장 방법

① 실온 저장 : 10~20℃, 상대 습도 50~60%, 채광과 통풍이 잘되도록 함
② 냉장 저장 : 0~10℃(보통 5℃ 이하), 상대 습도 75~95% 유지
③ 냉동 저장 : −23~−18℃ 유지, 식품에 함유된 수분(자유수)을 불활성화 시키는 과정으로 저장 기간 연장

2) 저장 관리 원칙

① 저장 위치 표시
② 명칭, 용도 및 기능별 분류 저장
③ 적합 온도 및 습도 고려
④ 선입선출
⑤ 공간 활용 극대화
⑥ 부적절한 유출 방지를 위한 안전성 확보

(2) 유통 방법

① 유통기한 : 제조일로부터 소비자에게 판매가 가능한 기한(Sell by Date)
② 유통 관리

실온 유통	1~35℃(35℃ 포함), 제품의 특성에 따라 계절을 고려
상온 유통	15~25℃(25℃ 포함)
냉장 유통	0~10℃(보통 5℃)
냉동 유통	−18℃ 이하

(3) 저장 및 유통 중 변질 및 오염원 관리 방법

1) 과자류 · 빵류 제품의 노화

① 제품 저장 시 주요 사항 : 제품의 노화 지연
② 제품의 노화 : 냉장 온도에서 빠르게 진행되며 노화된 제품은 식감이 딱딱하고 체내 소화 흡수율이 떨어짐
③ 노화로 인한 제품 변화
  ㉠ 껍질의 변화 : 제품 속 수분이 표면으로 이동, 공기 중 수분이 껍질에 흡수 → 표피가 눅눅해지고 질겨짐
  ㉡ 내부의 변화 : 제품 속이 건조해지고 향미가 떨어짐(α 전분의 β화)
④ 노화 영향 조건
  ㉠ 시간 : 오븐에서 꺼낸 직후부터 시작, 신선할수록 빠르게 진행
  ㉡ 노화 최적 온도 : 0~5℃(냉장 온도)

⑤ 노화 방지법*

㉠ 저장 온도 : −18℃ 이하 또는 21~35℃ 유지

㉡ 방습 포장

㉢ 계면활성제나 레시틴 사용, 설탕량 증가, 유지량 증가, 모노디글리세리드(유화제) 사용

㉣ 탈지분유, 달걀에 의한 단백질 증가

㉤ 양질의 재료 사용하여 제조공정을 정확히 지킴

2) 과자류·빵류 제품의 변질

① 변질의 요인

㉠ 생물학적 요인 : 미생물에 의한 발효 및 부패

㉡ 화학적 요인 : 산화, 수소이온농도

㉢ 물리적 요인 : 온도, 수분, 빛

② 변질의 종류

부패	·혐기성 세균에 의해 식품 중 단백질 식품 분해 ·악취와 유해 물질(페놀, 메르캅탄, 황화수소, 아민류, 암모니아 등) 생성
변패	탄수화물, 지방 식품이 미생물에 의한 분해로 냄새나 맛 변화
발효	·식품에 미생물이 번식하여 식품 성질 변화(인체에 유익한 경우에 한함. 식용 가능) ·빵, 술, 간장, 된장 등 제조
산패	·지방의 산화에 의해 점성 증가, 악취 및 변색으로 품질 저하 ·생물학적 요인(미생물의 분해 작용)이 아님

3) 과자류·빵류 제품의 부패

① 부패 : 곰팡이 등의 미생물이 침입하여 맛이나 향 등이 변질됨

② 곰팡이 발생 방지 대책

㉠ 위생적인 환경에서 보관

㉡ 청결한 작업실, 작업 도구, 작업자의 위생

㉢ 곰팡이 발생 촉진 물질 제거

㉣ 보존료(프로피온산 나트륨, 프로피온산 칼슘, 젖산, 아세트산 등) 첨가

4) 부패 방지법

① 물리적 방법

건조법	수분 15% 이하
냉장, 냉동법	10℃ 이하 냉장 또는 −40~−20℃ 냉동 저장
자외선 살균법	일광 또는 자외선(2,500~2,800Å), 작업 공간 실내 공기 및 작업대 소독에 적합
방사선 살균법	코발트60(60Co) 방사선 조사
고압증기 멸균법	121℃에서 15~20분 살균, 아포까지 사멸, 통조림 살균에 이용

자외선, 방사선 살균법

식품에 영향 없이 살균 가능, 식품 내부까지는 살균되지 않음

② 화학적 방법

　ⓐ 염장법 : 소금 10% 삼투압 이용 - 해산물, 젓갈

　ⓑ 당장법 : 설탕물 50% 삼투압 이용

　ⓒ 초절임법 : 식초산 3~4%나 구연산, 젖산 이용

　ⓓ 가스 저장법 : CA저장법, 탄산가스/질소가스 - 채소, 과일의 호흡작용 억제

 제과, 제빵류 제품에서 노화와 부패의 차이

· 노화 : 수분의 이동으로 제품 속은 건조해지고, 껍질은 눅눅하고 질김
· 부패 : 미생물의 침입으로 단백질 성분 파괴, 악취 발생

PLUS TIP **제과, 제빵 제품의 유통 시 가장 잘 일어나는 변질의 특징**

· 제품에 곰팡이가 발생하여 변질되는 부패와 유지가 산화되는 산패
· 부패에 영향 주는 요소 : 온도, 습도, 산소, 열
· 산패에 영향을 주는 요소 : 햇빛, 수분, 금속, 산소, 온도, 유지의 이중결합

01

전분의 호화와 점성에 대한 설명 중 틀린 것은?

① 곡류는 서류보다 호화 온도가 높다.
② 수분 함량이 많을수록 빨리 호화된다.
③ 높은 온도는 호화를 촉진시킨다.
④ 산 첨가는 가수분해를 일으켜 호화를 촉진시킨다.

> 해설 전분의 호화는 수분 함량이 많을수록, 온도가 높을수록, 알칼리성일수록 촉진된다.

02

일반적으로 빵류 제품의 냉각은 빵 속의 온도를 몇 도로 조절하는 것을 말하는가?

① 35~40℃   ② 20~25℃
③ 5~10℃   ④ −10~0℃

> 해설 냉각은 높은 온도를 낮은 온도로 내리는 것으로, 보통 오븐에서 꺼낸 빵 속의 온도가 97~98℃인데 이것을 35~40℃로 낮추는 것을 말한다.

03

제빵 시 흡수율에 영향을 주는 요인에 대한 설명으로 틀린 것은?(단, 일반적인 범위 내에서)

① 반죽 온도 5℃ 상승에 따라 흡수율은 3% 감소한다.
② 탈지분유 사용량을 증가시키면 흡수율도 증가한다.
③ 설탕이 5%씩 증가함에 따라 흡수율은 1%씩 감소한다.
④ 경수는 흡수율이 낮고, 연수는 흡수율이 높다.

> 해설 경수(센물) 대신 연수(단물)를 사용할 때 흡수율을 2% 정도 감소시킨다.

04

우유에 함유되어 있는 당으로 제빵용 효모에 의해 분해되지 않아 굽기 시 제품의 껍질 색에 관여하는 것은?

① 포도당   ② 유당
③ 설탕   ④ 맥아당

> 해설 우유에는 유당이 존재하며, 제빵용 이스트에는 유당을 분해하는 효소(락타아제)가 존재하지 않는다.

05

중간 발효에 대한 설명으로 틀린 것은?

① 탄력성과 신장성에는 나쁜 영향을 미친다.
② 오버헤드 프루프라고 한다.
③ 글루텐 구조를 재정돈한다.
④ 가스 발생으로 반죽의 유연성을 회복한다.

> 해설 ■ 중간 발효의 목적
> – 손상된 글루텐의 배열을 정돈한다.
> – 가스 발생으로 유연성을 회복시켜 성형과정에서 작업성을 좋게 한다.
> – 분할, 둥글리기 공정에서 단단해진 반죽에 탄력성과 신장성을 준다.

06

다음 중 재료를 나누어 두 번 믹싱하고, 두 번 발효를 하는 반죽법은?

① 스트레이트법
② 스펀지법
③ 비상 스트레이트법
④ 액체 발효법

정답 01. ④   02. ①   03. ④   04. ②   05. ①   06. ②

해설
- 스트레이트법 : 제빵법 중에서 가장 기본이 되는 방법으로, 모든 재료를 한꺼번에 섞어 반죽하여 직접법이라고도 한다.
- 스펀지법 : 반죽 과정을 두 번 행하는 것으로, 먼저 밀가루, 이스트와 물을 섞어 반죽한 스펀지를 3~5시간 발효시킨 후 나머지 밀가루와 부재료를 물과 함께 섞어 반죽한다.
- 비상 스트레이트법 : 기계 고장과 같은 비상 상황 시 작업에 차질이 생겼을 때 제조 시간을 단축시키기 위해 사용하는 반죽법이다.
- 액체 발효법 : 스펀지 대신 액종을 만들어 사용하는 방법으로, 한 번에 많은 양의 발효가 가능한 장점이 있는 반죽법이다.

07

스펀지 도우법으로 반죽을 만들 때 스펀지 발효에 대한 설명으로 틀린 것은?

① 발효 시간은 1~2시간이다.
② 발효실의 온도는 평균 27℃ 정도이다.
③ 상대습도는 75~80% 정도이다.
④ 반죽체적이 최대가 되었다가 약간 줄어드는 현상이 생길 때가 발효 완료 시기이다.

해설 스펀지 도우법에서 스펀지의 발효 시간은 3~5시간 정도이다.
보통 75% 스펀지의 경우 약 3시간, 50% 스펀지의 경우 약 5시간 정도 소요된다.

08

다음 설명에 해당하는 유지는?

- 라드(Lard) 대용 유지로, 동·식물성 유지를 정제 가공한 유제품이다.
- 무색, 무미, 무취이며, 지방 함량 100%로, 제과 및 식빵용 유지로 사용된다.

① 버터　　　　　　② 마가린
③ 쇼트닝　　　　　④ 대두유

해설 쇼트닝은 동·식물성 유지를 정제 가공한 유지로, 쇼트닝성(바삭바삭한 정도)과 크림성(공기 혼입)이 우수하다.

09

데니시 페이스트리 제조 시 충전용 유지가 갖추어야 할 가장 중요한 요건은?

① 가소성　　　　　② 유화성
③ 경화성　　　　　④ 산화안전성

해설 데니시 페이스트리나 퍼프 페이스트리 등의 제품 제조 시 유지의 가소성이 가장 중요하다.

10

2차 발효 시 발효 시간이 과다할 때 생기는 현상은?

① 표면이 갈라지고 옆면이 터진다.
② 글루텐의 신장성 부족으로 부피가 축소된다.
③ 산의 생성으로 신 냄새가 나고 노화가 빠르다.
④ 발효되지 못하고 남아있는 잔류당에 의해 껍질 색이 진해진다.

해설 ①, ②, ④는 2차 발효 시간이 부족할 때 생기는 현상이다.

■ 2차 발효 시간이 과다할 때 생기는 현상
- 부피가 너무 커 주저앉을 수 있다.
- 껍질 색이 여리고 내상이 좋지 않다.
- 산의 생성으로 신 냄새가 나고 노화가 빠르다.

11

젤리화에 필요한 요소의 함량을 바르게 나타낸 것은?

① 당분 50~60%, 펙틴 0.5~0.8%, pH 2.0
② 당분 60~65%, 펙틴 1.0~1.5%, pH 3.2
③ 당분 60~65%, 펙틴 1.2~1.8%, pH 3.5
④ 당분 65~70%, 펙틴 1.5~2.0%, pH 4.8

해설 당분 60~65%, 펙틴 1.0~1.5%, pH 3.2에서 젤리 형태로 굳는다.

12

스트레이트법을 비상 스트레이트법으로 변경할 때 적절한 조치는?

① 생이스트를 3배로 늘린다.
② 설탕을 1% 줄인다.
③ 반죽 온도를 낮춘다.
④ 1차 발효 시간을 늘린다.

> **해설** ■ 스트레이트법을 비상 스트레이트법으로 변경할 때의 필수 조치사항
> – 생이스트를 2배로 늘린다.
> – 흡수율(수분율)을 1% 늘린다.
> – 설탕을 1% 줄인다.
> – 반죽 시간을 20~25% 증가시킨다.(최종 단계 후기까지 반죽)
> – 반죽 온도를 높인다.(27℃ → 30℃)
> – 1차 발효 시간을 줄인다.(70~90분 → 15~30분)

13

식빵 600g짜리 10개를 제조할 때 발효 및 굽기, 냉각, 손실 등을 합한 총 손실이 20%이고 배합률의 합계가 150%라면 사용해야 할 밀가루의 무게는?

① 3kg
② 5kg
③ 6kg
④ 8kg

> **해설** 반죽의 무게 = 완제품의 무게 ÷ (1 − 손실율)
> = (600 X 10) ÷ (1 − 0.2) = 7,500g
> 밀가루 무게 = 밀가루 비율 X 총 반죽 무게 ÷ 총 배합률
> = (100 X 7,500) ÷ 150 = 5,000g
> = 5kg

14

식빵을 만드는 데 실내 온도 15℃, 수돗물 온도 10℃, 밀가루 온도 13℃일 때 믹싱 후의 반죽 온도가 21℃가 되었다면 이때 마찰계수는?

① 23
② 24
③ 25
④ 26

> **해설** 마찰계수
> = 반죽의 결과 온도 X 3 − (실내 온도 + 밀가루 온도 + 수돗물 온도)
> = (21 X 3) − (15 + 13 + 10) = 25

15

실내 온도 25℃, 밀가루 온도 23℃, 수돗물 온도 22℃, 마찰계수 22일 때, 희망하는 반죽 온도를 28℃로 만들려면 사용해야 될 물의 온도는?

① 14℃
② 18℃
③ 22℃
④ 26℃

> **해설** 사용할 물의 온도
> = 반죽 희망 온도 X 3 − (실내 온도 + 밀가루 온도 + 마찰계수)
> = 28 X 3 − (25 + 23 + 22) = 84 − 70 = 14(℃)

16

언더 베이킹(Under Baking)에 대해 바르게 설명한 것은?

① 낮은 온도에서 장시간 굽는 방법이다.
② 낮은 온도에서 단시간 굽는 방법이다.
③ 높은 온도에서 장시간 굽는 방법이다.
④ 높은 온도에서 단시간 굽는 방법이다.

> **해설** 언더 베이킹(Under Baking)은 높은 온도에서 단시간 굽는 방법이고, 오버 베이킹(Over Baking)은 낮은 온도에서 장시간 굽는 방법이다.

17

완제품 500g인 식빵 200개를 만들려고 할 때 밀가루의 양은?(단 발효 손실 1%, 굽기 손실 12%, 총 배합률 180%이다.)

① 약 55kg
② 약 64kg
③ 약 71kg
④ 약 84kg

해설 완제품의 총 무게는 500g X 200개 = 100,000g
= 100kg

총 반죽 무게 = 완제품 총 무게 ÷ (1 − 발효 손실률)
÷ (1 − 굽기 손실률)
= 100kg ÷ (1 − 0.01) ÷ (1 − 0.12)
= 약 114.8kg

밀가루 무게 = 밀가루 비율 X 총 반죽 무게 ÷
총 배합율
= 100 X 114.8 ÷ 180
= 약 63.7kg

18

전분의 호화에 대한 설명으로 맞는 것은?

① 가열하기 전 수침(물에 담그는) 시간이 짧을
수록 호화되기 쉽다.

② 전분의 마이셀(Micelle) 구조가 파괴되는 현상
이다.

③ 가열 온도가 낮을수록 호화시간이 빠르다.

④ 서류는 곡류보다 호화온도가 높다.

해설 호화란 전분에 물을 넣고 가열 시 전분의 마이셀
구조가 파괴되어 점성이 있는 물질로 변화되는
현상을 말한다. 전분의 가열 온도가 높을수록, 가열
하기 전 수침시간이 길수록 호화되기 쉽고 곡류는
서류보다 호화온도가 높다.
호화되면 유연하며 소화가 용이하다.

19

둥글리기를 마친 반죽을 휴식시키고 약간의 발효
과정을 거쳐 다음 단계에서 반죽이 손상되는 일이
없도록 하는 작업은?

① 중간 발효   ② 2차 발효
③ 성형   ④ 패닝

해설 ◼ 중간 발효

– 온도 : 27~29℃
– 상대습도 : 75% 전후
– 시간 : 10~20분

20

이스트 푸드의 역할이 아닌 것은?

① 발효 및 반죽의 성질을 조절하고, 빵의 품질을
향상시키기 위하여 첨가한다.

② 물 조절제 (Water Conditioner)는 물을 연수
상태로 만들고 pH를 조절하도록 한다.

③ 이스트 조절제(Yeast Conditioner)는 암모늄염을
함유시켜 이스트에 질소를 공급해 준다.

④ 반죽 조절제(Dough Conditioner)는 비타민
C와 같은 산화제를 첨가하여 단백질을 강화
시킨다.

해설 물 조절제(Water Conditioner)는 칼슘염, 마그네슘염
및 산염 등을 첨가하여 물을 아경수 상태로 만들고
pH를 조절하도록 한다.

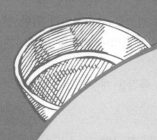

모의고사

제 과 편

01

기생충과 중간숙주와의 연결이 틀린 것은?

① 간흡충 – 쇠우렁이, 참붕어
② 요꼬가와흡충 – 다슬기, 은어
③ 폐흡충 – 다슬기, 게
④ 광절열두조충 – 돼지고기, 쇠고기

해설 ▣ 어패류를 통해 감염되는 기생충
- 간디스토마(간흡충) : 쇠우렁이 – 민물고기(붕어, 잉어)
- 폐디스토마(폐흡충) : 다슬기 – 가재, 게
- 요꼬가와흡충(횡촌흡충) : 다슬기 – 민물고기(은어)
- 광절열두조충(긴촌충) : 물벼룩 – 민물고기(송어, 연어)
- 아니사키스충 : 갑각류 – 포유류(돌고래)

02

식품위생법상 영업에 종사하지 못하는 질병의 종류가 아닌 것은?

① 비감염성 결핵   ② 세균성이질
③ 장티푸스   ④ 화농성질환

03

다음 중 병원체를 보유하였으나 임상증상은 없으면서 병원체를 배출하는 자는?

① 환자   ② 보균자
③ 무증상감염자   ④ 불현성감염자

해설 보균자 : 병원체를 보유하였으나 임상증상은 없으면서 병원체를 배출하는 사람이다.

04

식품첨가물의 사용 목적과 이에 따른 첨가물의 종류가 바르게 연결된 것은?

① 착색료 – 식품의 영양 강화를 위한 것
② 조미료 – 식품의 관능을 만족시키기 위한 것
③ 감미료 – 식품의 변질이나 변패를 방지하기 위한 것
④ 산미료 – 식품의 품질을 개량하거나 유지하기 위한 것

해설 조미료, 착색료, 감미료, 산미료 : 식품의 관능을 만족시키기 위한 것
• 영양강화제 : 식품의 영양 강화를 위한 것
• 보존료(방부제) : 식품의 변질이나 변패를 방지하는 것
• 품질 개량제 : 식품의 품질을 개량하거나 유지하기 위한 것

05

다음 중 식품 취급자의 화농성 질환에 의해 감염되는 식중독은?

① 살모넬라 식중독
② 황색포도상구균 식중독
③ 장염 비브리오 식중독
④ 병원성 대장균 식중독

06 ★★

클로스트리디움 보툴리누스균이 생산하는 독소는?

① enterotoxin   ② neurotoxin
③ saxitoxin   ④ ergotoxine

해설 클로스트리디움 보툴리누스균은 뉴로톡신(신경독소)을 생산한다.

07

유해 감미료에 속하지 않는 것은?

① 둘신　　　　　② 사카린나트륨
③ 에틸렌글리콜　④ 사이클라민산나트륨

해설 유해 감미료 : 둘신, 사이클라메이트, 에틸렌글리콜, 페릴라르틴 등
• 사용 가능 감미료 : 사카린나트륨, D-소르비톨, 아스파탐, 글리실리진산나트륨

08

손에 상처가 있는 사람이 만든 크림빵을 먹은 후 식중독 증상이 나타났을 경우, 가장 의심되는 식중독균은?

① 포도상구균
② 클로스트리디움 보툴리누스
③ 병원성 대장균
④ 살모넬라균

09

감염병 중에서 비말 감염과 관계가 먼 것은?

① 백일해　　② 디프테리아
③ 발진열　　④ 결핵

해설 발진열은 쥐나 벼룩을 통해 감염되는 질환이다.

10 ★★

유화 쇼트닝 60%를 사용하는 옐로레이어 케이크를 초콜릿 32%를 사용하는 초콜릿 케이크로 바꾸려 한다. 초콜릿 케이크를 만들 때 유화 쇼트닝은 얼마가 되는 것이 좋은가?

① 48%　　　② 54%
③ 60%　　　④ 66%

해설 비터 초콜릿 중 카카오버터가 3/8을 차지하며, 카카오버터의 양에서 쇼트닝의 양은 1/2이다. 초콜릿 32% 중 카카오버터는 32 × 3 ÷ 8 = 12%이며, 쇼트닝의 양은 6%이다. 따라서 초콜릿 케이크를 만들 때 사용된 유화 쇼트닝의 양은 60 - 6 = 54%이다.

11

엔젤 푸드 케이크의 기본배합표(True%) 작성 시 재료의 사용 범위가 틀린 것은?

① 박력분 100%
② 흰자 40~50%
③ 설탕 30~42%
④ 주석산 크림 0.5~0.625%

해설 박력분의 재료 사용 범위는 15~18%이다.

12

살모넬라균 식중독에 관한 설명 중 잘못된 것은?

① 아이싱, 버터크림, 머랭 등에 오염 가능성이 크다.
② 달걀, 우유 등의 재료와는 큰 관계가 없다.
③ 잠복기는 보통 12~24시간이다.
④ 가열 살균으로 예방이 가능하다.

해설 살모넬라균에 감염된 닭이 낳은 생달걀을 만졌거나 덜 익혀 먹었을 때 감염되는 사례가 많다.

13 ★

일반적으로 잠복기가 가장 긴 식중독은?

① 화학물질에 의한 식중독
② 포도상구균 식중독
③ 감염형 세균성 식중독
④ 보툴리누스균 식중독

해설 감염형 세균성 식중독은 식중독의 원인이 직접 세균에 의하여 발생하는 중독이므로 감염 후 식중독을 일으키는 세균이 체내에서 병을 일으킬 수 있는 개체 수만큼 증식하는 데 상대적으로 긴 잠복기가 필요하다.

14

곰팡이류에 의한 식중독의 원인은?

① 주독신(zootoxin)

② 아플라톡신(aflatoxin)

③ 피토톡신(phytotoxin)

④ 엔테로톡신(enterotoxin)

해설 곰팡이 독(mycotoxin)의 종류 : 파툴린, 아플라톡신, 오크라톡신, 시트리닌, 맥각독, 황변미 중독

15

소독(disinfection)을 가장 잘 설명한 것은?

① 미생물을 사멸시키는 것

② 미생물의 증식을 억제하여 부패의 진행을 완전히 중단시키는 것

③ 미생물이 시설물에 부착하지 않도록 청결하게 하는 것

④ 미생물을 죽이거나 약화시켜 감염력을 없애는 것

해설 − 멸균 : 미생물을 아포까지 사멸시키는 것
− 방부 : 미생물의 증식을 억제하여 부패의 진행을 완전히 중단시키는 것

16

제과회사에서 작업 전후에 손을 씻거나 작업대, 기구 등을 소독하는데 사용하는 소독용 알콜의 농도로 가장 적합한 것은?

① 30%

② 50%

③ 70%

④ 100%

해설 70% 알코올 수용액이 작업 전후 금속, 유리, 기구, 도구, 손 소독 등에 적당하다.

17 ★

다음 중 세균성 식중독에 해당하는 것은?

① 감염형 식중독

② 자연독 식중독

③ 화학적 식중독

④ 곰팡이독 식중독

해설 세균성 식중독 : 감염형, 독소형 식중독

18

칼슘(Ca)과 인(P)이 소변 중으로 유출되는 골연화증 현상을 유발하는 유해 중금속은?

① 납

② 카드뮴

③ 수은

④ 주석

19

식품의 위생적인 준비를 위한 조리장의 관리로 부적합한 것은?

① 조리장의 위생해충은 약제 사용을 1회만 실시하면 영구적으로 박멸된다.

② 조리장에 음식물과 음식물 찌꺼기를 함부로 방치하지 않는다.

③ 조리장의 출입구에 신발을 소독할 수 있는 시설을 갖춘다.

④ 조리사의 손을 소독할 수 있도록 손 소독기를 갖춘다.

해설 조리장의 위생해충은 정기적인 약제 사용이 필요하고, 영구적으로 박멸되지는 않는다.

20

음식류를 조리·판매하는 영업으로서 식사와 함께 부수적으로 음주행위가 허용되는 영업은?

① 휴게음식점영업　　② 단란주점영업
③ 유흥주점영업　　　④ 일반음식점영업

> **해설**
> • 휴게음식점영업 : 주로 다류, 아이스크림류 등을 조리·판매하거나 패스트푸드점, 분식점 형태의 영업 등 음식류를 조리·판매하는 영업으로 음주행위가 허용되지 아니하는 영업
> • 단란주점영업 : 주로 주류를 조리·판매하는 영업으로서 손님이 노래를 부르는 행위가 허용되는 영업
> • 유흥주점영업 : 주로 주류를 조리·판매하는 영업으로 유흥종사자를 두거나 유흥시설을 설치할 수 있고 손님이 노래를 부르거나 춤을 추는 행위가 허용되는 영업

21 ★

전분 식품의 노화를 억제하는 방법으로 적합하지 않은 것은?

① 설탕을 첨가한다.
② 식품을 냉장 보관한다.
③ 식품의 수분함량을 15% 이하로 한다.
④ 유화제를 사용한다.

> **해설** 전분 식품의 노화 속도는 냉장 온도(0~5℃)에서 최대가 된다.

22 ★

달걀 저장 중에 일어나는 변화로 틀린 것은?

① pH 증가　　　　② 중량 감소
③ 난황계수 감소　 ④ 수양난백 감소

> **해설** 달걀의 저장 중 수양난백은 증가하게 된다.

23

무기질에 대한 설명으로 옳지 않은 것은?

① 나트륨은 결핍증이 없으며 소금, 육류 등에 많다.
② 마그네슘 부족 시 결핍증은 근육 약화, 경련 등이며 생선, 견과류 등에 많다.
③ 철은 결핍 시 빈혈 증상이 나타나며 공급원은 간, 달걀 노른자, 녹황색 채소류 등이다.
④ 요오드 결핍 시에는 갑상선에 문제가 생기며 공급원은 해조류이다.

> **해설** 나트륨 결핍증은 근육경련, 식욕감퇴, 저혈압이다.

24

머랭을 만들고자 할 때 설탕 첨가는 어느 단계에 하는 것이 좋은가?

① 처음 젓기 시작할 때
② 거품이 생기려고 할 때
③ 충분히 거품이 생겼을 때
④ 거품이 없어졌을 때

> **해설** 머랭을 만들 때 설탕은 충분히 거품이 생성되었을 때 서서히 조금씩 첨가하면 안정적인 거품을 만들 수 있다.

25 ★

지질의 화학적 성질에 대한 설명으로 옳지 않은 것은?

① 저급 지방산이 많을수록 비누화가 잘 된다.
② 글리세롤과 지방산염이 생성된다.
③ 산가는 유지의 산패도를 알아내는 방법이다.
④ 요오드가 높다는 것은 지방산 중 포화지방산이 많다는 것을 의미한다.

> **해설** 요오드가 높다는 것은 지방산 중 불포화지방산이 많다는 것을 의미한다.

26

일반적으로 양질의 빵 속을 만들기 위한 아밀로 그래프의 범위는?

① 0~150 B.U.
② 200~300 B.U.
③ 400~600 B.U.
④ 800~1,000 B.U.

> **해설** 제빵용 밀가루의 적정 수준은 400~600 B.U. 범위이다.

27 ★

밀가루의 단백질에 작용하는 효소는?

① 말타아제
② 아밀라아제
③ 리파아제
④ 프로테아제

> **해설**
> • 말타아제 : 맥아당
> • 아밀라아제 : 전분
> • 리파아제 : 지방
> • 프로테아제 : 단백질

28

유황을 함유한 아미노산으로 –S–S– 결합을 가진 것은?

① 리신
② 류신
③ 시스틴
④ 글루타민산

> **해설** 밀가루 단백질의 황 함유 아미노산인 시스테인 (cysteine)은 –SH기를 가지고 있어 산화제에 의해 쉽게 산화하여 –SS– 사슬이 되는 시스틴(cystine)이 된다.

29

다음 중 제분율을 구하는 식으로 적합한 것은?

① 제분 중량 / 원료 소맥 중량 × 100
② 제분 중량 / (원료 소맥 중량 – 외피 중량) × 100
③ 제분 중량 / (원료 소맥 중량 – 회분량) × 100
④ (제분 중량 – 회분량) / 원료 소맥 중량 × 100

> **해설** 제분율이란 밀을 제분하여 밀가루를 만들 때 밀에 대한 밀가루의 양을 %로 나타낸 것이다.

30

다음 중 식물계에는 존재하지 않는 당은?

① 과당
② 유당
③ 설탕
④ 맥아당

> **해설** 유당은 포유류의 젖에만 존재한다.

31 ★

언더 베이킹(Under Baking)에 대한 설명 중 틀린 것은?

① 제품의 윗부분이 올라간다.
② 제품의 중앙 부분이 터지기 쉽다.
③ 제품의 속이 익지 않을 경우도 있다.
④ 제품의 윗부분이 평평하다.

> **해설** 언더 베이킹 : 높은 온도에서 짧게 굽기를 하기 때문에 윗면이 올라간다.

32

제빵 공장에서 5인이 8시간 동안 옥수수식빵 500개, 바게트빵 550개를 만들었다. 개당 제품의 노무비는 얼마인가?(단, 시간당 노무비는 4,000원이다.)

① 132원
② 142원
③ 152원
④ 162원

> **해설** 1인 시간당 생산량 : (500개 + 550개) ÷ 5명
> ÷ 8시간 = 26.25개
> 제품의 개당 노무비 : 4,000 ÷ 26.25 = 152.38원

33

식품에 식염을 첨가함으로써 미생물 증식을 억제하는 효과와 관계가 없는 것은?

① 탈수 작용에 의한 식품 내 수분 감소

② 산소의 용해도 감소

③ 삼투압 증가

④ 펩티드 결합의 분해

> **해설** 펩티드 결합 : 보통 화학에서 Amide 결합이라고 부른다. 아미노산에 포함되어 있는 −COOH와 −NH₂ 사이의 축합 반응으로 형성되는데 이 경우를 특별히 펩티드 결합이라고 한다. 펩티드 결합은 산이나 염기에 의해 가수분해가 되는데 염기가 더 잘 분해된다.

34 *

설탕시럽 제조시 주석산 크림을 사용하는 가장 주된 이유는?

① 냉각 시 설탕의 재결정을 막아준다.

② 시럽을 빨리 끓이기 위함이다.

③ 시럽을 하얗게 만들기 위함이다.

④ 설탕을 빨리 용해시키기 위함이다.

> **해설** 주석산은 설탕의 일부를 분해시켜 전화당으로 만드는 성질이 있고 이 전화당에는 결정화를 막는 과당이 들어있어 설탕의 재결정을 막아준다.

35 *

치즈 제조 원리에 이용되는 효소로 산에 의하여 응고시키는 성질을 가지고 있는 것은?

① 레닌   ② 치마아제

③ 펩신   ④ 리파아제

> **해설** 우유단백질 중 카제인은 열에 의해 응고한다. 고로 우유는 중탕으로 끓여야 응고를 막을 수 있다. 또 레닌은 산에 의해 응고되어 치즈를 만들 수 있다.

36

초콜릿의 브룸(bloom) 현상에 대한 설명 중 틀린 것은?

① 초콜릿 표면에 나타난 흰 반점이나 꽃 무늬 같은 것을 브룸(bloom) 현상이라 한다.

② 설탕이 재결정화 된 것을 슈가 브룸이라 한다.

③ 지방이 유출된 것을 팻 브룸이라고 한다.

④ 템퍼링이 부족하면 설탕의 재결정화가 일어난다.

> **해설** 템퍼링(적온 처리법)이란 초콜릿에 들어있는 카카오 버터를 안정적인 베타 결정으로 굳히는 작업을 말한다. 액체 상태인 초콜릿을 급속하게 냉각시키거나 판형 초콜릿을 대충 녹여서 틀에 붓거나 모양을 만들면 불안정한 결정들이 생겨 녹는점이 낮아지기 때문에 초콜릿이 쉽게 녹아버려 보관하는 데에 어려움이 따른다. 게다가 초콜릿에 윤기가 나지 않고 보기 싫은 얼룩이 생겨 외관상으로도 좋지 않다.

37 *

전분을 덱스트린으로 변화시키는 효소는 무엇인가?

① β−아밀라아제   ② α−아밀라아제

③ 말타아제   ④ 치마아제

> **해설**
> - α−아밀라아제는 전분을 덱스트린으로 분해하는 액화 효소이다.
> - β−아밀라아제는 외부 효소로 당화 효소를 전분이나 덱스트린을 맥아당으로 만든다.

38

과자와 빵에 우유가 미치는 영향이 아닌 것은?

① 영양을 강화시킨다.

② 보수력이 없어서 노화를 촉진시킨다.

③ 겉껍질 색깔을 강하게 한다.

④ 이스트에 의해 생성된 향을 착향시킨다.

해설 우유에 들어있는 유당은 보수력이 있어 노화를 지연시킨다.
단백질이라는 영양을 강화시키며, 지방이 있어 노화를 지연시킬 수 있다. 유당은 이스트가 먹지 않는 당으로 색을 강하게 할 수 있다.

반죽형 반죽 : 비중 0.8 ± 0.05
• 크림법 : 유지 + 설탕(부피감)
• 블렌딩법 : 유지 + 밀가루(유연감)
• 설탕/물법 : 설탕 2 : 물 1(대량 생산)
• 1단계법 : 전 재료(시간 절약)

39

멸균의 설명으로 옳은 것은?

① 모든 미생물을 완전히 사멸시키는 것
② 물리적 방법으로 병원체를 감소시키는 것
③ 오염된 물질을 세척하는 것
④ 미생물의 생육을 약화시키는 것

해설 멸균은 모든 미생물을 사멸시킨 무균 상태를 말한다.

40

포도당과 결합하여 유당을 이루며 뇌신경 등에 존재하는 당류는?

① 과당(Fructose)
② 만노오스(Mannose)
③ 리보오스(Ribose)
④ 갈락토오스(Galactose)

해설 유당 = 포도당 + 갈락토오스

41 *

블렌딩법에 대한 설명으로 옳은 것은?

① 건조 재료와 달걀, 물을 가볍게 믹싱하다가 유지를 넣어 반죽하는 방법이다.
② 설탕 입자가 고와서 스크래핑이 필요 없고 대규모 생산 회사에서 이용하는 방법이다.
③ 부피를 우선으로 하는 제품에 이용하는 방법이다.
④ 유지와 밀가루를 먼저 믹싱하는 방법이며, 제품의 유연성이 좋다.

42

다음 쿠키 중에서 상대적으로 수분이 적어서 밀어 펴는 형태로 만드는 제품은?

① 드롭 쿠키
② 스냅 쿠키
③ 스펀지 쿠키
④ 머랭 쿠키

해설 • 밀어 펴는 쿠키 : 스냅 쿠키, 쇼트 브레드 쿠키
• 짜는 쿠키 : 드롭 쿠키, 스펀지 쿠키, 머랭 쿠키

43

아밀로그래프에서 50℃에서의 점도와 최종 점도 차이를 표시하는 것으로 노화도를 나타내는 것은?

① 브레이크 다운(Break Down)
② 세트 백(Setback)
③ 최소 점도(Minimum Voscosity)
④ 최대 점도(Maximum Voscosity)

해설 • 브레이크 다운 : 열 전단력에 대한 저항력의 척도
• 세트 백 : 후퇴, 노화의 특성 – 냉각 후의 점도 측정

44 *

퍼프페이스트리 굽기 후 결점과 원인으로 틀린 것은?

① 수축 : 밀어 펴기 과다, 너무 높은 오븐 온도
② 수포 생성 : 단백질 함량이 높은 밀가루로 반죽
③ 충전물 흘러나옴 : 충전 물량 과다, 봉합 부적절
④ 작은 부피 : 수분이 없는 경화 쇼트닝을 충전용 유지로 사용

> **해설** 퍼프 페이스트리는 이스트가 들어가지 않는 제과 제품으로서, 유지층을 살리기 위해 단백질 함량이 높은 강력분을 사용하여 만드는 제품이며, 수포가 생성되는 현상은 반죽의 온도가 높을 때 나타나는 현상이다.
> 퍼프 페이스트리의 반죽 온도는 18~22℃가 적당하다.

45

퍼프 페이스트리 제조 시 다른 조건이 같을 때 충전용 유지에 대한 설명으로 틀린 것은?

① 충전용 유지가 많을수록 결이 분명해진다.
② 충전용 유지가 많을수록 밀어 펴기가 쉬워진다.
③ 충전용 유지가 많을수록 부피가 커진다.
④ 충전용 유지는 가소성 범위가 넓은 파이용이 적당하다.

> **해설** 신장성이 좋은 제품으로 밀어 펴기가 용이해야 하고, 본 반죽에서는 50% 미만의 유지를 사용해야 한다.

46

파운드 케이크를 구울 때 윗면이 자연적으로 터지는 경우가 아닌 것은?

① 굽기 시작 전에 증기를 분무할 때
② 설탕 입자가 용해되지 않고 남아있을 때
③ 반죽 내 수분이 불충분할 때
④ 오븐 온도가 높아 껍질 형성이 너무 빠를 때

> **해설** 굽기 전에 증기를 분무하면 윗면이 터지지 않는다.
> ■ 윗면이 터지는 이유
> – 반죽의 수분 부족
> – 높은 온도에서 구워 껍질이 빨리 생김
> – 틀에 채운 후 바로 굽지 않아 표피가 마름
> – 반죽의 설탕이 다 녹지 않음

47

흰자 100에 대하여 설탕 180의 비율로 만든 머랭으로서 구웠을 때 표면에 광택이 나고 하루쯤 두었다가 사용해도 무방한 머랭은?

① 냉제 머랭(Cold Meringue)
② 온제 머랭(Hot Meringue)
③ 이탈리안 머랭(Italian Meringue)
④ 스위스 머랭(Swiss Meringue)

> **해설**
> • 냉제 머랭 : 흰자와 설탕의 비율을 1:2로 하여 18~24℃의 실온에서 거품을 올린다.
> • 온제 머랭 : 흰자와 설탕을 섞어 43℃로 데워 거품을 내다 분설탕을 넣는다.
> • 이탈리안 머랭 : 흰자를 거품내면서 뜨겁게 끓인 시럽(114~118℃)을 부어 만든 머랭이다.

48 *

공립법으로 제조 시 달걀의 기포력을 증가시키고 싶다. 가장 효과적인 방법은?

① pH를 저하   ② 설탕 첨가
③ 우유 첨가   ④ 신선란 사용

> **해설** 달걀 흰자의 기포성을 좋게 하는 재료에는 주석산 크림, 레몬즙, 식초, 과일즙 등의 pH를 저하시키는 산성 재료와 소금 등이다.

49

엔젤 푸드 케이크 제조 시 팬에 사용하는 이형제로 가장 적합한 것은?

① 쇼트닝   ② 밀가루
③ 물   ④ 라드

> **해설** 엔젤 푸드 케이크 팬은 가운데 모양이 있기 때문에 종이나 유지를 사용하지 않고 물을 사용한다.

50

슈 제조 시 반죽 표면을 분무 또는 침지시키는 이유가 아닌 것은?

① 껍질을 얇게 한다.
② 팽창을 크게 한다.
③ 기형을 방지한다.
④ 제품의 구조를 강하게 한다.

> **해설** 제품의 구조를 강하게 하려면 단백질 함량이 많은 강력분을 사용해야 한다.

51

버터를 쇼트닝으로 대체하려 할 때 고려해야 할 재료와 거리가 먼 것은?

① 유지 고형질　　　② 수분
③ 소금　　　　　　④ 유당

> **해설** 유당은 우유에 들어있는 이당류이다.

52 ★★

소프트 롤을 말 때 겉면이 터지는 경우 조치사항이 아닌 것은?

① 팽창이 과도한 경우 팽창제 사용량을 감소시킨다.
② 설탕의 일부를 물엿으로 대치한다.
③ 저온처리 하여 말기를 한다.
④ 덱스트린의 점착성을 이용한다.

> **해설** 저온처리하여 말기를 하면 터짐이 커진다.
> **■ 롤 케이크 말기 시 표면 터짐**
> 1) 터짐 원인
> ① 표피의 수분의 증발
> ② 과도한 팽창으로 점착성 약화
> 2) 터짐 방지
> ① 설탕의 일부를 물엿으로 대체
> ② 반죽에 글리세린 또는 덱스트린 첨가
> ③ 팽창제 사용 줄임
> ④ 노른자 대신 전란 사용 증가
> ⑤ 비중 높지 않게 믹싱 조절

> ⑥ 반죽 온도가 낮지 않도록 조절
> ⑦ 굽기 시 밑불이 너무 높지 않게 조절
> ⑧ 오버 베이킹 주의(건조 시 갈라짐)

53

시퐁 케이크 제조 시 냉각 전에 팬에서 분리되는 결점이 나타났을 때의 원인과 거리가 먼 것은?

① 굽기 시간이 짧다.
② 밀가루 양이 많다.
③ 반죽에 수분이 많다.
④ 오븐 온도가 낮다.

> **해설** 냉각 전 팬에서 분리되는 현상은 굽기 시간이 짧아 수분이 많이 남아있거나, 반죽에 수분이 많았거나, 오븐 온도가 낮았을 때이며, 밀가루의 양이 많으면 수분 함량이 적기 때문에 분리되지 않는다.

54 ★★

도넛에서 발한을 제거하는 방법은?

① 도넛에 묻히는 설탕의 양을 감소시킨다.
② 기름을 충분히 예열시킨다.
③ 점착력이 없는 기름을 사용한다.
④ 튀김 시간을 증가시킨다.

> **해설** 발한은 튀긴 도넛 내부의 수분이 표면으로 나와 설탕을 녹이는 현상으로, 튀김 시간을 줄이면 수분이 더 많아진다.
> **■ 발한 방지 대책**
> - 설탕 사용량을 늘림, 튀기는 시간 증가로 제품의 수분 함량을 낮춤
> - 튀김 기름에 스테아린을 3~6% 첨가
> - 도넛을 충분히 냉각 후 아이싱 결정이 큰 설탕을 사용

55 ★

다음 제품의 비중 중 가장 낮은 것은?

① 롤 케이크　　② 레이어 케이크

③ 파운드 케이크　　④ 스펀지 케이크

> **해설** 비중이 낮으면 기공이 크며, 부피가 크고, 조직이
> 거칠다는 특징이 있다. 반대로 비중이 크면 기공이
> 작고, 부피가 작으며, 조직이 조밀하다.
>
> ■ 제품별 비중
> – 롤 케이크 : 0.4~0.5
> – 파운드 케이크 : 0.8~0.9
> – 레이어 케이크 : 0.8~0.9
> – 스펀지 케이크 : 0.45~0.55

56

다음 중 별립법에 대한 설명으로 옳은 것은?

① 기포가 단단해 짜서 굽는 제품에 적합한 방법으로, 공립법에 비해 제품의 부피가 크며 부드러운 것이 특징이다.

② 비단과 같이 우아하고 미묘한 맛이 난다고 하여 붙어진 것이다.

③ 달걀 흰자에 설탕을 넣어서 거품을 낸 것으로 다양한 모양을 만들거나 크림용으로 광범위하게 사용되고 있다.

④ 전란에 설탕을 넣어 함께 거품을 낸다.

> **해설** ② : 시퐁형에 대한 설명이다.
> ③ : 머랭에 대한 설명이다.
> ④ : 공립법에 대한 설명이다.

57

다음 중 반죽 온도가 가장 낮은 것은?

① 퍼프 페이스트리 반죽 온도

② 마드레느 반죽 온도

③ 파운드 케이크 반죽 온도

④ 버터스펀지 케이크(공립법) 반죽 온도

> **해설** ① 퍼프 페이스트리 반죽 온도 : 20℃
> ② 마드레느 반죽 온도 : 24℃
> ③ 파운드 케이크 반죽 온도 : 23℃
> ④ 버터스펀지 케이크(공립법) 반죽 온도 : 23℃

58

마카롱에 대한 설명으로 옳지 않은 것은?

① 마카롱은 머랭을 주재료로 하고 달걀 흰자에 백설탕, 아몬드 가루와 분당 등으로 만든 과자류이다.

② 모양은 동그랗고 손에 들어갈 수 있을 만큼 조그맣다.

③ 마카롱의 구조는 잘 부서지지만 약간 딱딱한 껍질로 된 위아래 부위와 그 중간에 머랭이나 잼, 마지팬, 크림 등을 넣어 만든 부드러운 중간 부위로 나뉜다.

④ 몽타주는 머랭과 건조 재료를 혼합하는 과정으로, 반죽을 뒤집어 가며 섞는 과정을 말한다.

> **해설** 마카로나주(Macaronage) : 머랭과 건조 재료를
> 혼합하는 과정으로, 반죽을 뒤집어 가며 섞는
> 과정을 말한다.

59

버터스펀지 케이크 반죽 제조 시 주의사항으로 옳지 않은 것은?

① 중탕을 할 때 달걀이 익지 않도록 주의한다.

② 달걀에 설탕을 넣고 믹싱한 반죽은 휘퍼 자국이 서서히 사라지는 정도가 되어야 완성된다.

③ 식용유와 반죽을 섞을 때는 부피가 줄지 않도록 잘 섞어야 한다.

④ 밀가루를 넣고 너무 많이 섞으면 비중이 낮아질 수 있다.

> **해설** 밀가루를 넣고 너무 많이 섞으면 글루텐이 생기고
> 기포가 사라져 비중이 높아질 수 있다.

60 ★★

찹쌀 도넛의 흡유량이 많아지는 이유를 잘못 설명
한 것은?

① 튀김 시간이 길다.
② 묽은 반죽을 사용하였다.
③ 튀김 기름의 온도가 높다.
④ 반죽 상태가 알맞지 않아 기공이 불규칙하다.

해설 ▣ 도넛의 흡유량 증가 원인

튀김 시간이 길어지고, 묽은 반죽을 사용하면
튀기는 동안 표면적이 넓어져 기름의 흡수율이
높아지며, 튀김 기름의 온도가 낮으면 튀김 시간이
길어져 흡유량이 증가한다.
그리고 반죽 상태가 알맞지 않아 기공이 불규칙
하고 팽창이 고르지 못하면 흡유량은 증가한다.

제과편 1회 모의고사			정 답	
01	02	03	04	05
④	①	②	②	②
06	07	08	09	10
②	②	①	③	②
11	12	13	14	15
①	②	③	②	④
16	17	18	19	20
③	①	②	①	④
21	22	23	24	25
②	④	①	③	④
26	27	28	29	30
③	④	③	①	②
31	32	33	34	35
④	③	④	①	①
36	37	38	39	40
④	②	②	①	④
41	42	43	44	45
④	②	②	②	②
46	47	48	49	50
①	④	①	③	④
51	52	53	54	55
④	③	②	④	①
56	57	58	59	60
①	①	④	④	③

01

건포도를 전처리(Conditioning)하여 사용할 때 필요한 27℃ 물의 사용량은?

① 건포도 중량의 12%
② 건포도 중량의 25%
③ 건포도 중량의 50%
④ 건포도 중량과 동량

02

다음의 안정제 중 동물에서 추출되는 것은?

① 한천   ② 젤라틴
③ 펙틴   ④ 구아검

> 해설 한천은 우뭇가사리에서 추출되므로 식물성 안정제이며 젤라틴은 동물의 연골이나 피부에서 추출하므로 동물성 안정제이다.

03

휘핑 크림의 취급과 사용에 관한 설명 중 틀린 것은?

① 휘핑 크림의 유통 과정 및 보관에서 항상 5℃를 넘지 않도록 해야 한다.
② 냉각된 휘핑 크림의 운송 도중 강한 진탕에 의해 기계적 충격을 주게 되면 휘핑성을 저하시킨다.
③ 냉각을 충분히 시켜서 5℃ 이상을 넘지 않는 한도 내에선 오래 휘핑할수록 부피가 커진다.
④ 높은 온도에서 보관하거나 취급하게 되면 포말이 이루어지더라도 조직이 연약하고 유청 분리가 심하게 나타날 염려가 있다.

> 해설 휘핑크림은 휘핑 시 어느 정도 부피가 팽창하다 굳으면서 단단해지고 부피가 작아진다.

04 ★

포도상구균에 의한 식중독에 대한 설명으로 틀린 것은?

① 화농성 질환을 가지고 있는 조리자가 조리한 식품에서 발생하기 쉽다.
② 독소형 식중독으로 독소는 열에 의해 쉽게 파괴되지 않는다.
③ 독소는 엔테로톡신(enterotoxin)이라는 장관독이다.
④ 잠복기가 느리고 식중독 중 치사율이 가장 높다.

> 해설 잠복기가 빠르다. 보틀리누스균의 뉴로톡신이 신경독으로 취사율이 가장 높은 식중독이다.

05

자외선 살균의 이점이 아닌 것은?

① 살균효과가 크다.
② 균에 내성을 주지 않는다.
③ 표면 투과성이 좋다.
④ 사용이 간편하다.

> 해설 자외선 살균은 2537의 자외선 파장이 살균효과가 크며 균에 내성을 주지 않으며, 안전하고 사용이 간편한 소독법으로 일광소독이라고도 하나 표면 투과성이 없다.

06 ★

사람의 손, 조리기구, 식기류의 소독제로 적당한 것은?

① 포름알데히드(formaldehyde)
② 메틸알콜(methyl alcohol)
③ 승홍(corrosive sublimate)
④ 역성비누(invert soap)

07

기초대사율(basal metabolic rate)은 신체 조직 중 무엇과 가장 관계가 깊은가?

① 혈액의 양   ② 피하지방의 양
③ 근육의 양   ④ 골격의 양

> **해설** 기초대사량이란 몸이 기본적으로 신진대사에 사용하는 에너지의 양을 말하는 것으로 근육의 양이 많으면 몸이 생명을 유지하는데 필요한 에너지인 기초대사량이 높아진다.

08

통밀빵, 호밀빵, 잡곡빵 등의 재료에는 껍질 함량이 높다. 껍질 함량이 높은 곡류의 분말로 만든 빵이 흰빵에 비하여 건강빵이라 불리우는 이유는 무엇인가?

① 흰빵보다 칼로리가 높기 때문이다.
② 흰빵보다 소화 흡수가 잘 되기 때문이다.
③ 흰빵보다 섬유질과 무기질이 많기 때문이다.
④ 흰빵보다 완전 단백질이 많기 때문이다.

> **해설** 껍질에는 회분이 많이 포함되어 있고 흰빵보다 섬유질과 무기질이 많아 건강빵을 만들 때 주로 이용한다.

09

식빵 제조 라인을 설치할 때 분할기와 연속적으로 붙어있지 않아도 좋은 것은?

① 믹서(mixer)
② 환목기(rounder)
③ 중간 발효기(over head proofer)
④ 성형기(moulder)

10

햄버거 빵 생산에 있어서 다음과 같은 기계 설비의 생산능력이 문제된다면 어느 기계 설비를 기준으로 생산능력(작업량)을 정해야 하는가?(단, 발효 손실 등 공정 중 손실 및 불량품 발생은 없고, 기계 설비능력은 각각 100% 활용할 수 있는 것으로 봄)

기계설비	생산능력
– 믹서(22kg)	– 4포 배합
– 분할기(4포케트)	– 1분당 25회 분할
– 오븐(철판수용수 90장)	– 1철판 8개 정렬
– 믹싱	– 시간당 3배 합가능
– 소성시간 12분	
– 배합률 총계 170%	

① 믹서   ② 분할기
③ 오븐   ④ 세 기계설비의 평균치

> **해설** 오븐은 생산력을 나타내는 기계이다.

11

제조 원가 중의 제조경비 항목에 속하지 않는 것은?

① 작업기계의 감가상각비
② 동력비
③ 작업자의 복리후생비
④ 판촉비

12

매일 작업을 가장 정상적으로 진행하기 위한 4대 원리에 들어가지 않는 항목은?

① 작업 방법과 기계 설비를 분석하여 최선의 방법을 선택한다.
② 선정한 작업에 가장 알맞는 사람을 선택한다.
③ 경영자와 작업자간에 협조적 관계가 확립되는 합리적 급여제도를 선택한다.
④ 사무 자동화를 단계별로 발전시켜서 원가 절감의 기법을 선택한다.

13 ★

마이코톡신(mycotoxin)의 특징을 바르게 설명한 것은?

① 곰팡이가 생성한 독소에 의한다.
② 원인식은 지방이 많은 육류이다.
③ 항생물질로 치료된다.
④ 약제에 의한 치료효과가 크다.

14

다음 중 증류주인 것은?

① 매실주   ② 맥주
③ 포도주   ④ 브랜디

15

향신료의 기능이 아닌 것은?

① 고유향을 부여한다.
② 비린내를 억제한다.
③ 식욕을 증진시킨다.
④ 감미를 증가시킨다.

16

식품 제조 용기에 관한 설명으로 옳은 것은?

① 법랑 제품은 내열성이 강하다.
② 유리 제품은 건열과 충격에 강하다.
③ 스테인리스 스틸은 알루미늄보다 열전도율이 낮다.
④ 고무 제품은 색소와 형광표백제가 용출되기 쉽다.

17

다음 중 냉동식품에 대한 분변 오염 지표가 되는 식중독균은?

① 대장균   ② 장구균
③ 보툴리누스균   ④ 장염 비브리오균

18

교차오염을 방지하기 위한 올바른 대책은?

① 생원료와 조리된 식품을 동시에 취급하지 않는다.
② 동일한 종업원이 하루 일과 중 여러 개의 작업을 수행한다.
③ 소독된 컵과 접시를 행주로 깨끗이 닦아낸다.
④ 찬 음식의 홀딩에 사용된 얼음이 녹아서 생긴 물은 재사용한다.

19

1968년 일본에서 발생한 미강유 중독사고를 통하여 알게 된 사실은?

① 비소의 유독성
② PCB의 유독성
③ 유기수은의 유독성
④ 트리할로메탄의 유독성

해설 PCB(polychlorinated biphenyl)가 미강유에 흘러 들어가 일어난 사건으로 손발 저림, 간장 장애, 흑피증의 증상이 있다는 것을 알게 되었다.

20 ★

인축공통 전염병에 해당되는 것은?

① 장티푸스   ② 콜레라
③ 파상열   ④ 세균성이질

해설 파상열(브루셀라증)은 인축공통의 전염병으로 동물에게 유산을 일으킨다.

21

식빵을 먹었을 때 가장 많이 공급받을 수 있는 영양소는?

① 단백질   ② 지질
③ 당질   ④ 비타민

22 ★

콜레스테롤(cholesterol)에 대한 설명으로 틀린 것은?

① 고등동물의 뇌, 척추, 담즙산, 성호르몬 등에 분포되어 있다.
② 정상적인 사람에는 혈액 100ml당 200mg 정도가 함유되어 있다.
③ 자외선을 받으면 비타민 D_2 로 전환되기도 한다.
④ 고농도인 경우 동맥경화증의 원인이 된다.

> **해설**
> • 콜레스테롤은 자외선에 의해 비타민 D_3로 전환
> • 에르고스테롤은 자외선에 의해 비타민 D_2로 전환 (프로비타민 D)

23 ★

다음은 비타민의 결핍 시 일어나는 결핍증을 짝지은 것이다. 틀리게 짝지어진 것은?

① 비타민 A – 야맹증
② 비타민 B_1 – 각기병
③ 비타민 D – 곱추병
④ 비타민 K – 탈모증

> **해설**
> • 비타민 A(레티놀) – 야맹증,
> • 비타민 D(칼시페롤) – 구르병, 곱추병, 골다공증
> • 비타민 B_1(티아민) – 각기병, 피로, 권태감
> • 비타민 K(필로퀴논) – 혈액 응고 지연

24

식품을 구매하는 방법 중 경쟁입찰과 비교하여 수의계약의 장점이 아닌 것은?

① 절차가 간편하다.
② 경쟁이나 입찰이 필요 없다.
③ 싼 가격으로 구매할 수 있다.
④ 경비와 인원을 줄일 수 있다.

> **해설** 수의계약은 공급업자들의 경쟁 없이 계약을 이행할 수 있는 특정 업체와 계약을 체결하므로 오히려 불리한 가격으로 계약하기 쉽다.

25 ★

유지가 산화하면 과산화물이 생성되어 산패가 된다. 이를 방지하거나 지연시키는 천연 항산화제는?

① 비타민 E   ② 비타민 C
③ 리보플라빈   ④ 니아신

> **해설** 항산화제(산화 방지제)의 종류에는 비타민 E(토코페롤), PG(프로필갈레이트), BHA, BHT 등이 있다.

26

매일 사용하는 생이스트(압착효모)는 다음 중 어느 온도에서 저장하는 것이 가장 현실적인가?

① −18℃ 이하의 냉동고에 보관
② 냉장 온도에 보관
③ 실내 온도에 보관
④ 43℃ 이상에서 보관

27

경수의 작용으로 알맞는 것은?

① 글루텐을 질기게 하고, 발효를 저해한다.
② 글루텐을 연하게 하고, 발효를 촉진한다.
③ 글루텐을 질기게 하고, 발효를 촉진한다.
④ 글루텐을 연하게 하고, 발효를 저해한다.

28

제과 · 제빵 재료인 아몬드(almond)에 대한 설명이 바르게 된 것은?

① 슬라이스(sliced) 아몬드 – 속 껍질을 벗겨 잘게 다져서 부순 상태
② 천연(natural) 아몬드 – 갈색의 얇은 속 껍질이 붙어있는 상태
③ 슬리버드(slivered) 아몬드 – 세로로 길고 가늘게 썬 상태
④ 다진(diceed) 아몬드 – 고운 가루 형태로 마쇄한 상태

29 ★

튀김 기름에 들어있는 유리지방산에 대한 설명으로 틀린 것은?

① 유지의 가수분해에 의하여 생성된다.
② 유리지방산이 많아지면 튀김 기름에 거품이 잘 생긴다.
③ 유리지방산이 많아지면 튀김 기름의 발연점이 낮아진다.
④ 유리지방산은 튀김 기름의 유화력을 높인다.

> 해설 유리지방산은 유지의 가수분해에 의하여 생성되며, 많아지면 튀김 기름에 거품이 잘 생기고 발연점이 낮아져 튀김유로 부적합한 기름이 되며 이렇게 유리지방산이 많은 지방은 산패된 지방이다.
> ■ 유리지방산 발생 요인(튀김 기름의 4대 적)
> 공기(산소), 이물질, 온도(반복 가열), 수분(물) : 기름의 산패로 발연점이 낮아지고 아크롤레인이 생성

30

식품의 구매 방법으로 필요한 품목, 수량을 표시하여 업자에게 견적서를 제출받고 품질이나 가격을 검토한 후 낙찰자를 정하여 계약을 체결하는 것은?

① 수의계약　　　　② 대량구매
③ 경쟁입찰　　　　④ 계약구입

31

박력분의 설명으로 맞는 것은?

① 식빵, 마카로니 제조에 사용한다.
② 연질 소맥으로 만든다.
③ 단백질 함량이 11~13%이다.
④ 탄력성, 점성, 수분 흡착력이 강하다.

> 해설 박력분은 연질 소맥을 제분한 것으로 단백질 함량이 7~9% 정도이며 주로 제과 및 튀김 옷에 사용된다.

32

어느 제빵회사 A라인의 지난 달 생산실적이 다음과 같을 때 노동분배율은 얼마가 되겠는가?

– 외부가치 = 7,000만원	– 생산가치 = 3,000만원
– 인건비 = 1,500만원	– 감가상각비 = 300만원
– 제조이익 = 1,200만원	– 생산액 = 1억원
– 부서인원 = 50명	

① 12%　　　　　② 30%
③ 50%　　　　　④ 70%

> 해설 노동분배율 = 인건비 ÷ 부가가치(생산가치)*100 이다. 그러므로 1,500만원 ÷ 3,000만원*100 = 50%

33

티아민(Thiamin)의 생리작용과 관계가 없는 것은?

① 각기병　　　　② 구순구각염
③ 에너지대사　　④ TPP로 전환

> 해설 티아민은 비타민 B_1을 말하며, 당질 에너지대사의 조효소 기능을 하고, 흡수된 비타민 B_1은 체내에서 80%가 TPP(Thiamin pyrophosphate)로 전환되어 존재한다.
> 구순구각염은 비타민 B_2와 관계가 있다.

34

반입, 검수, 일시보관 등을 하기 위해 필요한 주요 기기로 알맞은 것은?

① 운반차
② 냉장·냉동고
③ 보온고
④ 브로일러

해설 반입, 검수, 일시보관, 분류 및 정리를 위한 주방 기기로는 검수대, 계량기, 운반차, 온도계, 손 소독기 등이 있다.

35

무기질의 영양상 주기능이 아닌 것은?

① 열량급원
② 몸의 경조직 성분
③ 체액의 완충작용
④ 효소의 작용을 촉진

해설
• 열량급원(열량소) : 탄수화물, 단백질, 지방
• 몸의 성분(구성소) : 단백질과 무기질(칼슘, 인)
• 몸의 효소작용 촉진(조절소) : 무기질

36

알부민(albumin)에 대한 설명 중 맞지 않는 것은?

① 혈청 단백질이다.
② 아미노산만으로 구성된 단순단백질이다.
③ 난황, 육류에 다량 포함되어 있다.
④ 새로운 조직을 형성하기 위하여 단백질이 필요할 때 제일 먼저 공급해 주는 단백질의 제 1급원이다.

해설 흰자에 다량 함유되어 있다.

37

튀김기름의 적이 아닌 것은?

① 온도
② 수분
③ 이물질
④ pH

해설 튀김기름의 4대 적은 온도(열), 수분(물), 공기(산소), 이물질이다.

38 ★

유지의 경화(hardening)란?

① 유지의 저온처리를 말한다.
② 불포화지방산에 수소를 첨가하는 것이다.
③ 유지의 불순물을 제거하는 것을 말한다.
④ 착색물질을 제거하는 것을 말한다.

해설 유지의 경화란 불포화지방산의 이중결합에 니켈을 촉매로 수소를 첨가시켜 지방의 불포화도를 감소시키는 것이다.

39

우유의 구성 성분이 맞지 않는 것은?

① 카제인
② 락트알부민
③ 유당
④ 아비딘

해설 아비딘은 달걀 흰자에 존재하는 단백질의 한 종류이다.

40 ★

유리수(free water)의 특징은?

① 용질에 대해 용매로 작용하지 않는다.
② 100℃ 이상으로 가열하여도 수증기압이 제거되지 않는다.
③ 0℃ 이하에서 쉽게 동결된다.
④ 식품에서 미생물의 번식에 이용되지 못한다.

해설
• 유리수(자유수) : 일반적인 수분으로 건조 또는 0℃ 이하에서 얼음, 미생물이 이용 가능
• 결합수 : 식품의 성분과 단단히 결합되어 있어 쉽게 건조되거나 얼지 않고 미생물이 이용할 수 없음

41

일반적으로 케이크 반죽 온도가 낮은 경우에 대한 설명으로 맞는 것은?

① 기공이 열려 속이 거칠다.
② 큰 기포가 남아있기 쉽다.
③ 같은 증기압을 발달시키는데 굽기 시간이 길어진다.
④ 제품 부피가 큰 편이다.

해설 일반적으로 거품형 반죽 케이크에서는 반죽 온도가 높은 경우 완제품의 부피가 큰 편이며, 기공이 열려 속(조직)이 거칠고, 큰 기포가 남아있기 쉽고, 같은 증기압을 발달시키는 데 굽기 시간이 짧아진다.

42

전형적인 파운드 케이크에서 밀가루와 설탕을 고정하고 쇼트닝을 증가시킬 때 다른 재료의 변화에 대한 설명으로 잘못된 것은?

① 달걀을 증가시킨다.
② 우유를 감소시킨다.
③ 베이킹파우더를 증가시킨다.
④ 소금을 증가시킨다.

해설
• 달걀 사용량 증가 : 팽창력 증가, 구조력 증가
• 우유 사용량 감소 : 수분 함유량의 균형
• 베이킹파우더 사용량 감소 : 팽창의 균형
• 소금 사용량 증가 : 맛의 증진

43 ★★

젤리 롤 케이크를 말 때 표피가 터지는 현상에 가장 큰 영향을 주는 원인은?

① 설탕의 일부를 물엿으로 대치하였다.
② 덱스트린을 넣어 점착성을 증가시켰다.
③ 믹싱과 팽창제 조정으로 전체 팽창을 감소시켰다.
④ 낮은 온도의 오븐에서 오래 구웠다.

해설 ▣ 표면이 터지는 것을 방지하는 방법
– 설탕의 일부를 물엿과 시럽으로 대치
– 배합에 덱스트린 사용(점착성 증가)
– 팽창이 과도한 경우 팽창제 사용 감소, 믹싱 상태 조절
– 노른자를 줄이고 전란 증가
– 오버 베이킹을 하지 않음
– 밑불이 너무 강하지 않도록 하여 굽는다.
– 반죽 비중이 너무 높지 않게 믹싱
– 반죽 온도가 낮으면 굽는 시간이 길어지므로 온도가 너무 낮지 않도록 함
– 배합에 글리세린 첨가(유연성 부여)

44

다음과 같은 사항을 점검했다면 반죽형 쿠키의 어떤 결점을 찾아내기 위한 것인가?

a. 믹싱이 지나친가?
b. 너무 고운 입자의 설탕을 사용했는가?
c. 반죽이 너무 산성인가?
d. 오븐 온도가 높지 않은가?

① 딱딱한 쿠키
② 팬에 늘어 붙는 쿠키
③ 퍼짐이 적은 쿠키
④ 퍼짐이 과도한 쿠키

해설 퍼짐이 결핍되는 경우 : 된 반죽, 유지 부족, 체친 가루를 넣고 과도한 믹싱, 산성 반죽, 설탕 사용량 적음, 굽기 온도 높음, 설탕 입자 작음

45

아이싱에 사용되는 안정제 중 감귤 껍질 등에서 추출되는 것으로 비교적 낮은 농도의 설탕과 약산성 조건에서 칼슘을 포함하고 있는 물에 의하여 젤화되는 성질이 있는 것은?

① 카르복시 메틸 셀룰로오스(CMC)
② 로커스트빈검(메뚜기콩검)
③ 고 메톡실 펙틴
④ 저 메톡실 펙틴

해설 • 저 메톡실 펙틴 : 펙틴 중 분자 내의 메톡실기 함량이 7%보다 낮은 것을 말한다. 칼슘 등 다가 금속이온을 첨가함으로써 펙틴분자 사이의 카복실기에 가교를 형성하여 젤화한다. 우유와 같이 칼슘이 많은 것으로서는 당을 첨가하지 않거나 낮은 농도의 설탕과 약산성 조건에서 젤리를 제조할 수 있다.
• 고 메톡실 펙틴 : 펙틴의 메톡실기 함량이 7% 이상인 펙틴으로 일정 비율의 산, 당, 물이 존재 하면 젤리화가 일어난다.(과실젤리, 잼 제조)

46 *

다음의 페이스트리 제조 방법 중 페이스트리의 부피를 가장 크게 증가시킬 수 있는 제조 방법은 무엇인가?

① 롤인 유지를 100% 사용하고 3겹 접기를 5회 실시한다
② 롤인 유지를 75% 사용하고 3겹 접기를 5회 실시한다.
③ 롤인 유지를 50% 사용하고 3겹 접기를 5회 실시한다.
④ 롤인 유지를 50% 사용하고 3겹 접기를 7회 실시한다.

해설 유지는 본 반죽에 넣는 것과 충전용으로 나누는데 충전용이 많을수록 결이 분명해지고 부피도 커진다.

47

튀김기에서 열을 튀김 유지로 전달하는데 사용 하는 여러 가지 히터 중 비교적 사용하는 유지량이 적으며 신속하게 유지를 교체할 수 있고 세척이 쉬운 시스템은 무엇인가?

① 바닥 히터(bottom heaters)를 사용하는 튀김기
② 전기 관형 히터(tubular heaters)를 사용하는 튀김기
③ 대기압 버너를 이용하는 튀김기
④ 프리믹스 버너를 이용하는 튀김기

해설 ▣ 바닥 히터를 사용하는 튀김기의 장점
– 비교적 사용하는 튀김 기름의 양이 적음
– 튀김 기름을 180~190℃로 빠르게 예열 가능
– 튀김 기름 내 반죽 부스러기 제거가 용이
– 신속하게 유지 교체 가능, 세척 용이
– 튀김 후 산소와의 접촉과 이물질 혼입 방지 (뚜껑이 있음)

48

유지 사용량이 90%이고 물 사용량이 20%인 파운드 케이크에 비터(bitter) 초콜릿을 24% 추가 사용 하였을 때 유지 사용량 및 물 사용량으로 가장 알맞은 것은?

① 유지 66%, 물 32%
② 유지 66%, 물 43%
③ 유지 86%, 물 32%
④ 유지 86%, 물 43%

해설 • 비터 초콜릿 중 카카오버터는 3/8 차지, 카카오 버터의 양에서 유지의 양은 1/2
초콜릿 24% 중 카카오버터는 24 × 3/8 = 9%이며, 그 중 쇼트닝의 양은 1/2이므로 4.5% 이다. 따라서 초콜릿 케이크를 만들 때 사용된 유지의 양은 90% − 4.5% = 85.5% ≒ 86%이다.
• 비터 초콜릿 중 코코아 분말은 5/8 차지
초콜릿 24% 중 코코아 분말은 24 × 5/8 = 15%이다. 따라서 초콜릿 케이크를 만들 때 사용 되는 물의 양은 (코코아 분말 × 반죽형 반죽 에서 코코아 분말이 수분을 흡수하는 양) + 원래 사용한 물의 양 = (15% × 1.5배) + 20% = 42.5% ≒ 43%이다.

49

다음 중 비중을 맞추기가 비교적 용이한 제법은?

① 크림법
② 블렌딩법
③ 설탕/물법
④ 따로 일으킴법

해설 블렌딩법은 건조 재료와 일부 액체 재료를 이미 예정된 믹싱 시간 동안 혼합하면 되기 때문에 비중을 맞추기가 비교적 용이하다.

50

반죽형 케이크의 중심부가 올라온 경우의 원인으로 알맞은 것은?

① 설탕 사용량이 많다.
② 쇼트닝 사용량이 많다.
③ 달걀의 사용량이 많다.
④ 오븐 온도가 강하다.

해설 너무 높은 온도에서 구우면 반죽형 케이크의 중심부가 설익고 부풀어 오르면서 갈라지고 조직이 거칠며 주저앉기 쉽다.

51

케이크 도넛 완제품의 일반적인 유지 함량으로 가장 알맞은 것은?

① 20~25% ② 30~35%
③ 40~45% ④ 50~55%

해설 케이크 도넛 완제품의 일반적 유지 함량은 20~25%이고, 수분함량은 21~25%이다.

52

카스테라에 곰팡이의 발육 방지를 위해 충전하는 가스로 알맞은 것은?

① 질소와 탄산가스 ② 산소와 탄산가스
③ 질소와 염소가스 ④ 산소와 염소가스

해설 카스테라에는 곰팡이 발육 방지를 위해 질소와 탄산가스가 사용되고 있다.

53

설탕/물법 반죽 시 시럽의 당도로 가장 알맞은 것은?

① 45.7% ② 50%
③ 66.7% ④ 80%

해설 당도 = 용질 ÷ (용질 + 용매) × 100 = 100 ÷ (100 + 50) × 100 = 66.66%

54

바바루아에 대한 설명으로 맞는 것은?

① 밀가루, 버터, 설탕 등을 섞어 만든 반죽을 굵게 부수어 과일 위에 덮는다.
② 아몬드 밀크에 젤라틴과 생크림을 넣어 만든다.
③ 과일에 설탕을 넣고 졸여서 만든다.
④ 커스터드에 생크림, 젤라틴, 과실퓨레를 사용한다.

해설 ① 크럼블, ② 블라망제, ③ 콩포트

55

시퐁 케이크를 만드는 일반적인 방법을 설명한 항목 중 틀린 것은?

① 체로 친 밀가루와 베이킹파우더에 건조 재료를 넣고 잘 섞으며, 식용유와 노른자를 혼합하여 여기에 넣고 물을 조금씩 넣으면서 매끄러운 반죽을 만든다.
② 다른 용기에 흰자와 주석산 크림을 넣고 60% 정도로 기포한 후 설탕을 넣어가면서 85% 정도의 머랭을 만든다.
③ 제조한 머랭을 2~3회로 나누어 매끄럽게 반죽한 것에 넣으면서 균일하게 혼합하되 지나치지 않도록 한다.
④ 균일하고 얇게 기름칠을 한 시퐁팬에 적정량을 넣고 굽기를 한다. 분할량이 많으면 상대적으로 저온에서 장시간 굽는다.

해설 반죽을 구울 때 달라붙지 않게 하고 모양을 그대로 유지하기 위해 사용하는 재료를 이형제라 한다. 시퐁 케이크와 엔젤 푸드 케이크는 이형제로 물을 사용한다.

56 ★

빵, 과자 제품을 너무 낮은 온도로 냉각시킨 후 포장했을 때의 결과로 맞는 것은?

① 제품을 썰 때 문제가 생긴다.
② 껍질이 너무 건조하게 된다.
③ 포장지에 수분이 응축된다.
④ 곰팡이 발생이 빠르다.

> **해설** 빵, 과자 제품을 너무 낮은 온도로 냉각시킨 후 포장하면 껍질이 너무 건조하게 되며, 노화가 빨라져 보존성이 나빠지고 향미가 저하된다.

57

반죽형 케이크의 부드러운 성질에 가장 크게 영향을 미치는 것은?

① 달걀 함량
② 쇼트닝과 설탕 함량
③ 원료 혼합속도
④ 수분 함량

> **해설** 반죽형 반죽 케이크는 유지와 설탕의 사용량을 늘릴수록 완제품의 질감이 부드러워진다.

58

물 1ℓ 중에 다음과 같은 당이 같은 중량 용해되어 있을 때 삼투압이 가장 높은 것은?

① 유당
② 과당
③ 설탕
④ 맥아당

> **해설** 당은 감미도가 높으면 용해도가 높고, 용해도가 높으면 삼투압이 높아진다.

59

파운드 케이크의 평가항목 중 바르게 된 것은?

① 자르기를 할 때는 칼을 세워서 똑바로 한번에 재빨리 잘라내야 한다.
② 껍질은 두껍고 부드러워야 한다.
③ 터뜨린 윗면 중앙이 조금 솟은 꼴로 대칭을 이뤄야 한다.
④ 터진 안쪽 부분은 짙은 갈색이 나와야 한다.

> **해설** 파운드 케이크는 껍질이 두껍거나 중앙이 솟으면 안 되며 안쪽 부분은 노란빛을 띠어야 한다.

60

어떤 베이킹파우더 10kg 중에 전분이 28%이고, 중화가가 80인 경우에 탄산수소나트륨은 얼마나 들어있는가?

① 2.8kg
② 3.2kg
③ 4.0kg
④ 7.2kg

> **해설** 전분의 양 = 10kg × 0.28 = 2.8kg
> – 탄산수소나트륨의 양과 산작용제의 합
>   = 10kg − 2.8kg = 7.2kg
> – 산작용제의 양
>   (중화가 80이므로, 산작용제 100 : 중조 80의 비율)
>   7.2kg = x + 0.8x 이므로 x = 4kg
> – 탄산수소 나트륨의 양
>   = 7.2kg − 4kg = 3.2kg

제과편 2회 모의고사			정 답	
01	02	03	04	05
①	②	③	④	③
06	07	08	09	10
④	③	③	①	③
11	12	13	14	15
④	④	①	④	④
16	17	18	19	20
③	②	①	②	③
21	22	23	24	25
③	③	④	③	①
26	27	28	29	30
②	①	③	④	③
31	32	33	34	35
②	③	②	①	①
36	37	38	39	40
③	④	②	④	③
41	42	43	44	45
③	③	④	③	④
46	47	48	49	50
①	①	④	②	④
51	52	53	54	55
①	①	③	④	④
56	57	58	59	60
②	②	②	①	②

01

엔젤 푸드 케이크 배합률 작성에 대한 설명 중 올바른 것은?

① 밀가루 사용량을 결정한 후 흰자와 설탕 양을 결정한다.
② 주석산 크림과 소금양의 합은 3% 이어야 한다.
③ 설탕 중 2/3는 분당, 1/3은 입상형 설탕을 사용한다.
④ 흰자 사용량이 많으면 주석산 크림 양을 증가시킨다.

> 해설 ▣ 엔젤 푸드 케이크의 배합률 작성 공식
> – 흰자 사용량을 결정하는 기준은 고수분 케이크를 희망하는 경우 사용량 증가
> – 주석산 크림 사용량을 결정하는데 흰자가 많으면 이것도 증가
> – 주석산 크림 + 소금 = 1%
> – 설탕 중 2/3은 입상형 설탕, 나머지는 분당 사용

02 ★

반죽형 케이크 반죽 온도가 제품에 미치는 영향을 잘못 설명한 것은?

① 반죽 온도가 낮으면 점도가 낮아져 공기 포집이 빠르다.
② 설탕을 많이 사용하는 고율배합은 반죽 온도를 낮춘다.
③ 반죽 온도가 낮으면 굽기 중 윗면이 터진다.
④ 반죽 온도가 높으면 조직이 거칠고 노화가 빨라진다.

> 해설 반죽 온도가 낮으면 유지가 응고되어 반죽 속에 혼입되는 공기의 양이 적어져 비중이 높아진다.

03

스펀지 케이크 제조 시 버터를 넣는 시기와 이유 및 첨가 시 버터의 온도로 맞는 것은?

① 달걀 거품 1/2 형성 후, 거품 제거 방지, 30~40℃
② 믹싱 마지막 단계, 거품 제거 방지, 30~40℃
③ 달걀 거품 1/2 형성 후, 부드러움 제공, 40~60℃
④ 믹싱 마지막 단계, 부드러움 제공, 40~60℃

> 해설 건조 재료를 넣고 균일하게 섞은 후 중탕한 유지를 넣으며, 부드러운 완제품을 만들고, 유지의 종류에 따라 다르지만, 버터는 40~60℃ 정도로 녹여 사용한다.

04

튀김 용기로 가장 부적합한 것은?

① 범랑
② 동그릇
③ 스테인리스
④ 수유식 후라이어

> 해설 튀김 기름을 산화시키는 요인에는 금속(구리, 철)이 있다.

05

초콜릿의 보관 온도 및 습도로 가장 알맞은 것은?

① 0~5℃, 20%
② 15~20℃, 40%
③ 25~30℃, 60%
④ 35~40℃, 30%

> 해설 초콜릿 보관 온도가 25℃로 상승하면 초콜릿 결정 구조가 불안정해져 표면에 지방질의 흰 반점이 생긴다. 습도가 높으면 초콜릿에 함유된 설탕이 표면으로 용출되어 흰 반점이 생긴다.
> 이러한 현상을 Bloom 이라 한다.

06

반죽 제조법 중 설탕/물법에 관한 설명으로 옳지 않은 것은?

① 유화제 사용이 따로 필요 없는 방법이다.
② 공기 포집력이 좋아 베이킹파우더 사용량을 10% 줄일 수 있다.
③ 양질의 제품 생산, 운반의 편리성, 계량의 용이성 등의 장점이 있다.
④ 믹싱 중 스크래핑(scraping)을 줄일 수 있어 작업공정이 간편하다.

해설 유지에 설탕/물이 가장 먼저 투입되므로 유화제를 사용해야 한다.

07

버터 크림 제조 시 설탕을 시럽 형태로 끓여서 사용하는 방법을 택한다면 시럽의 온도를 몇 도로 하는 것이 가장 일반적인가?

① 107℃(실 상태)
② 116℃(소프트 볼 상태)
③ 124℃(하드 볼 상태)
④ 138℃(소프트 크랙 상태)

해설 버터 크림은 유지를 크림 상태로 만든 뒤 설탕(100), 물(25~30), 물엿, 주석산 크림 등을 114~118℃로 끓여 식힌 시럽을 조금씩 넣으면서 계속 저은 뒤, 마지막에 연유, 술, 향료를 넣고 고르게 섞는다.

08 ★

과일 파이를 만들 때 과일 충전물이 끓어 넘치는 이유가 될 수 있는 것은?

① 과일 충전물의 온도가 낮은 경우
② 과일 충전물에 설탕이 너무 적은 경우
③ 껍질에 구멍을 뚫어 놓은 경우
④ 바닥 껍질이 너무 두꺼운 경우

해설 ■ 과일 충전물이 끓어 넘치는 이유
- 껍질에 수분이 많았다.
- 위아래 껍질을 잘 붙이지 않았다.
- 껍질에 구멍을 뚫지 않았다.
- 오븐 온도가 낮다.
- 충전물 온도가 높다.
- 바닥 껍질이 얇다
- 천연산이 많이 든 과일을 썼다.
- 과일 충전물에 설탕이 너무 적었다.

09

반죽에서 온도 상승에 영향을 주는 기타 요인은 밀가루, 물, 쇼트닝 등과 같은 각 재료의 비열이다. 물질의 비열은 그 물질 1파운드의 온도를 몇 [℃] 변화시키는데 필요한 열량인가?

① 0.8℃
② 1.3℃
③ 1.8℃
④ 2.3℃

해설 일반적으로 물질의 비열은 단위 중량 kg당 1℃ 상승시키는 데 필요한 열량으로 정의한다. 또는 그 물질 1파운드(453g 정도)의 온도를 1.8℃ 변화시키는 데 필요한 열량으로 나타낸다.

10 ★

냉동 반죽의 해동 방법으로 옳지 않은 것은?

① 완만 해동은 최대 빙결정 생성대 통과 시간이 비교적 길다.
② 실온에서 자연해동 시 온도, 습도 조절에 유의하여야 한다.
③ 해동 방법 중 소량의 반죽인 경우 전자렌지에 의한 방법은 해동이 빠르고 균일하다.
④ 성형 반죽의 해동 시 다른 반죽보다 고온에서 습도를 낮추어야 한다.

해설 성형 반죽도 해동 시 다른 반죽과 같이 실온에서 자연 해동한다.

11

작업자의 실수로 인하여 소금을 넣지 않고 식빵을 반죽하여 구워냈다. 이 중 소금을 넣지 않아 일어나는 현상이 아닌 것은?

① 표피 색이 옅다.
② 내상이 거칠고 발효가 빠르다.
③ 반죽이 힘이 없다.
④ 내상이 조밀하고 표피 색이 진하다.

> 해설 소금을 넣지 않은 식빵의 내상은 거칠고 표피 색은 옅다.

12

어떤 제빵공장의 급수가 경수이기 때문에 발효가 지연되고 있다. 이 문제를 해결하는 조치로 틀린 항목은?

① 배합에 이스트 사용량을 증가시킨다.
② 맥아 첨가 등의 방법으로 효소를 공급한다.
③ 이스트 푸드의 양을 감소시킨다.
④ 소금의 양을 소량 증가시킨다.

> 해설 소금도 이스트 푸드와 같은 미네랄이므로 미네랄이 많이 함유된 경수를 사용할 때에는 소금의 양을 줄인다.

13

복어독을 예방하기 위한 방법으로 가장 적절한 것은?

① 겨울철에는 독이 없으므로 겨울철에만 먹는다.
② 수컷은 독이 없으므로 수컷만 식용으로 한다.
③ 복어의 알, 생식선, 간, 내장을 제거하고 조리한다.
④ 식초를 조금 가하고 100℃에서 30분 이상 끓인다.

> 해설 복어의 알, 생식선, 간, 내장 등에 테트로도톡신이 많으므로 제거하고 조리한다.

14

경구 전염병과 관계있는 것은?

① 셀레우스균
② 이질균
③ 유산균
④ 비브리오균

> 해설 ■ 경구 감염병의 종류
> 장티푸스, 파라티푸스, 콜레라, 세균성이질, 디프테리아, 성홍열, 급성 회백수염, 유행성 간염, 감염성 설사증, 천열 등

15 ★

다른 보존료와는 달리 중성 부근의 pH에서도 비교적 효력이 높고, 치즈, 버터, 마가린에만 사용이 허용된 보존료는?

① 소르빈산
② 데히드로초산
③ 안식향산나트륨
④ 파라옥시안식향산부틸

> 해설 데히드로초산(일명; 디하이드로초산)이 pH에서도 비교적 효력이 높고, 치즈, 버터, 마가린에만 사용이 허용된 보존류이다.

16

우리나라 식품위생행정의 가장 중요한 목적은?

① 유해 식품을 섭취함으로써 발생되는 위해 사고의 방지
② 식품의 안정적이고 원활한 공급
③ 영양학적으로 우수한 식품의 공급
④ 식품영업자에 대한 영업지도와 감독

> 해설 식품위생행정의 중요한 목적은 식품으로 인한 위생상의 위해 사고 방지와 국민 보건의 향상과 증진에 이바지하는 것이다.

17

우리나라에서 발생 빈도가 높은 3대 식중독이 아닌 것은 무엇인가?

① 살모넬라균 ② 포도상구균
③ 장염 비브리오균 ④ 바실러스 세레우스

18

오염된 우유를 먹었을 때 발생할 수 있는 인수공통 감염병이 아닌 것은?

① 야토병 ② Q열
③ 결핵 ④ 파상열

> **해설** 야토병은 인수공통 전염병으로 토끼가 매개가 된다.

19 *

부패 진행 순서로 옳은 것은?

① 아미노산 – 펩타이드 – 펩톤 – 아민, 황화수소, 암모니아
② 아민 – 펩톤 – 아미노산 – 펩타이드, 황화수소, 암모니아
③ 펩톤 – 펩타이드 – 아미노산 – 아민, 황화수소, 암모니아
④ 황화수소 – 아미노산 – 아민 – 펩타이드, 황화수소, 암모니아

> **해설** 부패 과정 : 단백질 – 펩톤 – 폴레펩타이드 – 펩타이드 – 아미노산 – 황화수소

20

단백질 효율(PER)은 무엇을 측정하는 것인가?

① 단백질의 질 ② 단백질의 열량
③ 단백질의 양 ④ 아미노산 구성

> **해설** 단백질 효율은 어린 동물이 체중이 증가하는 양에 따라 단백질의 영양가를 판단하는 방법으로 단백질의 질을 측정하는 방법이다.

21

미생물의 감염을 감소시키기 위한 작업장 위생의 내용과 관계 없는 것은?

① 소독액으로 벽, 바닥, 천정을 세척한다.
② 빵 상자, 수송차량, 매장 진열대는 항상 온도를 높게 관리한다.
③ 깨끗하고 뚜껑이 있는 재료통을 사용한다.
④ 적절한 환기와 조명시설이 된 저장실에 재료를 보관한다.

> **해설** 대부분의 미생물들은 중온균(25~35℃)이므로, 빵 상자, 수송차량, 매장 진열대의 온도를 높게 유지하면 미생물의 감염 위험성이 커진다.

22 *

췌장에서 생성되는 지방 분해 효소는?

① 트립신 ② 아밀라아제
③ 펩신 ④ 리파아제

> **해설** ■ 췌장에서의 소화
> – 아밀라아제 – 녹말 → 맥아당
> – 스테압신 – 지방 → 지방산 + 글리세롤
> – 트립신 – 단백질 → 폴리팹티드와 아미노산 (일부)로 분해
> – 아밀라아제, 스테압신, 트립신이 췌장에서 분비하는 소화효소이고, 이 중 지방 분해 효소는 리파아제이다.

23

포도당이 체내에서 하는 기능이 아닌 것은?

① 필수 아미노산으로 전환된다.
② 에너지원이 된다.
③ 과잉 포도당은 지방으로 전환된다.
④ 적절한 혈당을 유지한다.

해설 포도당 : 영양상, 생리상 가장 중요한 당으로 탄수화물의 최종 분해산물이다. 필수 아미노산은 인체 내에서 생성되지 않으므로 반드시 음식을 통해서 섭취해야 한다.

24

생체계의 가장 기본적인 에너지 급원이며 사람의 혈액에서 소량 존재하는 단당류는?

① 갈락토오스   ② 자당
③ 과당   ④ 포도당

해설 포도당은 인체의 혈액에 0.1% 정도 존재하여 각 조직에 보내져 에너지원이 된다.

25

유지는 지방산과 (   )의 에스터 결합이다.
(   )에 알맞은 말은?

① 메틸알코올   ② 에틸알코올
③ 글리세린   ④ 글루텐

해설 유지는 3분자의 지방산과 1분자의 글리세린(글리세롤)이 결합되어 만들어진 에스터, 즉 트리글리세리드이다.

26

액체 상태의 기름을 고체 상태의 기름으로 경화시키는 과정에서 생성되는 지방산은?

① 트렌스지방산   ② 리놀렌산
③ 리놀레산   ④ 아라키돈산

해설 트랜스 지방은 식물성 기름에 수소를 첨가하여 경화유로 만드는 과정에서 생성되며, 각종 성인병의 원인이 되는 좋지 못한 지방이다.

27

불포화지방산에 대한 설명으로 틀린 것은?

① 일반적으로 상온에서 액체이다.
② 올레산, 리놀레산, 리놀렌산, 아라키돈산 등이 해당된다.
③ 탄소수가 같을 때 융점이 포화지방산보다 낮다.
④ 분자 내 이중결합이 없다.

해설 분자 내 이중결합이 있는 것이 불포화 지방산이다.

28 ★

글리코겐에 대한 설명으로 틀린 것은?

① 동물성 전분이라고도 한다.
② 아밀로펙틴과 구조가 유사하나 가지가 많고 사슬의 길이가 짧다.
③ α-1,4 결합과 α-1,6 결합으로 되어 있다.
④ 전분과 같이 물에 녹지 않고 호화와 노화현상이 나타난다.

해설 전분과 달리 호화와 노화현상이 나타나지 않는다.

29

다음 무기질 중에서 혈액응고, 효소활성화, 심장의 규칙적인 박동 등에 필요한 것은?

① 요오드   ② 나트륨
③ 마그네슘   ④ 칼슘

해설 칼슘은 효소활성화, 혈액응고에 필수적이며 근육의 수축, 신경흥분전도, 심장박동, 세포막을 통한 활성물질의 반출 등의 기능을 가진다.

30
다음 무기질의 작용을 나타낸 말이 아닌 것은?

① 인체의 구성 성분
② 에너지원
③ 체액의 삼투압 조절
④ 혈액응고 작용

해설 인체의 에너지원으로 사용되는 것은 탄수화물, 지방, 단백질이다.

31
생산계획의 내용에는 실행예산을 뒷받침하는 계획 목표가 있다. 이 목표를 세우는 데 필요한 기준이 되는 요소가 아닌 것은?

① 노동 분배율　　② 원재료율
③ 1인당 이익　　④ 가치 생산성

해설 실행예산의 종류 : 노동 생산성, 가치 생산성, 노동 분배율, 1인당 이익 등

32
시장조사의 목적으로 바르지 않은 것은?

① 구매예정 가격의 결정
② 합리적인 구매계획의 수립
③ 신제품의 판매
④ 제품 개량

해설 시장조사의 목적은 구매예정 가격의 결정, 합리적인 구매계획 수립, 신제품의 설계, 제품 개량이다.

33
일반적으로 시장조사에서 행해지는 조사내용이 아닌 것은?

① 품목　　　　② 품질
③ 가격　　　　④ 판매처

해설 시장조사의 내용은 품목, 품질, 수량, 가격, 시기, 구매거래처, 거래조건이다.

34
원가의 3요소에 해당되지 않는 것은?

① 경비　　　　② 직접비
③ 재료비　　　④ 노무비

35
발생 형태를 기준으로 했을 때의 원가 분류는?

① 개별비, 공통비
② 직접비, 간접비
③ 재료비, 노무비, 경비
④ 고정비, 변동비

해설 원가는 발생 형태를 기준으로 재료비, 노무비, 경비로 구분하고 제품의 생산 관련성을 기준으로 직접비, 간접비로 구분하며, 생산량과 비용의 관계를 기준으로 고정비, 변동비로 구분한다.

36
직접 원가에 속하지 않는 것은?

① 직접 재료비　　② 직접 노무비
③ 직접 경비　　　④ 일반 관리비

37
밀가루의 표백과 숙성을 위해 사용되는 첨가물의 기능과 가장 거리가 먼 것은?

① 표백기간 단축　　② 숙성기간 단축
③ 제빵 적성 개선　　④ 밀가루의 산화 방지

해설 밀가루의 표백과 숙성은 밀가루의 산화를 통해 이루어진다.

38 ★

활성글루텐의 기능이 아닌 것은?

① 기공 개선
② 흡수율 감소
③ 믹싱 내구성 증가
④ 발효 중 안정성 향상

해설 활성글루텐은 반죽의 흡수율을 증가시킨다.

39 ★★

커스터드 크림에 사용되는 달걀의 주요 기능은?

① 결합제 역할
② 노화 방지제 역할
③ 팽창제 역할
④ 저장성 증대 역할

해설 커스터드 크림을 만들 때 작용하는 기능은 농후화제와 결합제의 역할이다.

40

밀가루의 숙성에 대한 설명으로 틀린 것은?

① 반죽의 기계적 적성을 좋게 한다.
② 제빵 적성을 양호하게 한다.
③ 산화제 사용은 숙성기간을 증가시킨다.
④ 숙성기간은 온도와 습도 등 조건에 따라 다르다.

해설 밀가루 숙성 시 산화제를 사용하면 숙성기간이 단축된다.

41

슈 껍질 제조에 관한 설명으로 틀린 것은?

① 반죽은 25~30℃에서 보관하며 사용한다.
② 탄산수소암모늄은 반죽 마지막에 넣는다.
③ 반죽에 설탕을 첨가하면 팽창이 증가한다.
④ 굽기 초기에는 아랫불을 강하게 한다.

해설 반죽에 설탕을 첨가하면 반죽 속의 수분의 비점이 높아져 강한 증기압을 발생시키지 못하기 때문에 팽창이 증가하지 않는다.

42

케이크 반죽의 믹싱 목적이 아닌 것은?

① 건조 재료의 수화
② 밀가루 글루텐 발전
③ 공기의 고른 분산
④ 재료의 균질한 혼합

해설 밀가루 글루텐의 생성과 발전은 빵 반죽의 믹싱 목적이다.

43 ★★

케이크 도넛의 흡유율에 관한 설명 중 옳지 않은 것은?

① 고율배합이 저율배합보다 흡유율이 높다.
② 베이킹파우더 사용량이 적으면 흡유율이 높아진다.
③ 튀김온도가 높으면 흡유율은 감소한다.
④ 수분이 많은 부드러운 반죽일수록 흡유율이 증가한다.

해설 베이킹파우더 사용량이 많으면 완제품의 기공이 커져 흡유율이 높아진다.

44

다음 과자 반죽 중 반죽 시간 및 휴지 시간을 짧게 해야 하는 것으로 알맞은 것은?

① 지효성 베이킹파우더의 사용
② 주석산칼륨을 포함하는 베이킹파우더의 사용
③ 피로인산을 포함하는 베이킹파우더의 사용
④ 이중작용 베이킹 파우더의 사용

해설 주석산칼륨을 포함하는 베이킹파우더는 속효성의 특성을 지닌 화학팽창제이므로 반죽 시간 및 휴지 시간을 짧게 해야 한다.

45

거품형 반죽 쿠키에 해당되지 않는 것은?

① 핑거 쿠키
② 머랭 쿠키
③ 스펀지 쿠키
④ 스냅 쿠키

해설 스냅 쿠키는 반죽형 쿠키에 해당된다.

46

초콜릿의 브룸(blooming) 현상에 대한 설명 중 틀린 것은?

① 제조 방법의 결함으로 인해 발생한다.
② 저장 유통과정 중에 발생한다.
③ 높은 온도에서 보관할 때 발생한다.
④ 가공 중 영양강화에 의해 발생한다.

해설 초콜릿의 블룸 현상은 제조과정의 지방 블룸과 저장 유통과정의 설탕 블룸이 있다.

47

카라기난의 종류가 아닌 것은?

① 카파형(K)
② 이오다형(L)
③ 람다형(λ)
④ 알파형(α)

해설 홍조류(Irish moss 등)로부터 열 추출에 의해 얻어지는 다당류로 황산기의 결합 위치, 정도의 차이에 의해 κ −, λ −, ι −카라기난의 세 개의 형태로 분류된다. 식품의 겔화제, 약품이나 화장품 등의 안정제, 분산제(分散劑)로 이용되고 있다.

48

스펀지 케이크 제조 시 제품의 건조 방지를 위해서 전화당 같은 보습제의 사용 범위로 가장 알맞은 것은?

① 5~10%
② 15~25%
③ 30~50%
④ 55~100%

해설 10~15%의 전화당 사용 시 제과의 설탕 결정 석출이 방지되며 15~25% 전화당 사용 시 스펀지 케이크 완제품의 건조 방지를 하는 보습의 역할을 한다.

49

다음 케이크 혼합 방법 중 반죽형 케이크와 거품형 케이크에서 공통적으로 사용될 수 있는 방법은?

① 크림법
② 단단계법
③ 블랜딩법
④ 공립법

해설 단단계법은 노동력과 생산시간을 절약할 수 있는 방법으로 전제조건으로 믹서의 힘이 좋아야 하며, 유화제와 화학 팽창제를 사용해야 한다.

50

다음 중 제과용 믹서로 부적합한 것은?

① 핸드믹서
② 에어믹서
③ 버티컬믹서
④ 스파이럴믹서

해설 스파이럴 믹서는 나선형 후크가 내장되어 된 반죽이나 글루텐 형성 능력이 다소 적은 밀가루로 빵을 만들 경우의 믹싱에 적당한 제빵용 믹서이다.

51

설탕 사용량이 90%인 후르츠 케이크 제조 시, 풍미 향상을 위하여 당밀을 15% 사용하였을 경우 설탕 사용량으로 알맞은 것은?

① 101%
② 91%
③ 81%
④ 71%

> **해설** 보통 당밀의 당 함량은 60% 전후이다.
> 따라서 조절한 설탕 사용량은,
> 90% - (15% × 0.6) = 81% 이다.

52 ★★

아이싱의 끈적거리는 결점을 방지하는 조치로 틀린 사항은?

① 아이싱의 배합에 최소의 액체를 사용한다.
② 아이싱이 굳으면 중탕의 방법으로 40℃ 전후로 가온하여 사용한다.
③ 굳은 아이싱을 가온하는 것만으로 여리게 되지 않으면 소량의 물을 넣고 다시 중탕으로 가온하여 사용한다.
④ 젤라틴, 검(gum)류와 같은 안정제를 사용하거나 전분이나 밀가루와 같은 흡수제를 사용한다.

> **해설** ③ : 굳은 아이싱을 풀어주는 조치이다.

53

쿠베르튀르 초콜릿 안에 들어있는 카카오버터의 융점과 가장 안정된 형태 및 피복이 끝난 후 저장 온도로 알맞는 것은?

① 23~25℃, 알파(α)형, 15~18℃
② 23~25℃, 감마(γ)형, 20~25℃
③ 33~35℃, 베타(β)형, 15~18℃
④ 33~35℃, 알파(α)형, 20~25℃

> **해설** 사용 전 쿠베르튀르 초콜릿(대형 판 초콜릿)은 반드시 38~40℃로 처음 용해한 후 27~29℃로 냉각시켰다가 30~35℃로 두 번째 용해시키는 템퍼링을 통해 카카오버터를 베타형의 미세한 결정으로 만들어 매끈한 광택의 초콜릿을 만든다. 만든 초콜릿은 온도 15~18℃, 습도 40~50%에서 보관한다.

54

반죽형 케이크 제조 시 반죽의 되기(수분함량)에 따라 제품의 품질에 큰 영향을 미친다. 반죽의 수분 함량이 정상보다 많은 경우에 반죽의 비중, 부피 및 풍미에 미치는 영향으로 맞는 것은?

① 비중 증가, 부피 감소, 풍미 감소
② 비중 증가, 부피 증가, 풍미 증가
③ 비중 감소, 부피 증가, 풍미 증가
④ 비중 감소, 부피 감소, 풍미 감소

> **해설** 반죽의 수분 함량이 정상보다 많으면 유지의 공기 포집 능력을 약화시켜 비중이 증가하고 부피가 감소한다. 많은 양의 물은 재료의 풍미를 희석시켜 풍미는 감소한다.

55

설탕과 달걀 혼합물의 온도는 스펀지 케이크 체적에 커다란 영향을 미친다. 다음 중 스펀지 케이크의 체적이 가장 클 것으로 예측되는 설탕과 달걀 혼합물의 온도는?

① 4~10℃
② 21~24℃
③ 30~38℃
④ 45~54℃

> **해설** 달걀의 기포성과 포집성이 좋은 반죽 온도는 30~38℃ 이다.

56

시퐁 케이크에 대한 설명으로 틀린 것은?

① 식물성유보다 버터나 경화유가 알맞다.
② 분당보다는 입상형 설탕이 바람직하다.
③ 달걀 흰자의 비중은 0.18~0.25로 맞춘다.
④ 달걀 노른자 반죽을 머랭에 섞는다.

> **해설** 시퐁 케이크는 질감에 부드러움을 표현하기 위해 버터나 경화유보다 식물성유가 더 알맞다.

57

스펀지 케이크 제조 시 달걀 600g을 사용하는 원래 배합을 변경하여 유화제 24g을 사용하고자 한다. 이때 필요한 달걀 양은?

① 720g ② 600g
③ 576g ④ 480g

> **해설** 유화제를 사용하는 스펀지 케이크일 경우, 조절한 달걀의 양
> = 원래 사용한 달걀의 양 − (유화제의 4배에 해당하는 물의 양 + 유화제의 양)
> = 600 − (96 + 24) = 480g

58

케이크 반죽의 패닝에 대한 설명으로 옳지 않은 것은?

① 엔젤 푸드 케이크, 시퐁 케이크는 팬에 물을 고르게 칠한 후 패닝한다.
② 분할 중량은 유채씨를 이용하여 팬의 부피를 구한 다음 비중으로 나눈다.
③ 각 제품은 비중에 따라 비용적이 달라지므로 분할 중량을 다르게 한다.
④ 비중이 낮은 반죽은 g당 팬을 차지하는 부피가 커진다.

59

포장된 식품의 품질 변화 요인에 대한 설명으로 부적당한 것은?

① 우선적으로 식품 자체성분의 변화가 없어야 한다.
② 포장 재료의 선택 시 각 포장재의 특징을 살펴본 후 선택해야 제품의 특성이 유지된다.
③ 일단 포장된 제품의 품질은 저장조건에 따라 영향을 받지 않는다.
④ 기구나 용기 포장이 위생상 불량할 때 이것에 식품이 접촉되므로 여러 가지 영향을 미치게 된다.

> **해설** 일단 포장된 제품이라도 저장조건에 따라 영향을 많이 받는다.

60 ★★

언더 베이킹(Under Baking)에 대한 설명으로 틀린 항목은?

① 낮은 온도의 오븐에서 구울 때의 대표적인 현상이다.
② 완제품에 많은 수분이 남아있게 된다.
③ 제품의 윗면 중앙이 올라오고 가운데가 터지기 쉽다.
④ 속이 익지 않아 가라앉는 경우가 있다.

> **해설** 언더 베이킹이란 높은 온도에서 짧은 시간 오븐에서 구울 때의 대표적 현상이다.

제과편 3회 모의고사			정 답	
01	02	03	04	05
④	①	④	②	②
06	07	08	09	10
①	②	②	③	④
11	12	13	14	15
④	④	③	②	②
16	17	18	19	20
①	④	①	③	①
21	22	23	24	25
②	④	①	④	③
26	27	28	29	30
①	④	④	④	②
31	32	33	34	35
②	③	④	②	③
36	37	38	39	40
④	④	②	①	③
41	42	43	44	45
③	②	②	②	④
46	47	48	49	50
④	④	②	②	④
51	52	53	54	55
③	③	③	①	③
56	57	58	59	60
①	④	②	③	①

01

우유와 쥬스에 사용하는 살균 처리 방법 중 다음과 같은 살균 처리 방법은?

> 70~75℃로 15~30초간 가열 처리하는 방법

① 저온 살균법　　　② 초저온 살균법
③ 초고온 살균법　　④ 고온단시간 살균법

해설 ■ **가열 살균법**
- 저온 살균법 : 61~65℃, 약 30분 가열 살균 후 냉각
- 고온단시간 살균법 : 70~75℃, 15~30초 가열 살균 후 냉각
- 초고온순간 살균법 : 130~140℃, 1~2초 가열 살균 후 냉각
- 고온장시간 살균법 : 90~120℃, 약 60분 가열 살균 후 냉각

02

식품영업자 및 종업원 건강진단 실시 방법 및 타인에게 위해를 끼칠 우려가 있는 질병의 종류를 정하는 것은 누구인가?

① 총리령　　　　　② 농림축산식품부령
③ 고용노동부령　　④ 환경부령

03 ★

식중독 발생 시 즉시 취해야 할 행정적 조치는?

① 식중독 발생 신고　② 원인 식품의 폐기처분
③ 연막소독　　　　　④ 역학조사

해설 ■ **식중독 발생 시 신고(24시간 이내 즉시 신고)★**
(한)의사, 보건(지)소장 → 시장 · 군수 · 구청장 → 시 · 도지사 → 보건복지부장관, 식품의약품안전처장

04

식품 등을 판매하거나 판매할 목적으로 취급할 수 있는 것은?

① 포장에 표시된 내용량에 비하여 중량이 부족한 식품
② 썩거나 상하거나 설익어서 인체의 건강을 해칠 우려가 있는 식품
③ 영업의 신고를 하여야 하는 경우에 신고하지 아니한 자가 제조한 식품
④ 병을 일으키는 미생물에 오염되었거나 그 염려가 있어 인체의 건강을 해칠 우려가 있는 식품

해설 ■ **위해식품 등의 판매 등 금지(식품위생법 제4조)**
누구든지 다음 각 호의 어느 하나에 해당하는 식품 등을 판매하거나 판매할 목적으로 채취 · 제조 · 수입 · 가공 · 사용 · 조리 · 저장 · 소분 · 운반 또는 진열하여서는 아니 된다.
1. 썩거나 상하거나 설익은 것
2. 유독 · 유해물질이 들어있거나 묻어있는 것 (단, 식품의약품안전처장이 인정하는 것은 제외)
3. 병(病)을 일으키는 미생물에 오염된 것
4. 불결하거나 다른 물질이 섞이거나 첨가(添加) 된 것
5. 안전성 심사 대상인 농 · 축 · 수산물 등 가운데 안전성 심사를 받지 아니하였거나 안전성 심사에서 식용(食用)으로 부적합하다고 인정된 것
6. 수입이 금지된 것 또는 수입신고를 하지 아니하고 수입한 것
7. 영업자가 아닌 자가 제조 · 가공 · 소분한 것

05 ★

급성 감염병을 일으키는 병원체로 포자는 내열성이 강하며 생물학전이나 생물 테러에 사용될 수 있는 위험성이 높은 병원체는?

① 브루셀라균　　　② 탄저균
③ 결핵균　　　　　④ 리스테리아균

해설 인수공통 전염병인 탄저병(Anthrax)을 일으키는 원인균
- 감염된 동물의 시체와 볏짚 등은 완전히 소각해야 한다.
- 탄저의 원인균은 바실러스 안트라시스이며 수육을 조리하지 않고 섭취하였거나 피부 상처 부위로 감염되기 쉽다.(생물학전이나 테러로 이용 가능)

06 ★

살모넬라균에 의한 식중독 증상과 가장 거리가 먼 것은?

① 심한 설사　　　② 급격한 발열
③ 심한 복통　　　④ 신경마비

해설 ■ 살모넬라균 식중독
- 세균성 식중독 중 감염형
- 60℃에서 20분 가열 시 사멸
- 생육 최적 온도 37℃
- 최적 pH 7~8
- 그람음성 무아포성 간균
- 고열, 설사 증상
- 보균자의 배설물에서 오염

07

개인 위생관리에 대한 설명으로 바르지 않은 것은?

① 진한 화장이나 향수는 쓰지 않는다.
② 조리시간의 정확한 확인을 위해 손목시계 착용은 가능하다.
③ 손에 상처가 있으면 밴드를 붙인다.
④ 근무 중에는 반드시 위생모를 착용한다.

해설 - 귀걸이, 목걸이, 손목시계, 반지 등은 조리 시 착용하지 않는다.
- 손에 상처가 있을 시 밴드를 붙이고 조리는 가능하나 손에 상처가 화농성질환인 경우 포도상구균식중독 우려가 있어 조리를 하지 않는다.

08

다음 중 모체로부터 태반이나 수유를 통해 얻어지는 면역은?

① 자연능동면역　　　② 인공능동면역
③ 자연수동면역　　　④ 인공수동면역

해설 • 능동면역
- 자연능동면역 : 질병감염 후 획득한 면역
- 인공능동면역 : 예방접종(백신)으로 획득한 면역
• 수동면역
- 자연수동면역 : 모체로부터 얻은 면역(태반, 수유)
- 인공수동면역 : 혈청 접종으로 얻은 면역

09

조리사 면허 취소에 대한 설명으로 잘못된 것은?

① 식중독이나 그밖에 위생과 관련 중대한 사고 발생에 직무상의 책임이 있는 경우
② 면허를 타인에게 대여하여 사용하게 한 경우
③ 조리사가 마약이나 그 밖의 약물에 중독이 된 경우
④ 조리사 면허의 취소 처분을 받고 그 취소된 날부터 2년이 지나지 아니한 경우

해설 조리사가 식중독 기타 위생상 중대한 사고를 발생하게 한 때 1차 : 업무정지 1월, 2차 : 업무정지 2월, 3차 면허 취소.
조리사 면허의 취소 처분을 받고 그 취소된 날부터 1년이 지나면 조리사 면허를 받을 수 있다.

10

알레르기성 식중독에 관계되는 원인 물질과 균은?

① 아세토인, 살모넬라균
② 지방, 장염 비브리오균
③ 엔테로톡신, 포도상구균
④ 히스타민, 모르가니균

해설 사람이나 동물의 장내에 상주하는 모르가니균은 알레르기를 일으키는 히스타민을 만든다.

11

주방의 바닥 조건으로 맞는 것은?

① 산이나 알칼리에 약하고 습기, 열에 강해야
한다.
② 바닥 전체의 물매는 1/20이 적당하다.
③ 조리작업을 드라이 시스템화할 경우의 물매는
1/100 정도가 적당하다.
④ 고무타일, 합성수지타일 등이 잘 미끄러지지
않으므로 적당하다.

> 해설 주방의 바닥은 산, 알칼리, 열에 강해야 하고, 고무타일, 합성수지타일 등이 잘 미끄러지지 않으므로 적당하며, 청소와 배수가 용이하도록 물매는 1/100 이상으로 해야 한다.

12

다음 중 계량 방법이 잘못된 것은?

① 저울은 수평으로 놓고 눈금은 정면에서 읽으며
바늘은 0에 고정시킨다.
② 가루 상태의 식품은 계량기에 꼭꼭 눌러 담은
다음 윗면이 수평이 되도록 스패츌러로 깎아서
잰다.
③ 액체 식품은 투명한 계량 용기를 사용하여 계량
컵으로 눈금과 눈높이를 맞추어서 계량한다.
④ 버터나 마가린 등의 식품 재료는 상온에 온도를
올려서 부드럽게 한 후 계량 기구에 눌러 담아
빈 공간이 없도록 채워서 깎아준다.

> 해설 가루 상태의 식품은 체로 쳐서 가만히 수북하게 담아 주걱 또는 헤라로 깎아서 측정한다.

13 ★

과실의 젤리화 3요소와 관계없는 것은?

① 젤라틴　　② 당
③ 펙틴　　　④ 산

> 해설 ■ 젤리화의 3요소
> 펙틴(1~1.5%), 당분(60~65%), 유기산(pH 2.8~3.4)

14

구매정책을 결정하기 위한 시장조사의 종류로
전반적인 경제계와 관련업계 동향, 기초자재의
시가, 관련업체의 수급 변동 상황을 조사하는 것은?

① 일반 기본 시장조사
② 품목별 시장조사
③ 구매거래처의 업태 조사
④ 유통경로의 조사

15

시장조사의 원칙이 아닌 것은?

① 비용 소비성의 원칙
② 조사 적시성의 원칙
③ 조사 계획성의 원칙
④ 조사 정확성의 원칙

> 해설 ■ 시장조사의 원칙
> – 비용 경제성의 원칙　– 조사 적시성의 원칙
> – 조사 탄력성의 원칙　– 조사 계획성의 원칙
> – 조사 정확성의 원칙

16

버터의 특성이 아닌 것은?

① 독특한 맛과 향기를 가져 음식에 풍미를 준다.
② 냄새를 빨리 흡수하므로 밀폐하여 저장하여야
한다.
③ 유중수적형이다.
④ 성분은 단백질이 80% 이상이다.

> 해설 버터 : 우유의 유지방을 응고시켜 만든 유중수적형의 유가공 식품(80% 이상의 지방 함유)

17

마멀레이드(marmalade)에 대하여 바르게 설명한 것은?

① 과일즙에 설탕을 넣고 가열·농축한 후 냉각시킨 것이다.
② 과일의 과육을 전부 이용하여 점성을 띠게 농축한 것이다.
③ 과일즙에 설탕, 과일의 껍질, 과육의 얇은 조각이 섞여 가열·농축된 것이다.
④ 과일을 설탕시럽과 같이 가열하여 과일이 연하고 투명한 상태로 된 것이다.

> 해설
> • 젤리 : 과일즙에 설탕을 넣고 가열·농축한 후 냉각시킨 것
> • 잼 : 과일의 과육을 전부 이용하여 설탕을 넣고 점성을 띠게 농축한 것
> • 프리저브 : 과일을 설탕시럽과 같이 가열하여 과일이 연하고 투명한 상태로 된 것

18

버터나 마가린의 계량 방법으로 가장 옳은 것은?

① 냉장고에서 꺼내어 계량컵에 눌러 담은 후 윗면을 직선으로 된 칼로 깎아 계량한다.
② 실온에서 부드럽게 하여 계량컵에 담아 계량한다.
③ 실온에서 부드럽게 하여 계량컵에 눌러 담은 후 윗면을 직선으로 된 칼로 깎아 계량한다.
④ 냉장고에서 꺼내어 계량컵의 눈금까지 담아 계량한다.

19 *

달걀 저장 중에 일어나는 변화로 옳은 것은?

① pH 감소   ② 수양난백 감소
③ 난황계수 증가   ④ 중량 감소

> 해설 달걀의 저장 중 중량은 감소한다.

20

조리작업장의 위치 선정 조건으로 적합하지 않은 것은?

① 보온을 위해 지하인 곳
② 통풍이 잘 되며 밝고 청결한 곳
③ 음식의 운반과 배선이 편리한 곳
④ 재료의 반입과 오물의 반출이 쉬운 곳

> 해설 조리장이 지하에 위치하게 되면 통풍과 채광이 불량하므로 적합하지 않다.

21

케이크 도넛에 대두분을 사용하는 목적이 아닌 것은?

① 영양소 보강
② 흡유율 증가
③ 식감의 개선
④ 껍질 색 개선

> 해설 케이크 도넛에 대두분을 사용하는 목적은 영양소 보강, 껍질 구조 강화, 껍질 색 개선, 식감 개선, 신선도 유지 등이다.

22

거품을 올린 흰자에 뜨거운 시럽을 첨가하면서 고속으로 믹싱하여 만드는 아이싱은?

① 마시멜로 아이싱
② 콤비네이션 아이싱
③ 초콜릿 아이싱
④ 로얄 아이싱

> 해설
> • 콤비네이션 아이싱 : 단순 아이싱과 크림 형태의 아이싱을 섞어서 만든 조합형 아이싱이다.
> • 초콜릿 아이싱 : 초콜릿을 녹여 물과 분당을 섞은 것이다.
> • 로얄 아이싱 : 흰자나 머랭 가루를 분당과 섞어 만든 순백색의 아이싱이다.

23 ★

퍼프 페이스트리 정형 시 수축하는 경우는?

① 밀어 펴기 중 무리한 힘을 가했을 경우
② 휴지 시간이 길었을 경우
③ 반죽이 질었을 경우
④ 반죽 중 유지 사용량이 많았을 경우

> 해설 밀어 펴기 중 무리한 힘을 가했을 경우 글루텐의 탄력성이 강해져 성형할 때 수축한다.

24 ★★★

퍼프 페이스트리 반죽의 휴지 효과에 대한 설명으로 틀린 것은?

① 밀어 펴기가 쉽다.
② 절단 시 수축을 방지한다.
③ 이산화탄소를 최대한 발생시킨다.
④ 반죽과 유지의 되기를 같게 한다.

> 해설 퍼프 페이스트리는 유지의 수분을 이용한 증기압 팽창을 하는 제품으로 이산화탄소를 발생시키지 않는다.

25

어느 생산부서가 계획적 생산을 위해 당월의 인원을 배정할 때 기본적으로 고려해야 할 사항과 거리가 먼 것은?

① 생산물량
② 목표 노동생산성
③ 당월 작업일수
④ 계절지수

> 해설 숙련을 요구하는 기능인을 계절지수에 따라 당월에 탄력적으로 채용하기는 어려우므로 분기별로 계절지수를 고려하여 채용한다.

26 ★

소화작용의 연결이 바르게 된 것은?

① 침 – 아밀라아제(Amylase) – 단백질
② 위액 – 펩신(Pepsin) – 맥아당
③ 췌액 – 말타아제(Maltase) – 지방
④ 소장 – 말타아제((Maltase) – 맥아당

> 해설 ▣ 장소 작용 효소 영양소의 소화 영양소의 흡수
> • 입 – 프티알린(아밀라아제) – 전분 = 덱스트린 + 맥아당으로 분해(영양소 흡수 ×)
> • 위 – 펩신 : 단백질 = 펩톤 + 프로테오스로 분해
> • 췌장
>   – 아밀롭신(아밀라아제) : 전분 = 맥아당으로 분해
>   – 스테압신 (담즙) 유화된 지방 = 지방산과 + 글리세롤로 분해
>   – 트립신 : 단백질과 펩톤, 프로테오스를 폴리펩티드로 분해
>   – 펩티다아제 펩티드를 디펩티드로 분해
> • 소장
>   – 수크라아제(인버타아제) 자당을 포도당과 과당으로 분해
>   – 말타아제 맥아당을 포도당 2분자로 분해
>   – 락타아제 유당을 포도당과 갈락토오스로 분해
>   – 에렙신 프로테오스, 펩톤, 펩티드를 아미노산으로 분해
>   – 리파아제 지방을 지방산과 글리세롤로 분해
> • 대장 – 장내 세균에 의해 섬유소 분해 대부분의 수

27

스냅 쿠키에 대한 설명으로 맞는 것은?

① 전란을 사용하여 수분이 많은 쿠키이다.
② 밀어 펴는 형태로 만드는 쿠키이다.
③ 흰자와 설탕을 믹싱하여 만든 쿠키이다.
④ 쇼트브레드 쿠키보다 유지 사용량이 많다.

> 해설 스냅 쿠키는 수분이 적어 밀어 펴는 형태로 제품을 만들며 바삭바삭하다.

28

단단계법에 대한 설명으로 틀린 것은?

① 모든 재료를 한꺼번에 넣고 반죽하는 방법이다.
② 화학적 팽창제가 필요하다.
③ 노동력과 시간을 절약할 수 있어 대량 생산에 적합하다.
④ 거품형 반죽이다.

> 해설 단단계법은 반죽형 반죽에 해당된다.

29

별립법에 대한 설명으로 틀린 것은?

① 흰자에 설탕을 넣고 머랭을 만든다.
② 달걀을 흰자와 노른자로 분리하여 제조한다.
③ 흰자에 노른자가 섞이면 안 된다.
④ 공립법에 비해 과자가 단단하다.

> 해설 별립법은 공립법에 비해 과자가 부드럽다.

30 ★

불포화지방산에 대한 설명 중 틀린 것은?

① 불포화지방산은 산패되기 쉽다.
② 고도 불포화지방산은 성인병을 예방한다.
③ 이중결합 2개 이상의 불포화지방산은 모두 필수 지방산이다.
④ 불포화지방산이 많이 함유된 유지는 실온에서 액상이다.

> 해설 2개 이상의 이중결합을 가지는 불포화지방산이 모두 필수 지방산은 아니다.

31

설탕이 캐러멜화하는 일반적인 온도는?

① 50~60℃　　② 70~80℃
③ 100~110℃　④ 160~180℃

> 해설 당류를 고온(160~180℃)으로 가열하면 설탕은 캐러멜화하여 갈색으로 변한다.

32 ★

다음 중 유지의 산패에 영향을 미치는 인자에 대한 설명으로 맞는 것은?

① 저장 온도가 0℃ 이하가 되면 산패가 방지된다.
② 광선은 산패를 촉진하나 그 중 자외선은 산패에 영향을 미치지 않는다.
③ 구리, 철은 산패를 촉진하나 납, 알루미늄은 산패에 영향을 미치지 않는다.
④ 유지의 불포화도가 높을수록 산패가 활발하게 일어난다.

> 해설 ■ 유지의 산패에 영향을 끼치는 인자
> – 온도가 높을수록 유지의 산패 촉진
> – 광선 및 자외선은 유지의 산패 촉진
> – 수분이 많을수록 유지의 산패 촉진
> – 금속류(Cu, Fe, Pb, Al 등)는 유지의 산패 촉진
> – 유지의 불포화도가 높을수록 산패 촉진
> – 저장 온도가 0℃ 이하가 되어도 산패가 방지되지 않음

33

다음 중 지방을 분해하는 효소는?

① 아밀라아제　② 리파아제
③ 치마아제　　④ 프로테아제

> 해설 • 아밀라아제 : 전분 분해 효소
> • 치마아제 : 포도당, 과당 분해 효소
> • 프로테아제 : 단백질 분해 효소

34

슈에 대한 설명으로 틀린 것은?

① 슈는 팽창이 매우 크므로 패닝 시 충분한 간격을 유지한다.
② 슈를 굽기 전 침지한다.
③ 슈는 이산화탄소 발생으로 팽창한다.
④ 슈는 너무 빨리 오븐에서 꺼내면 주저앉기 쉽다.

해설 슈는 액체 재료를 많이 사용하기 때문에 굽기 시 증기 발생으로 팽창한다.

35 ★

당류에 대한 설명으로 틀린 것은?

① 당류를 너무 많이 섭취하면 충치의 원인이 된다.
② 맥아당은 과당과 포도당이 결합한 당이다.
③ 과당은 꿀에 많으며 천연 당질 중 단맛이 가장 강하다.
④ 설탕은 당의 감미 표준물질이다.

해설 맥아당은 포도당과 포도당이 결합한 이당류이다.

36

지방의 기능이 아닌 것은?

① 지용성 비타민의 흡수를 돕는다.
② 외부의 충격으로부터 장기를 보호한다.
③ 높은 열량을 제공한다.
④ 변의 크기를 증대시켜 장관 내 체류시간을 단축시킨다.

해설 변의 크기를 증대시켜 장관 내 체류시간을 단축시키는 것은 섬유소이다.

37

글리세롤 1분자에 지방산, 인산, 콜린이 결합한 지질은?

① 레시틴　　　　② 에르고스테롤
③ 콜레스테롤　　④ 세파

해설 레시틴은 인지질로 복합지방이다.

38

콜레스테롤 흡수와 가장 관계 깊은 것은?

① 타액　　　　② 위액
③ 담즙　　　　④ 장액

해설 간에서 담즙이 만들어져서 십이지장으로 배출된다. 담즙은 소장에서 콜레스테롤을 유화하여 소화흡수를 돕는다.

39

리놀레산 결핍 시 발생할 수 있는 장애가 아닌 것은?

① 성장지연　　　② 시각기능장애
③ 생식장애　　　④ 호흡장애

해설 리놀레산은 필수 지방산으로 결핍 시 성장지연, 시각기능장애, 생식장애 등을 일으킨다.

40

지방의 주요 기능이 아닌 것은?

① 비타민 A, D, E, K의 운반·흡수 작용
② 체온의 손실 방지
③ 티아민의 절약 작용
④ 정상적인 삼투압 조절에 관여

해설 삼투압 조절에 관여하는 영양소는 단백질과 무기질이다.

41

다음 중 패닝 시 주의사항이 아닌 것은?

① 종이 깔개를 사용한다.
② 철판에 넣은 반죽은 두께가 일정하게 펴 준다.
③ 패닝 후 즉시 굽는다.
④ 팬기름은 많이 발라준다.

> 해설 팬기름을 과다하게 사용하면 밑껍질이 두껍고 어둡게 된다.

42

카카오 빈 특유의 쓴맛이 그대로 살아 있으며, 일명 카카오 메스라고도 하는 초콜릿의 종류는?

① 다크 초콜릿
② 밀크 초콜릿
③ 화이트 초콜릿
④ 비터 초콜릿

> 해설 비터 초콜릿 : 카카오 빈에서 외피와 배아를 제거하고 잘게 부순 것으로, 카카오 메스라고 하며, 다른 성분이 포함되어 있지 않아 카카오 빈 특유의 쓴맛이 그대로 살아있다.

43 ★

반죽의 비중에 대한 설명으로 옳지 않은 것은?

① 비중이 높으면 큰 기포가 형성되어 거친 조직이 된다.
② 비중의 수치가 낮으면 반죽에 공기가 많이 들어 있다는 뜻이다.
③ 같은 부피의 제품을 구울 때 비중이 높으면 부피가 작고 단단해진다.
④ 비중이 낮으면 포장의 어려움이나 굽기 후 식히는 과정에서 부피가 줄어들 수 있어 제품을 균일하게 유지하는데 문제가 될 수 있다.

> 해설 비중이 높으면 기공이 조밀하여 무거운 제품이 되며, 너무 낮으면 큰 기포가 형성되어 거친 조직이 된다.

44

황을 포함하고 있는 아미노산이 아닌 것은?

① 시스테인
② 시스틴
③ 메티오닌
④ 트립토판

> 해설 함황 아미노산(황을 포함하고 있는 아미노산)에는 시스테인, 시스틴, 메티오닌 등이 있다.
> – 시스틴 : 이황화 결합(–S–S–)을 갖고 있다. 빵 반죽의 구조를 강하게 하고 가스 포집력을 증가시키며, 반죽을 다루기 좋게 한다.
> – 시스테인 : 타이올기(–SH)를 갖고 있다. 빵 반죽의 구조를 부드럽게 하여 글루텐의 신장성을 증가시키고 반죽 시간과 발효 시간을 단축시키며 노화를 방지한다.

45

타르트 반죽에 피케 롤러나 포크를 이용하여 구멍을 내는 가장 주된 이유는?

① 구울 때 타르트 바닥의 열기가 나갈 수 있도록 하기 위해서이다.
② 제품을 부드럽게 하기 위해서이다.
③ 제품이 많이 부풀도록 하기 위해서이다.
④ 제품의 바삭함을 더하기 위해서이다.

> 해설 피케 롤러나 포크를 이용하여 타르트 바닥의 열기가 나갈 수 있도록 구멍을 만들어주면 반죽과 오븐 팬 사이에 남아있는 공기가 구멍으로 빠져나가 반죽이 들리지 않고 평평하게 구워진다.

46

가나슈 크림에 대한 설명 중 맞는 것은?

① 생크림은 절대 끓여서 사용하지 않는다.
② 초콜릿과 생크림의 배합 비율은 10:1이 원칙이다.
③ 초콜릿 종류는 달라도 카카오 성분은 같다.
④ 끓인 생크림에 초콜릿을 더한 크림이다.

> 해설 가나슈 크림을 만들 때는 카카오 성분 56% 이상의 초콜릿과 유지방 38% 이상의 생크림을 사용한다. 초콜릿에 끓인 생크림을 부어 혼합하여 제조한다.

47 ★

제과에서 설탕의 기능으로 옳지 않은 것은?

① 수분 보유력을 증가시켜 제품의 노화를 지연시킨다.
② 글루텐 형성을 증가시켜 제품의 부드러움을 향상시킨다.
③ 제품에 풍미 및 감미를 제공한다.
④ 갈변반응과 캐러멜화 반응에 의해 껍질 색을 형성한다.

> **해설** 설탕은 글루텐 형성을 감소시켜 제품의 조직, 기공, 속결을 부드럽게 향상시킨다.

48

반죽형 반죽 시 주의사항을 잘못 설명한 것은?

① 유지에 설탕 첨가 시 유지를 유연하도록 믹싱한 후 설탕을 투입한다.
② 설탕과 밀가루 등은 체로 쳐서 덩어리가 없도록 사용한다.
③ 반죽 시 믹싱 볼 측면과 바닥을 긁어 주어 반죽이 균일하게 혼합되도록 한다.
④ 달걀 첨가 시 소량으로 나누어 투입하면 분리되기 쉬우므로 한꺼번에 많은 양을 투입한다.

> **해설** 달걀 첨가 시 한 번에 너무 많은 양을 투입히면 달걀에 함유된 수분에 의해 분리되기 쉬우므로 소량으로 조금씩 나누어 투입해야 한다.

49

다음 제품 중 팽창 형태가 근본적으로 다른 것은?

① 머핀 케이크   ② 옐로우 레이어 케이크
③ 과일 케이크   ④ 스펀지 케이크

> **해설** 스펀지 케이크는 공기를 매채체로 팽창시키는 물리적 팽창 형태의 제품이며, 나머지 제품은 화학팽창제를 매개체로 팽창시키는 화학적 팽창 형태의 제품이다.

50

다음 중 반죽 온도가 낮을 경우 발생하는 현상이 아닌 것은?

① 기공이 조밀해서 부피가 작아져 식감이 나빠진다.
② 굽기 중 오븐 온도에 의한 증기압을 형성하는 데 많은 시간이 필요하다.
③ 껍질이 형성된 후 증기압에 의한 팽창작용으로 표면이 터지고 거칠어질 수 있다.
④ 기공이 열리고 큰 구멍이 생겨 조직이 거칠게 되어 노화가 빨라진다.

> **해설** 반죽 온도가 낮으면 기공이 조밀해서 부피가 작아져 식감이 나빠지고, 굽기 중 오븐 온도에 의한 증기압을 형성하는데 많은 시간이 필요하여 껍질이 형성된 후 증기압에 의한 팽창작용으로 표면이 터지고 거칠어질 수 있다. 기공이 열리고 큰 구멍이 생겨 조직이 거칠게 되어 노화가 빨라지는 것은 반죽 온도가 높을 경우 발생하는 현상이다.

51

초콜릿을 템퍼링 한 효과에 대한 설명 중 틀린 것은?

① 입안에서의 용해성이 나쁘다.
② 안정한 결정이 많고 결정형이 일정하다.
③ 광택이 좋고 내부 조직이 조밀하다.
④ 팻 블룸이 일어나지 않는다.

> **해설** ■ 템퍼링의 효과
> – 팻 블룸(Fat Bloom) 방지
> – 광택이 좋고 내부 조직이 조밀함
> – 안정한 결정이 많음
> – 결정형이 일정함
> – 입안에서의 용해성이 좋아짐

52

향신료에 대한 설명으로 옳지 않은 것은?

① 향신료는 주로 전분질 식품의 맛을 내는 데 사용된다.

② 향신료는 고대 이집트, 중동 등에서 방부제, 의약품의 목적으로 사용되던 것이 식품으로 이용된 것이다.

③ 스파이스는 주로 열대지방에서 생산되는 향신료로 뿌리, 열매, 꽃, 나무껍질 등 다양한 부위가 이용된다.

④ 허브는 주로 온대지방의 향신료로 식물의 잎이나 줄기가 주로 이용된다.

해설 향신료는 식품의 풍미를 향상시키고 제품의 보존성을 높여주며, 다양한 식품에 사용되어 식욕을 증진시킨다.

53

버터와 쇼트닝과 같은 유지 함량이 높아 바삭바삭하고 부드러우며, 반죽을 밀어 펴서 정형기(모양틀)로 원하는 모양을 찍어 정형하는 반죽형 쿠키는?

① 드롭 쿠키　　　② 스냅 쿠키

③ 스펀지 쿠키　　④ 쇼트브레드 쿠키

해설 ① 드롭 쿠키 : 달걀과 같은 액체 재료의 함량이 높아 반죽을 짤 주머니에 넣어 짜서 정형하는 소프트 쿠키
② 스냅 쿠키 : 드롭 쿠키에 비해 달걀 함량이 적어 수분 함량이 낮아 반죽을 밀어 펴서 정형기(모양틀)를 이용해 원하는 모양은 찍어 정형하는 쿠키
③ 스펀지 쿠키 : 밀가루 함량을 높여 분할 시 팬에서 모양이 유지되도록 구워내며 찌는 형태의 쿠키로 수분함량이 가장 높은 쿠키

54

퍼프 페이스트리를 정형할 때 반죽 접기 시 주의할 점을 잘못 설명한 것은?

① 작업실의 온도는 18℃를 넘지 않는 것이 좋다.

② 과도하게 덧가루를 사용하지 않는다.

③ 밀어 펴기 작업 시 한 방향으로만 밀어 준다.

④ 휴지 시간에는 꼭 비닐을 덮어 두어 반죽이 마르지 않도록 한다.

해설 밀어 펴기 작업 시 90° 씩 방향을 바꾸어서 밀어 펴야 하는데, 이는 반죽이 밀린 방향으로 수축하기 때문에 미는 방향을 바꾸어 과도한 수축을 방지하기 위한 것이다.

55

도넛 글레이즈의 가장 적당한 사용 온도는?

① 15℃　　　　　② 30℃

③ 35℃　　　　　④ 50℃

해설 도넛을 글레이즈할 때 온도는 45~50℃ 정도가 알맞다.

56

젤리 롤 케이크 말기 방법에 대해 잘못 설명한 것은?

① 막대를 이용하여 면 보자기를 살짝 들고 제품과 함께 만다.

② 제품을 너무 단단하게 말면 제품의 부피가 작아진다.

③ 제품을 너무 느슨하게 말면 가운데 구멍이 생긴다.

④ 케이크 시트가 너무 식었을 때 말면 제품의 부피가 작아진다.

해설 젤리 롤 케이크 시트가 너무 식었을 때 말면 윗면이 터지게 되고, 너무 뜨거울 때 말면 제품의 부피가 작아지고 표피가 벗겨지기 쉽다.

57

슈 반죽을 오븐에 넣기 전 표면에 물을 충분히 분사하는 이유가 아닌 것은?

① 오븐에서 껍질이 형성되는 것을 지연시킨다.
② 충분히 부풀어 오를 수 있도록 도움을 준다.
③ 균일한 모양을 얻을 수 있도록 한다.
④ 제품의 모양을 쉽게 변형시킬 수 있도록 한다.

해설 패닝 후 슈 반죽 표면에 물을 충분히 분사시켜 주면 오븐에서 껍질이 형성되는 것을 지연시켜 양배추 모양으로 충분히 부풀어 오를 수 있도록 도움을 준다.

58

다음에서 설명하는 반죽 방법은?

처음에 유지와 설탕, 소금을 넣고 믹싱을 한 후 달걀을 서서히 투입하여 부드럽게 유지하도록 한 후, 여기에 체로 친 밀가루와 베이킹파우더, 건조 재료를 가볍고 균일하게 혼합하여 반죽한다.
이 반죽법은 일반적이고 전통적인 방법으로 대부분의 반죽형 제품에 많이 사용되고 있으며 부피가 양호하다.

① 크림법(Cream Method)
② 블렌딩법(Blending Method)
③ 설탕/물법(Sugar/Water Method)
④ 1단계법(Single Stage Method)

해설
• 블렌딩법 : 처음에 유지와 밀가루를 믹싱하여 부드러운 질감. 촉촉한 질감
• 설탕/물법 : 액당을 사용하는 믹싱법으로, 균일한 제품을 얻을 수 있는 방식으로 대량 생산에 이용
• 1단계법 : 재료 전부를 한번에 넣어 믹싱하는 방법으로 노동력과 시간이 절약. 화학 팽창제를 사용하는 제품에 적당함

59

스펀지 케이크를 용적이 410cm³인 팬에 구우려고 한다. 알맞은 반죽 양은 약 얼마인가?

① 120g
② 100g
③ 90g
④ 80g

해설 스펀지 케이크의 비용적 : 5.08cm³/g
반죽 양 = 팬 용적 ÷ 비용적 = 410 ÷ 5.08 = 약 80.70g

■ 제품별 비용적
– 파운드 케이크 : 2.40cm³
– 레이어 케이크 : 2.96cm³
– 엔젤 푸드 케이크 : 4.70cm³
– 스펀지 케이크 : 5.08cm³

60

쿠키를 굽는 과정에 대한 설명으로 옳지 않은 것은?

① 쿠키는 크기가 작고 납작한 모양이므로 굽는 시간이 짧다.
② 입자가 큰 설탕을 사용하면 쿠키의 퍼짐이 좋다.
③ 낮은 온도에서 쿠키를 구우면 터지기 쉬우므로 높은 온도에서 빨리 구워야 한다.
④ 설탕 함량이 낮은 쿠키는 설탕량이 많은 쿠키보다 낮은 온도에서 굽는다.

해설 설탕 함량이 낮은 쿠키는 설탕량이 많고 유지량이 적은 쿠키보다 높은 온도에서 굽는다.

제과편 4회 모의고사			정 답	
01	02	03	04	05
④	①	①	①	②
06	07	08	09	10
④	②	③	④	④
11	12	13	14	15
④	②	①	①	①
16	17	18	19	20
④	③	③	④	①
21	22	23	24	25
②	①	①	③	④
26	27	28	29	30
④	②	④	④	③
31	32	33	34	35
④	④	②	③	②
36	37	38	39	40
④	①	③	④	④
41	42	43	44	45
④	④	①	④	①
46	47	48	49	50
④	②	④	④	④
51	52	53	54	55
①	①	④	③	④
56	57	58	59	60
④	④	①	④	④

01

밀가루 등으로 오인되어 식중독이 유발된 사례가 있으며 습진성 피부질환 등의 증상을 보이는 것은?

① 수은(Hg) ② 비소(As)
③ 납(Pb) ④ 아연(Zn)

해설 비소는 시골에서 밀가루로 오인하여 섭취하였다가 사망하는 경우도 있었으며, 주된 증상은 구토, 위통, 설사, 출혈, 경련, 실신 등이다.

02

다음에서 설명하는 식중독 원인균은?

- 미호기성 세균이다.
- 발육 온도는 약 30~40℃ 정도이다.
- 원인 식품은 오염된 식육 및 식육 가공품, 우유 등이다.
- 소아에서는 이질과 같은 설사 증세를 보인다.

① 캄필로박터 제주니
② 바실러스 세리우스
③ 장염 비브리오균
④ 병원성 대장균

해설 캄필로박터 제주니 : 그람음성 나선형의 무아포 간균으로, 미호기성이며 5~15%의 산소분압하에 발육하며, 25℃에서는 발육하지 않고 37~42℃에서는 활발하게 증식한다.
원인 식품은 오염된 식육, 살균되지 않은 우유이다. 잠복기는 2~7일로 긴 편이며 주 증상은 설사, 복통, 두통, 발열이며 구토와 탈수 증상을 동반한다. 사망 예는 거의 없고 1~2주면 회복된다.

03

변질되기 쉬운 식품을 생산자로부터 소비자에게 전달하기까지 저온으로 보존하는 시스템은?

① 냉장 유통체계 ② 냉동 유통체계
③ 저온 유통체계 ④ 상온 유통체계

해설 저온 유통체계(Cold Chain System) : 생산자에서 소비자에 이르기까지 계속해서 저온에서 취급하여 좋은 품질을 유지하는 체계

04 ★

살모넬라균의 특징이 아닌 것은?

① 그람(Gram) 음성 간균이다.
② 발육 최적 pH는 7~8, 온도는 37℃이다.
③ 60℃에서 20분 정도의 가열로 사멸한다.
④ 독소에 의한 식중독을 일으킨다.

해설 살모넬라균 식중독중 감염형에 해당한다.
- 세균성 식중독 중 감염형
- 60℃에서 20분 가열 시 사멸
- 생육 최적 온도 37℃
- 최적 pH 7~8
- 그람음성 무아포성 간균
- 고열, 설사 증상
- 보균자의 배설물에서 오염

05 ★

인수공통 감염병으로 짝지어진 것은?

① 폴리오, 장티푸스, 콜레라
② 탄저, 리스테리아증, 결핵
③ 결핵, 유행성 간염, 돈단독
④ 홍역, 브루셀라증, 야토병

해설 인수공통 감염병이란 동물과 사람 간에 서로 전파되는 병원체에 의하여 발생되는 감염병으로, 일반적으로는 동물이 사람에 옮기는 감염병을 지칭한다.
- 탄저병 – 소, 말, 양 등 포유동물
- 야토병 – 산토끼 등 설치류
- 파상열(브루셀라) – 소, 돼지, 개, 닭 등
- 결핵 – 소, 산양
- 리스테리아증 – 소, 닭, 양, 염소

06

식품에 식염을 첨가함으로써 미생물 증식을 억제하는 효과와 관계가 없는 것은?

① 탈수작용에 의한 식품 내 수분 감소
② 산소의 용해도 감소
③ 삼투압 증가
④ 펩티드 결합의 분해

해설 펩티드 결합 : 보통 화학에서 Amide 결합이라고 부른다. 아미노산에 포함되어 있는 −COOH와 −NH$_2$ 사이의 축합 반응으로 형성되는데 이 경우를 특별히 펩티드 결합이라고 한다. 펩티드 결합의 산이나 염기에 의해 가수분해가 되는데 염기가 더 잘 분해된다.

07 *

다음 중 병원체가 바이러스인 질병은?

① 유행성 간염   ② 결핵
③ 발진티푸스   ④ 말라리아

해설 인플루엔자, 유행성 간염, 천연두, 일본뇌염, 급성회백수염(폴리오, 소아마비), 광견병 등은 바이러스가 원인인 전염병이다.
- 결핵 – 소(우유) – 인수공통 전염병
- 말라리아 – 모기를 매개로 전염되는 전염병

08 *

퍼프 페이스트리 제조 시 다른 조건이 같을 때 충전용 유지에 대한 설명으로 틀린 것은?

① 충전용 유지가 많을수록 결이 분명해진다.
② 충전용 유지가 많을수록 밀어 펴기가 쉬워진다.
③ 충전용 유지가 많을수록 부피가 커진다.
④ 충전용 유지는 가소성 범위가 넓은 파이용이 적당하다.

해설 신장성이 좋은 제품으로 밀어 펴기가 용이해야 하고, 본 반죽에서는 50% 미만의 유지를 사용해야 한다.
 – 반죽에 유지가 많을수록 밀어 펴기가 쉬워진다.

09

결핵균에 대한 설명으로 틀린 것은?

① 우유나 유제품을 통해 감염된다.
② 혐기성, 간균이다.
③ 인수공통 감염병이다.
④ 포자를 형성하지 않는다.

해설 결핵균은 산소를 좋아하는 호기성 세균이다.

10

대장균 O-157이 내는 독성 물질은?

① 베로톡신
② 테트로도톡신
③ 엔테로톡신
④ 삭시톡신

해설 베로톡신은 대장균 O-157이 내는 독소이며 열에 약하지만 저온에 강하고 산에도 강하며 주 증상은 복통, 설사, 구토, 때때로 발열 등이다.

모의고사 제1편

11 ★

식품첨가물 중 보존료의 조건이 아닌 것은?

① 변패를 일으키는 각종 미생물의 증식을 억제할 것
② 무미, 무취하고 자극성이 없을 것
③ 식품의 성분과 반응을 잘하여 성분을 변화시킬 것
④ 장기간 효력을 나타낼 것

해설 ■ 보존료 구비조건
 - 식품의 풍미나 외관을 손상시키지 않을 것
 - 미생물에 대한 작용이 강할 것
 - 지속성과 미량의 첨가로 유효할 것
 - 사용 간편, 저가, 쉽게 구할 수 있을 것
 - 인체에 무해, 낮은 독성, 장기적 사용에 무해할 것

12

탄수화물이 많이 든 식품을 고온에서 가열하거나 튀길 때 생성되는 발암성 물질은?

① 니트로사민　　② 다이옥신
③ 벤조피렌　　　④ 아크릴아마이드

해설 • 니트로사민 : 발색제인 질산염, 아질산염 등은 구강 내 세균의 환원 효소에 의해 아질산염이 되고 이 아질산염은 위 속의 산성 pH 하에서 식품 성분들과 쉽게 반응하여 생성되는 발암 물질이다.
 • 다이옥신 : 일반 폐기물과 특정 폐기물들의 소각, 폐기물 무단투기 때 많이 발생한다. 독성이 강하고 만성적이며 잔류성이 매우 크다.
 • 벤조피렌 : 발암 물질의 하나로 타르 따위에 들어있으며 담배연기, 배기가스에도 들어있다.

13

공장 주방 설비 중 작업의 효율성을 높이기 위한 작업 테이블의 위치로 가장 적당한 것은?

① 오븐 옆에 설치한다.
② 냉장고 옆에 설치한다.
③ 발효실 옆에 설치한다.
④ 주방의 중앙부에 설치한다.

해설 작업 테이블은 주방의 중앙에 설치한다.
 • 오븐 옆에 설치는 발효실이 적합하다.
 • 냉장고 옆에는 파이롤러가 위치로 적합하다.

14

다음 중 생산관리의 목표는?

① 재고관리, 출고관리, 판매의 관리
② 재고관리, 납기관리, 출고의 관리
③ 납기관리, 재고관리, 품질의 관리
④ 납기관리, 원가관리, 품질의 관리

해설 생산관리는 납기관리, 원가관리, 품질관리, 생산량 관리를 목표로 둔다.

15 ★

밀가루의 표백과 숙성 기간을 단축시키는 밀가루 개량제로 적합하지 않은 것은?

① 과산화벤조일　　② 과황산암모늄
③ 아질산나트륨　　④ 이산화염소

해설 밀가루 개량제 : 과산화벤조일, 브롬산칼륨, 과황산 암모늄, 이산화염소, 염소 등
 • 발색제(육류) : 아질산나트륨, 질산칼륨, 질산 나트륨

16

기존 위생관리 방법과 비교하여 HACCP의 특징에 대한 설명으로 옳은 것은?

① 주로 완제품 위주의 관리이다.
② 위생상의 문제 발생 후 조치하는 사후적 관리이다.
③ 시험분석방법에 장시간이 소요된다.
④ 가능성이 있는 모든 위해 요소를 예측하고 대응할 수 있다.

해설 HACCP은 식품의 제조, 가공, 조리, 유통의 모든 과정에서 식품의 안전성을 확보하기 위해 각 과정을 중점적으로 관리하는 기준으로, 기존 위생관리 방법과 비교하여 가능성 있는 모든 위해 요소를 예측하고 대응할 수 있다.

17

HACCP에 대한 설명으로 옳지 않은 것은?

① 어떤 위해를 미리 예측하여 그 위해 요인을 사전에 파악하는 것이다.
② 위해 방지를 위한 사전 예방적 식품안전관리체계를 말한다.
③ 미국, 일본, 유럽연합, 국제기구(CODEX, WHO) 등에서도 모든 식품에 HACCP를 적용할 것을 권장하고 있다.
④ HACCP 12절차의 첫 번째 단계는 위해 요소 분석이다.

해설 HACCP 12절차의 첫 번째 단계는 HACCP팀 구성이다. 위해 요소 분석은 HACCP 7단계의 첫 번째 단계이다.

18

아래는 식품위생법상 교육에 관한 내용이다. ( ) 안에 알맞은 것을 순서대로 나열하면?

( )은 식품위생 수준 및 자질의 향상을 위하여 필요한 경우 조리사와 영양사에게 교육을 받을 것을 명할 수 있다. 다만, 집단급식소에 종사하는 조리사와 영양사는 ( ) 마다 교육을 받아야 한다.

① 식품의약품안전처장, 1년
② 식품의약품안전처장, 2년
③ 보건복지부장관, 1년
④ 보건복지부장관, 2년

해설 식품의약품안전처장은 식품위생수준 및 질의 향상을 위하여 필요한 경우 조리사와 영양사에게 교육을 받을 것을 명할 수 있다. 다만, 집단급식소에 종사하는 조리사와 영양사는 2년마다 교육을 받아야 한다.

19

다음 중 소분 · 판매할 수 있는 식품은?

① 벌꿀 제품
② 어육 제품
③ 과당
④ 레토르트 식품

해설 소분 · 판매할 수 있는 식품 : 벌꿀 제품, 빵가루 등

20

다음 중 식품위생법규상 허위표시, 과대광고의 범위에 속하지 않는 것은?

① 질병의 치료에 효능이 있다는 내용의 표시 · 광고
② 제품의 성분과 다른 내용의 표시 · 광고
③ 공인된 제조 방법에 대한 내용
④ 외국어의 사용 등으로 외국제품으로 혼동할 우려가 있는 표시 · 광고

해설 제조 방법에 관한 연구로 발견한 사실로서 공인된 사항의 표시 · 광고는 허위표시 및 과대광고로 보지 않는다.

21 ★

과일잼 제조 시 잼 형성의 기본요소와 거리가 먼 것은?

① 소금
② 설탕
③ 펙틴
④ 산

해설 ■ 젤리화의 3요소
당분(60~65%), 산(2.8~3.4%), 펙틴(1~1.5%)

22 ★

다음 유지 중 건성유는?

① 땅콩유, 올리브유
② 참기름, 면실류
③ 면실유, 대두유
④ 해바라기유, 아마인유

해설 요오드가(불포화도) : 유지 100g 중에 불포화 결합에 첨가되는 요오드의 g 수(요오드가 ↑, 불포화도 ↑)

구분	요오드가	종류
건성유	130 이상	– 불포화지방산의 힘량이 많고, 공기 중에 방치하면 건조됨 – 들기름, 동유, 해바라기유, 정어리유, 호두기름, 아마인유
반건성유	100~130	대두유(콩기름), 옥수수유, 참기름, 채종유, 면실유
불건성유	100 이하	피마자유, 올리브유, 야자유, 동백유, 땅콩유

23 ★

영양소와 해당 소화효소의 연결이 잘못된 것은?

① 단백질 – 트립신
② 탄수화물 – 아밀라아제
③ 지방 – 리파아제
④ 설탕 – 말타아제

해설 설탕의 소화효소 : 수크라아제
- 단백질(트립신) 펩톤 → 아미노산
- 탄수화물(아밀라아제 = 아밀롭신) → 맥아당
- 지방(리파아제) → 지방산 + 글리세롤
- 맥아당(말타아제) → 포도당

24 ★

아밀로오스(Amylose)의 특징이 아닌 것은?

① 아밀로펙틴보다 호화가 느리다.
② 아밀로펙틴보다 분자량이 적다.
③ 일반 곡물 전분 속에 약 17~28% 존재한다.
④ 요오드 용액에 청색 반응을 일으킨다.

해설 – 아밀로오스 : 요오드에 청색 반응을 일으키며, 분자량이 작고 호화가 빠르다.
– 아밀로펙틴 : 요오드에 적자색 반응을 일으키며, 분자량이 크고 호화가 늦다.

25

우리나라 제조물 책임법(PL법)에서 정하고 있는 결함의 종류가 아닌 것은?

① 제조상의 결함
② 설계상의 결함
③ 유통상의 결함
④ 표시상의 결함

해설 ■ 제조물 결함의 분류
① 설계상의 결함 : 제조물의 설계 단계에서 안전성을 충분히 배려하지 않았기 때문에 제품의 안전성이 결여된 경우로서 그 설계에 의해 제조된 제품은 모두 결함이 있는 것으로 간주
② 제조상의 결함 : 제조과정에서의 부주의로 인해서 제품의 설계사양이나 제조 방법에 따르지 않고 제품이 제조되어서 안전성이 결여된 경우를 말하며, 이러한 결함은 제품의 제조, 관리 단계에서의 인적, 기술적 부주의에 기인한다.
③ 경고 또는 지시상의 결함(표시상의 결함) : 소비자가 상용 또는 취급상의 일정한 주의를 하지 않거나 부적당한 사용을 한 경우 등에 발생할 수 있는 위험에 대비한 적절한 주의나 경고를 하지 않은 경우를 말하는 것으로서 제조자는 그 제조물의 사용에서 발생할 수 있는 위험에 대한 경고를 하여야 한다.

26

데커레이션 케이크를 만드는 공정이 다음과 같고 연속작업을 할 때 통상적으로 인원 배정이 가장 적어도 되는 공정은?

> 스펀지 믹싱 → 팬에 넣기 → 굽기 → 냉각 → 샌드와 아이싱 → 데커레이션 → 포장

① 스펀지 믹싱
② 굽기
③ 냉각
④ 아이싱과 데커레이션

해설 냉각은 자연적으로 혹은 기계적으로 장시간 방치하면서 작업이 진행되므로 인원 배정이 적어도 되는 공정이다.

27

달걀을 서서히 가열하면 반투명하게 되면서 굳게 되는 성질을 무엇이라고 하는가?

① 기포성　　　　　② 유화성
③ 분리성　　　　　④ 열응고성

> **해설** 달걀의 단백질을 서서히 가열하면 60℃ 전후에서 반투명해지면서 굳는데 이러한 성질을 열응고성 이라고 한다.

28

당과 산에 의해서 젤을 형성하며 젤화제, 증점제, 안정제 등으로 사용되는 것은?

① 한천　　　　　　② 펙틴
③ 씨엠씨(CMC)　　④ 젤라틴

> **해설** 펙틴은 감귤류, 사과즙에서 추출되는 탄수화물의 중합체로 응고제, 증점제, 안정제, 고화 방지제, 유화제 등으로 사용된다.

29 ★

밀가루 제품의 등급을 결정짓는 기준은?

① 탄수화물　　　　② 글루텐
③ 지방　　　　　　④ 회분

> **해설** 밀가루에 들어있는 글루텐은 불용성 단백질로, 글루텐 함량에 따라 박력분, 중력분, 강력분으로 나뉜다.
> 회분은 무기질로 함량이 높을수록 밀가루의 등급은 낮아지며 제품이 거칠어진다.

30

우유 가공품이 아닌 것은?

① 버터　　　　　　② 마요네즈
③ 치즈　　　　　　④ 아이스크림

> **해설** 마요네즈는 식물성 기름과 달걀 노른자, 식초, 약간의 소금과 후추를 넣어 만든 소스로 상온에서 반고체 상태를 형성한다.(유화성을 이용한 가공품)

31

육두구과 교목의 열매를 건조시켜 만든 것은?

① 계피　　　　　　② 바닐라
③ 넛맥　　　　　　④ 생강

> **해설** 육두구과 교목의 열매를 건조시켜 만든 향신료에 넛맥과 메이스 2가지가 있다. 빵도넛에 기름향을 잡기 위해 사용하는 향신료이다.

32

제과에서의 설탕의 기능을 잘못 설명한 것은?

① 제품의 노화를 지연시킨다.
② 제품의 조직, 기공, 속결을 부드럽게 향상시킨다.
③ 제품에 풍미 및 감미를 제공한다.
④ 갈변반응 및 캐러멜화 반응을 지연시킨다.

> **해설** 설탕은 갈변반응과 캐러멜화 반응을 일으켜 제품의 껍질 색을 형성한다.

33 ★

호화된 전분을 상온에 방치하면 β-전분으로 되돌아 가는 현상을 무엇이라 하는가?

① 호화 현상　　　　② 노화 현상
③ 산화 현상　　　　④ 호정화 현상

> **해설**
> - 호화(α화) : 전분(β-전분)에 물을 넣고 열로 가열할때 α-전분으로 되는 현상
> - 노화(β화) : 호화된 전분에서 수분이 빠져나가 β-전분으로 되돌아가는 현상
> - 호정화 : 전분을 고온(160℃)에서 물기 없이 익히는 현상

34 ★

다음과 같은 조건이 주어졌을 때 마찰계수는?

- 실내 온도 : 25℃
- 밀가루 온도 : 24℃
- 설탕 온도 : 24℃
- 유지 온도 : 20℃
- 달걀 온도 : 18℃
- 수돗물 온도 : 18℃
- 완료한 반죽의 온도 : 27℃

① 25   ② 33
③ 35   ④ 40

해설 마찰계수
= (반죽 결과 온도 X 6) – (실내 온도 + 밀가루 온도 + 설탕 온도 + 유지 온도 + 달걀 온도 + 수돗물 온도)
= (27 X 6) – (25 + 24 + 24 + 20 + 18 + 18)
= 33

35

리큐르의 이름과 원료가 다르게 연결된 것은?

① 큐라소(Curacao) – 오렌지 껍질
② 칼루아(Kahlua) – 커피
③ 슬로우진(Sloe gin) – 카카오빈
④ 아마렛토(Amaretto) – 살구씨

해설 슬로우진(Sloe gin) – 야생자두

36

식품의 열매에서 채취하지 않고 껍질에서 채취하는 향신료는?

① 계피   ② 넛메그
③ 정향   ④ 카다몬

해설
• 계피 : 열대성 상록수 나무 껍질로 만든 향신료
• 넛메그 : 과육을 일광 건조한 것
• 정향 : 상록수 꽃봉오리를 따서 말린 것
• 카다몬 : 다년초 열매

37

미국식 영양강화빵은 일반빵에 주로 무엇을 첨가하여 만드는 것인가?

① 리신 등 필수 아미노산이 고루 함유된 단백질
② 비타민 B군과 무기질
③ 저콜레스테롤 지방
④ 부족한 식이섬유

해설 밀가루에 넣는 영양강화제는 비타민 B군과 무기질 등으로 제분하는 과정에서 손실된 영양소를 보강해 주는 것이다. 이러한 밀가루로 만든 빵을 영양강화 빵이라고 한다.

38 ★

제과 · 제빵에서 달걀의 역할로만 묶인 것은?

① 영양가치 증가, 유화 역할, pH 강화
② 영양가치 증가, 유화 역할, 조직 강화
③ 영양가치 증가, 조직 강화, 방부효과
④ 유화 역할, 조직 강화, 발효 시간 단축

해설 달걀은 양질의 완전 단백질 공급원인 동시에 달걀 흰자는 단백질의 피막을 형성하여 부풀리는 팽창 제의 역할을 하며, 노른자의 레시틴은 유화제 역할을 한다.

39

신체의 근육이나 혈액을 합성하는 구성 영양소는?

① 단백질   ② 무기질
③ 물   ④ 비타민

해설 단백질은 체조직(근육, 머리카락, 혈구, 혈장 단백질 등) 및 효소, 호르몬, 항체 등을 구성한다.
구성 영양소에는 단백질, 무기질이 있다.

40 *

튀김 기름의 가열에 의한 변화를 잘못 설명한 것은?

① 거품이 형성된다.
② 열로 인해 산화적 산패가 촉진된다.
③ 이물질의 증가로 발연점이 점점 높아진다.
④ 메일라드 반응에 의해 갈색 색소를 형성하여 색이 짙어진다.

> 해설 ■ 튀김 기름의 가열에 의한 변화
> – 열로 인해 가수분해적 산패와 산화적 산패가 촉진된다.
> – 유리지방산과 이물질의 증가로 발연점이 점점 낮아진다.
> – 지방의 중합 현상이 일어나 점도가 증가한다.
> – 튀기는 동안 식품에 존재하는 단백질이 열에 의해 분해되어 생긴 아미노산과 당이 메일라드 반응에 의해 갈색 색소를 형성하여 색이 짙어진다.
> – 튀김 기름의 경우 거품이 형성되는 현상이 나타나는데, 처음에는 비교적 큰 거품이 생성되며 쉽게 사라지나 여러 번 사용할수록 작은 거품이 생성되며 쉽게 사라지지 않는다.

41

스펀지 케이크를 만들 때 전란을 20kg 감소하고 물과 밀가루를 더 넣으려면 물은 얼마 정도를 넣어야 하는가?

① 10kg　　　　② 15kg
③ 20kg　　　　④ 25kg

> 해설 달걀 사용량을 1% 감소시킬 때 밀가루 사용량을 0.25% 추가하고, 물 사용량을 0.75% 추가한다. 그러므로 20Kg*0.75% = 15Kg이다.

42

다음의 제품 중 양질의 결과를 얻기 위해 반죽의 pH가 가장 높아야(알칼리성) 하는 것은?

① 엔젤 푸드 케이크　　② 스펀지 케이크
③ 파운드 케이크　　　④ 데블스 푸드 케이크

> 해설 데블스 푸드 케이크와 초콜릿 케이크 반죽의 pH를 8.8~9로 조절하면 열반응을 촉진시켜 속 색을 진하게 만들 수 있다. 이 때 pH를 높이는 재료로 중조(탄산수소나트륨)을 사용한다.

43

베이킹파우더 5%를 사용하는 옐로레이어 케이크 배합율에 천연코코아 20%를 사용하는 데블스푸드 케이크를 제조하려 할 때 실제 사용해야 하는 베이킹 파우더의 양은?

① 0.8%　　　　② 1.4%
③ 3.6%　　　　④ 5.8%

> 해설 중조 사용량
> = 천연코코아 사용량*7% = 20%*0.07 = 1.4%
> 실제 사용해야 하는 베이킹파우더의 양
> = 원래 사용하던 베이킹파우더의 양−(중조 사용량*3)
> = 5% − (1.4%*3) = 0.8%

44 *

다음은 도넛의 어떤 결점을 점검하기 위하여 조사한 것이다. 주된 결점은?

항목	튀김시간	믹싱시간	반죽 중 수분	설탕 사용량
장단, 다소	길다	짧다	많다	많다

① 도넛의 흡유가 과도한 결점
② 도넛의 흡유가 적은 결점
③ 도넛의 팽창이 과도한 결점
④ 도넛의 형태가 균일하지 않는 결점

> 해설 도넛에 기름이 많다.(= 케이크 도넛의 흡유율이 높다.)
> – 고율배합이다.
> – 베이킹파우더 사용량이 많았다.
> – 튀김 온도가 낮았다.
> – 튀김 시간이 길었다.
> – 수분이 많은 부드러운 반죽이다.
> – 지친 반죽이나 어린 반죽을 사용하였다.

45 *

팬 용적과 반죽 무게에 관하여 설명한 것 중 틀린 것은?

① 파운드 케이크 반죽 1g당 팬 용적은 $2.40cm^3$
② 레이어 케이크 반죽 1g당 팬 용적은 $2.96cm^3$
③ 엔젤 푸드 케이크 반죽 1g당 팬 용적은 $4.71cm^3$
④ 스펀지 케이크 반죽 1g당 팬 용적은 $4.08cm^3$

해설 스펀지 케이크 반죽 1g당 팬 용적은 $5.08cm^3$이다.

46

파운드 케이크를 만드는데 밀가루와 설탕 사용량이 일정하다면 달걀과 다른 재료의 연결 관계가 맞는 것은?

① 달걀 증가 → 소금 감소
② 달걀 증가 → 쇼트닝 감소
③ 달걀 증가 → 베이킹파우더 감소
④ 달걀 증가 → 우유 증가

해설 ▣ 달걀과 재료의 연결 관계

달걀 증가 ⇒ 소금 증가, 쇼트닝 증가, 베이킹 파우더 감소, 우유 감소

47 *

화이트 레이어 케이크에서 주석산 크림을 사용하는 이유가 아닌 것은?

① 흰자를 강력하게 한다.
② 흰자의 알칼리를 중화한다.
③ 완제품의 색상을 희게 한다.
④ 오븐에서의 팽창을 크게 한다.

해설 주석산 크림은 달걀 흰자의 알칼리성에 대한 강하제로서 역할을 한다. 주석산 크림은 흰자의 구조와 내구성을 강화시키고 흰자의 산도를 높여 케이크의 속 색을 희게 한다.

48

엔젤 푸드 케이크를 산 사전처리법으로 만드는 공정 중 가장 틀린 항목은?

① 흰자에 소금과 주석산 크림을 넣어 젖은 피크 (wet peak)까지 거품을 올린다.
② 사용할 설탕의 약 2/3를 투입하고 중간 피크 (medium peak)까지 거품을 올린다.
③ 나머지 설탕과 체질한 밀가루를 넣고 가볍게 혼합한다.
④ 기름칠을 균일하게 한 팬에 짜는 주머니를 사용하여 분할한다.

해설 물분무를 한 팬에 짜는 주머니를 사용하여 분할한다.

49

거품형 케이크의 종류가 아닌 것은?

① 스펀지 케이크(Sponge cake)
② 파운드 케이크(Pound cake)
③ 엔젤 푸드 케이크(Angel food cake)
④ 시퐁 케이크(Chiffon cake)

해설 파운드 케이크는 반죽형 케이크의 한 종류이다.

50

파이(pie) 제조 시 휴지의 목적이 아닌 것은?

① 심한 수축을 방지하기 위하여
② 풍미를 좋게 하기 위하여
③ 글루텐을 부드럽게 하기 위하여
④ 재료의 수화(水化)를 돕기 위하여

해설 ▣ 그 외의 파이 제조 시 휴지의 목적
 – 유지와 반죽의 굳은 정도를 같게 한다.
 – 반죽을 연화 및 이완시킨다.
 – 끈적거림을 방지하여 작업성을 좋게 한다.

51 ★★

젤리 롤을 말 때 표면이 터지는 결점을 보완하는 방법이 아닌 것은?

① 설탕의 일부를 물엿으로 대치
② 덱스트린의 점착성을 이용
③ 팽창제 사용량 감소
④ 노른자 사용량 증가

> **해설** ■ **젤리롤을 말 때 표면이 터지는 결점 보완법**
> - 설탕의 일부는 물엿과 시럽을 대체한다.
> - 배합에 덱스트린을 사용하여 점착성을 증가시킨다.
> - 팽창이 과도한 경우 팽창제 사용 감소, 믹싱상태를 조절한다.
> - 노른자 비율이 높은 경우에도 부서지기 쉬우므로 노른자를 줄이고 전란을 증가시킨다.
> - 굽기 중 너무 건조시키면 말기를 할 때 부러지기 때문에 오버 베이킹을 하지 않는다.
> - 밑불이 너무 강하지 않도록 하여 굽는다.
> - 반죽의 비중이 너무 높지 않게 믹싱한다.
> - 반죽 온도가 낮으면 굽는 시간이 길어지므로 온도가 너무 낮지 않도록 한다.
> - 배합에 글리세린을 첨가해 제품에 유연성을 부여한다.

52

쿠키에 대한 설명 중 맞는 것은?

① 쿠키 배합의 설탕 입자가 굵으면 반죽의 퍼짐성이 좋다.
② 쿠키에 쓰이는 맥분은 강력분이 좋다.
③ 쿠키 배합에는 가능한 적은 양의 쇼트닝이나 마가린을 사용함이 좋다.
④ 쿠키는 구운 후 잠시 동안 혹은 장기간 구운 철판에 그대로 두는 게 품질에 좋다.

> **해설** 쿠키의 퍼짐성을 좋게 하는 방법 : 팽창제 사용, 입자가 큰 설탕 사용, 알칼리 재료 사용량 증가, 오븐 온도 낮게 설정

53

퍼프 페이스트리에 관하여 올바르게 설명한 것은?

① 이스트의 양을 알맞게 넣어야 좋은 제품이 나온다.
② 2차 발효실의 온도를 약간 낮춘다.
③ 굽기과정에서 팽창을 이룬다.
④ 2차 발효는 약간 짧게 한다.

> **해설** 퍼프 페이스트리는 제과 품목으로 이스트를 사용하지 않는다. 퍼프의 팽창 유형은 유지에 함유된 수분이 증기로 변하여 증기압을 일으켜 팽창시키는 증기압 팽창이므로 굽기 과정에서 팽창을 이룬다.

54

다음 중 폰던트(Fondant:퐁당) 크림을 만들기 위하여 시럽을 끓이는 가장 적당한 온도는?

① 80~90℃ ② 114~118℃
③ 219~224℃ ④ 225~232℃

> **해설** 폰던트 크림은 설탕 100에 대하여 물 30을 넣고 114~118℃로 끓인 뒤 다시 희뿌연 상태로 재결정화시킨 것으로 38~44℃에서 사용한다.

55

시퐁형 시퐁 케이크 제조 시 식용유의 투입 단계로 가장 알맞은 것은?

① 노른자에 투입
② 밀가루에 투입
③ 머랭 1/3을 혼합한 후에 투입
④ 반죽의 마지막 단계에 투입

> **해설** 시퐁형 시퐁 케이크 제조 시 식용유는 노른자에 투입한다.

56

소프트 롤 제조 시 팬 흐름성을 돕기 위해 첨가하는 단백질 분해 효소는?

① 이눌라아제(inulase)

② 셀룰라아제(cellulase)

③ 리파아제(lipase)

④ 프로테아제(protease)

> 해설
> - 이눌라아제 : 이눌린(과당 결합체)를 가수분해하는 효소
> - 셀룰라아제 : 셀룰로오스(섬유소)를 가수분해하는 효소
> - 리파아제 : 지방을 가수분해하는 효소

57

카카오 박을 200mesh 정도의 고운 분말로 만든 제품은?

① 버터 초콜릿

② 밀크 초콜릿

③ 코코아

④ 커버추어

> 해설 코코아 분말은 카카오버터를 만들고 남은 박을 200mesh 정도의 고운 분말로 분쇄한 것이다.

58 ★★★

고율배합에 대한 설명으로 틀린 것은?

① 믹싱 중 공기 혼입이 많다.

② 설탕 사용량이 밀가루 사용량보다 많다.

③ 화학 팽창제를 많이 쓴다.

④ 촉촉한 상태를 오랫동안 유지시켜 신선도를 높이고 부드러움이 지속되는 특징이 있다.

> 해설 고율배합은 설탕의 함량이 많기 때문에 믹싱 중 공기 혼입이 많으므로 화학 팽창제를 적게 쓴다.

59

외식 서비스의 특성이 아닌 것은?

① 생산과 소비의 동시성

② 무형성

③ 소멸성

④ 동일성

> 해설 외식 서비스의 특성 중 이질성은 표준화가 어렵다는 점이다.

60

마데라 컵케익 위에 묻힌 퐁당(Fondant) 크림이 여름철 유통기간 중에 잘 녹는 현상인 발한을 일으켜 포장지에 묻어 효과가 줄어들고 있다. 이에 대한 조치 방안으로 잘못된 것은?

① 퐁당 크림을 만들 때 많은 물을 넣고 오랫동안 끓인다.(수분 25% 정도)

② 표면에 더 많은 퐁당 크림을 묻힌다.

③ 빵을 충분히 냉각시킨다.

④ 퐁당 크림에 흡수제로 전분을 넣는다.

> 해설 완제품에 발한 현상이 생기면 퐁당 크림에 흡수제로 전분을 넣거나 안정제를 넣어야 하기 때문에 많은 물을 넣는 것은 적절치 못하다.

제과편 5회 모의고사			정 답	
01	02	03	04	05
②	①	③	④	②
06	07	08	09	10
④	①	②	②	①
11	12	13	14	15
③	④	④	④	③
16	17	18	19	20
④	④	②	①	③
21	22	23	24	25
①	④	④	①	③
26	27	28	29	30
③	④	②	④	②
31	32	33	34	35
③	④	②	②	③
36	37	38	39	40
①	②	②	①	③
41	42	43	44	45
②	④	①	①	④
46	47	48	49	50
③	④	④	②	②
51	52	53	54	55
④	①	③	②	①
56	57	58	59	60
④	③	③	④	①

제과제빵산업기사 필기

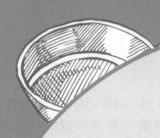

모 의 고 사

제 빵 편

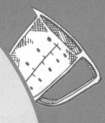

01

작업자 준수 사항에 대해 잘못 설명한 것은?

① 규정된 세면대에서 손을 세척한다.
② 행주로 땀을 닦지 않는다.
③ 앞치마로 손을 닦지 않는다.
④ 화장실 출입 시 위생복을 착용한다.

> 해설 화장실 출입 시 위생복을 탈의하고, 화장실 전용 신발을 착용한다. 다시 작업장에 들어갈 때는 소독 발판을 이용하여 살균한다.

02

다음 중 약 130~150℃에서 2~5초간 습열 처리 하는 살균법은?

① 건열 살균법
② 저온 살균법
③ 고압증기 멸균법
④ 초고온 단시간 살균법

> 해설 ① 건열 살균법 : 건열 소독기로 150~160℃에서 30분 이상 가열 멸균 조작하는 방법
> ② 저온 살균법 : 60~65℃에서 30분간 습윤 처리 하여 미생물의 생활 세포를 사멸시키는 방법
> ③ 고압증기 멸균법 : 약 121℃에서 고압 수증기로 20분 이상 가열 처리하는 방법

03

재료 계량하기에 대해 잘못 설명한 것은?

① 무게의 기본 단위 기호는 g 이다.
② 1L를 100으로 나누면 1mL가 된다.
③ 일반적으로 액체는 부피로, 고체는 무게로 측정 한다.
④ 계량컵은 용량을 측정하는 도구이다.

> 해설 재료를 계량할 때 액체는 부피(단위 : L)로, 고체는 무게(단위 : g)로 측정한다.
> 1kg = 1000g 이며, 1L = 1000mL가 된다. 1L를 100으로 나누면 10mL가 된다.
> 중량 측정에는 디지털 저울(전자저울) 등이 있고, 부피 측정에는 계량컵이 있다.

04

튀김 작업 도중 튀김 냄비 내의 기름에 불이 붙기 시작했다. 다음 조치 중 가장 부적당한 것은?

① 물을 붓는다.
② 열원을 끈다.
③ 냄비에 뚜껑을 덮는다.
④ 기름에 야채를 넣는다.

> 해설 튀김냄비 내의 기름에 불이 붙기 시작했을 때 물을 부으면 물에 기름이 뜨면서 불이 더욱 번지게 된다.

05

하수도와 하수의 관리에 대해 잘못 설명한 것은?

① 음용수는 승인된 수원으로부터 공급되는지 확인해야 한다.
② 지하수의 경우 연 1회 먹는 물 관리법 항목에 대한 용수 검사를 실시한다.
③ 배수로는 일반 구역에서 청결 구역으로 흐르 도록 한다.
④ 수도꼭지는 역류 또는 역 사이펀 현상이 방지 되도록 설계한다.

> 해설 배수로는 청결 구역에서 일반 구역으로 흐르도록 하고, 퇴적물이 쌓이지 않도록 관리한다.

06

데커레이션 케이크 제조 시 1명이 아이싱 작업 100개를 하는데 5시간이 걸렸다. 이때 아이싱 1,400개를 7시간 안에 하려면 필요한 인원은? (단, 작업자의 아이싱 시간은 모두 같다.)

① 10명 ② 12명
③ 15명 ④ 14명

해설 1명이 100개의 아이싱 하는 데 5시간이 걸리므로, 1명당 1시간에 20개의 작업을 할 수 있다. 1,400개를 7시간 안에 하려면 1시간당 200개가 작업되어야 한다. 따라서 필요한 인원은 10명이다.

07

도넛의 튀김색이 고르지 않았을 때 그 원인이 아닌 것은?

① 튀김 기름 온도가 달랐다.
② 반죽에 수분이 많았다.
③ 재료가 고루 섞이지 않았다.
④ 탄 찌꺼기가 도넛 표면에 달라붙었다.

해설 도넛을 튀기는 기름의 온도가 높을 경우 겉은 타고 속은 익지 않게 되고, 온도가 낮을 경우 도넛에 기름이 많아진다.

08 *

다음 중 빵의 제품 평가에서 브레이크와 슈레드 부족 현상의 이유가 아닌 것은?

① 발효 시간이 짧거나 길어진다.
② 오븐의 온도가 높았다.
③ 2차 발효실의 습도가 낮았다.
④ 오븐의 증기가 너무 많았다.

해설 ■ 그 외 브레이크와 슈레드(터짐과 찢어짐) 현상 부족 이유
- 오븐의 증기가 부족한 경우
- 효소제의 사용량이 지나치게 과다한 경우
- 연수물 사용과 질은 반죽을 사용할 경우
- 2차 발효 부족과 이스트 푸드 사용 부족

09 *

도넛의 흡유량이 높았을 때의 원인은?

① 고율배합 제품이다.
② 튀김 시간이 짧다.
③ 튀김 온도가 높다.
④ 휴지 시간이 짧다.

해설 고율배합의 제품으로서 설탕의 양이 많거나, 유지나 팽창제의 사용량이 많으면 흡유량이 많아진다.

10

베이커리 업계에서 사용하고 있는 퍼센트로 밀가루 사용량을 100을 기준으로 한 비율은?

① 백분율 ② 베이커스 퍼센트
③ 트루 퍼센트 ④ 배합표 퍼센트

해설 백분율(트루 퍼센트)이란 전체 수량을 100을 기준으로 그것에 대해 갖는 비율이고, 베이커스 퍼센트란 밀가루 사용량을 100을 기준으로 한 비율이다. 베이커스 퍼센트를 사용하면, 백분율을 사용할 때보다 배합표 변경이 쉽고 변경에 따른 반죽의 특성을 짐작할 수 있다.

11

식품첨가물 중 보존료의 목적을 가장 잘 표현한 것은?

① 산도 조절
② 미생물에 의한 부패 방지
③ 산화에 의한 변패 방지
④ 가공과정에서 파괴되는 영양소 보충

해설 보존료는 세균이나 곰팡이 등 미생물에 의한 부패를 방지하기 위해 사용되는 방부제로서, 살균작용보다는 부패 미생물에 대하여 정균작용 및 효소의 발효억제 작용을 한다.

12 ★

안정제의 사용 목적이 아닌 것은?

① 흡수제로 노화 지연 효과
② 머랭의 수분 배출 유도
③ 아이싱이 부서지는 것 방지
④ 크림 토핑의 거품 안정

> **해설** ▣ 그 외의 안정제의 사용 목적
> – 아이싱의 끈적거림 방지
> – 머랭의 수분 배출 억제
> – 젤리, 무스, 파이 충전물의 농후화제로 사용
> – 포장성 개선의 목적으로 사용

13 ★

빵 및 케이크류에 사용이 허가된 보존료는?

① 프로피온산　　　② 탄산암모늄
③ 탄산수소나트륨　④ 포름알데히드

> **해설** 프로피온산은 빵 및 케이크류에 사용할 수 있도록 허가되어 있다. 부패의 원인이 되는 곰팡이나 세균에 유효하며, 발효에 필요한 효모에는 작용하지 않는다.

14

다음 중 유해성 식품첨가물이 아닌 것은?

① 소브산(Sorbic Acid)
② 아우라민(Auramine)
③ 둘신(Ducin)
④ 론갈리트(Rongalite)

> **해설** • 소브산은 허용된 보존료에 해당한다.
> • 아우라민 : 유해성 착색료
> • 둘신 : 유해성 감미료
> • 론갈리트 : 유해성 표백제

15 ★

식품첨가물을 바르게 분류한 것은?

① 이형제 – 식품의 변패를 방지하는 첨가물
② 착색료 – 식품의 기호성을 높이고 관능을 만족시키는 첨가물
③ 감미료 – 식품의 품질 개량·유지에 사용되는 첨가물
④ 팽창제 – 식품의 영양강화를 위해 사용되는 첨가물

> **해설** ▣ 식품첨가물의 분류
> – 식품의 변질·변패를 방지하는 첨가물 : 보존료, 살균제, 산화 방지제, 피막제
> – 식품의 기호성을 높이고 관능을 만족시키는 첨가물 : 조미료, 산미료, 감미료, 착색료, 착향료, 발색제, 표백제
> – 식품의 품질 개량·유지에 사용되는 첨가물 : 밀가루 개량제, 품질 개량제, 호료, 유화제, 이형제, 용제
> – 식품의 영양 강화를 위해 사용되는 첨가물 : 영양강화제
> – 식품 제조에 필요한 첨가물 : 팽창제, 소포제, 추출제, 껌기초제

16

소독의 지표가 되는 소독제는?

① 석탄산　　　② 크레졸
③ 과산화수소　④ 포르말린

> **해설** ▣ 석탄산(3%)
> – 변소, 하수도 등 오물소독에 사용
> – 소독약의 살균력 지표(유기물이 있어도 살균력이 약화되지 않음)
> – 석탄산 계수가 낮으면 살균력이 떨어짐
> – 석탄산 계수 = 다른 소독약의 희석배수 / 석탄산의 희석배수
> – 소독액의 온도가 고온일수록 효과가 큼
> – 냄새와 독성이 강하고 금속부식성이 있으며 피부점막에 강한 자극성을 줌

17 ★

다음 중 식품 취급자의 화농성 질환에 의해 감염되는 식중독은?

① 웰치균 식중독

② 황색포도상구균 식중독

③ 장염 비브리오 식중독

④ 병원성 대장균 식중독

해설 황색포도상구균은 인체에서 화농성 질환을 일으키는 균이기 때문에 피부에 외상을 입거나 각종 장기 등에 고름이 생기는 경우 식품을 다뤄서는 안 된다.

18

곡물 저장 시 수분의 함량에 따라 미생물의 발육 정도가 달라진다. 미생물의 변패를 억제하기 위해 수분함량을 몇 %로 저장하여야 하는가?

① 13% 이하

② 18% 이하

③ 25% 이하

④ 40% 이하

해설 • 세균 : 수분량 15% 이하에서 억제
• 곰팡이 : 수분량 13% 이하에서 억제
(곡류 저장시 수분을 13% 이하로 낮춤)

19

채소로 감염되는 기생충으로 짝지어진 것은?

① 편충, 동양모양선충

② 폐흡충, 회충

③ 구충, 선모충

④ 회충, 무구조충

해설 중간숙주가 없이 채소에 의해 발생하는 기생충은 회충, 요충, 편충, 구충(십이지장충), 동양모양선충이다.

20

수질의 분변 오염 지표균은?

① 웰치균

② 대장균

③ 살모넬라균

④ 포도상구균

해설 대장균의 존재 여부는 분변에 의한 오염 유무의 지표가 되며, 수질검사 등에 종종 응용되는 수단으로 위생학상 중요하다.

21

조리공간에 대한 설명이 가장 올바르게 된 것은?

① 조리실의 형태는 장방형보다 정방형이 좋다.

② 천장의 색은 벽에 비해 어두운 색으로 한다.

③ 벽의 마감재로는 자기타일, 모자이크타일, 금속판, 내수합판 등이 좋다.

④ 창면적은 벽면적의 40~50%로 한다.

해설 조리실 형태 : 장방형(직사각형 구조)이 좋으며, 창 면적은 바닥면적의 1/2~1/5, 벽 면적의 70% 정도가 적당하다.

22

원가관리 개념에서 식품을 저장하고자 할 때 저장 온도로 부적합한 것은?

① 상온 식품은 15~20℃에서 저장한다.

② 보랭 식품은 10~15℃에서 저장한다.

③ 냉장 식품은 5℃ 전후에서 저장한다.

④ 냉동 식품은 -40℃ 이하로 저장한다.

해설 급속 냉동은 -40℃에서 급랭하고 보관은 -18℃에서 저장한다.

23

총 원가는 어떻게 구성되는가?

① 제조 원가 + 판매비 + 일반 관리비
② 직접 재료비 + 직접 노무비 + 판매비
③ 제조 원가 + 이익
④ 직접 원가 + 일반 관리비

해설 총 원가는 제조 원가, 판매비, 일반 관리비로 구성되어 있다.

24

다음 중 생산관리의 목표는?

① 재고, 출고, 판매의 관리
② 재고, 납기, 출고의 관리
③ 납기, 재고, 품질의 관리
④ 납기, 원가, 품질의 관리

해설 생산관리는 납기관리, 원가관리, 품질관리, 생산량 관리를 목표로 둔다.

25

제품의 판매 가격이 1,000원일 때 생산 원가는 약 얼마인가?(단, 손실률 10%, 이익률 20%, 부가 가치세 10%가 포함된 가격임)

① 580원   ② 689원
③ 758원   ④ 909원

해설 생산 원가 = 판매 가격 ÷ 부가가치세 ÷ 이익률 ÷ 손실률
= 1,000 ÷ 1.1 ÷ 1.2 ÷ 1.1 = 689원

26

포도당과 결합하여 유당을 이루며 뇌신경 등에 존재하는 당류는?

① 과당(Fructose)   ② 만노오스(Mannose)
③ 리보오스(Ribose)   ④ 갈락토오스(Galactose)

해설 유당 = 포도당 + 갈락토오스

27

올리고당류의 특징으로 가장 거리가 먼 것은?

① 청량감이 있다.
② 감미도가 설탕 대비 20~30% 정도 낮다.
③ 설탕에 비해 항충치성이 있다.
④ 장내 비피더스균의 증식을 억제한다.

해설 올리고당은 설탕보다 감미도가 낮아서 설탕 대체 용품으로 각광받고 있으며 비피더스 증식효과, 칼슘 흡수 증진, 장기능 개선 등의 효과가 있는 것으로 알려져 있다.

28

밀가루가 75%의 탄수화물, 10%의 단백질, 1%의 지방을 함유하고 있다면 100g의 밀가루를 섭취하였을 때 얻을 수 있는 열량은?

① 386kcal   ② 349kcal
③ 317kcal   ④ 307kcal

해설 (100g × 0.75 × 4) + (100g × 0.1 × 4) + (100g × 0.01 × 9) = 349

29

필수 아미노산이 아닌 것은?

① 트레오닌, 글루타민
② 트립토판, 발린
③ 메티오닌, 페닐알라닌
④ 이소류신, 히스티딘

해설 ■ 필수 아미노산의 종류
– 성인(9종) : 페닐알라닌, 트립토판, 발린, 류신, 이소류신, 메티오닌, 트레오닌, 리신, 히스티딘
– 성장기(10종) : 성인의 필수 아미노산(9종) + 아르기닌

30

다당류 중 포도당으로만 구성되어 있는 탄수화물이 아닌 것은?

① 셀룰로오스   ② 전분
③ 펙틴   ④ 글리코겐

해설 펙틴은 팽윤성이 뛰어난 수용성 식이섬유로서 인체 내의 소화효소에 의해 분해가 어려우며, 섭취 시 포만감을 주고 칼로리는 매우 낮아서 다이어트 식품의 원료로 주로 이용된다. 펙틴의 주성분은 갈락투론산이고, 중성당인 람노스, 갈락토오스, 아라비노스 등을 포함한다.

31

무기질의 작용에 대한 설명으로 틀린 것은?

① 체액의 삼투압 조절 ② 골격과 치아 구성
③ 에너지 발생   ④ 인체의 구성 성분

해설 무기질은 뼈, 치아, 근육, 신경을 구성하는 구성 영양소 역할과 삼투압 조절, 체액 중성 유지, 혈액 응고 등의 조절영양소 역할을 한다.

32

유당불내증의 원인은?

① 대사과정 중 비타민 B군의 부족
② 변질된 유당의 섭취
③ 우유 섭취량의 절대적인 부족
④ 소화액 중 락타아제의 결여

해설 유당불내증은 우유에 들어있는 유당을 소화시키지 못해서 나타나는 증상으로 유당 분해 효소인 락타아제가 부족한 것이 원인이다.

33

포화지방산을 가장 많이 함유하고 있는 식품은?

① 올리브유   ② 버터
③ 콩기름   ④ 홍화유

해설 – 포화지방산은 동물성 유지에 많이 함유되어 있고 단일결합, 실온에서 고체이다.
– 탄소 수가 증가함에 따라 융점이 상승한다.
– 스테아르산, 팔미트산이 있다.

34

섬유소(Cellulose)를 완전하게 가수분해하면 어떤 물질로 분해되는가?

① 포도당(Glucose)   ② 설탕(Sucrose)
③ 맥아당(Maltose)   ④ 아밀로오스(Amylose)

해설 섬유소는 다당류로서 셀룰라아제라는 효소에 분해되지만 사람에게는 소화효소가 없다. 탄수화물을 분해하면 최종 산물은 포도당이다.

35 ★

글리세롤 1분자에 지방산, 인산, 콜린이 결합한 지질은?

① 레시틴   ② 에르고스테롤
③ 콜레스테롤   ④ 세파

해설 레시틴은 인지질로 복합지방이다.

36

열량 영양소의 단위 g당 칼로리의 설명으로 옳은 것은?

① 단백질은 지방보다 칼로리가 많다.
② 탄수화물은 지방보다 칼로리가 적다.
③ 탄수화물은 단백질보다 칼로리가 적다.
④ 탄수화물은 단백질보다 칼로리가 많다.

해설 탄수화물(4kcal), 단백질(4kcal), 지방(9kcal)

37

리놀레산 결핍 시 발생할 수 있는 장애가 아닌 것은?

① 성장지연　　② 시각기능장애
③ 생식장애　　④ 호흡장애

해설　리놀레산은 필수 지방산으로 결핍 시 성장지연, 시각기능장애, 생식장애 등을 일으킨다.

38 ★

글리세롤 1분자와 지방산 1분자가 결합한 것은?

① 트리글리세라이드(Triglyceride)
② 디글리세라이드(Diglyceride)
③ 모노글리세라이드(Monoglyceride)
④ 펜토스(Pentose)

해설　모노글리세라이드는 지방의 글리세롤 1분자와 지방산 1분자가 결합한 것이다.

39 ★

무기질에 대한 설명으로 틀린 것은?

① 황(S)은 당질 대사에 중요하며 혈액을 알칼리성으로 유지시킨다.
② 칼슘(Ca)은 주로 골격과 치아를 구성하고 혈액 응고작용을 돕는다.
③ 나트륨(Na)은 주로 세포 외액에 들어있고, 삼투압 유지에 관여한다.
④ 요오드(I)는 갑상선 호르몬의 주성분으로, 결핍되면 갑상선증을 일으킨다.

해설　황은 피부, 손톱, 모발 등에 풍부하다. 체내에서 해독작용을 하며, 산화·환원 작용에도 관여한다. 당질(탄수화물)대사에 관여하는 것은 마그네슘이다.

40

노인의 경우 필수 지방산의 흡수를 위하여 다음 중 어떤 종류의 기름을 섭취하는 것이 좋은가?

① 콩기름　　② 닭기름
③ 돼지기름　　④ 쇠기름

해설　리놀레산, 리놀렌산, 아라키돈산 등의 필수 지방산은 식물성 유지인 콩기름에 많이 함유되어 있다.

41

빵류 제품의 충전물에 대해 잘못 설명한 것은?

① 충전물이란 굽기가 끝나고 포장 전에 제품에 첨가되는 식품을 말한다.
② 유크림은 원유나 우유류에서 분리한 것으로 유지방분이 30% 이상인 것을 말한다
③ 커스터드 크림 제조 시 설탕을 50% 이상 넣어야 전분의 호화가 잘 된다.
④ 버터는 30℃ 전후에서 녹기 시작하므로 관리에 주의해야 한다.

해설　커스터드 크림의 기본 배합은 우유 100%에 대하여 설탕 30~35%, 전분류 6.5~14%, 난황 3.5%를 사용하는데, 설탕을 50% 이상 넣게 되면 전분의 호화가 잘 되지 않아 끈적이는 상태가 된다.

42

다음 중 글루텐의 구성 물질 중 탄력성을 부여하는 물질은?

① 펜토산　　② 알부민
③ 글리아딘　　④ 글루테닌

해설　글루텐을 형성하는 단백질은 글리아딘과 글루테닌으로 글리아딘은 점성과 신장성을 부여하고, 글루테닌은 탄력성을 부여한다.

43

탈지분유 1% 변화에 따른 반죽의 흡수율 차이는 얼마인가?

① 1% ② 2%
③ 3% ④ 별 영향이 없다.

> **해설** 탈지분유의 양이 1% 증가하면 반죽의 흡수율도 1% 증가한다.

44

다음 중 식빵의 껍질 색을 옅게 만든 원인은?

① 연수 사용 ② 설탕의 사용량 과다
③ 과도한 굽기 ④ 1차 발효 부족

> **해설** 연수는 미네랄을 60ppm 이하로 함유하고 있어 껍질 색을 옅게 만든다. 반대로 경수는 180ppm 이상의 미네랄을 함유하여 진한 색을 낸다.

45 *

글루텐을 형성하는 주된 단백질은?

① 알부민, 글리아딘
② 글루테닌, 글로불린
③ 글루테닌, 글리아딘
④ 글로불린, 레시틴

> **해설** 글루텐은 글리아딘과 글루테닌, 그 외 메소닌, 알부민, 글로불린 등으로 구성되어 있다.

46

발효 손실이 큰 경우가 아닌 것은?

① 반죽 온도가 높을 때
② 발효실 온도가 낮을 때
③ 발효실 습도가 낮을 때
④ 발효 시간이 길 때

> **해설** 반죽 온도가 높을수록, 발효 시간이 길수록, 소금과 설탕이 적을수록, 발효실 온도가 높을수록, 발효실 습도가 낮을수록 발효 손실이 크다.

47

반죽을 발전단계 초기에 마무리하여야 하는 제품은?

① 빵도넛 ② 베이글
③ 그리시니 ④ 소보로빵

> **해설** 그리시니를 최종단계까지 반죽하면 탄력성이 생기므로 밀어 펴기 어려워져 막대 모양으로 성형하기 어렵다
> ① 빵도넛 : 최종단계 초기
> ② 베이글 : 발전단계 후기
> ④ 소보로빵 : 최종단계

48

튀김의 단계가 순서대로 맞게 연결된 것은?

① 식품 내부의 수분이 표면으로 이동 → 식품 내부 익음 → 메일라드 반응(표면 갈색)
② 식품 내부 익음 → 식품 내부의 수분이 표면으로 이동 → 메일라드 반응(표면 갈색)
③ 메일라드 반응(표면 갈색) → 식품 내부 익음 → 식품 내부의 수분이 표면으로 이동
④ 식품 내부의 수분이 표면으로 이동 → 메일라드 반응(표면 갈색) → 식품 내부 익음

> **해설** ■ 튀김의 3단계
> – 1단계 : 식품이 뜨거운 기름에 들어가면 표면의 수분이 수증기로 달아나며, 이로 인해 내부의 수분이 표면으로 이동한다. 이때 형성된 식품 표면의 수증기 면은 고온의 기름 온도에서 식품을 타지 않게 보호하며 기름이 흡수되는 것을 막아 주지만, 기름의 일부는 수분이 달아나는 기공을 통하여 흡수된다.
> – 2단계 : 튀김 열에 의해 메일라드 반응이 일어나 식품의 표면이 갈색이 되며, 수분이 달아나 기공이 커지고 많아진다.
> – 3단계 : 식품의 내부가 익는다. 이것은 직접적인 기름의 접촉보다 내부로 열이 전달되기 때문이다.

49

제빵 공정상 작업 내용에 따라 조도 기준을 달리한다면 표준 조도를 가장 높게 하여야 할 작업 내용은?

① 포장, 장식, 마무리 작업
② 계량, 반죽 작업
③ 굽기 작업
④ 발효 작업

> 해설 공정상의 포장, 장식, 마무리 작업의 작업장은 표준 조도는 500Lux 이다.

50

튀김 기름의 적정 온도 유지를 위한 방법으로 옳지 않은 것은?

① 튀김 재료의 10배 이상의 충분한 양의 기름을 준비한다.
② 한번에 넣고 튀기는 재료와 양은 일반적으로 튀김 냄비 기름 표면적의 1/3~1/2 이내여야 한다.
③ 수분 함량이 많은 식품은 기름 온도를 저하시키므로 미리 어느 정도 수분을 제거시킨다.
④ 튀김할 때 두꺼운 금속 용기로 직경이 넓은 팬을 사용한다.

> 해설 튀김할 때 두꺼운 금속 용기로 직경이 작은 팬을 사용하면 많은 양의 기름을 넣어 튀길 때 기름 온도의 변화가 적다.

51

정상적인 스펀지 반죽을 발효시키는 동안 스펀지 내부의 온도 상승은 어느 정도가 가장 바람직한가?

① 4~6℃
② 8~10℃
③ 12~14℃
④ 15~17℃

52 ★

식품안전관리인증기준(HACCP)을 수행하는 준비 단계가 아닌 것은?

① 공정흐름도 작성
② 중요관리점(CCP) 결정
③ 제품설명서 작성
④ 해썹(HACCP) 팀 구성

> 해설 중요 관리점은 적용 단계 2원칙에 해당된다.
> ▣ HACCP 준비 단계
> – 제 1단계 : HACCP 팀 구성
> – 제 2단계 : 제품설명서 작성
> – 제 3단계 : 용도 확인
> – 제 4단계 : 공정흐름도 작성
> – 제 5단계 : 공정흐름도 현장 확인

53

액체 발효법을 한 단계 발전시켜 연속적인 작업이 하나의 제조라인을 통하여 이루어지도록 한 방법은?

① 액종법
② 노타임법
③ 스트레이트법
④ 연속식 제빵법

> 해설 연속식 제빵법 : 특수한 장비와 원료 계량 장치로 이루어져 있으며, 정형 장치가 없고 최소의 인원과 공간에서 생산이 가능하도록 되어 있다. 유럽에서 사용하는 초고속믹서와 찰리우드법 등도 연속식 제빵법의 범주에 속한다.

54

반죽 시간을 길어지게 하는 재료가 아닌 것은?

① 소금
② 설탕
③ 밀가루
④ 탈지분유

> 해설 ① 소금 : 글루텐 형성을 촉진하여 반죽의 탄력성을 키운다. 그 결과 반죽 시간이 짧아진다.
> ② 설탕 : 글루텐 결합을 방해하여 반죽의 신장성을 키운다. 그 결과 반죽 시간이 길어진다.
> ③ 밀가루 : 단백질의 질이 좋고 양이 많을수록 반죽 시간이 길어지고 반죽의 기계 내성이 커진다.
> ④ 탈지분유 : 글루텐 형성을 늦춘다. 그 결과 반죽 시간이 늘어난다.

55

쇼트닝에 대한 설명으로 옳지 않은 것은?

① 동·식물성 유지를 정제 가공한 유제품이다.
② 지방 함량이 100%이다.
③ 쇼트닝성(바삭바삭한 정도)과 크림성(공기 혼입)이 우수하다.
④ 동·식물성 유지에 물을 혼합해 만든다.

해설 쇼트닝은 동·식물성 유지를 정제 가공한 것으로, 마가린과 달리 수분을 함유하지 않는다.

56 *

다음 중 발효시간을 주지 않거나 현저하게 줄이는 반죽법으로, 베이스 믹스를 첨가제로 넣어 사용하는 반죽법은?

① 노타임법
② 연속식 제빵법
③ 스트레이트법
④ 오버나이트 스펀지법

해설 발효시간을 주지 않거나 현저하게 줄여주는 반죽법은 노타임법이다. 노타임법에서 글루텐 형성은 환원제와 산화제의 도움을 받아 기계적 혼합에 의해서 이루어진다.

57

냉각 환경에 대한 설명으로 옳지 않은 것은?

① 0~10℃ 사이의 냉장실에서 냉각하는 것이 좋다.
② 냉각하는 동안 수분 증발로 무게가 감소한다.
③ 냉각실의 습도는 일반적으로 80% 정도면 적당하다.
④ 냉각실은 환기시설을 잘 갖추어 통풍이 잘되고 병원성 미생물의 혼입이 없는 곳이어야 한다.

해설 냉각실의 온도가 너무 높으면 냉각 시간이 늘어나고, 너무 낮으면 표면이 거칠어지므로 15~25℃ 사이의 상온을 유지하는 것이 좋다.

58

프랑스빵, 하드 롤, 호밀빵 등의 하스브레드(Hearth Bread)를 구울 때 스팀을 사용하는 목적으로 적절하지 않은 것은?

① 표면이 마르는 시간을 늦춰 준다.
② 오븐 스프링을 유도하는 기능을 수행한다.
③ 빵의 표면에 껍질이 두꺼워진다.
④ 윤기가 나는 빵이 만들어진다.

해설 ■ 스팀 사용의 목적
반죽을 오븐에 넣고 난 직후에 수분을 공급하여 표면이 마르는 시간을 늦춰 오븐 스프링을 유도하는 기능을 수행한다. 이를 통해 빵의 볼륨이 커지고 빵의 표면에 껍질이 얇아지면서 윤기가 나는 빵이 만들어진다.

59

식빵류 제품의 2차 발효에 대한 설명으로 옳지 않은 것은?

① 산형 식빵은 식빵 틀보다 1cm 정도 올라오도록 2차 발효를 시킨다.
② 건포도 식빵은 식빵 틀보다 1.5~2cm 정도 낮게 2차 발효시킨다.
③ 원로프형 식빵은 산형 식빵과 다르게 틀보다 1cm 정도 낮게 발효시킨다.
④ 풀먼 식빵은 식빵 틀보다 1~1.5cm 정도 낮게 발효되었을 때 2차 발효를 완료한다.

해설 건포도 식빵은 식빵 틀보다 1.5~2cm 정도 높게 2차 발효시킨다. 건포도 식빵은 많은 양의 건포도 사용으로 인하여 분할 무게가 많고 오븐 스프링이 적어 충분한 2차 발효가 필요하다.

60

반죽 작업 공정의 단계 중 클린업 단계에 대한
설명으로 옳지 않은 것은?

① 반죽기의 속도를 저속에서 중속으로 바꾼다.
② 이 단계에서 유지를 넣으면 믹싱 시간이 단축
된다.
③ 밀가루의 수화가 끝나고 글루텐이 조금씩 결합
하기 시작한다.
④ 글루텐을 결합하는 마지막 단계로 신장성이
최대가 된다.

해설 ▣ 클린업 단계(Clean-up Stage)
- 반죽기의 속도를 저속에서 중속으로 바꾼다.
- 수분이 밀가루에 완전히 흡수되어 한 덩어리의
반죽이 만들어지는 단계로, 이때 밀가루의 수화가
끝나고 글루텐이 조금씩 결합하기 시작한다.
- 글루텐 결합이 작아 반죽을 펼쳐 보면 두꺼운
채로 잘 끊어진다.
- 이 단계에서 유지를 넣으면 믹싱 시간이 단축
된다.
- 대체적으로 냉장 발효 빵 반죽은 이 단계에서
반죽을 마친다.

제빵편 1회 모의고사			정 답	
01	02	03	04	05
④	④	②	①	③
06	07	08	09	10
①	①	④	①	②
11	12	13	14	15
②	②	①	①	②
16	17	18	19	20
①	②	①	①	②
21	22	23	24	25
③	④	①	④	②
26	27	28	29	30
④	④	②	①	③
31	32	33	34	35
③	④	②	①	①
36	37	38	39	40
②	④	③	①	①
41	42	43	44	45
③	④	①	①	③
46	47	48	49	50
②	③	④	①	④
51	52	53	54	55
①	②	④	①	④
56	57	58	59	60
①	①	③	②	④

01

식중독 예방을 위한 개인위생 안전관리에 대해 잘못 설명한 것은?

① 식품의 온도 관리만큼이나 식품 취급자의 관리가 매우 중요하다.
② 조리 종사원의 건강 상태를 확인해야 한다.
③ 손을 씻을 때 세정제의 사용은 자제한다.
④ 음식물은 속까지 충분히 익혀 먹는다.

해설 식중독 예방을 위하여 손 씻기를 할 때에는 비누 등의 세정제를 사용하여 손가락 사이, 손등까지 골고루 흐르는 물로 30초 이상 씻는다.

02

조리작업장의 위치 선정 조건으로 가장 거리가 먼 것은?

① 변질의 우려로 햇빛이 들지 않는 곳
② 통풍이 잘되고 밝고 청결한 곳
③ 음식의 운반과 배선이 편리한 곳
④ 재료의 반입과 오물의 반출이 쉬운 곳

해설 조리장은 통풍, 채광 및 급배수가 용이하고, 소음, 악취, 가스, 분진, 공해가 없는 곳에 위치해야 한다.

03

재료 계량에 대한 설명으로 틀린 것은?

① 저울을 사용하여 정확히 계량한다.
② 가루 재료는 서로 섞어 체질한다.
③ 이스트는 소금, 설탕과 함께 계량한다.
④ 사용할 물은 반죽 온도에 맞추어 조절한다.

해설 이스트는 설탕 및 소금과 서로 닿지 않게 따로 계량해야 한다.

04

식품위생법상 용어 정의를 잘못 설명한 것은?

① '식품'이란 의약으로 섭취하는 것을 제외한 모든 음식물을 말한다.
② '위해'란 식품, 식품첨가물, 기구 또는 용기·포장에 존재하는 위험요소로서 인체의 건강을 해치거나 해칠 우려가 있는 것을 말한다
③ 농업과 수산업에 속하는 식품 채취업은 식품위생법상 '영업'에서 제외된다.
④ '집단급식소'라 함은 영리를 목적으로 하면서 특정 다수인에게 계속하여 음식물을 공급하는 시설을 말한다.

해설 ① 식품위생법 제2조 제1호
② 식품위생법 제2조 제6호
③ 식품위생법 제2조 제9호
④ '집단급식소'란 영리를 목적으로 하지 아니하면서 특정 다수인에게 계속하여 음식물을 공급하는 급식시설로서 대통령령으로 정하는 시설을 말한다. (식품위생법 제2조 제12호)

05 ★

식품위생법상 식품위생의 대상은?

① 식품 포장기구, 그릇, 조리 방법
② 재배환경, 조리 방법, 식품 포장재
③ 식품, 식품첨가물, 영양제
④ 식품, 식품첨가물, 기구, 용기, 포장

해설 '식품위생'이란 식품, 식품첨가물, 기구 또는 용기·포장을 대상으로 하는 음식에 관한 위생을 말한다. (식품위생법 제2조 제11호)

06

식품위생법령상 영업허가를 받아야 할 업종이 아닌 것은?

① 단란주점영업　　② 유흥주점영업
③ 식품조사처리업　　④ 제과점영업

해설 제과점영업은 영업신고를 하여야 하는 업종이다. (식품위생법 시행령 제25조 제1항 제8호)

■ 허가를 받아야 하는 영업 및 허가관청(식품위생법 시행령 제23조)
– 식품조사처리업 : 식품의약품안전처장
– 단란주점영업, 유흥주점영업 : 특별자치시장, 특별자치도지사 또는 시장, 군수, 구청장

07

작업대 세척 방법으로 옳지 않은 것은?

① 작업대 주변을 정리하고, 고온의 물로 한 번 씻어낸다.
② 스폰지에 중성 세제나 알칼리성 세제를 묻혀 골고루 문지른다.
③ 음용수로 세제를 닦아내고 완전히 건조시킨다.
④ 70% 알코올 분무 또는 이와 동등한 효과가 있는 방법으로 살균한다.

해설 ■ 작업대 세척 방법
– 작업대 주변을 정리하고, 음용에 적합한 40℃ 정도의 온수로 3회 씻는다.
– 스펀지에 중성 세제나 알칼리성 세제를 묻혀 골고루 문지른다.
– 음용수로 세제를 닦아내고 완전히 건조시킨다.
– 70% 알코올 분무 또는 이와 동등한 효과가 있는 방법으로 살균한다.

08 *

쥐를 매개체로 감염되는 질병이 아닌 것은?

① 돈단독증　　② 쯔쯔가무시병
③ 신증후군출혈열　　④ 렙토스피라증

해설 쥐가 매개하는 질병 : 페스트, 살모넬라증, 발진열, 렙토스피라증, 양충병(쯔쯔가무시병) 등
• 돈단독증은 돼지와 관련있는 인수공통 감염병이다.

09

작업환경에 대한 설명으로 옳지 않은 것은?

① 작업장 바닥은 파여 있거나 갈라진 틈이 없어야 한다.
② 조리 작업장의 권장 조도는 10~100Lux 정도이다.
③ 건물 내에 환기 시스템에 대한 정기적 유지, 보수 프로그램을 세워야 한다.
④ 용수의 경우 중금속, 유해물질, 소독제 등에 의한 오염이 있을 수 있으므로 상수도 사용을 하도록 한다.

해설 조리 작업장의 한계 조도는 150~300Lux이다.

10

식품의 HACCP 의무적용 대상 식품에 해당하지 않는 것은?

① 빙과류　　② 비가열음료
③ 껌류　　④ 레토르트식품

해설 ■ 식품의 HACCP 의무적용 대상
– 어묵·냉동수산식품(어류·연체류·조미가공품)
– 냉동식품(피자류·만두류·면류)·빙과류·비가열음료·레토르트식품
– 배추김치·즉석조리식품(순대)
– 매출액 100억 이상 제조업체
– 어육소시지·음료류·초콜릿류·특수용도식품·과자·캔디류·빵류·떡류·국수·유탕면류·즉석섭취식품
• 껌류는 HACCP 의무 대상 식품에 포함되지 않는다.

11

스트레이트법을 비상 스트레이트법으로 변경할 때 식초나 젖산을 첨가하는 이유는?

① pH 조절　　　　② 이스트 활동 촉진
③ 발효 시간 지연　④ 글루텐 숙성 보완

> **해설** 스트레이트법을 비상 스트레이트법으로 변경할 때 짧은 발효 시간으로 인한 pH를 조절하기 위하여 식초나 젖산을 첨가한다.

12

기름의 발연점이 낮아지는 경우는?

① 유리지방산 함량이 많을수록
② 기름을 사용한 횟수가 적을수록
③ 기름 속에 이물질의 유입이 적을수록
④ 튀김 용기의 표면적이 좁을수록

> **해설** 유지의 발연점은 일정한 온도에서 열분해를 일으켜 지방산과 글리세롤로 분해되어 연기가 나기 시작하는 온도로, 유리지방산의 함량이 적으면 발연점이 높아진다.

13

위생 복장에 대한 설명으로 옳지 않은 것은?

① 위생모는 머리카락이 외부로 노출되지 않도록 착용한다.
② 위생복은 이물질이 잘 보이지 않도록 어두운 색으로 착용한다.
③ 위생화는 바닥이 미끄럽지 않은 것으로 착용한다.
④ 마스크는 코와 입이 가려지도록 착용하여 구강 분비물이나 수염이 제품에 혼입되지 않도록 한다.

> **해설** 위생복은 밝은색, 긴소매, 주머니나 단추가 외부로 노출되지 않는 위생복을 착용한다. 일반 구역과 청결 구역을 구별하여 위생복을 착용한다.

14

식당 종업원의 손 소독에 가장 적당한 것은?

① 승홍수　　　　② 중성세제
③ 역성비누　　　④ 염소용액

> **해설** 식품 취급자의 가장 적합한 손 소독 방법 : 역성 비누를 이용

15

강력분의 특징이 아닌 것은?

① 믹싱과 발효 내구성이 크다.
② 단백질 함량이 11~13%이다.
③ 식빵, 마카로니, 스파게티 등을 만든다.
④ 연질소맥으로 제분한다.

> **해설** 강력분은 경질소맥으로 제분하고, 박력분은 연질 소맥으로 제분한다.

16

식품 저장의 원칙을 잘못 설명한 것은?

① 공기 순환이 원활하도록 물건은 많은 양을 보관하는 것이 좋다.
② FIFO(선입선출) 원칙에 따른다.
③ 개봉되거나 찢어진 포장 등에 의해 오염될 수 있으므로 청결하게 보관한다.
④ 저장 장소는 건조하게 유지 및 관리한다.

> **해설** 적정량의 물건을 보관해야 공기 순환이 원활하게 이루어진다.

17

동결 중 식품에 나타나는 변화가 아닌 것은?

① 단백질의 변성　　② 지방의 산화
③ 비타민의 손실　　④ 탄수화물의 호화

> **해설** 식품의 동결 중에는 변색, 단백질의 변성, 지방의 산화, 비타민의 손실, 건조에 따른 감량, 드립 (Drip) 등이 일어나 품질이 저하된다.

18

액상 재료의 양을 잴 때 사용하는 도구는?

① 스패출러　　　　② 전자저울
③ 스크레이퍼　　　④ 계량컵

> **해설**
> • 스패출러 : 크림, 잼 등을 바르거나 토핑류를 자를 때 사용
> • 전자저울 : 무게를 잴 때 사용
> • 스크레이퍼 : 반죽의 분할이나 반죽 후 반죽의 제거 용도로 사용

19

분할기에 의한 식빵 분할은 최대 몇 분 이내에 완료하는 것이 가장 적합한가?

① 20분　　　　　　② 30분
③ 40분　　　　　　④ 50분

> **해설** 손 분할이나 기계 분할은 15~20분 이내로 분할하는 것이 좋으며, 이는 시간이 지날수록 발효가 진행되어 부피가 커지고 무게가 감소하기 때문이다.

20

1인당 생산 가치는 생산 가치를 무엇으로 나누어 계산하는가?

① 인원 수　　　　　② 시간
③ 임금　　　　　　④ 원재료비

> **해설** 1인당 생산 가치 = 생산 가치 ÷ 인원 수

21

다음 중 제빵용 물로 가장 적합한 것은?

① 증류수
② 알칼리수
③ 아연수
④ 아경수

> **해설** 제빵에 가장 적합한 물은 약산성(pH 5.2~5.6)의 아경수(120~180ppm)이다.

22

제과 · 제빵 공장에서 생산관리 시 매일 점검할 사항이 아닌 것은?

① 제품당 평균 단가
② 설비 가동률
③ 원재료율
④ 출근율

> **해설** 제품당 평균 단가는 제품 제조 시 투입되는 요소들에 변동폭이 발생될 때 점검할 사항이다.

23 ★

호밀빵에 사우어종을 사용하는 이유로 잘못된 것은?

① 기공이 조밀해진다.
② 보존성이 높아진다.
③ 풍미를 향상시킨다.
④ 볼륨이 좋아진다.

> **해설** 호밀빵에 사우어종을 사용하면 각종 발효 부산물인 풍부한 향, 독특한 탄성과 볼륨 유지, 수분이 촉촉한 제품으로 완성된다.

24

제품의 생산 원가를 계산하는 목적에 해당하지 않는 것은?

① 이익 계산　　　② 판매 가격 결정
③ 원, 부재료 관리　④ 설비 보수

해설 설비 보수는 생산계획의 감가상각의 목적에 해당한다.

25

둥글리기의 목적과 거리가 먼 것은?

① 표피를 형성시킨다.
② 반죽의 기공을 고르게 유지한다.
③ 끈적거림을 제거한다.
④ 껍질 색을 좋게 한다.

해설 껍질 색은 캐러멜화나 마이야르 반응에 의한 것이므로 둥글리기와는 관계가 없다.

26

하루 2,400kcal를 섭취하는 사람의 이상적인 탄수화물 섭취량은 약 얼마인가?

① 1,100~1,400g　② 850~1,050g
③ 500~725g　　　④ 275~350g

해설 탄수화물의 1일 섭취량은 1일 섭취 총 열량의 55~70%가 적당하다.
2,400kcal × 0.55 = 1,320kcal ÷ 4kcal = 330g
2,400kcal × 0.7 = 1,680kcal ÷ 4kcal = 420g

27

다음 중 감미가 가장 강한 것은?

① 맥아당　　　② 설탕
③ 과당　　　　④ 포도당

해설 ▣ 감미도 순서

과당 〉 전화당 〉 설탕 〉 포도당 〉 맥아당 〉 갈락토오스 〉 유당

28

다음 중 스트레이트 반죽에서 보통 유지를 첨가하는 단계는?

① 최종 단계　　② 픽업 단계
③ 클린업 단계　④ 발전 단계

해설 유지는 밀가루의 수화를 방해하므로 반죽이 어느 정도 혼합된 클린업 단계에서 투입하면 믹싱 시간이 단축된다.

29

생체 내에서의 지방의 기능으로 틀린 것은?

① 생체기관을 보호한다.
② 체온을 유지한다.
③ 효소의 주요 구성 성분이다.
④ 주요한 에너지원이다.

해설 ▣ 지방의 기능
 – 장기 보호 및 체온 조절을 해준다.
 – 지용성 비타민의 흡수율을 높인다.
 – 생체기관을 보호한다.
 – 1g당 9kcal의 열량을 발생시킨다.

30

리놀레산 결핍 시 발생할 수 있는 장애가 아닌 것은?

① 성장지연　　② 시각기능장애
③ 생식장애　　④ 호흡장애

해설 리놀레산은 필수 지방산으로 결핍 시 성장지연, 시각기능장애, 생식장애 등을 일으킨다.

31

글리세롤 1분자와 지방산 1분자가 결합한 것은?

① 트리글리세라이드(Triglyceride)
② 디글리세라이드(Diglyceride)
③ 모노글리세라이드(Monoglyceride)
④ 펜토스(Pentose)

해설 모노글리세라이드는 지방의 글리세롤 1분자와 지방산 1분자가 결합한 것이다.

32

식빵 제조 시 1차 발효실의 적합한 온도는?

① 24℃
② 27℃
③ 35℃
④ 40℃

해설 1차 발효실의 온도는 27℃, 상대습도는 75~80% 이다.

33

정상적인 건강 유지를 위해 반드시 필요한 지방산으로 체내에서 합성되지 않아 식사로 공급해야 하는 것은?

① 포화지방산
② 불포화지방산
③ 필수 지방산
④ 고급지방산

해설 필수 지방산은 체내에서 합성되지 않는다. 종류로는 리놀레산, 리놀렌산, 아라키돈산 등이 있다.

34

질병에 대한 저항력을 지닌 항체를 만드는 데 꼭 필요한 영양소는?

① 탄수화물
② 지방
③ 칼슘
④ 단백질

해설 ■ 단백질의 기능
– 열량 발생
– 성장 및 체성분 구성, 산·알칼리 완충작용
– 성장, 임신, 병의 회복기능, 새조직 형성
– pH 일정하게 유지(체성분 중성 유지)

35

스펀지 도우법에서 스펀지 반죽에 들어가지 않는 재료는?

① 이스트
② 물
③ 소금
④ 강력분

해설 스펀지 반죽에 들어가는 재료는 밀가루, 이스트, 물, 이스트 푸드 등을 넣어 믹싱한 후 발효시킨다.

36

아미노산의 성질에 대한 설명 중 맞는 것은?

① 모든 아미노산은 선광성을 갖는다.
② 아미노산은 융점이 낮아서 액상이 많다.
③ 아미노산은 종류에 따라 등전점이 다르다.
④ 천연단백질을 구성하는 아미노산은 주로 D형이다.

해설 등전점이란 단백질을 용해시키는 용매의 (+), (−) 전하량이 같아져서 단백질이 중성이 되는 pH 시기를 말하며, 이런 등전점을 이용해서 화이트 레이어 케이크, 엔젤 푸드 케이크, 두부 등을 만든다.

37

밀이나 쌀과 같은 곡류에서 특히 부족하기 쉬운 아미노산은?

① 페닐알라닌
② 트레오닌
③ 알기닌
④ 리신

해설 곡류에는 트립토판과 리신이 많이 부족하다.

38

다음 중 칼슘의 결핍증이 아닌 것은?

① 구루병　　　　② 골연화증
③ 골다공증　　　　④ 괴혈병

> **해설** 골다공증은 임신, 출산을 많이한 부인에게 흔히 볼 수 있는 칼슘의 결핍증이고, 괴혈병은 비타민 C의 결핍증이다.

39

무기질에 대한 설명으로 틀린 것은?

① 황(S)은 당질 대사에 중요하며 혈액을 알칼리성으로 유지시킨다.
② 칼슘(Ca)은 주로 골격과 치아를 구성하고 혈액 응고작용을 돕는다.
③ 나트륨(Na)은 주로 세포 외액에 들어있고, 삼투압 유지에 관여한다.
④ 요오드(I)는 갑상선 호르몬의 주성분으로, 결핍되면 갑상선증을 일으킨다.

> **해설** 황은 피부, 손톱, 모발 등에 풍부하다. 체내에서 해독작용을 하며, 산화·환원 작용에도 관여한다. 당질(탄수화물)대사에 관여하는 것은 마그네슘이다.

40

무기 염류의 작용과 관계 없는 것은?

① 비타민의 절약
② 체액의 pH 조절
③ 효소 작용의 촉진
④ 세포의 삼투압 조절

> **해설** 무기질의 일반 기능으로는 인체의 경조직과 연조직을 구성하는 체조직 구성 작용, 체액과 혈액의 산·알칼리 평형 조절 작용, 삼투압을 조절하는 체내 대사작용의 조절 작용, 효소 작용의 조절 작용, 신경 흥분의 전달작용 등이 있다.

41

다음 중 반죽을 믹싱할 때 원료가 균일하게 혼합되고 글루텐의 구조가 형성되기 시작하는 단계는?

① 픽업 단계(Pick up stage)
② 발전 단계(Development stage)
③ 클린업 단계(Clean up stage)
④ 렛다운 단계(Let down stage)

> **해설**

픽업 단계	– 원료가 균일하게 혼합 – 글루텐 구조가 형성되기 시작하는 단계 – 반죽이 축축하고 끈적거림(믹싱 속도 : 저속) – 데니시 페이스트리
클린업 단계	– 글루텐이 형성되기 시작하는 단계 – 반죽이 한 덩어리가 되고 믹싱볼이 깨끗해짐 – 유지 첨가 시기 – 후염법 : 클린업 단계 직후 소금 첨가 – 스펀지법의 스펀지
발전 단계	– 반죽의 탄력성이 최대 – 반죽이 강하고 단단해짐 – 믹서의 최대 에너지 요구(믹싱 속도 : 고속) – 반죽의 믹싱볼 치는 소리가 불규칙적 – 하스 브레드, 프랑스빵
최종 단계	– 글루텐이 결합하는 마지막 단계 – 대부분의 빵 반죽에서 최적의 상태 – 반죽이 부드럽고 윤이 남 – 탄력성과 신장성이 가장 좋아 펼치면 찢어지지 않고 얇게 늘어남(Windowpane test) – 식빵, 단과자빵 등 대부분의 빵
렛다운 단계	– (오버믹싱, 과반죽, 지친 단계) 탄력성이 줄어들고 신장성이 커지며 점성이 늘어나는 단계 – 흐름성 최대 – 잉글리시머핀, 햄버거빵
파괴 단계	– 탄력성과 신장성 상실 – 글루텐 조직이 파괴, 반죽이 무석거리며 구웠을 때 제품이 거칠게 나옴

모의고사 제빵편

42

냉각시킨 빵의 가장 일반적인 수분함량은?

① 약 18% ② 약 28%
③ 약 38% ④ 약 48%

해설 굽기 직후의 수분 껍질 12~15%, 내부 42~45%에서 냉각 후는 전체 38%로 평형을 이룬다.

43 *

전분을 덱스트린으로 변화시키는 효소는 무엇인가?

① β-아밀라아제 ② α-아밀라아제
③ 말타아제 ④ 치마아제

해설 • α-아밀라아제는 전분을 덱스트린으로 분해는 액화 효소이다.
• β-아밀라아제는 외부 효소로 당화 효소로 전분이나 덱스트린을 맥아당으로 만든다.

44

반죽 온도에 미치는 영향이 가장 적은 것은?

① 훅(Hook) 온도 ② 실내 온도
③ 밀가루 온도 ④ 물 온도

45

반죽 표피에 수포가 생긴 이유로 적합한 것은?

① 2차 발효실 상대습도가 높았다.
② 2차 발효실 상대습도가 낮았다.
③ 1차 발효실 상대습도가 높았다.
④ 1차 발효실 상대습도가 낮았다.

해설 표피에 작은 수포가 생기는 이유는 반죽이 질 때. 2차 발효실 상대습도가 높을 때. 2차 발효가 작을 때 볼 수 있다.

46

성형 몰더(Moulder)를 사용할 때의 방법으로 틀린 것은?

① 휴지 상자에 반죽을 너무 많이 넣지 않는다.
② 덧가루를 많이 사용하여 반죽이 붙지 않게 한다.
③ 롤러 간격이 너무 넓으면 가스빼기가 불충분해진다.
④ 롤러 간격이 너무 좁으면 거친 빵이 되기 쉽다.

해설 지나친 덧가루의 사용은 제품의 맛과 향을 떨어뜨린다.

47

제빵에서 원가 상승의 원인이 아닌 것은?

① 창고에 장기 누적 및 사장 자재 발생
② 수요 창출에 역행하는 신제품 개발
③ 자재 선입선출 방식 실시
④ 다품종 소량 생산의 세분화 전략

해설 재료의 사용 시 선입선출 기준에 따라 관리하면, 재료의 효율적 사용 및 재고 물량 발생을 줄일 수 있다.

48

믹싱 시간과 관계가 적은 요인은?

① 반죽의 되기 ② 분유 사용량
③ 소금 투입 시기 ④ 이스트의 양

해설 믹싱 시간 상관요인 : 믹싱기의 회전 속도, 반죽의 양, 숙성 정도, 반죽의 되기, pH, 분유 및 우유의 사용량, 설탕 사용량, 소금 투입 시기, 산화제 및 환원제 등이 있다.

49

스트레이트법 1차 발효의 발효점은 처음 반죽 부피의 몇 배까지 팽창되는 것이 가장 적당한가?

① 1~2배   ② 2~3배
③ 5~6배   ④ 6~7배

해설 스트레이트법 반죽의 1차 발효실 조건 온도는 27℃, 상대습도는 75~80%, 발효점 부피는 2~3배 이다.

50

도우 컨디셔너에 대한 설명으로 옳지 않은 것은?

① 냉장, 냉동, 해동, 2차 발효를 프로그래밍에 의해 자동적으로 조절하는 기계이다.
② 계획 생산을 할 수 있다.
③ 연장근무를 하지 않아도 필요한 시간에 빵을 구워낼 수 있다.
④ 정밀 온도 시스템으로 효모균의 배양과 휴식을 세심하게 관리할 수 있다.

해설 정밀 온도 시스템으로 효모균의 배양과 휴식을 세심하게 관리할 수 있는 것은 르방 프로세서 (Levain Processor)이다.

51

알칼리성 식품에 대한 설명으로 옳은 것은?

① Na, K, Ca, Mg이 많이 함유되어 있는 식품
② S, P, Cl이 많이 함유되어 있는 식품
③ 당질, 지질, 단백질 등이 많이 함유되어 있는 식품
④ 곡류, 육류, 치즈 등의 식품

해설 • 알칼리성 식품 : 나트륨(Na), 칼슘(Ca), 칼륨 (K), 마그네슘(Mg)을 함유한 식품(채소, 과일, 우유, 기름, 굴 등)
• 산성 식품 : 인(P), 황(S), 염소(Cl)를 함유한 식품(곡류, 육류, 어패류, 달걀류 등)

52

제빵에서 이스트의 기능은?

① 발효 시 가스 생성을 억제한다.
② 반죽을 부풀게 하며 반죽에 점탄성을 강화한다.
③ 글루텐을 조이는 역할을 한다.
④ 제품의 색을 좋게 한다.

해설 ▣ 이스트(Yeast)의 기능
– 발효하는 동안 증식 활동으로 가스를 발생한다.
– 반죽을 부풀게 하며 반죽에 점탄성을 강화한다.
– 발효할 때 알코올과 유기산류를 생성하여 제품에 풍미를 준다.

53

식빵 제조 시 설탕을 과다 사용했을 경우 껍질 색의 변화는?

① 껍질 색이 옅다.
② 껍질 색이 진하다.
③ 껍질 색이 회색을 띤다.
④ 설탕의 양과 무관하다.

해설 많은 양의 설탕을 사용했을 경우 캐러멜화 반응과 메일라드 반응에 의해 껍질 색이 진해진다.

54 ★

발효 중 펀치의 효과와 가장 거리가 먼 것은?

① 반죽의 온도를 균일하게 한다.
② 이스트의 활성을 돕는다.
③ 반죽에 산소 공급으로 산화, 숙성을 진전시킨다.
④ 성형을 용이하게 한다.

해설 펀치는 반죽 온도를 균일하게 해주며, 이산화탄소를 방출하고 산소 공급으로 산화와 숙성 및 이스트 활동에 활력을 준다.

55

굽기 단계에서 일어나는 반응에 대한 설명으로 틀린 것은?

① 표피 부분이 160℃를 넘어서면 당의 캐러멜화 반응이 일어나고 전분이 덱스트린으로 분해된다.
② 반죽 온도가 60℃에 가까워지면 이스트가 사멸하면서 그와 함께 전분이 호화하기 시작한다.
③ 굽기 중 빵의 내부 온도는 100℃를 넘지 않는다.
④ 글루텐은 90℃부터 굳기 시작하여 빵이 다 구워질 때까지 천천히 계속된다.

해설 반죽 온도가 75℃를 넘으면 단백질이 열변성을 일으켜 굳기 시작하며, 열변성된 글루텐 단백질은 호화된 전분과 함께 골격(내부 구조)을 만들고 굽기 마지막 단계까지 굳기가 천천히 지속된다.

56

냉각의 목적이 아닌 것은?

① 저장성을 증대한다.
② 제품의 수분 활성을 높인다.
③ 빵류 제품의 절단에 용이하다.
④ 포장하기 용이하다.

해설 굽기가 끝난 제품을 냉각하지 않고 그대로 포장할 경우 제품의 수분이 포장지 표면으로 증발되어 수분이 응축되었다가 제품에 흡수된다. 이로 인해 제품의 수분 활성이 높아져 곰팡이 등의 세균 오염을 일으킬 수 있다. 따라서 냉각을 하면 곰팡이 등의 세균 번식을 예방하고, 저장성을 증대할 수 있다. 굽기 직후 수분함량은 껍질 12~15%, 빵 속 40~45%를 유지하는데, 냉각하면 수분함량은 껍질 27%, 빵 속 38%로 감소하게 된다.

57

방충·방서 관리에 대한 설명으로 옳지 않은 것은?

① 창문에는 방충망을 설치하고 유지, 관리한다.
② 창문틀이나 배수구 구멍에도 방충망을 설치하여야 한다.
③ 문이나 창문에 해충이 먹을 수 있는 음식물이 있는 경우에는 제거한다.
④ 작업장은 환기와 소독을 위해 오픈형 구조로 한다.

해설 ■ 방충·방서의 안전 관리
– 설치류, 곤충, 새, 해충 등의 혼입을 방지하기 위해 작업장은 밀폐식 구조로 한다.
– 배수로, 폐기물 처리장 등을 청결하게 관리한다.
– 작업장에 설치된 에어 샤워, 방충문 등의 작동과 일상 점검을 실시한다.
– 방제를 할 경우 식품에 오염되지 않도록 접촉을 철저히 막고, 휴무일에 실시한다.
– 방제 실시 후 약제 사용량 및 방역 결과는 기록으로 보존한다.
– 쥐막이 시설은 식품과 사람에게 오용되지 않도록 하고, 적정성 여부도 확인한다.

58

다음 중 바이러스에 의한 경구 감염병이 아닌 것은?

① 폴리오
② 유행성 간염
③ 감염성 설사
④ 성홍열

해설 ■ 경구 감염병의 분류
– 바이러스에 의한 것 : 감염성 설사증, 유행성 간염, 폴리오, 천열, 홍역
– 세균에 의한 것 : 세균성이질, 장티푸스, 파라티푸스, 콜레라, 성홍열, 디프테리아
– 원생동물에 의한 것 : 아메바성 이질

59

반죽 날개가 수평으로 설치되어 있고, 주로 대형 매장이나 공장형 제조업에서 사용하는 믹서는?

① 수직형 믹서　② 수평형 믹서
③ 스파이럴 믹서　④ 에어 믹서

> 해설 ① 수직형 믹서 : 반죽 날개가 수직으로 설치되어 있고, 소규모 제과점에서 케이크 반죽에 주로 사용한다.
> ③ 스파이럴 믹서 : 나선형 훅 내장, 프랑스빵과 같이 글루텐 형성능력이 다소 작은 밀가루로 빵을 만들 경우 적당하다.
> ④ 에어 믹서 : 제과 전용 믹서로, 에어 믹서 사용에 일반적으로 공기 압력이 가장 높아야 하는 제품은 엔젤 푸드 케이크이다.

60

우유에 들어있는 카세인에 대한 설명으로 틀린 것은?

① 버터의 신맛을 내는 성분이다.
② 우유 단백질의 75~80%를 차지한다.
③ 산과 만나면 응고되는 성질이 있다.
④ 열에 비교적 안정하여 잘 응고되지 않는다.

> 해설 버터의 신맛을 내는 성분은 젖산이다. 카세인은 우유의 주된 단백질로, 열에 비교적 안정하고 산에 의해 응고되는 성질이 있다.

제빵편 2회 모의고사			정 답	
01	02	03	04	05
③	①	③	④	④
06	07	08	09	10
④	①	①	②	③
11	12	13	14	15
①	①	②	③	④
16	17	18	19	20
①	④	④	①	①
21	22	23	24	25
④	①	①	④	④
26	27	28	29	30
④	③	③	③	④
31	32	33	34	35
③	②	③	④	③
36	37	38	39	40
③	④	④	①	①
41	42	43	44	45
①	③	②	①	①
46	47	48	49	50
②	③	④	②	④
51	52	53	54	55
①	②	②	④	④
56	57	58	59	60
②	④	④	②	①

01

일생 동안 계속 투여하여도 독성이 나타나지 않는 무독성이 인정되는 최대의 섭취량으로 동물의 체중 kg당 mg으로 표시하는 것은?

① 최대 무작용량(NOEL)
② 사람의 1일 섭취 허용량(ADI)
③ 반수 치사량
④ 치사량

해설 ② 사람의 1일 섭취 허용량(ADI) : 일생동안 섭취하여도 어떠한 건강 장애가 일어나지 않을 것으로 예상되는 물질의 양
③ 반수 치사량 : 실험 대상인 동물 집단의 절반이 죽는데 필요한 시험 물질의 1회 투여량
④ 치사량 : 생체를 죽음에 이르게 할 정도로 많은 약물의 양

02

다음 중 계량 방법이 잘못된 것은?

① 저울은 수평으로 놓고 눈금은 정면에서 읽으며 바늘은 0에 고정시킨다.
② 가루 상태의 식품은 계량기에 꼭꼭 눌러 담은 다음 윗면이 수평이 되도록 스패출러로 깎아서 잰다.
③ 액체 식품은 투명한 계량용기를 사용하여 계량 컵으로 눈금과 눈높이를 맞추어서 계량한다.
④ 버터는 계량기구에 눌러 담아 빈 공간이 없도록 채워서 깎아준다.

해설 가루 상태의 식품은 체로 쳐서 스푼으로 계량컵에 가만히 수북하게 담아 주걱으로 깎아서 측정한다.

03

버터나 마가린의 계량 방법으로 가장 옳은 것은?

① 냉장고에서 꺼내어 계량컵에 눌러 담은 후 윗면을 직선으로 된 칼로 깎아 계량한다.
② 실온에서 부드럽게 하여 계량컵에 담아 계량한다.
③ 실온에서 부드럽게 하여 계량컵에 눌러 담은 후 윗면을 직선으로 된 칼로 깎아 계량한다.
④ 냉장고에서 꺼내어 계량컵의 눈금까지 담아 계량한다.

04

다음 중 음료수 소독에 가장 적합한 것은?

① 생석회   ② 알코올
③ 염소   ④ 승홍

해설 • 생석회 : 오물 소독
• 알코올 : 손 소독
• 승홍 : 손, 피부 소독

05 ★

쥐에 의하여 옮겨지는 감염병은?

① 유행성 이하선염   ② 페스트
③ 파상풍   ④ 일본뇌염

해설 ▣ 쥐에 의한 질병
– 세균성 : 페스트, 와일씨병, 서교증, 살모넬라 등
– 리케차성 : 발진열
– 바이러스성 : 유행성 출혈열

06 ★

중금속과 중독 증상의 연결이 잘못된 것은?

① 카드뮴 – 신장기능 장애

② 크롬 – 비중격천공

③ 수은 – 홍독성 홍분

④ 납 – 섬유화 현상

해설 납 : 연연(잇몸에 납이 침착하여 청회백색으로 착색), 안면 창백

07

발육 최적 온도가 25~37℃인 균은?

① 저온균 　　　　② 중온균

③ 고온균 　　　　④ 내열균

해설 ▣ 발육 최적 온도
- 저온균 : 15~20℃, 식품의 부패를 일으키는 부패균
- 중온균 : 25~37℃, 질병을 일으키는 병원균
- 고온균 : 55~60℃, 온천물에 서식하는 온천균

08

병원체가 바이러스인 감염병은?

① 결핵 　　　　② 회충

③ 발진티푸스 　　④ 일본뇌염

해설 • 결핵 : 세균
• 회충 : 기생충
• 발진티푸스 : 리케차

09

과일통조림으로부터 용출되어 다량 섭취 시 구토, 설사, 복통 등을 일으킬 가능성이 있는 물질은?

① 아연(Zn) 　　　② 납(Pb)

③ 구리(Cu) 　　　④ 주석(Sn)

해설 • 아연 : 통조림의 도금 재료
• 납 : 인쇄, 유약 바른 도자기
• 구리 : 식기, 냄비 등의 부식, 착색제, 농약, 산성에서 구리합금 성분의 용출

10

다음 중 치사율이 가장 높은 독소는?

① 삭시톡신 　　　② 베네루핀

③ 테트로도톡신 　④ 엔테로톡신

해설 ▣ 자연독 치사율
- 섭조개(삭시톡신) : 10%
- 모시조개, 굴, 바지락(베네루핀) : 45~50%
- 테트로도톡신 : 50~60%
- 엔테로톡신 : 낮음

11

오염된 토양에서 맨발로 작업할 경우 감염될 수 있는 기생충은?

① 회충 　　　　② 간흡충

③ 폐흡충 　　　④ 구충

해설 구충(십이지장충)은 경피 감염될 수 있다.

12 ★

다음 중 유지의 산패에 영향을 미치는 인자에 대한 설명으로 맞는 것은?

① 저장 온도가 0℃ 이하가 되면 산패가 방지된다.

② 광선은 산패를 촉진하나 그 중 자외선은 산패에 영향을 미치지 않는다.

③ 구리, 철은 산패를 촉진하나 납, 알루미늄은 산패에 영향을 미치지 않는다.

④ 유지의 불포화도가 높을수록 산패가 활발하게 일어난다.

해설 ■ 유지의 산패에 영향을 끼치는 인자
- 온도가 높을수록 유지의 산패 촉진
- 광선 및 자외선은 유지의 산패 촉진
- 수분이 많을수록 유지의 산패 촉진
- 금속류(Cu, Fe, Pb, Al 등)는 유지의 산패 촉진
- 유지의 불포화도가 높을수록 산패 촉진
- 저장 온도가 0℃ 이하가 되어도 산패가 방지되지 않음

13 ★

전분의 호정화에 대한 설명으로 옳지 않은 것은?

① 호정화란 화학적 변화가 일어난 것이다.
② 호화된 전분보다 물에 녹기 쉽다.
③ 전분을 150~190℃에서 물을 붓고 가열할 때 나타나는 변화이다.
④ 호정화되면 덱스트린이 생성된다.

해설 전분의 호정화는 날 전분에 물을 가하지 않고 160~170℃로 가열하면 가용성 전분을 거쳐 호정으로 분해되는 반응이다.

14

조리장의 설비 및 관리에 대한 설명 중 틀린 것은?

① 조리장 내에는 배수시설이 잘되어야 한다.
② 하수구에는 덮개를 설치한다.
③ 폐기물 용기는 목재 재질을 사용한다.
④ 폐기물 용기는 덮개가 있어야 한다.

해설 폐기물 용기는 내수성 재질을 사용해야 한다.

15

탄수화물 분해효소가 아닌 것은?

① 아밀라아제   ② 리파아제
③ 셀룰라아제   ④ 말타아제

해설 리파아제는 지방 분해효소이다.

16 ★

식품위생법상 조리사로서 영업에 종사할 수 있는 경우는?

① 조리사 면허의 취소 처분을 받고 그 취소된 날부터 1년이 지나지 아니한 자
② 세균성이질환자
③ 화농성질환자
④ B형간염환자

17

인축공통 전염병(Zoonoses)과 관계있는 것으로 바르게 짝지어진 것은?

① 장티푸스, 홍역
② 세균성이질, 살모넬라증
③ 파상풍, 세균성이질
④ 일본뇌염, 탄저

18

사람이 평생 동안 매일 화학물질을 섭취하여도 아무런 장애가 일어나지 않는 최대량으로, 1일 체중 kg당 mg 수로 표시하는 것은?

① 최대무작용량(NOEL)
② 1일 섭취허용량(ADI)
③ 50% 치사량(LD50)
④ 50% 유효량(ED50)

19

우리나라에서 「식품위생법」 등 식품위생 행정업무를 담당하고 있는 기관은?

① 환경부   ② 고용노동부
③ 보건복지부   ④ 식품의약품안전처

20 ★

HACCP의 7가지 원칙에 해당하지 않는 것은?

① 위해 요소 분석
② 중요관리점(CCP) 결정
③ 개선조치방법 수립
④ 회수명령의 기준 설정

> 해설 ■ HACCP 수행의 7원칙
> 1. 위해 요소 분석
> 2. 중요관리점 결정
> 3. 중요관리점 한계기준 설정
> 4. 중요관리점 모니터링체계 확립
> 5. 개선조치방법 수립
> 6. 검증절차 및 방법 수립
> 7. 문서화 및 기록유지

21

박력분에 대한 설명 중 옳은 것은?

① 우동 제조에 쓰인다.
② 마카로니 제조에 쓰인다.
③ 단백질 함량이 10% 이하이다.
④ 글루텐의 탄력성과 점성이 강하다.

> 해설 박력분은 단백질 함량이 6~8.5% 정도이며, 강력분에 비해 글루텐의 함량이 낮아 탄력성 및 점성이 약하다. 박력분은 주로 제과용으로 쓰인다.

22 ★

유지의 특징을 바르게 설명한 것은?

① 가소성 : 고체에 힘을 가했을 때 모양의 변화와 유지가 가능한 성질
② 쇼트닝성 : 반죽에 분산해 있는 유지가 거품의 형태로 공기를 포집하고 있는 성질
③ 구용성 : 달걀, 설탕, 밀가루 등을 잘 섞이게 하는 성질
④ 유화성 : 입안에서 부드럽게 녹는 성질

> 해설 ■ 유지의 특징
> - 가소성 : 반고체인 유지의 특징으로 고체에 힘을 가했을 때 모양의 변화와 유지가 가능한 성질
> - 크림성 : 유지가 거품의 형태로 공기를 포집하고 있는 성질로, 부피를 증대시키고 볼륨을 유지
> - 쇼트닝성 : 윤활작용 을 하는 유지의 특징이다. 조직층 간의 결합을 저해함으로써 반죽을 바삭바삭하고 부서지기 쉽게 하는 특징을 갖고 있다.
> - 유화성 : 달걀, 설탕, 밀가루 등을 잘 섞이게 하는 성질이다.
> - 구용성 : 입안에서 부드럽게 녹는 성질이다.

23

손익분기점에 대한 설명으로 틀린 것은?

① 총 비용과 총 수익이 일치하는 지점
② 손해액과 이익액이 일치하는 지점
③ 이익도 손실도 발생하지 않는 지점
④ 판매 총액이 모든 원가와 비용만을 만족시킨 지점

> 해설 손익분기점이란 수익과 총 비용이 일치하는 점을 말한다.

24

당질의 기능에 대한 설명 중 틀린 것은?

① 당질은 평균 1g당 4kcal를 공급한다.
② 혈당을 유지한다.
③ 단백질 절약작용을 한다.
④ 당질은 섭취가 부족해도 체내 대사의 조절에는 큰 영향이 없다.

> 해설 당질은 지방의 완전 연소 등 지방대사에 관여하며, 부족 시 산 중독증을 유발한다.

25

다음 당류 중 단맛이 가장 강한 당은?

① 과당
② 설탕
③ 포도당
④ 맥아당

> **해설** ■ 당질의 감미도
> 과당 〉 전화당 〉 자당 〉 포도당 〉 맥아당 〉 갈라토오스 〉 유당

26

다음 중 물에 녹는 비타민은?

① 레티놀
② 토코페롤
③ 리보플라빈
④ 칼시페롤

> **해설** 수용성 비타민 : 티아민(비타민 B_1), 리보플라빈(비타민 B_2), 아스코르브산(비타민 C) 등

27

우유를 응고시키는 요인과 거리가 먼 것은?

① 가열
② 레닌
③ 산
④ 당류

> **해설** 우유를 응고시키는 원인 : 산(식초, 레몬즙), 효소(레닌), 페놀화합물(탄닌), 염류 등

28

당류와 그 가수분해 생성물이 옳은 것은?

① 맥아당 = 포도당 + 과당
② 유당 = 포도당 + 갈락토오스
③ 설탕 = 포도당 + 포도당
④ 이눌린 = 포도당 + 셀룰로오스

> **해설** • 맥아당 = 포도당 + 포도당
> • 설탕 = 포도당 + 과당
> • 이눌린 : 과당의 결합체

29

단백질의 구성 단위는?

① 아미노산
② 지방산
③ 과당
④ 포도당

> **해설** 단백질은 아미노산들이 펩티드 결합을 이루고 있는 형태를 가진다.

30

비타민의 결핍 증상이 잘못 짝지어진 것은?

① 비타민 A - 야맹증
② 비타민 B_1 - 각기병
③ 비타민 C - 구루병
④ 비타민 B_2 - 구순구각염

> **해설** 비타민 C - 괴혈병, 비타민 D - 구루병

31

한국인의 영양섭취기준에 의한 성인의 탄수화물 섭취량은 전체 열량의 몇 % 정도인가?

① 20~35%
② 55~70%
③ 75~90%
④ 90~100%

> **해설** 한국인의 영양섭취기준에 따른 성인의 3대 영양소 섭취량 : 탄수화물 55~70%, 지방 15~30%, 단백질 7~20%

32

불포화지방산을 포화지방산으로 변화시키는 경화유에는 어떤 물질이 첨가되는가?

① 산소
② 수소
③ 질소
④ 칼슘

> **해설** 경화(수소화) : 불포화지방산에 수소를 첨가하고 촉매제를 사용하여 포화지방산으로 만드는 것 (마가린, 쇼트닝 등)

33

원가에 대한 설명으로 틀린 것은?

① 원가의 3요소는 재료비, 노무비, 경비이다.
② 간접비는 여러 제품의 생산에 대하여 공통으로 사용되는 원가이다.
③ 직접비에 제조 시 소요된 간접비를 포함한 것은 제조 원가이다.
④ 제조 원가에 관리비용만 더한 것은 총 원가이다.

해설 총 원가 = 제조 원가 + 판매비 + 일반 관리비

34

식품을 구매하는 방법 중 경쟁입찰과 비교하여 수의계약의 장점이 아닌 것은?

① 절차가 간편하다.
② 경쟁이나 입찰이 필요 없다.
③ 싼 가격으로 구매할 수 있다.
④ 경비와 인건비를 줄일 수 있다.

해설 수의계약은 공급업자들을 경쟁시키지 않고 계약을 이행할 수 있는 특정업체와 계약하는 방법으로 경쟁입찰과 비교하면 구매 가격이 비교적 비싼 편이다.

35 ★

달걀의 열 응고성에 대한 설명 중 옳은 것은?

① 식초는 응고를 지연시킨다.
② 소금은 응고 온도를 낮추어 준다.
③ 설탕은 응고 온도를 내려주어 응고물을 연하게 한다.
④ 온도가 높을수록 가열시간이 단축되어 응고물은 연해진다.

해설 ■ 달걀의 응고성
 – 설탕을 넣으면 응고 온도가 높아진다.
 – 식염(소금)이나 산(식초)를 첨가하면 응고 온도가 낮아진다.
 – 온도가 높을수록 가열시간이 단축되지만 응고물은 수축하여 단단하고 질겨진다.

36

다음 중 고정비에 해당되는 것은?

① 노무비 ② 연료비
③ 수도비 ④ 광열비

해설 고정비 : 일정한 기간 동안 조업도의 변동에 관계없이 항상 일정액으로 발생하는 원가로 감가상각비, 노무비, 보험료, 제세공과금 등이 포함된다.

37

라드(lard)는 무엇을 가공하여 만든 것인가?

① 돼지의 지방 ② 우유의 지방
③ 버터 ④ 식물성 기름

해설 라드 : 돼지고기의 지방조직을 가공하여 만든 것

38

우유에 함유된 단백질이 아닌 것은?

① 락토오스(lactose)
② 카제인(casein)
③ 락토알부민(lactoalbumin)
④ 락토글로불린(lactoglobulin)

해설 락토오스는 우유에 함유된 탄수화물이다.

39 ★

잼 제조 시 겔(Gel)화의 조건으로 적절한 것은?

① 당도 60~65% ② 펙틴 2.0~2.5%
③ 산도 0.7% ④ pH 5.0

해설 ■ 잼 제조시 겔화 조건
 – 펙틴 : 1.0~1.5%
 – 산 : 0.3~0.5%
 – 당 : 60~65%

40

우유의 가공에 관한 설명으로 틀린 것은?

① 크림의 주성분은 우유의 지방성분이다.

② 분유는 전유, 탈지유, 반탈지유 등을 건조시켜 분말화 한 것이다.

③ 저온살균법은 61.6~65.6℃에서 30분간 가열하는 것이다.

④ 무당연유는 살균과정을 거치지 않고, 유당연유만 살균과정을 거친다.

> **해설** 연유는 우유의 수분을 증발시켜 1/3~1/2로 농축시킨 무당연유와 설탕을 첨가하여 농축시킨 가당연유로 구분된다.

41 ★

데니시 페이스트리에서 롤인 유지 함량 및 접기 횟수에 대한 내용 중 틀린 것은?

① 롤인 유지 함량이 증가할수록 제품 부피는 증가한다.

② 롤인 유지 함량이 적어지면 같은 접기 횟수에서 제품의 부피가 감소한다.

③ 같은 롤인 유지 함량에서는 접기 횟수가 증가할수록 부피가 증가한다.

④ 롤인 유지 함량이 많은 것이 롤인 유지 함량이 적은 것보다 접기 횟수가 증가함에 따라 부피가 증가하다가 최고점을 지나면 감소하는 현상이 현저하다.

> **해설** 부피가 증가하다가 최고점을 지나면 감소하는 현상이 서서히 일어난다.

42

다음 중 빵의 노화가 가장 빨리 발생하는 온도는?

① -18℃   ② 0℃

③ 20℃   ④ 35℃

> **해설** 노화란 제품의 맛, 향기가 변화하며 단단해지거나 질겨지는 현상으로, 냉장 온도에서 노화가 빨라진다.

43

오븐 온도가 낮을 때 제품에 미치는 영향은?

① 2차 발효가 지나친 것과 같은 현상이 나타난다.

② 껍질이 급격히 형성된다.

③ 제품의 옆면이 터지는 현상이다.

④ 제품의 부피가 작아진다.

> **해설** ▣ 오븐 온도가 낮을 때의 영향
> - 빵의 부피가 크며 구운 색이 엷고 광택이 부족하다.
> - 굽기 손실이 크며, 풍미가 떨어진다.
> - 껍질이 두꺼워져 옆면이 터지지 않는다.

44

파이롤러에 대한 설명 중 맞는 것은?

① 기계를 사용하므로 밀어 펴기의 반죽과 유지와의 경도는 가급적 다른 것이 좋다.

② 기계에 반죽이 달라붙는 것을 막기 위해 덧가루를 많이 사용한다.

③ 기계를 사용하여 반죽과 유지는 따로 밀어서 편 뒤 감싸서 밀어 펴기를 한다.

④ 냉동휴지 후 밀어 펴면 유지가 굳어 갈라지므로 냉장휴지를 하는 것이 좋다.

> **해설** - 반죽과 유지의 경도를 같게 한다.
> - 덧가루는 달라 붙지 않을 정도로 사용한다.
> - 반죽 안에 유지를 넣고 감싼 뒤 밀어 펴기를 한다.

45

발효에 미치는 영향이 가장 적은 것은?

① 이스트량   ② 유지

③ 온도   ④ 소금

해설
- 이스트가 2배 증가하면 발효 시간은 15~30분이면 된다.
- 온도가 0.5℃ 상승함에 따라 15분의 발효 시간이 단축된다.
- 유지는 가스 보유력에 영향을 미친다.
- 유지는 반죽 후 수막 현상으로 가스 보유력에 영향을 준다.

46 ★

반죽법에 대한 설명 중 틀린 것은?

① 스펀지법은 반죽을 2번에 나누어 믹싱하는 방법으로 중종법이라고 한다.
② 직접법은 스트레이트법이라고 하며, 전 재료를 한번에 넣고 반죽하는 방법이다.
③ 비상 반죽법은 제조 시간을 단축할 목적으로 사용하는 반죽법이다.
④ 재반죽법은 직접법의 변형으로 스트레이트법의 장점을 이용한 방법이다.

해설 재반죽법은 스펀지법의 장점을 이용한 방법이다.

47

냉동 반죽법의 냉동과 해동 방법으로 옳은 것은?

① 급속 냉동, 급속 해동
② 급속 냉동, 완만 해동
③ 완만 냉동, 급속 해동
④ 완만 냉동, 완만 해동

해설 냉동 반죽법을 할 때에는 -40℃의 급속 냉동을 하며, 반죽의 균일한 상태를 만들기 위해 완만 해동을 시킨다.

48

다음 중 찬물에 잘 녹는 것은?

① 한천
② 씨엠시
③ 젤라틴
④ 일반 펙틴

해설 씨엠시는 냉수로부터 쉽게 용해되어 팽윤한다.

49

빵의 부피가 가장 크게 되는 경우는?

① 숙성이 안 된 밀가루를 사용할 때
② 물을 적게 사용할 때
③ 반죽이 지나치게 믹싱되었을 때
④ 발효가 더 되었을 때

해설 2차 발효가 많이 되면 반죽을 팽창시키는 발효 산물이 많아 부피가 커진다.

50

생이스트에 대한 설명으로 틀린 것은?

① 중량의 65~70%가 수분이다.
② 20℃ 정도의 상온에서 보관해야 한다.
③ 자기소화를 일으키기 쉽다.
④ 곰팡이 등의 배지 역할을 할 수 있다.

해설 5℃ 정도에서 냉장 보관한다.

51

포장 전 빵의 온도가 너무 낮을 때는 어떤 현상이 일어나는가?

① 노화가 빨라진다.
② 썰기가 나쁘다.
③ 포장지에 수분이 응축된다.
④ 곰팡이, 박테리아의 번식이 용이하다.

해설 노화가 빠르고 껍질이 마른다.

52

일반적으로 양질의 빵 속을 만들기 위한 아밀로 그래프의 범위는?

① 0~150 B.U.　　② 200~300 B.U.
③ 400~600 B.U.　　④ 800~1,000 B.U.

> 해설　제빵용 밀가루의 적정 수준은 400~600 B.U. 범위이다.

53

영구적 경수(센물)를 사용할 때의 조치로 잘못된 것은?

① 소금 증가　　② 효소 강화
③ 이스트 증가　　④ 광물질 감소

> 해설　이스트 푸드, 소금, 광물질을 감소시킨다.

54

냉동제법으로 배합표를 작성하는 방법이 옳은 것은?

① 밀가루 단백질 함량 0.5~20% 감소
② 수분 함량 1~2% 감소
③ 이스트 함량 2~3% 사용
④ 설탕 사용량 1~2% 감소

> 해설
> – 밀가루 : 단백질 함량이 많은 밀가루를 선택한다.
> – 물 : 56~63% 사용(수분량 줄임)
> – 이스트 : 3.5~5.5% 사용(이스트 2배 증가)
> – 소금 : 0.75~2.5% 사용(약간 증가)
> – 설탕, 쇼트닝 : 4~7% 사용
> – 노화 방지제(SSL) : 0.5% 사용(약간 첨가)
> – 산화제 : 비타민 C는 40~80ppm, 브롬산칼륨은 24~30ppm 사용

55

다음 중 글레이즈 사용 시 가장 적합한 온도는?

① 15℃　　② 25℃
③ 35℃　　④ 45℃

> 해설　도넛이 식기 전에 도넛 글레이즈를 45℃로 데워 토핑한다.

56

식빵 배합에서 소맥분 대비 6%의 탈지분유를 사용할 때의 현상이 아닌 것은?

① 발효를 촉진시킨다.
② 믹싱 내구성을 높인다.
③ 표피 색을 진하게 한다.
④ 흡수율을 증가시킨다.

> 해설　많이 사용하는 탈지분유는 산도가 내려가지 않아 발효를 느리게 한다.

57

발효가 지나친 반죽으로 빵을 구웠을 때의 제품 특성이 아닌 것은?

① 빵 껍질 색이 밝다.
② 신 냄새가 있다.
③ 체적이 작다.
④ 제품의 조직이 고르다.

> 해설　발효가 지나치면 초산이 많이 발생하며, 이로 인하여 제품의 조직이 불규칙하게 된다.

58

반죽의 수분 흡수와 믹싱 시간에 공통적으로 영향을 주는 재료가 아닌 것은?

① 밀가루의 종류
② 설탕 사용량
③ 분유 사용량
④ 이스트 푸드 사용량

해설 이스트 푸드는 수분 흡수와 발효에는 영향을 주나 믹싱 시간에는 영향을 주지 않는다.

59

프랑스빵의 필수 재료와 거리가 먼 것은?

① 밀가루   ② 분유
③ 소금   ④ 이스트

해설 프랑스빵의 필수 재료는 밀가루, 이스트, 소금, 물 등이다.

60 ★

일반적으로 표준 식빵 제조 시 가장 적당한 2차 발효실의 습도는?

① 95%   ② 85%
③ 65%   ④ 55%

해설 2차 발효실의 적절한 온도는 35℃, 상대습도는 85~90%이다.

제빵편 3회 모의고사			정답	
01	02	03	04	05
①	②	③	③	②
06	07	08	09	10
④	②	④	④	③
11	12	13	14	15
④	④	③	③	②
16	17	18	19	20
④	④	②	④	④
21	22	23	24	25
③	①	②	④	①
26	27	28	29	30
③	④	②	①	③
31	32	33	34	35
②	②	④	③	②
36	37	38	39	40
①	①	①	①	④
41	42	43	44	45
④	②	①	④	②
46	47	48	49	50
④	②	②	④	②
51	52	53	54	55
①	③	①	②	④
56	57	58	59	60
①	④	④	②	②

01

계량컵을 사용하여 밀가루를 계량할 때 가장 올바른 방법은?

① 체로 쳐서 가만히 수북하게 담아 주걱으로 깎아서 측정한다.

② 계량컵에 그대로 담아 주걱으로 깎아서 측정한다.

③ 계량컵에 꼭꼭 눌러 담은 후 주걱으로 깎아서 측정한다.

④ 계량컵을 가볍게 흔들어 주면서 담은 후 주걱으로 깎아서 측정한다.

> 해설 밀가루를 계량할 때는 체에 쳐서 스푼으로 계량컵에 가만히 수북하게 담아 주걱으로 깎아서 측정하는데, 이때 누르거나 흔들지 않는다. 일반적으로 부피보다 무게를 재는 것이 더 정확하다.

02

식품 등의 위생적 취급에 관한 기준으로 옳지 않은 것은?

① 식품의 조리에 직접 사용되는 기구는 사용 후에 세척, 살균하는 등 항상 청결하게 유지·관리하여야 한다.

② 식품의 조리에 종사하는 자는 위생모를 착용하는 등 개인 위생관리를 철저히 하여야 한다.

③ 유통기한이 경과된 식품을 판매의 목적으로 보관할 수 있다.

④ 식품원료 중 부패·변질되기 쉬운 것은 냉동·냉장 시설에 보관·관리하여야 한다.

03

정제가 불충분한 기름 중에 남아 식중독을 일으키는 물질인 고시폴(Gossypol)은 어느 기름에서 유래하는가?

① 피마자유　　　　② 콩기름

③ 면실유　　　　　④ 미강유

> 해설 고시폴은 목화씨에서 추출하는 기름인 면실유에서 유래한다.

04

유통기한에 영향을 미치는 내부적 요인은?

① 제조 공정　　　　② 포장 방법

③ 제품의 배합　　　④ 소비자 취급

> 해설 ■ 유통기한에 영향을 미치는 내부적 요인
> - 원재료
> - 제품의 배합 및 조성
> - 수분함량 및 수분 활성도
> - pH 및 산도
> - 산소의 이용성 및 산화 환원 전위

05

플라스틱 포장재의 장점이 아닌 것은?

① 다른 포장재에 비해 가볍다.

② 산, 염기 등과 쉽게 결합 가능하다.

③ 인쇄성, 열접착성이 좋다.

④ 가격이 저렴하고 대량 생산이 가능하다.

> 해설 플라스틱 포장재는 산, 알칼리, 염 등의 화학물질에 대해 매우 안정적이다. 현재 가장 많이 사용되고 있는 빵의 포장 재질은 저밀도의 폴리에틸렌이며, 주로 봉투 형태가 사용된다.

06

영업의 종류와 그 허가관청의 연결로 잘못된 것은?

① 단란주점영업 – 시장·군수 또는 구청장
② 식품첨가물제조업 – 식품의약품안전청
③ 식품조사처리업 – 시·도지사
④ 유흥주점영업 – 시장·군수 또는 구청장

해설 ▣ 영업허가를 받아야 할 업종 및 허가 관청
– 식품의약품안전처장 – 식품조사처리업, 식품
첨가물제조업
– 특별자치장. 특별자치도지사 또는 시장, 군수,
구청장 – 단란주점영업 및 유흥주점영업

07 ★

다음 식품과 독성분의 관계가 틀린 것은?

① 독보리(독맥) – 테무린(temuline)
② 섭조개 – 삭시톡신(saxitoxin)
③ 복어 – 베네루핀(venerupin)
④ 독버섯 – 무스카린(muscarine)

해설	
복어	– 테트로도톡신(난소/생식기 〉 간 〉 내장 〉 피부) – 열에 파괴되지 않는다. – 구토, 근육마비, 연하곤란, 지각이상, 호흡장애 → 치사량은 2mg(사망할 수 있다)
섭조개(홍합)	삭시톡신
모시조개(굴)	베네루핀
독버섯	무스카린, 뉴린, 콜린, 아마니타 톡신(버섯 식중독균), 무스카리딘, 팔린
감자	솔라닌(녹색 발아 부위), 부패한 감자(셉신)
독미나리	시큐톡신
청매(덜 익은 매실), 살구씨, 복숭아씨	아미그달린
피마자	리신
면실유(목화씨)	고시폴(정제가 덜 된 기름)
독보리(독맥)	테무린
대두	사포닌
미치광이풀	아트로핀

08

과일, 채소류의 선도 유지를 위해 표면 처리하는
식품첨가물은?

① 강화제   ② 피막제
③ 보존료   ④ 품질 개량제

해설 피막제 : 과일. 채소류의 신선도(선도)를 유지하기
위하여 표면에 피막을 만들어 호흡작용 조절(수분의
증발을 방지)하며 종류에는 초산비닐수지, 몰포린
지방산염 등이 있다.

09

패리노그래프(Farinograph)에 관한 설명 중 틀린
것은?

① 흡수율 측정
② 믹싱 시간 측정
③ 믹싱 내구성 측정
④ 전분의 점도 측정

해설 전분의 점도는 아밀로그래프(Amylograph)로 측정
한다.
패리노그래프는 제빵 시 흡수율, 믹싱 내구성, 믹싱
시간, 믹싱의 최적 시기를 판단하는 기계이다.

10 ★

제빵용 이스트에 의해 발효가 되지 않는 당은?

① 유당   ② 과당
③ 포도당   ④ 맥아당

해설 이스트에는 유당 분해효소가 없어 유당을 분해
하지 못한다.

11

제품의 생산 원가를 계산하는 목적에 해당하지 않는 것은?

① 이익 계산　　② 판매 가격 결정
③ 원, 부재료 관리　④ 설비 보수

> **해설** 설비 보수는 생산 계획의 감가상각의 목적에 해당한다.

12

공장 주방 설비 중 작업의 효율성을 높이기 위한 작업 테이블의 위치로 가장 적당한 것은?

① 오븐 옆에 설치한다.
② 냉장고 옆에 설치한다.
③ 발효실 옆에 설치한다.
④ 주방의 중앙부에 설치한다.

> **해설** 작업 테이블은 주방의 중앙에 설치한다.

13

식품의 제조일로부터 소비자에게 판매가 가능한 기한을 가리키는 말은?

① 저장기한　　② 소비기한
③ 유통기한　　④ 섭취기한

> **해설** 유통기한은 식품의 제조일로부터 소비자에게 판매가 가능한 기한을 말한다. 또한 이 기간 내에서 적정하게 보관·관리한 식품은 일정 수준의 품질과 안전성이 보장됨을 의미한다.

14

다음 중 영업허가를 받아야 할 업종이 아닌 것은?

① 단란주점영업　② 유흥주점영업
③ 식품제조·가공업　④ 식품조사처리업

> **해설** 영업허가의 대상 : 식품조사처리업, 단란주점영업, 유흥주점영업

15 ★

식품첨가물 중 보존료의 조건이 아닌 것은?

① 변패를 일으키는 각종 미생물의 증식을 억제할 것
② 무미, 무취하고 자극성이 없을 것
③ 식품의 성분과 반응을 잘하여 성분을 변화시킬 것
④ 장기간 효력을 나타낼 것

> **해설** ■ 보존료 구비조건
> – 식품의 풍미나 외관을 손상시키지 않을 것
> – 미생물에 대한 작용이 강할 것
> – 지속성과 미량의 첨가로 유효할 것
> – 사용 간편, 저가, 쉽게 구할 수 있을 것
> – 인체에 무해, 낮은 독성, 장기적 사용에 무해할 것

16 ★

식품의 변질 현상에 대한 설명 중 잘못된 것은?

① 변패는 탄수화물, 지방에 미생물이 작용하여 변화된 상태
② 부패는 단백질에 미생물이 작용하여 유해한 물질을 만든 상태
③ 산패는 유지식품이 산화되어 냄새 발생, 색깔이 변화된 상태
④ 발효는 탄수화물에 미생물이 작용하여 먹을 수 없게 변화된 상태

> **해설** 발효 : 탄수화물이 미생물의 작용을 받아 유기산, 알코올 등을 생성하게 되는 현상(유일하게 먹을 수 있음)

17

미생물의 생육에 필요한 수분활성도의 크기로 옳은 것은?

① 세균 〉 효모 〉 곰팡이
② 곰팡이 〉 세균 〉 효모
③ 효모 〉 곰팡이 〉 세균
④ 세균 〉 곰팡이 〉 효모

해설 ■ 수분활성도(Aw) 순서
　세균(0.90~0.95) 〉 효모(0.88) 〉 곰팡이(0.65~0.80)

18

집단감염이 잘 되며, 항문 주위나 회음부에 소양증이 생기는 기생충은?

① 회충　　　　　② 편충
③ 요충　　　　　④ 흡충

19 ★

유해 감미료에 속하지 않는 것은?

① 둘신　　　　　② 사카린나트륨
③ 에틸렌글리콜　④ 사이클라민산나트륨

해설 • 유해 감미료 : 둘신, 사이클라메이트, 에틸렌글리콜, 페릴라르틴 등
• 사용 가능 감미료 : 사카린나트륨, D-소르비톨, 아스파탐, 글리실리진산나트륨

20

우유의 살균 방법으로 130~150℃에서 0.5~5초간 가열하는 것은?

① 저온 살균법
② 고압증기 멸균법
③ 고온 단시간 살균법
④ 초고온 순간 살균법

해설 ■ 가열살균법
– 저온 살균법 : 61~65℃, 약 30분 가열 살균 후 냉각
– 고온 단시간 살균법 : 70~75℃, 15~30초 가열 살균 후 냉각

21

다음 중 포도상구균 식중독의 주요 원인으로 맞는 것은?

① 손에 화농성이 있는 조리사
② 완전 살균되지 않은 통조림
③ 유통기한이 지난 우유
④ 부패 초기 어패류

해설 포도상구균 식중독의 가장 주요한 원인은 식품 취급자의 화농증이다.

22

다음 중 이당류에 속하는 것은?

① 포도당
② 유당
③ 갈락토오스
④ 과당

해설 이당류 : 단당류 2개가 결합한 당
• 설탕(자당) : 포도당 + 과당
• 맥아당 : 포도당 + 포도당
• 유당 : 포도당 + 갈락토오스

23

유화액의 상태가 같은 것으로 묶여진 것은?

① 우유, 버터, 마요네즈
② 버터, 아이스크림, 마가린
③ 크림수프, 마가린, 마요네즈
④ 우유, 마요네즈, 아이스크림

해설 ■ 유화
- 수중유적형(O/W) : 물 속에 기름이 분산되어 있는 형태(우유, 마요네즈, 아이스크림, 크림 수프 등)
- 유중수적형(W/O) : 기름 속에 물이 분산되어 있는 형태(마가린, 버터 등)

24

비타민 D가 부족할 때 나타나는 대표적인 증세는?

① 괴혈병   ② 야맹증
③ 불임증   ④ 구루병

해설 비타민 D의 결핍증 : 구루병, 골다공증
- 야맹증 : 비타민 A   • 괴혈병 : 비타민 C
- 불임증(동물) : 비타민 E

25 ★

자유수와 결합수의 설명으로 맞는 것은?

① 결합수는 용매로서 작용한다.
② 자유수는 4℃에서 비중이 제일 크다.
③ 자유수는 표면장력과 점성이 작다.
④ 결합수는 자유수보다 밀도가 작다.

해설
- 결합수는 용매로 작용이 불가능하다
- 자유수는 표면장력과 점성이 크다.
- 결합수는 자유수보다 밀도가 크다.

26 ★

마이야르(maillard) 반응에 대한 설명으로 틀린 것은?

① 식품은 갈색화가 되고 독특한 풍미가 형성된다.
② 효소에 의해 일어난다.
③ 당류와 아미노산이 함께 공존할 때 일어난다.
④ 멜라노이딘 색소가 형성된다.

해설 마이야르 반응은 비효소적 갈변반응이다.(효소가 개입하지 않은 갈색 변화 반응)

27

영양 결핍증상과 원인이 되는 영양소의 연결이 잘못된 것은?

① 빈혈 – 엽산
② 구순구각염 – 비타민 B_{12}
③ 펠라그라 – 나이아신(비타민 B_3)
④ 혈액응고 지연 – 필로퀴논(비타민 K)

해설 구순구각염 – 비타민 B_2의 결핍증

28

다음 중 쌀뜨물과 같은 형태의 설사를 유발하는 경구 전염병의 원인균은?

① 살모넬라균   ② 포도상구균
③ 장염 비브리오균   ④ 콜레라균

29

마이야르 반응에 영향을 주는 인자가 아닌 것은?

① 수분   ② 온도
③ 당의 종류   ④ 효소

해설 마이야르 반응은 비효소적 갈변반응이다. 따라서 효소는 반응에 영향이 없다.

30

당질의 기능에 대한 설명 중 틀린 것은?

① 당질은 평균 1g당 4kcal를 공급한다.
② 혈당을 유지한다.
③ 단백질 절약작용을 한다.
④ 당질은 섭취가 부족해도 체내 대사의 조절에는 큰 영향이 없다.

해설 당질은 지방의 완전 연소 등 지방대사에 관여하며, 부족 시 산 중독증을 유발한다.

31 ★

다음 자료에 의해서 총 원가를 산출하면 얼마인가?

직접재료비	150,000원
간접재료비	50,000원
직접노무비	100,000원
간접노무비	20,000원
직접경비	5,000원
간접경비	100,000원
판매 및 일반관리비	10,000원

① 435,000원
② 365,000원
③ 265,000원
④ 180,000원

해설 총 원가
= (직접 재료비 + 직접 노무비 + 직접 경비) + (간접 재료비 + 간접 노무비 + 간접 경비) + 판매관리비
= (150,000원 + 100,000원 + 5,000원) + (50,000원 + 20,000원 + 100,000원) + 10,000 = 435,000원

32

매월 고정적으로 포함해야 하는 경비는?

① 지급운임
② 감가상각비
③ 복리후생비
④ 수당

해설 고정비 : 생산량의 증가와 관계없이 고정적으로 발생하는 비용(임대료, 노무비 중 정규직원 급료, 세금, 보험료, 감가상각비, 광고 등)

33 ★

필수 아미노산만으로 짝지어진 것은?

① 트립토판, 메티오닌
② 트립토판, 글리신
③ 리신, 글루타민산
④ 류신, 알라닌

해설 ▣ 필수 아미노산의 종류
– 성인(9종) : 페닐알라닌, 트립토판, 발린, 류신, 이소류신, 메티오닌, 트레오닌, 리신, 히스티딘
– 성장기(10종) : 성인의 필수 아미노산(9종) + 아르기닌

34

원가의 3요소에 해당하지 않는 것은?

① 경비
② 직접비
③ 재료비
④ 노무비

해설 원가의 3요소 : 재료비, 노무비, 경비

35

식품위생법상 식품위생 교육 대상자가 아닌 것은?

① 식품운반업
② 즉석판매제조업
③ 식품자판기 판매 영업자
④ 식품제조가공업

해설 식용얼음판매자와 식품 자동판매기 영업자는 식품 위생 대상자에서 제외한다.

36 ★

탄수화물의 분류 중 5탄당이 아닌 것은?

① 갈락토오스(galactose)
② 자일로오스(xylose)
③ 아라비노오스(arabinose)
④ 리보스(ribose)

해설 단당류 : 탄수화물의 가장 간단한 구성단위, 더 이상 분해되지 않는다.
– 종류 : 5탄당(리보스, 아라비노스, 자일로스), 6탄당(포도당, 과당, 갈락토오스, 만노오스)

37

혈당의 저하와 가장 관계가 깊은 것은?

① 인슐린
② 리파아제
③ 프로테아제
④ 펩신

해설 인슐린은 체내의 혈당을 1%로 유지하게끔 도와주는 호르몬이다.

38

다음 중 올바른 패닝 요령이 아닌 것은?

① 반죽의 이음매가 틀의 바닥으로 놓이게 한다.
② 비용적의 단위는 cm³/g이다.
③ 반죽은 적정 분할량을 넣는다.
④ 철판의 온도를 60℃로 맞춘다.

해설 60℃는 이스트의 사멸 온도이며, 철판의 온도는 32℃ 전후로 맞춘다.

39

굽기 공정 중 반죽이 오븐 팽창 단계를 거치면서 일어나는 현상과 거리가 먼 것은?

① 탄산가스의 증발
② 전분의 호화
③ 에틸알코올 증발
④ 가스 세포벽 팽창

해설 오븐 팽창이란 오븐에서 반죽이 갑작스럽게 부풀어 오르는 현상을 말하며 전분의 호화와의 관계는 적다.

40

포도당과 결합하여 유당을 이루며 뇌신경 등에 존재하는 당류는?

① 과당(Fructose)
② 만노오스(Mannose)
③ 리보오스(Ribose)
④ 갈락토오스(Galactose)

해설 유당 = 포도당 + 갈락토오스

41 ★

굽기 후 빵을 썰어 포장하기에 가장 좋은 온도는?

① 17℃
② 27℃
③ 37℃
④ 47℃

해설 포장하기 좋은 온도는 37℃이다.

42

발효 중 가스 생성이 증가하지 않는 경우는?

① 이스트를 많이 사용할 때
② 소금을 많이 사용할 때
③ 반죽에 약산을 소량 첨가할 때
④ 발효실 온도를 약간 높일 때

해설 소금을 많이 사용하면 삼투압 현상에 의해 발효 중 가스 발생력이 떨어지고 발효가 느려진다.

43 ★

일반적인 스펀지/도우법에서 가장 적당한 스펀지 온도는?

① 12~15℃
② 18~20℃
③ 23~25℃
④ 29~32℃

해설 – 스펀지 반죽 온도는 24℃
– 도우 반죽 온도는 27℃

44

반죽의 변화 단계에서 생기 있는 외관이 되며, 매끄럽고 부드러우며, 탄력성이 증가되어 강하고 단단한 반죽이 되었을 때의 상태는?

① 클린업 상태(Clean Up)
② 픽업 상태(Pick Up)
③ 발전 상태(Development)
④ 렛 다운 상태(Let Down)

해설 – 발전 상태에서는 탄력성이 최대 생성
– 최종 단계에서는 탄력성과 신장성이 최대 생성
– 렛 다운 단계에서는 신장성이 최대 생성

45

소맥분의 패리노그래프를 그려 보니 믹싱 타임이 매우 짧은 것으로 나타났다. 이 소맥분을 빵에 사용할 때 보완법으로 옳은 것은?

① 소금 양을 줄인다.
② 탈지분유를 첨가한다.
③ 이스트 양을 증가시킨다.
④ pH를 낮춘다.

> 해설 믹싱 타임이 매우 짧다는 것은 단백질의 양이나 질이 좋지 않은 경우로, 밀가루 단백질을 보강하는 탈지분유를 첨가한다.

46

제빵에서 글루텐을 강하게 하는 것은?

① 전분
② 우유
③ 맥아
④ 산화제

> 해설 산화제는 반죽하는 동안 밀가루 단백질의 –SH기를 S–S 결합으로 산화시켜 글루텐의 탄력성을 높인다.

47

이스트 푸드의 구성 성분 중 칼슘염의 주요 기능은?

① 이스트 성장에 필요하다.
② 반죽에 탄성을 준다.
③ 오븐 팽창이 커진다.
④ 물 조절제의 역할을 한다.

> 해설 • 암모늄염은 이스트의 영양에 필요하다.
> • 산화제는 반죽에 탄성을 준다.
> • 칼슘염은 물 조절제의 역할을 한다.

48

밀가루의 단백질에 작용하는 효소는?

① 말타아제
② 아밀라아제
③ 리파아제
④ 프로테아제

> 해설 • 말타아제 : 맥아당
> • 아밀라아제 : 전분
> • 리파아제 : 지방
> • 프로테아제 : 단백질

49 ★

유황을 함유한 아미노산으로 –S–S– 결합을 가진 것은?

① 리신
② 류신
③ 시스틴
④ 글루타민산

> 해설 밀가루 단백질의 황 함유 아미노산인 시스테인(cysteine)은 –SH기를 가지고 있어 산화제에 의해 쉽게 산화하여 –SS– 사슬이 되는 시스틴(cystine)이 된다.

50

연수를 사용했을 때 나타나는 현상이 아닌 것은?

① 반죽의 점착성이 증가한다.
② 가수량이 감소한다.
③ 오븐 스프링이 나쁘다.
④ 반죽의 탄력성이 강하다.

> 해설 반죽에 탄력성이 강한 경우는 경수를 사용하였을 때이다.

51

빵 반죽이 발효되는 동안 이스트는 무엇을 생성하는가?

① 물, 초산
② 산소, 알데히드
③ 수소, 젖산
④ 탄산가스, 알코올

> 해설 이스트는 발효되는 동안 이산화탄소와 알코올을 생성시킨다. 이산화탄소가 물에 용해되면 탄산가스가 된다.

52

다음 중 제분율을 구하는 식으로 적합한 것은?

① 제분 중량 / 원료 소맥 중량 × 100
② 제분 중량 / (원료 소맥 중량 – 외피 중량) × 100
③ 제분 중량 / (원료 소맥 중량 – 회분량) × 100
④ (제분 중량 – 회분량) / 원료 소맥 중량 × 100

> **해설** 제분율이란 밀을 제분하여 밀가루를 만들 때 밀에 대한 밀가루의 양을 %로 나타낸 것이다.

53 ★

아래에서 설명하는 식품첨가물은?

> 빵의 부패의 원인이 되는 곰팡이나 부패균에 유효하고 빵의 발효에 필요한 효모에는 작용하지 않는다. 이러한 특성으로 인해 빵이나 양과자의 보존료로 쓰인다.

① 안식향산
② 토코페롤
③ 이소류신
④ 프로피온산

> **해설**
> • 안식향산 : 간장, 청량음료에 사용되는 보존료
> • 토코페롤 : 항산화제
> • 이소류신 : 필수 아미노산의 한 종류
> • 프로피온산 : 빵과 과자에 허용된 보존료

54 ★

이형제의 용도는?

① 가수분해에 사용된 산제의 중화제로 사용된다.
② 제과·제빵을 구울 때 형틀에서 제품의 분리를 용이하게 한다.
③ 거품을 소멸, 억제하기 위해 사용하는 첨가물이다.
④ 원료가 덩어리지는 것을 방지하기 위해 사용한다.

> **해설** 이형제란 빵을 구울 때 빵틀에서 빵을 분리하기 위해 사용되는 첨가물로서, 허용된 이형제로는 유동파라핀이 있다.

55

성형 공정의 방법이 순서대로 옳게 나열된 것은?

① 반죽 → 중간 발효 → 분할 → 둥글리기 → 정형
② 분할 → 둥글리기 → 중간 발효 → 정형 → 패닝
③ 둥글리기 → 중간 발효 → 정형 → 패닝 → 2차 발효
④ 중간 발효 → 정형 → 패닝 → 2차 발효 → 굽기

> **해설** ■ 제빵 제조 공정
> 반죽 → 1차 발효 → 성형(분할 → 둥글리기 → 중간 발효 → 정형 → 패닝) → 2차 발효 → 굽기

56

제빵 시 정량보다 설탕을 적게 사용하였을 때 결과가 아닌 것은?

① 부피가 작다.
② 색상이 검다.
③ 모서리가 둥글다.
④ 속 결이 거칠다.

> **해설** 설탕을 많이 사용할 경우 색상이 진하게 형성된다.

57

다음 중 빵 제품이 가장 빨리 노화되는 온도는?

① –18℃
② 3℃
③ 27℃
④ 40℃

> **해설**
> • 0~5℃ 사이에서 노화가 가장 빨리 일어난다.
> • 온도를 높여 저장하면 노화는 느리나 미생물에 의해 부패가 발생한다.
> • –18℃ 이하에서는 노화가 거의 발생하지 않는다.

58

빵 반죽 시 반죽 온도가 높아지는 주된 이유는?

① 이스트가 번식하기 때문에

② 원료가 용해되기 때문에

③ 글루텐이 발전하기 때문에

④ 마찰열이 생기기 때문에

해설 믹싱 중 반죽과 믹싱볼의 마찰에 의해 열이 발생한다.

59 *

다음은 어떤 공정의 목적인가?

> 자른 면의 점착성을 감소시키고 표피를 형성하여 탄력을 유지시킨다.

① 분할   ② 둥글리기

③ 중간 발효   ④ 정형

해설 둥글리기는 잘린 단면을 매끄럽게 마무리하고 가스를 균일하게 조절하는 역할을 한다.

60

반죽의 내부 온도가 60℃에 도달하지 않은 상태에서 온도 상승에 따른 이스트의 활동으로 부피의 점진적인 증가가 진행되는 현상은?

① 호화(Gelatinization)

② 오븐 스프링(Oven Spring)

③ 오븐 라이즈(Oven Rise)

④ 캐러멜화(Caramelization)

해설 • 호화 : 54℃ 이상에서 호화가 시작된다.
  • 오븐 스프링 : 처음 부피의 1/3까지 급격하게 커지는 부피의 팽창
  • 캐러멜화 : 설탕이 이스트의 먹이가 되고 남은 당류로 색을 내는 현상

제빵편 4회 모의고사			정 답	
01	02	03	04	05
①	③	③	③	②
06	07	08	09	10
③	③	②	④	①
11	12	13	14	15
④	④	③	③	③
16	17	18	19	20
④	①	③	②	④
21	22	23	24	25
①	②	④	④	②
26	27	28	29	30
②	②	④	④	④
31	32	33	34	35
①	②	①	②	③
36	37	38	39	40
①	①	④	②	④
41	42	43	44	45
③	②	③	③	②
46	47	48	49	50
④	④	④	③	④
51	52	53	54	55
④	①	④	②	②
56	57	58	59	60
②	②	④	②	③

01

밀가루 등으로 오인되어 식중독이 유발된 사례가 있으며 습진성 피부질환 등의 증상을 보이는 것은?

① 수은(Hg) ② 비소(As)
③ 납(Pb) ④ 아연(Zn)

> 해설 비소는 시골에서 밀가루로 오인하여 섭취하였다가 사망하는 경우도 있었으며, 주된 증상은 구토, 위통, 설사, 출혈, 경련, 실신 등이다.

02

다음에서 설명하는 식중독 원인균은?

- 미호기성 세균이다.
- 발육 온도는 약 30~40℃ 정도이다.
- 원인 식품은 오염된 식육 및 식육 가공품, 우유 등이다.
- 소아에서는 이질과 같은 설사 증세를 보인다.

① 캄필로박터 제주니
② 바실러스 세리우스
③ 장염 비브리오균
④ 병원성 대장균

> 해설 캄필로박터 제주니 : 그람음성 나선형의 무아포 간균으로, 미호기성이며 5~15%의 산소분압하에 발육하며, 25℃에서는 발육하지 않고 43℃에서는 활발하게 증식하여 식품 저온 보존이 유효하지 않다. 원인 식품은 오염된 식육, 살균되지 않은 우유이다. 잠복기는 2~7일로 긴 편이며 주 증상은 설사, 복통, 두통, 발열이며 구토와 탈수 증상을 동반한다. 사망 예는 거의 없고 1~2주면 회복된다.

03 *

인수공통 감염병으로 짝지어진 것은?

① 폴리오, 장티푸스 ② 탄저, 리스테리아증
③ 결핵, 유행성 간염 ④ 홍역, 브루셀라증

> 해설 인수공통 감염병이란 동물과 사람 간에 서로 전파되는 병원체에 의하여 발생되는 감염병으로, 일반적으로는 동물이 사람에 옮기는 감염병을 지칭한다.

04

변질되기 쉬운 식품을 생산자로부터 소비자에게 전달하기까지 저온으로 보존하는 시스템은?

① 냉장유통체계 ② 냉동유통체계
③ 저온유통체계 ④ 상온유통체계

> 해설 저온유통체계(Cold Chain System) : 생산자에서 소비자에 이르기까지 계속해서 저온에서 취급하여 좋은 품질을 유지하는 체계

05 *

살모넬라균의 특징이 아닌 것은?

① 그람(Gram) 음성 간균이다.
② 발육 최적 pH는 7~8, 온도는 37℃이다.
③ 60℃에서 20분 정도의 가열로 사멸한다.
④ 독소에 의한 식중독을 일으킨다.

> 해설 살모넬라균 식중독은 세균성 식중독 중 감염형에 해당한다.

06

식품에 식염을 첨가함으로써 미생물 증식을 억제하는 효과와 관계가 없는 것은?

① 탈수 작용에 의한 식품 내 수분 감소
② 산소의 용해도 감소
③ 삼투압 증가
④ 펩티드 결합의 분해

해설 펩티드 결합 : 보통 화학에서 Amide 결합이라고 부른다. 아미노산에 포함되어 있는 −COOH와 −NH₂ 사이의 축합 반응으로 형성되는데 이 경우를 특별히 펩티드 결합이라고 한다.
펩티드 결합의 산이나 염기에 의해 가수분해가 되는데 염기가 더 잘 분해된다.

07

미생물이 자라는 데 필요한 조건이 아닌 것은?

① 햇빛　　　　② 온도
③ 수분　　　　④ 영양분

해설 미생물 생육에 필요한 인자는 영양소, 수분, 온도, 산소, pH 등이 있으며, 햇빛(자외선)은 미생물 생육에 불리한 조건이 된다.

08

다음 중 곡류, 밀가루나 과자에 주로 서식하는 진드기는?

① 참 진드기
② 긴털가루 진드기
③ 설탕 진드기
④ 수중다리가루 진드기

해설 긴털가루 진드기는 여름에 많이 발생하며 곡류, 전분, 빵, 과자 등 각종 식품에서 발견되는 진드기이다.

09

생산계획의 내용에는 실행예산을 뒷받침하는 계획 목표가 있다. 이 목표를 세우는 데 필요한 기준이 되는 요소로 틀린 것은?

① 노동 분배율
② 원재료율
③ 1인당 이익
④ 가치 생산성

해설 ■ 실행예산의 종류
노동 생산성, 가치 생산성, 노동 분배율, 1인당 이익 등이다.

10 ★

식품첨가물 중 보존료의 조건이 아닌 것은?

① 변패를 일으키는 각종 미생물의 증식을 억제할 것
② 무미, 무취하고 자극성이 없을 것
③ 식품의 성분과 반응을 잘하여 성분을 변화시킬 것
④ 장기간 효력을 나타낼 것

해설 ■ 보존료 구비조건
– 식품의 풍미나 외관을 손상시키지 않을 것
– 미생물에 대한 작용이 강할 것
– 지속성과 미량의 첨가로 유효할 것
– 사용 간편, 저가, 쉽게 구할 수 있을 것
– 인체에 무해, 낮은 독성, 장기적 사용에 무해할 것

11

탄수화물이 많이 든 식품을 고온에서 가열하거나 튀길 때 생성되는 발암성 물질은?

① 니트로사민　　② 다이옥신
③ 벤조피렌　　　④ 아크릴아마이드

해설 • 니트로사민 : 발색제인 질산염, 아질산염 등은 구강 내 세균의 환원 효소에 의해 아질산염이 되고 이 아질산염은 위 속의 산성 pH 하에서 식품 성분들과 쉽게 반응하여 생성되는 발암 물질이다.
– 다이옥신 : 일반 폐기물과 특정 폐기물들의 소각, 폐기물 무단투기 때 많이 발생한다. 독성이 강하고 만성적이며 잔류성이 매우 크다.
– 벤조피렌 : 발암 물질의 하나로 타르 따위에 들어있으며 담배연기, 배기가스에도 들어있다.

12

대장균 O-157이 내는 독성 물질은?

① 베로톡신　　　　　② 테트로도톡신
③ 엔테로톡신　　　　④ 삭시톡신

> 해설　베로톡신은 대장균 O-157이 내는 독소이며 열에 약하지만 저온에 강하고 산에도 강하며 주 증상은 복통, 설사, 구토, 때때로 발열 등이다.

13 ★★★

비상 반죽법에서 발효속도를 증가시키기 위한 여러 조치 중 틀린 것은?

① 이스트(효모) 사용량을 2배로 증가시킨다.
② 반죽 온도를 30℃로 상승시킨다.
③ 소금 사용량을 다소 감소시킨다.
④ 분유 사용량을 증가시킨다.

> 해설　분유와 설탕 사용량은 감소시킨다.

14

굽기 손실에 영향을 주는 요인으로 관계가 적은 것은?

① 굽기 온도　　　　② 배합률
③ 제품의 크기와 모양　④ 믹싱 시간

> 해설　굽기 손실은 발효산물 중 휘발성 물질이 휘발하고 수분이 증발한 탓에 생긴다. 굽기 손실은 굽는 온도와 시간, 제품의 크기와 형태, 배합률 등이 영향을 미친다.

15

밀가루의 표백과 숙성 기간을 단축시키는 밀가루 개량제로 적합하지 않은 것은?

① 과산화벤조일　　　② 과황산암모늄
③ 아질산나트륨　　　④ 이산화염소

> 해설
> • 밀가루 개량제 : 과산화벤조일, 브롬산칼륨, 과황산암모늄, 이산화염소, 염소 등
> • 발색제(육류) : 아질산나트륨, 질산칼륨, 질산나트륨

16

기존 위생관리방법과 비교하여 HACCP의 특징에 대한 설명으로 옳은 것은?

① 주로 완제품 위주의 관리이다.
② 위생상의 문제 발생 후 조치하는 사후적 관리이다.
③ 시험분석방법에 장시간이 소요된다.
④ 가능성이 있는 모든 위해 요소를 예측하고 대응할 수 있다.

> 해설　HACCP은 식품의 제조, 가공, 조리, 유통의 모든 과정에서 식품의 안전성을 확보하기 위해 각 과정을 중점적으로 관리하는 기준으로, 기존 위생관리 방법과 비교하여 가능성 있는 모든 위해 요소를 예측하고 대응할 수 있다.

17

HACCP에 대한 설명으로 옳지 않은 것은?

① 어떤 위해를 미리 예측하여 그 위해 요인을 사전에 파악하는 것이다.
② 위해 방지를 위한 사전 예방적 식품안전관리 체계를 말한다.
③ 미국, 일본, 유럽연합, 국제기구(CODEX, WHO) 등에서도 모든 식품에 HACCP를 적용할 것을 권장하고 있다.
④ HACCP 12절차의 첫 번째 단계는 위해 요소 분석이다.

18

다음 중 소분·판매할 수 있는 식품은?

① 벌꿀 제품
② 어육 제품
③ 과당
④ 레토르트 식품

해설 소분·판매할 수 있는 식품 : 벌꿀 제품, 빵가루 등

19

아래는 식품위생법상 교육에 관한 내용이다. ( )
안에 알맞은 것을 순서대로 나열하면?

( )은 식품위생 수준 및 자질의 향상을 위하여
필요한 경우 조리사와 영양사에게 교육을 받을
것을 명할 수 있다. 다만, 집단급식소에 종사하는
조리사와 영양사는 ( ) 마다 교육을 받아야 한다.

① 식품의약품안전처장, 1년
② 식품의약품안전처장, 2년
③ 보건복지부장관, 1년
④ 보건복지부장관, 2년

해설 식품의약품안전처장은 식품위생수준 및 질의 향상을
위하여 필요한 경우 조리사와 영양사에게 교육을
받을 것을 명할 수 있다. 다만, 집단급식소에 종사
하는 조리사와 영양사는 2년마다 교육을 받아야 한다.

20

식품위생법규상 허위표시, 과대광고의 범위에
속하지 않는 것은?

① 질병의 치료에 효능이 있다는 내용의 표시·
광고
② 제품의 성분과 다른 내용의 표시·광고
③ 공인된 제조 방법에 대한 내용
④ 외국어의 사용 등으로 외국제품으로 혼동할
우려가 있는 표시·광고

해설 제조 방법에 관한 연구로 발견한 사실로서 공인된
사항의 표시·광고는 허위표시 및 과대광고로
보지 않는다.

21 ★

프랑스빵 제조 시 반죽을 일반 빵에 비해서 적게
하는 이유는?

① 팬에서의 흐름을 막고 모양을 좋게 하기 위해서
② 질긴 껍질을 만들기 위해서
③ 자르기 할 때 용이하게 하기 위해서
④ 제품을 오래 보관하기 위해서

해설 프랑스빵은 하스 브레드 형태의 빵이므로 최대의
탄력성을 반죽에 부여해야 한다.

22 ★

다음 유지 중 건성유는?

① 땅콩유
② 참기름
③ 아마인유
④ 면실유

해설 요오드가(불포화도) : 유지 100g 중에 불포화 결합에
첨가되는 요오드의 g 수(요오드가가 ↑, 불포화도↑)

구분	요오드가	종류
건성유	130 이상	– 불포화지방산의 함량이 많고, 공기 중에 방치하면 건조됨 – 들기름, 동유, 해바라기유, 정어리유, 호두기름, 아마인유
반건성유	100~130	대두유(콩기름), 옥수수유, 참기름, 채종유, 면실유
불건성유	100 이하	피마자유, 올리브유, 야자유, 동백유, 땅콩유

23 ★

영양소와 해당 소화효소의 연결이 잘못된 것은?

① 단백질 - 트립신
② 탄수화물 - 아밀라아제
③ 지방 - 리파아제
④ 설탕 - 말타아제

해설 설탕의 소화효소 : 수크라아제
• 단백질(트립신) 펩톤 → 아미노산
• 탄수화물(아밀라아제 = 아밀롭신) → 맥아당
• 지방(리파아제) → 지방산 + 글리세롤
• 맥아당(말타아제) → 포도당

24 ★

빵 제품의 노화를 지연시키는 조치로 틀린 것은?

① 가수율을 줄여준다.
② α-아밀라아제를 첨가한다.
③ −18℃ 이하, 21~35℃에서 보관한다.
④ 모노, 디-글리세라이드 계통의 유화제를 사용한다.

해설 반죽에 넣는 물의 양인 가수율을 늘려주면 빵 제품의 노화를 지연시킬 수 있다.

25

전란의 고형질은 일반적으로 약 몇 %인가?

① 12%　　　　　② 88%
③ 75%　　　　　④ 25%

해설 전란은 수분 75%, 고형질 25%이며, 껍질 10%, 노른자 30%, 흰자 60% 이다.

26

달걀을 서서히 가열하면 반투명하게 되면서 굳게 되는 성질을 무엇이라고 하는가?

① 기포성　　　　② 유화성
③ 분리성　　　　④ 열 응고성

해설 달걀의 단백질을 서서히 가열하면 60℃ 전후에서 반투명해지면서 굳는데 이러한 성질을 열 응고성 이라고 한다.

27

카카오버터의 결정이 거칠어지고 설탕의 결정이 석출되어 초콜릿의 조직이 노화되는 현상은?

① 콘칭(Conching)　　② 블룸(Bloom)
③ 페이스트(Paste)　　④ 템퍼링(Tempering)

해설 ① 콘칭(Conching) : 초콜릿을 90℃로 가열하여 수 시간 동안 저어주는 제조 방법을 말한다.
③ 페이스트(Paste) : 과실, 채소, 견과류, 육류 등 모든 식품을 갈거나 체에 으깨어 부드러운 상태로 만든것 또는 고체와 액체의 중간 정도 굳기를 뜻하는 용어로, 빵 반죽(Dough)과 케이크 반죽의 중간에 위치하는 반죽을 가리킨다.
④ 템퍼링(Tempering) : 초콜릿을 녹이고 식히면서 카카오버터를 안정적인 결정구조가 되도록 준비시켜 주는 과정이다.

28 ★

당과 산에 의해서 젤을 형성하며 젤화제, 증점제, 안정제 등으로 사용되는 것은?

① 한천　　　　　② 펙틴
③ 씨엠씨(CMC)　　④ 젤라틴

해설 펙틴은 감귤류, 사과즙에서 추출되는 탄수화물의 중합체로 응고제, 증점제, 안정제, 고화 방지제, 유화제 등으로 사용된다.

29

우유 가공품이 아닌 것은?

① 버터　　　　　② 마요네즈
③ 치즈　　　　　④ 아이스크림

해설 마요네즈는 식물성 기름과 달걀 노른자, 식초, 약간의 소금과 후추를 넣어 만든 소스로 상온에서 반고체 상태를 형성한다.

30

밀가루 제품의 가공 특성에 가장 큰 영향을 미치는 것은?

① 리신　　　　　② 글로불린
③ 트립토판　　　④ 글루텐

해설 밀가루에 들어있는 글루텐은 불용성 단백질로, 글루텐 함량에 따라 박력분, 중력분, 강력분으로 나뉜다.

31 ★

제과에서 사용하는 물에 대해 잘못 설명한 것은?

① 물은 발효, 부피 팽창, 맛의 형성 등에 매우 중요한 역할을 한다.
② 음용수는 이상한 맛이나 악취가 나서는 안 되며, 무색투명해야 한다.
③ 서울시 수돗물의 평균 경도는 65mg/L 내외로 아경수에 해당한다.
④ 연수로 반죽을 하면 글루텐이 연화되고, 경수로 반죽하면 글루텐이 단단해진다.

해설 물의 경도는 화학적으로 물에 칼슘 및 마그네슘 이온양을 이에 대응하는 탄산칼슘의 양으로 환산하여 표시한 것으로, 연수(0~60ppm), 아연수(61~120ppm), 아경수(121~180ppm), 경수(181ppm 이상)로 분류하며, 평균 경도 65mg/L 내외는 아연수에 해당한다.

32

제과에서의 설탕의 기능을 잘못 설명한 것은?

① 제품의 노화를 지연시킨다.
② 제품의 조직, 기공, 속결을 부드럽게 향상시킨다.
③ 제품에 풍미 및 감미를 제공한다.
④ 갈변반응 및 캐러멜화 반응을 지연시킨다.

해설 설탕은 갈변반응과 캐러멜화 반응에 의해 제품의 껍질 색을 형성한다.

33 ★

호화된 전분을 상온에 방치하면 β−전분으로 되돌아가는 현상을 무엇이라 하는가?

① 호화 현상   ② 노화 현상
③ 산화 현상   ④ 호정화 현상

해설 • 호화(α화) : 전분(β−전분)에 물을 넣고 열로 가열할때 α−전분으로 되는 현상
• 노화(β화) : 호화된 전분에서 수분이 빠져나가 β−전분으로 되돌아가는 현상
• 호정화 : 전분을 고온(160℃)에서 물기 없이 익히는 현상

34 ★

다음과 같은 조건이 주어졌을 때 마찰계수는?

- 실내 온도 : 25℃
- 밀가루 온도 : 24℃
- 설탕 온도 : 24℃
- 유지 온도 : 20℃
- 달걀 온도 : 18℃
- 수돗물 온도 : 18℃
- 완료한 반죽의 온도 : 27℃

① 25   ② 33
③ 35   ④ 40

해설 마찰계수
= (반죽 결과 온도×6) − (실내 온도 + 밀가루 온도 + 설탕 온도 + 유지 온도 + 달걀 온도 + 수돗물 온도)
= (27×6) − (25 + 24 + 24 + 20 + 18 + 18) = 33

35

코코아(Cocoa)에 대한 설명 중 옳은 것은?

① 초콜릿 리큐어(Chocolate Liquor)를 압착 건조한 것이다.
② 카카오 닙스(Cacao Nibs)를 건조한 것이다.
③ 카카오버터를 만들고 남은 박(Press Cake)을 분쇄한 것이다.
④ 비터 초콜릿(Bitter Chocolate)을 건조, 분쇄한 것이다.

해설 코코아 분말은 카카오 매스에서 카카오버터를 제거한 후 남은 고형분을 건조 및 분쇄하여 만든다. 코코아 분말은 용해성이 우수해 식감이 좋으나 수분 흡수성이 강하기 때문에 방수 포장을 해야 한다.

36

프랑스빵에서 스팀을 사용하는 이유로 부적당한 것은?

① 반죽의 흐름성을 크게 증가시킨다.
② 겉껍질에 광택을 내준다.
③ 얇고 바삭거리는 껍질이 형성되도록 한다.
④ 거칠고 불규칙하게 터지는 것을 방지한다.

해설 반죽의 흐름성을 크게 증가시키려면 반죽에 넣는 물의 양을 증가시키거나 2차 발효실의 습도를 높여준다.

37

아몬드 분말과 분당을 이용하여 만들며, 오래전부터 케이크 아이싱으로 많이 사용되는 것은?

① 퐁당 ② 광택제
③ 마지팬 ④ 커스터드 크림

해설
• 퐁당 : 설탕시럽을 115℃까지 끓인 후 38~44℃로 식혀 만든다.
• 광택제 : 잼에 젤라틴을 섞은 것으로, 케이크 표면에 바르면 광택이 나고 식감이 좋아진다.
• 커스터드 크림 : 우유, 달걀, 설탕, 밀가루(전분) 등을 혼합해 끓여서 만든 크림이다.

38 ★

제과 · 제빵에서 달걀의 역할로만 묶인 것은?

① 영양가치 증가, 유화 역할, pH 강화
② 영양가치 증가, 유화 역할, 조직 강화
③ 영양가치 증가, 조직 강화, 방부효과
④ 유화 역할, 조직 강화, 발효 시간 단축

해설 달걀은 양질의 완전 단백질 공급원인 동시에 달걀 흰자는 단백질의 피막을 형성하여 부풀리는 팽창제의 역할을 하며, 노른자의 레시틴은 유화제 역할을 한다.

39

신체의 근육이나 혈액을 합성하는 구성 영양소는?

① 단백질 ② 무기질
③ 물 ④ 비타민

해설 단백질은 체조직(근육, 머리카락, 혈구, 혈장 단백질 등) 및 효소, 호르몬, 항체 등을 구성한다.

40

튀김 기름의 가열에 의한 변화를 잘못 설명한 것은?

① 거품이 형성된다.
② 열로 인해 산화적 산패가 촉진된다.
③ 이물질의 증가로 발연점이 점점 높아진다.
④ 메일라드 반응에 의해 갈색 색소를 형성하여 색이 짙어진다.

해설 ▣ **튀김 기름의 가열에 의한 변화**
– 열로 인해 가수분해적 산패와 산화적 산패가 촉진된다.
– 유리지방산과 이물질의 증가로 발연점이 점점 낮아진다.
– 지방의 중합 현상이 일어나 점도가 증가한다.
– 튀기는 동안 식품에 존재하는 단백질이 열에 의해 분해되어 생긴 아미노산과 당이 메일라드 반응에 의해 갈색 색소를 형성하여 색이 짙어진다.
– 튀김 기름의 경우 거품이 형성되는 현상이 나타나는데, 처음에는 비교적 큰 거품이 생성되며 쉽게 사라지나 여러 번 사용할수록 작은 거품이 생성되며 쉽게 사라지지 않는다.

41 ★

가스 발생력에 영향을 주는 요소에 대한 설명으로 틀린 것은?

① 포도당, 자당, 과당, 맥아당 등 당의 양과 가스 발생력 사이의 관계는 당량 3~5%까지 비례하다가 그 이상이 되면 가스 발생력이 약해져 발효 시간이 길어진다.
② 반죽 온도가 높을수록 가스 발생력은 커지고 발효 시간은 짧아진다.
③ 반죽이 산성을 띨수록 가스 발생력이 커진다.
④ 이스트 양과 가스 발생력은 반비례하고, 이스트 양과 발효 시간은 비례한다.

해설 이스트의 양과 많아지면 가스 발생력은 증가하고, 이스트 양이 많아지면 발효 시간은 떨어진다.

42

일시적 경수에 대하여 바르게 설명한 것은?

① 탄산염에 기인한다.
② 모든 염이 황산염의 형태로만 존재한다.
③ 끓여도 제거되지 않는다.
④ 연수로 변화시킬 수 없다.

> 해설 일시적 경수는 칼슘염과 마그네슘이 가열에 의해 탄산염으로 침전되어 연수가 되는 물을 말하며, 물의 경도에 영향을 주지 않는다. 반면 영구적 경수는 황산 이온이 들어있어 끓여도 연수가 되지 않아 영구적 경수라 하며, 칼슘염과 마그네슘염이 물 속에 남아 경도에 영향을 준다.

43

하스 브레드의 종류에 속하지 않는 것은?

① 프랑스빵   ② 베이글빵
③ 비엔나빵   ④ 아이리시빵

> 해설 • 하스 브레드는 오븐에 직접 굽는 형식
> • 베이글은 80~90% 정도의 발효 상태에서 끓는 물에 살짝 데쳐내어 베이글 표면을 호화시켜 단단한 껍질과 광택을 내는 형식

44

다음 중 쇼트닝을 몇 % 정도 사용했을 때 빵 제품의 최대 부피를 얻을 수 있는가?

① 2%   ② 4%
③ 8%   ④ 12%

> 해설 식빵에서는 4~5%의 쇼트닝을 사용 시 최대 부피를 얻을 수 있다.

45 ★

제빵용 효모에 의하여 발효되지 않는 당은?

① 포도당   ② 과당
③ 맥아당   ④ 유당

> 해설 제빵용 효모에는 유당을 분해할 수 있는 락타아제가 들어있지 않다.

46

제빵에서 소금의 역할이 아닌 것은?

① 글루텐을 강화시킨다.
② 유해균의 번식을 억제시킨다.
③ 빵의 내상을 희게 한다.
④ 맛을 조절한다.

> 해설 ■ 소금의 기능
> – 2.0% 이상을 사용하면 삼투압 현상으로 인해 발효 작용을 억제한다.
> – 향미 성분은 없으나 잡균의 번식을 억제하여 다른 재료의 향미를 증진시킨다.
> – 설탕의 감미를 높이고 제품의 맛을 좋게한다.
> – 반죽의 글루텐을 단단하게 하므로 소금을 처음부터 넣지 않고, 믹싱 도중에 넣는 후염법을 사용하기도 한다.
> – 발효를 조절한다.

47

제빵용 밀가루에 함유된 손상 전분 함량은 얼마 정도가 적합한가?

① 0%   ② 6%
③ 10%   ④ 11%

> 해설 제빵용 밀가루에 함유된 손상 전분 함량은 4.5~8%이다.

48

밀가루 25g에서 젖은 글루텐을 9g 얻었다면 건조 글루텐의 함량은?

① 3%　　　　　　② 5%

③ 7%　　　　　　④ 12%

> 해설　젖은 글루텐(%)
> = (젖은 글루텐 반죽의 중량 ÷ 밀가루 중량) ×
>   100 = (9 ÷ 25) × 100 = 36%
> 건조 글루텐(%) = 젖은 글루텐 ÷ 3
> ▶ 36 ÷ 3 = 12%

49

아밀로그래프의 최고 점도가 너무 높을 때 생기는 결과가 아닌 것은?

① 효소의 활성이 약하다.
② 반죽의 발효 상태가 나쁘다.
③ 효소에 대한 전분, 단백질 등의 분해가 적다.
④ 가스 발생력이 강하다.

> 해설　아밀로그래프의 곡선도가 지나치면 가스 발생력이
>   떨어진다.

50 ★

전분을 가수분해할 때 처음 생성되는 덱스트린은?

① 에리트로덱스트린
② 아밀로덱스트린
③ 아크로덱스트린
④ 말토덱스트린

> 해설　전분을 가수분해하면 아밀로덱스트린, 말토덱스
>   트린 순으로 분해되며 최종적으로는 포도당으로
>   분해된다.

51

음식 100g 중 질소 함량이 4g이라면 음식에는 몇 g의 단백질이 함유된 것인가?(단, 단백질 1g 에는 16%의 질소가 함유되어 있다.)

① 25g　　　　　　② 35g

③ 50g　　　　　　④ 64g

> 해설　단백질의 양 = 질소의 양 × 질소계수(= 100 / 16)
>   ▶ 4 × 6.25 = 25g

52

고율배합에 대한 설명으로 틀린 것은?

① 믹싱 중 공기 혼입이 많다.
② 설탕 사용량이 밀가루 사용량보다 많다.
③ 화학 팽창제를 많이 쓴다.
④ 촉촉한 상태를 오랫동안 유지시켜 신선도를 높이고 부드러움이 지속되는 특징이 있다.

> 해설　고율배합은 설탕의 함량이 많기 때문에 믹싱 중
>   공기 혼입이 많으므로 화학 팽창제를 적게 쓴다.

53

언더 베이킹(Under Baking)에 대한 설명 중 틀린 것은?

① 제품의 윗부분이 올라간다.
② 제품의 중앙 부분이 터지기 쉽다.
③ 제품의 속이 익지 않을 경우도 있다.
④ 제품의 윗부분이 평평하다.

> 해설　언더 베이킹 : 높은 온도에서 짧게 굽기를 하기
>   때문에 윗면이 올라간다.

54

냉동 반죽법에서 1차 발효 시간이 길어질 경우 일어나는 현상은?

① 냉동 저장성이 짧아진다.
② 제품의 부피가 커진다.
③ 이스트의 손상이 작아진다.
④ 반죽 온도가 낮아진다.

> **해설** 냉동 반죽법에서는 1차 발효를 많이 하지 않는다.
> ▣ **1차 발효 시간이 길어질 경우 일어나는 현상**
> – 부피가 작아진다.
> – 이스트의 손상이 커진다.
> – 반죽 온도가 높아진다.
> – 글루텐 손상이 커진다.

55

냉동 반죽의 가스 보유력 저하 요인이 아닌 것은?

① 냉동 반죽의 빙결정
② 해동 시 탄산가스 확산에 따른 기포 수의 감소
③ 냉동 시 탄산가스 용해도 증가에 의한 기포 수의 감소
④ 냉동과 해동 및 냉동 저장에 따른 냉동 반죽 물성의 강화

> **해설** 냉동과 해동 및 냉동 저장에 따른 냉동 반죽 물성은 악화된다.

56

발효에 영향을 주는 요소로 볼 수 없는 것은?

① 이스트의 양　　② 쇼트닝의 양
③ 온도　　　　　④ pH

> **해설** 쇼트닝의 양은 믹싱에 영향을 주며, 발효에 영향을 끼치지 않는다.

57

굽기를 할 때 일어나는 반죽의 변화가 아닌 것은?

① 오븐 팽창　　　② 단백질 열변성
③ 전분의 호화　　④ 전분의 노화

> **해설** 전분의 노화는 굽기 후부터 일어나기 시작하며 빵 속 수분이 껍질로 이동하며 발생한다.

58

식빵의 표피에 작은 물방울이 생기는 원인과 거리가 먼 것은?

① 수분 과다 보유
② 발효 부족
③ 오븐의 윗불 온도가 높음
④ 지나친 믹싱

> **해설** ▣ **식빵의 표피에 작은 물방울이 생기는 원인**
> – 반죽이 질 경우
> – 발효가 부족할 경우
> – 2차 발효실의 습도가 높을 경우
> – 오븐 윗불 온도가 높을 경우

59

반죽의 혼합 과정 중 유지를 첨가하는 방법으로 옳은 것은?

① 밀가루 및 기타 재료와 함께 계량하여 혼합하기 전에 첨가한다.
② 반죽이 수화되어 덩어리를 형성하는 클린업 단계에서 첨가한다.
③ 반죽의 글루텐 형성 중간 단계에서 첨가한다.
④ 반죽의 글루텐 형성 최종 단계에서 첨가한다.

> **해설** 유지는 클린업 단계에서 첨가한다.(밀가루와 물이 수화된 후 투입)

60

분할기에 의한 기계식 분할 시 분할의 기준이 되는 것은?

① 무게   ② 부피
③ 모양   ④ 배합률

해설 기계식 분할의 기준이 되는 것은 제품의 부피이다. 손 분할에서는 무게가 분할의 기준이 된다.

제빵편 5회 모의고사			정 답	
01	02	03	04	05
②	①	②	③	④
06	07	08	09	10
④	①	②	②	③
11	12	13	14	15
④	①	④	④	③
16	17	18	19	20
④	④	①	②	③
21	22	23	24	25
①	③	④	①	④
26	27	28	29	30
④	②	②	②	④
31	32	33	34	35
③	④	②	②	③
36	37	38	39	40
①	③	②	①	③
41	42	43	44	45
④	①	②	②	④
46	47	48	49	50
③	②	④	④	②
51	52	53	54	55
①	③	④	①	④
56	57	58	59	60
②	④	④	②	②

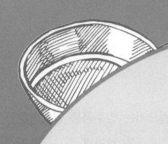
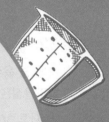

기출복원

제 과 편

01

작업자의 개인위생관리 준수사항으로 옳지 않은 것은?

① 손 세척 후 물기를 앞치마에 닦는다.
② 작업 중 껌을 씹지 않는다.
③ 장신구는 착용하지 않는다.
④ 작업 시 손으로 머리를 만지지 않는다.

02

다음 중 육류의 직화구이 및 훈연 중에 발생하는 발암물질은?

① 니트로사민(N-nitrosamine)
② 아크릴아마이드(Acrylamide)
③ 벤조피렌(Benzopyrene)
④ 에틸카바메이트(Ethylcarbamate)

03

식품위생법상 식품위생 교육 대상자가 아닌 것은?

① 식품제조가공업
② 즉석판매제조업
③ 식품운반업
④ 식품자판기 판매 영업자

04

음식 보관법으로 적당하지 않은 것은?

① 냉장·냉동보관한다.
② 살균하여 진공 포장한다.
③ 끓인 후 상온에서 보관한다.
④ 미생물이 번식하지 않게 말려서 보관한다.

05

오염된 토양에서 맨발로 작업할 경우 감염될 수 있는 기생충은?

① 회충
② 십이지장충
③ 요충
④ 폐흡충

06

동물에게 유산을 일으키는 인수공통 감염병은?

① 파상열
② 탄저병
③ 돈단독
④ 야토병

07

살모넬라균을 제거시킬 수 있는 온도와 시간은?

① 50℃, 8분
② 50℃, 15분
③ 60℃, 8분
④ 60℃, 20분

08

화농성 질병이 있는 사람이 만든 제품을 먹은 뒤 식중독을 일으켰다면 가장 관계가 깊은 원인균은?

① *Salmonella*
② *Vibrio parahaemolyticus*
③ *Clostridium botulinum*
④ *Staphylococcus aureus*

09

항히스타민제 복용으로 치료되는 식중독은?

① 알레르기성 식중독
② 살모넬라 식중독
③ 병원성 대장균 식중독
④ 장염 비브리오 식중독

10

소독약의 살균력을 비교하기 위하여 무엇을 표준으로 하는가?

① 석탄산   ② 크레졸
③ 알코올   ④ 역성비누

11

소독력이 강한 양이온 계면활성제로서 종업원의 손을 소독할 때나 용기 및 기구의 소독제로 알맞은 것은?

① 과산화수소   ② 역성비누
③ 크레졸   ④ 석탄산

12

필수 아미노산이 아닌 것은?

① 시스테인   ② 류신
③ 메티오닌   ④ 트레오닌

13

이당류에 해당하지 않는 것은?

① 맥아당   ② 자당
③ 갈락토오스   ④ 유당

14

유당에 대한 설명으로 잘못된 것은?

① 이당류이다.
② 환원당이다.
③ 갈변현상을 일으켜 껍질 색을 진하게 한다.
④ 이스트에 의해 발효된다.

15

곡류, 밀가루나 과자에 주로 서식하는 진드기는?

① 긴털가루 진드기   ② 참 진드기
③ 설탕 진드기   ④ 수중다리가루 진드기

16

제조 원가는 어떻게 구성되는가?

① 직접 재료비 + 노무비 + 직접 경비
② 직접 원가 + 제조 간접비
③ 직접 원가 + 판매비
④ 직접 원가 + 이익

17

탄수화물의 특징으로 틀린 것은?

① 단백질의 절약 작용
② 장운동에 관여
③ 에너지 공급원
④ 탄소(C), 수소(H), 산소(O), 질소(N)로 구성

18

HACCP에 대한 설명 중 틀린 것은?

① 원료부터 유통의 전 과정에 대한 관리이다.
② 식품위생의 수준을 향상시킬 수 있다.
③ 종합적인 위생 관리체계이다.
④ 사후처리의 완벽을 추구한다.

19

구매한 식품의 재고관리 시 적용되는 방법 중 가장 먼저 구매한 식품부터 사용하는 것으로 최근에 구매한 물품이 재고로 남게 되는 것은?

① 후입선출법　　　② 총 평균법
③ 선입선출법　　　④ 개별법

20

우리나라에서 서식하는 대부분의 바퀴벌레이며 크기가 작은 바퀴벌레는?

① 일본바퀴　　　　② 독일바퀴
③ 미국바퀴　　　　④ 먹바퀴

21

박력분에 대한 설명으로 옳은 것은?

① 식빵이나 마카로니 만들 때 사용한다.
② 경질소맥을 제분한다.
③ 글루텐 함량은 7~9%이다.
④ 흡수율은 강력분보다 낮다.

22

설탕의 캐러멜화에 필요한 온도로 가장 적합한 것은?

① 70~90℃　　　　② 100~120℃
③ 160~180℃　　　④ 210℃

23

머랭 중 설탕이 가장 적게 들어가는 머랭 종류는?

① 이탈리안 머랭　　② 스위스 머랭
③ 냉제 머랭　　　　④ 온제 머랭

24

과자 제품에서 감미제의 기능이 아닌 것은?

① 수분 보유제로 노화를 지연시킨다.
② 밀가루 단백질을 부드럽게 하는 연화 효과가 있다.
③ 캐러멜화 반응으로 껍질 색을 진하게 한다.
④ 이스트에 발효성 탄수화물을 공급한다.

25

퍼프 페이스트리를 만들 때 휴지를 하는 목적으로 틀린 것은?

① 반죽을 연화시켜 밀어 펴기 작업을 용이하게 한다.
② 반죽과 유지의 되기를 같게 하여 층을 분명하게 한다.
③ 글루텐의 신장성을 좋게 한다.
④ 반죽 절단 시 수축을 방지한다.

26

퍼프 페이스트리에서 불규칙한 팽창 또는 부족한 팽창이 발생하는 원인이 아닌 것은?

① 예리한 칼 사용
② 덧가루를 과량 사용
③ 불충분한 휴지
④ 굽기 전 달걀물 과량 사용

27

아미노카보닐 반응, 캐러멜 반응이 일어나는 온도 범위는?

① 20~50℃　　　　② 50~100℃
③ 100~200℃　　　④ 200~300℃

28
다음 쿠키 중 반죽형이 아닌 것은?
① 드롭 쿠키　　② 쇼트 브레드 쿠키
③ 스냅 쿠키　　④ 스펀지 쿠키

29
스냅 쿠키에 대한 설명으로 맞는 것은?
① 쇼트 브레드 쿠키보다 유지 사용량이 많다.
② 밀어 펴는 형태로 만드는 쿠키이다.
③ 전란을 사용하여 수분이 많은 쿠키이다.
④ 흰자와 설탕을 믹싱하여 만든 쿠키이다.

30
단단계법에 대한 설명으로 틀린 것은?
① 모든 재료를 한꺼번에 넣고 반죽하는 방법이다.
② 화학적 팽창제가 필요하다.
③ 노동력과 시간을 절약할 수 있어 대량 생산에 적합하다.
④ 거품형 반죽이다.

31
거품을 올린 흰자에 뜨거운 시럽을 첨가하면서 고속으로 믹싱하여 만드는 아이싱은?
① 초콜릿 아이싱　　② 로얄 아이싱
③ 마시멜로 아이싱　④ 콤비네이션 아이싱

32
단순 아이싱의 재료가 아닌 것은?
① 분당　　② 물
③ 물엿　　④ 달걀

33
머랭 제조 시 흰자의 거품을 튼튼하게 하고 색상을 희게 만들기 위해 넣는 재료는?
① 전분　　② 베이킹 파우더
③ 물엿　　④ 주석산 크림

34
커스터드 크림의 재료에 속하지 않은 것은?
① 노른자　　② 설탕
③ 생크림　　④ 우유

35
다음 중 일반적인 빵 제품의 냉각 온도로 가장 적합한 것은?
① 20~25℃　　② 30~32℃
③ 35~40℃　　④ 45~50℃

36
밀가루를 호화시킨 후 달걀을 넣는 제품은?
① 스폰지 케이크　② 마드레느
③ 파운드 케이크　④ 슈

37
버터의 수분함량은 얼마인가?
① 3% 이상　　② 18% 이하
③ 25% 이상　　④ 30% 이하

38

별립법에 대한 설명으로 틀린 것은?

① 달걀을 흰자와 노른자로 분리하여 제조한다.
② 공립법에 비해 과자가 단단하다.
③ 흰자에 설탕을 넣고 머랭을 만든다.
④ 흰자에 노른자가 섞이면 안 된다.

39

시퐁법 설명으로 잘못된 것은?

① 거품형과 반죽형을 동시에 사용한다.
② 노른자는 충분히 거품을 낸다.
③ 가볍고 부드러운 식감이다.
④ 밀가루는 박력분을 사용한다.

40

카카오 매스에서 카카오버터를 제거하고 식물성 유지와 설탕을 첨가하여 만든 초콜릿으로 템퍼링 작업이 필요 없는 초콜릿은?

① 다크 초콜릿　　② 밀크 초콜릿
③ 파타글라세　　④ 스위트 초콜릿

41

젤라틴에 대한 설명 중 틀린 것은?

① 물과 섞으면 용해된다.
② 동물성 단백질이다.
③ 콜로이드 용액의 젤 형성 과정은 비가역적 과정이다.
④ 산성 용액 중에서 가열하면 젤 능력이 약해진다.

42

비터 초콜릿 20%에 카카오버터가 얼마 정도 함유되어 있는가?

① 6%　　　　② 7.5%
③ 12%　　　④ 12.5%

43

바바루아에 대한 설명으로 맞는 것은?

① 과일 위에 밀가루와 버터로 만든 크럼블을 얹어서 만든다.
② 아몬드 밀크에 젤라틴과 생크림을 넣어 만든다.
③ 과일에 설탕을 넣고 졸여서 만든다.
④ 커스터드에 생크림, 젤라틴, 과실퓨레를 사용한다.

44

무스나 바바루아의 안정제로 사용하는 것은?

① 한천　　　　② 젤라틴
③ 펙틴　　　　④ 전분

45

초콜릿의 팻 블룸(Fat Bloom)현상에 대한 설명으로 틀린 것은?

① 초콜릿 표면에 하얀 곰팡이 모양으로 얇은 흰 막이 생기는 현상이다.
② 초콜릿의 표면에 작은 흰색 설탕 반점이 생기는 현상이다.
③ 초콜릿 제조 시 온도 조절이 부적절할 때 생기는 현상이다.
④ 보관 중 온도 변화가 심하면 일어나는 현상이다.

46

초콜릿의 코코아와 카카오버터 함량으로 옳은 것은?

① 코코아 4/8, 카카오버터 4/8
② 코코아 3/8, 카카오버터 5/8
③ 코코아 2/8, 카카오버터 6/8
④ 코코아 5/8, 카카오버터 3/8

47

템퍼링(tempering)에 대한 설명 중 틀린 것은?

① 안정한 결정의 카카오버터를 만들기 위해 온도를 조절하는 작업이다.
② 30℃로 초콜릿을 녹인다.
③ 수냉법, 대리석법, 접종법 등이 있다.
④ 용해된 초콜릿에 물이 들어가지 않도록 한다.

48

다음 중 흰자로 머랭을 만들고 노른자는 반죽형으로 만들어 두 가지 반죽을 혼합한 믹싱법은?

① 시퐁법   ② 별립법
③ 공립법   ④ 제누와즈

49

다음 중 엔젤 푸드 케이크에 주석산 크림을 사용하는 이유가 아닌 것은?

① 흰자를 강하게 하여 머랭이 튼튼해진다.
② pH 수치를 낮춘다.
③ 머랭의 색이 흰색으로 밝아진다.
④ 흡수율을 높인다.

50

다음 중 과자류 포장 용기의 특성으로 적합하지 않은 것은?

① 유해 물질이 없어야 한다.
② 방수성이 있어야 한다.
③ 통기성이 약간 있어야 한다.
④ 내용물의 색, 향이 변하지 않아야 한다.

51

슈의 필수 재료가 아닌 것은?

① 물   ② 설탕
③ 중력분   ④ 달걀

52

슈에 대한 설명으로 틀린 것은?

① 슈는 이산화탄소 발생으로 팽창한다.
② 슈는 팽창이 매우 크므로 패닝 시 충분한 간격을 유지한다.
③ 슈를 굽기 전 침지한다.
④ 슈는 너무 빨리 오븐에서 꺼내면 주저앉기 쉽다.

53

푸딩 제조공정에 관한 설명으로 틀린 것은?

① 우유와 설탕을 섞어 114℃까지 가열한다.
② 푸딩 컵에 반죽을 부어 중탕으로 굽는다.
③ 모든 재료를 섞어서 체에 내린다.
④ 굽기 온도가 너무 높으면 푸딩 표면에 기포 자국이 생긴다.

54

이탈리안 머랭의 설명으로 틀린 것은?

① 무스나 냉과에 사용한다.
② 흰자에 노른자가 섞이면 거품 형성이 안 된다.
③ 시럽은 물에 설탕을 넣고 100℃로 끓여 시럽을 만든다.
④ 강한 불에 구워 착색하는 제품을 만들 때 사용한다.

55

커스터드 크림을 제조할 때 결합제의 역할을 하는 것은?

① 달걀
② 밀가루
③ 설탕
④ 소금

56

스펀지 케이크의 굽기 공정 중에 나타나는 현상이 아닌 것은?

① 단백질의 응고
② 전분의 호화
③ 캐러멜화
④ 공기의 수축

57

도넛에 묻힌 설탕이 녹는 현상을 감소시키기 위한 조치로 틀린 것은?

① 도넛에 묻히는 설탕의 양을 증가시킨다.
② 충분히 냉각시킨 후 설탕을 입힌다.
③ 짧은 시간 동안 튀긴다.
④ 튀김유에 경화제를 넣는다.

58

케이크 도넛에 대두분을 사용하는 목적이 아닌 것은?

① 껍질 색 개선
② 영양소의 보강
③ 식감 개선
④ 부피 팽창

59

럼주는 무엇을 발효시킨 술인가?

① 보리
② 당밀
③ 밀
④ 옥수수

60

밀가루 50g에서 18g의 젖은 글루텐을 얻었다면 이 밀가루는 어디에 속하는가?

① 박력분
② 중력분
③ 강력분
④ 다목적용 밀가루

제1회 제과산업기사 정답									
01	02	03	04	05	06	07	08	09	10
①	③	④	③	②	①	④	④	①	①
11	12	13	14	15	16	17	18	19	20
②	①	③	④	①	②	④	④	③	②
21	22	23	24	25	26	27	28	29	30
③	③	②	④	③	①	③	④	②	④
31	32	33	34	35	36	37	38	39	40
③	④	④	③	③	④	②	②	④	③
41	42	43	44	45	46	47	48	49	50
③	②	④	②	②	④	②	①	④	②
51	52	53	54	55	56	57	58	59	60
②	①	①	③	①	④	③	④	②	③

01

손을 앞치마에 닦으면 교차오염이 일어날 수 있어 식품이 오염될 수 있다.

02

벤조피렌은 다환방향족탄화수소이며 훈제육이나 태운 고기에서 생성되는 발암물질이다.

03

식용얼음판매자와 식품 자동판매기 영업자는 식품위생 대상자에서 제외한다.

04

가열 조리된 음식이라도 상온에서 보관하면 안전하지 못하다.

05

십이지장충(구충)은 경피 감염되는 기생충이다.

06

파상열(브루셀라증)은 소, 돼지, 양, 염소 등에 유산을 일으키고, 사람에게는 열성 질환을 일으킨다.

07

살모넬라균은 열에 약하여 섭취 전 60℃에서 20분 동안 가열처리하면 예방할 수 있다.

08

황색포도상구균은 장독소인 엔테로톡신을 생성하여 식중독을 발생하며 예방법은 화농성 질환자의 식품 취급을 금지한다.

09

알레르기성 식중독은 어육에 다량 함유된 히스티딘에 모르가니균이 침투하여 생성된 히스타민이 원인이며 항 히스타민제 투여로 치료한다.

10

석탄산은 순수하고 안정하여 살균력 표시의 기준이 된다.

11

역성비누(양성비누)는 종업원의 손을 소독할 때나 용기 및 기구의 소독제로 사용한다.

12

– 필수 아미노산(성인) : 류신, 이소류신, 리신, 발린, 메티오닌, 트레오닌, 페닐알라닌, 트립토판, 히스티딘(9종)
– 성장기 : 성인 필수 아미노산(9종) + 아르기닌(10종)

13

갈락토오스는 단당류이다. 이당류는 맥아당 = 포도당 + 포도당, 자당 = 포도당 + 과당, 유당 = 포도당 + 갈락토오스

14

이스트는 유당을 발효시키지 않으므로 잔류당으로 남아 껍질 색을 진하게 한다.

15

긴털가루 진드기는 여름에 많이 발생하며 곡류, 곡분, 빵, 과자 등 각종 식품에서 발견되는 진드기이다.

16

제조 원가 = 직접 원가(직접 재료비 + 직접 노무비 + 직접 경비) + 제조 간접비

17

탄수화물은 탄소(C), 수소(H), 산소(O)로 구성되어 있다.

18

HACCP은 식품의 원재료 생산에서부터 최종 소비자가 섭취하기 전까지의 모든 과정에서 위해한 물질이 식품에 섞이거나 오염되는 것을 방지하기 위하여 각 과정의 위해 요소를 확인·평가하여 사후적이 아닌 사전적으로 위해 요소를 제거하고 개선할 수 있는 관리체계이다.

19

선입선출법은 가장 먼저 구입한 물품을 먼저 사용하는 방법으로 가장 최근에 구입한 물품이 재고로 남는다.

20

독일바퀴는 주로 집안에서 서식하며 바퀴벌레 중에서 가장 많은 비중을 차지한다. 성충의 크기 순서는 미국바퀴(34~53mm) 〉 먹바퀴(25~38mm) 〉 일본바퀴(20~25mm) 〉 독일바퀴 (10~16mm) 순이다.

21

박력분은 연질소맥을 제분하여 만들며 과자, 케이크, 튀김옷 제조에 사용한다.

22

캐러멜화 반응은 당류를 고온으로 가열시켰을 때 산화 및 분해산물에 의해 갈색 물질을 형성하는 반응으로 설탕은 160~180℃에서 일어난다.

23

냉제 머랭, 온제 머랭, 이탈리안 머랭은 흰자 100에 대하여 설탕 200의 비율로 만들며, 스위스 머랭은 흰자 100에 대하여 설탕 180의 비율로 만든다.

24

감미제가 발효가 진행되는 동안 이스트에 발효성 탄수화물을 공급하는 것은 제빵에서의 감미제 기능이다.

25

휴지공정에서 글루텐의 신장성이 좋아지지 않는다.
■ 퍼프 페이스트리 반죽의 냉장 휴지 목적
① 재료를 수화시켜 글루텐 안정
② 반죽과 유지의 되기를 같게 하여 층을 분명히 함

③ 반죽 연화 및 이완으로 밀어 펴기를 용이하게 함
④ 성형 과정 중 반죽 절단 시 수축 방지
⑤ 손상된 글루텐 재정돈

26

예리하지 못한 칼을 사용하면 불규칙한 팽창이 발생하므로 예리한 칼을 사용해야 한다.

27

아미노카보닐 반응은 100~120℃, 캐러멜화 반응은 160~200℃에서 잘 일어난다.

28

스펀지 쿠키와 머랭 쿠키는 거품형 쿠키이다.

29

스냅 쿠키는 수분이 적어 밀어 펴는 형태로 제품을 만들며 바삭바삭하다.

30

단단계법은 반죽형 반죽에 해당된다.

31

– 초콜릿 아이싱 : 초콜릿을 녹여 물과 분당을 섞은 것이다.
– 로얄 아이싱 : 흰자나 머랭 가루를 분당과 섞어 만든 순백색의 아이싱이다.
– 콤비네이션 아이싱 : 단순 아이싱과 크림 형태의 아이싱을 섞어서 만든 조합형 아이싱이다.

32

단순 아이싱은 분당, 물, 물엿, 향을 섞어 43℃로 가온하여 만든 되직한 페이스트 형태로 사용하며 실온으로 내려가면 굳어진다.

33

머랭의 제조 시 주석산 크림은 흰자의 거품을 튼튼하게 하고, 흰자의 알칼리성을 중화시켜 주며, 색을 희게 해주는 기능을 한다.

34

커스터드 크림은 난황과 설탕에 옥수수전분이나 박력분을 첨가하여 균일하게 섞고 데운 우유를 넣어 만드는 크림으로 슈의 충전물로 쓰인다.

35

제품을 포장하기 위해 냉각시키는 온도는 35~40℃ 정도가 적당하다.

36

슈는 물에 소금과 유지를 넣고 끓으면 밀가루를 넣어 완전히 호화시킨 후 60~65℃로 냉각시켜 반죽 되기를 보면서 달걀을 소량씩 넣어 매끈한 반죽을 만든다.

37

버터 구성은 우유지방 80%, 수분 18% 이하, 소금 0~3%, 단백질, 광물질, 유당은 약 1%이다.

38

별립법은 공립법에 비해 과자가 부드럽다.

39

시퐁법은 별립법과 다르게 노른자 거품 없이 제조한다.

40

코팅용 초콜릿(파타글라세)은 카카오 매스에서 카카오 버터를 제거하고 남은 카카오 고형분에 식물성 유지와 설탕 등을 첨가하여 흐름성이 좋게 만든 초콜릿으로 템퍼링 작업 없이 손쉽게 사용 가능한 초콜릿이다.

41

젤라틴의 콜로이드 용액의 젤 형성 과정은 가열하면 녹고 냉각하면 다시 굳는 가역적인 과정이며, 한천은 비가역적 과정이다.

42

초콜릿의 코코아와 카카오버터 구성비는 코코아 5/8, 카카오버터 3/8 이므로 20% × 3/8 = 7.5%이다.

43

① 크럼블 ② 블라망제 ③ 콩포트

44

무스나 바바로아는 젤라틴을 이용해 차갑게 굳힌 디저트이다.

45

팻 블룸 현상은 초콜릿의 지방(카카오버터)이 용해와 응고가 반복되어 얼룩이 생기는 현상으로 보관 중 높은 온도나 템퍼링의 부적합 등으로 생기는 현상이다.

46

초콜릿의 코코아와 카카오버터 구성비는 코코아 5/8, 카카오버터 3/8 이다.

47

초콜릿의 처음 녹이는 작업은 40~50℃가 가장 적합하다.

48

시퐁법 반죽은 달걀 흰자로 거품형의 머랭을 만들고 노른자는 다른 재료와 섞어서 반죽형 반죽을 만들어 이 두 가지를 혼합하여 만든다. 별립법과 다른 점은 노른자 거품을 내지 않는다.

49

▣ 주석산 크림의 기능
- 흰자의 거품을 강하게 한다.
- 색상을 희게 만든다.
- 머랭의 pH를 낮게 한다.

50

포장 용기에 통기성이 있으면 수분이 증발되고, 제품의 향이 날아가며 노화가 촉진되므로 포장 용기는 통기성이 없어야 한다.

51

슈는 밀가루, 달걀, 유지, 물을 기본재료로 만들며 설탕은 들어가지 않는다.

52

슈는 액체 재료를 많이 사용하기 때문에 굽기 시 증기 발생으로 팽창한다.

53

푸딩을 제조할 때 우유와 설탕은 끓기 직전인 80~90℃까지 데운다.

54

시럽은 114~118℃로 끓여 사용한다.

55

커스터드 크림은 달걀이 결합제(농후화제)의 역할을 한다.

56

굽기 공정에서 공기의 팽창이 일어나 부피가 증가한다.

57

발한 현상을 감소시키기 위해서는 도넛 튀기는 시간을 증가시켜 내부의 수분을 감소시킨다.

58

케이크 도넛에 대두분을 사용하는 목적은 밀가루에 부족한 영양소의 보강, 케이크 도넛의 껍질 구조 강화, 마이야르 반응으로 인한 껍질 색 개선, 식감의 개선, 대두 단백질의 보습성에 의한 신선도 유지가 있다.

59

럼주는 당밀을 발효시킨 증류주로 제과에서 많이 사용한다.

60

젖은 글루텐(%) = 18/50 × 100 = 36%
건조 글루텐(%) = 36% ÷ 3 = 12%
강력분 글루텐 함량은 11~13%이다.

01

개인위생관리 내용으로 옳은 것은?

① 위생복을 착용하고 작업장 외부로 외출한다.
② 일회용 장갑은 세척해서 재사용한다.
③ 시간 관리를 위해 시계를 착용한다.
④ 규정된 세면대에서 손을 씻는다.

02

다음 중 물리적 살균·소독법이 아닌 것은?

① 자외선 살균
② 역성비누 소독
③ 화염 멸균
④ 일광 소독

03

식품의 위생적 취급에 관한 기준으로 틀린 것은?

① 식품 등의 원료 및 제품 중 부패·변질이 되기
  쉬운 것은 냉동·냉장시설에 보관 관리하여야
  한다.
② 식품 등의 제조·가공·조리 또는 포장에 직접
  종사하는 자는 위생모를 착용하는 등 개인위생
  관리를 철저히 하여야 한다.
③ 유통기한이 경과된 식품 등은 전시하여 진열·
  보관하여도 된다.
④ 식품 등을 취급하는 원료보관실, 제조가공실,
  포장실 등의 내부는 항상 청결하게 관리하여야
  한다.

04

다음 중 식품 변질의 요인이 아닌 것은?

① 효소
② 산소
③ 압력
④ 온도

05

오염된 곡물의 섭취를 통해 장애를 일으키는 독의
종류가 아닌 것은?

① 베네루핀
② 아플라톡신
③ 맥각독
④ 황변미독

06

괄호 안에 들어갈 알맞은 조도는?

| – 계량, 반죽, 정형 작업장 조도 (   )Lux |
| – 포장실 조도 (   )Lux |

① 100, 200
② 150, 300
③ 200, 300
④ 200, 500

07

육류의 발색제로 사용되는 아질산염이 산성조건
에서 식품 성분과 반응하여 생성되는 발암성분은?

① 메탄올
② 포름알데히드
③ 벤조피렌
④ 니트로사민

08

신선도가 저하된 꽁치, 고등어 등의 섭취로 인한
알레르기성 식중독의 원인 성분은?

① 시큐톡신
② 엔테로톡신
③ 히스타민
④ 트리메틸아민

09

바닷물에서 잘 증식하는 호염균에 의한 식중독은?

① 살모넬라 식중독　　② 황색포도상구균
③ 장염 비브리오　　　④ 캠필로박터

10

포도상구균(Staphylococcus) 식중독의 주요 원인으로 맞는 것은?

① 손에 화농성이 있는 조리사
② 완전 살균되지 않은 통조림
③ 유통기한이 지난 우유
④ 부패 초기 어패류

11

결핵균에 대한 설명으로 틀린 것은?

① 혐기성, 간균이다.
② 우유나 유제품을 통해 감염된다.
③ 인수공통 감염병이다.
④ 포자를 형성하지 않는다.

12

탄수화물이 많이 든 식품을 고온에서 가열하거나 튀길 때 생성되는 발암성 물질은?

① 벤조피렌　　　　② 다이옥신
③ 아크릴아마이드　④ 니트로사민

13

식품위생법상 식품접객업 영업을 하는 자는 매년 몇 시간 식품위생교육을 받아야 하는가?

① 2시간　　　　　② 3시간
③ 4시간　　　　　④ 6시간

14

식품위생법에 명시된 목적으로 틀린 것은?

① 식품에 관한 올바른 정보 제공
② 국민 보건의 증진에 이바지
③ 식품영양의 질적 향상 도모
④ 건전한 유통 및 판매 도모

15

다음 중 HACCP을 수행하는 단계에 있어서 가장 먼저 실시하는 것은?

① 식품의 위해 요소를 분석
② 기록 유지 방법의 설정
③ 관리 기준의 설정
④ 중점관리점 규명

16

HACCP의 개념을 기존 위생관리방법과 비교하여 바르게 설명한 것은?

① 식품에 관한 올바른 정보를 제공하여 국민 보건에 증진한다.
② 식품첨가물, 기구, 식품을 위생적으로 관리한다.
③ 식품으로 인한 위생상의 위해 요소를 방지하고, 식품영양의 질적 향상을 도모한다.
④ 식품 재료의 생산에서부터 소비자가 소비할 때까지 발생할 수 있는 모든 위해 요소를 예측하고 대응할 수 있다.

17

HACCP 원칙에 포함이 안 되는 것은?

① 기록 유지 및 문서화 절차 확립
② 제품 설명서 작성
③ 중요관리점의 한계 기준 설정
④ 모든 잠재적 위해 요소 분석

18

강한 살균력을 작용시켜 모든 미생물의 영양세포 및 포자를 사멸시켜 무균상태로 만드는 것은?

① 방부   ② 소독
③ 살균   ④ 멸균

19

필수 아미노산이 아닌 것은?

① 알라닌   ② 이소류신
③ 히스티딘   ④ 트립토판

20

당류에 대한 설명으로 틀린 것은?

① 과당은 꿀에 많으며 천연 당질 중 단맛이 가장 강하다.
② 당류를 너무 많이 섭취하면 충치의 원인이 된다.
③ 맥아당은 과당과 포도당이 결합한 당이다.
④ 설탕은 당의 감미 표준물질이다.

21

탄수화물에 대한 설명으로 틀린 것은?

① 탄소, 수소, 산소로 구성되어 있다.
② 단당류, 이당류, 올리고당, 다당류로 분류된다.
③ 1g당 9kcal의 열량을 내며 소화가 잘 되고 에너지 원으로 쓰인다.
④ 곡류, 고구마, 감자에 많이 함유되어 있다.

22

경화유를 만들면서 트랜스지방이 발생되는 공정은?

① 탈산   ② 탈검
③ 경화   ④ 탈취

23

제누와즈법에 대한 설명이 아닌 것은?

① 스펀지 케이크 반죽에 유지를 녹여 넣어 만드는 방법이다.
② 제품이 부드럽다.
③ 반죽에 버터를 넣을 때 중탕하여 50~70℃로 녹여 반죽에 넣는다.
④ 모든 재료를 한꺼번에 넣고 거품을 내는 방법 이다.

24

다음 쿠키 중에서 상대적으로 수분이 적어서 밀어 펴는 형태로 만드는 제품은?

① 스냅 쿠키   ② 스펀지 쿠키
③ 머랭 쿠키   ④ 드롭 쿠키

25

반죽형 쿠키에 해당되지 않은 것은?

① 드롭 쿠키   ② 스냅 쿠키
③ 쇼트 브레드 쿠키   ④ 스펀지 쿠키

26

유지층이 공기를 포집하여 굽기 공정 중에 증기압에 의해 팽창하는 제품이 아닌 것은?

① 데니시 페이스트리   ② 퍼프 페이스트리
③ 파이   ④ 잉글리시 머핀

27

제품 중 화학적 팽창에 해당하지 않는 것은?

① 팬케이크   ② 와플
③ 쿠키   ④ 브리오슈

기출복원 제과편

28

과자 반죽법에 대한 설명으로 틀린 것은?

① 반죽형 반죽은 유지의 양이 적다.
② 거품형 반죽은 달걀 단백질의 기포성을 이용한다.
③ 시퐁형 반죽은 반죽형과 거품형을 혼합하여 만든다.
④ 반죽형 반죽은 대부분 화학 팽창제를 사용한다.

29

다음 중 반죽형 반죽으로 만든 제품이 아닌 것은?

① 버터 쿠키   ② 마드레느
③ 파운드 케이크   ④ 스펀지 케이크

30

반죽형 케이크의 특징으로 맞는 것은?

① 식감이 거칠다.
② 반죽의 비중이 높다.
③ 유지의 사용량이 적다.
④ 화학적 팽창제를 사용하지 않는다.

31

1단계법(단단계법)에 대한 설명으로 틀린 것은?

① 모든 재료를 일시에 넣고 믹싱한다.
② 대량 생산에 적합하다.
③ 화학적 팽창제를 사용하지 않는다.
④ 믹서의 성능이 좋아야 한다.

32

기본적인 스펀지 케이크의 필수재료가 아닌 것은?

① 설탕   ② 밀가루
③ 소금   ④ 탈지분유

33

시퐁법에 대한 설명으로 맞는 것은?

① 노른자 반죽에 머랭 일부를 섞은 후 가루 재료를 섞는다.
② 노른자 반죽에 머랭을 제외한 재료를 넣고 섞은 후 머랭을 섞는다.
③ 노른자 반죽을 만들 때 최대한 거품을 만든다.
④ 시퐁 케이크를 만들 때 틀에 쇼트닝을 바른다.

34

퍼프 페이스트리 제조 시 휴지의 목적이 아닌 것은?

① 손상된 글루텐을 재정돈한다.
② 밀어 펴기가 용이하다.
③ 글루텐을 안정시킨다.
④ 향이 좋아진다.

35

퍼프 페이스트리 정형 시 반죽이 수축하는 원인으로 틀린 것은?

① 불충분한 휴지
② 반죽 중 유지 사용량이 적음
③ 과도한 밀어 펴기
④ 반죽이 질었을 경우

36

퍼프 페이스트리의 팽창은 주로 무엇 때문인가?

① 이스트에 의한 팽창
② 증기압에 의한 팽창
③ 화학적 팽창
④ 공기에 의한 팽창

37

다음 중 튀긴 도넛에 묻은 설탕이나 글레이즈가 녹는 현상에 대한 조치사항으로 틀린 것은?

① 충분히 냉각시킨다.
② 도넛에 묻히는 설탕 사용량을 증가시킨다.
③ 도넛의 튀기는 시간을 감소시킨다.
④ 경화제 스테아린을 튀김 기름에 첨가한다.

38

설탕, 버터, 초콜릿, 우유를 사용하여 만든 크림 아이싱의 종류는?

① 퍼지 아이싱   ② 퐁당 아이싱
③ 마시멜로 아이싱   ④ 조합형 아이싱

39

젤라틴에 대한 설명으로 틀린 것은?

① 해조류인 우뭇가사리에서 추출된다.
② 산성 용액에서 가열하면 화학적으로 분해되어 젤 능력을 상실한다.
③ 순수한 젤라틴은 무취, 무미, 무색이다.
④ 물에 팽윤하고 끓는 물에 용해되며 냉각하면 단단하게 굳는다.

40

언더 베이킹에 대한 설명으로 맞는 것은?

① 윗불을 낮게, 밑불은 낮게 굽는 방법
② 윗불은 낮게, 밑불은 높게 굽는 방법
③ 높은 온도에서 단시간 굽는 방법
④ 낮은 온도에서 장시간 굽는 방법

41

과일의 과육과 껍질을 설탕과 함께 끓여 만든 것은?

① 마멀레이드   ② 콩포트
③ 젤리   ④ 머랭

42

흰자를 거품 내면서 뜨겁게 끓인 시럽을 부어 만든 머랭은?

① 스위스 머랭   ② 온제 머랭
③ 이탈리안 머랭   ④ 냉제 머랭

43

초콜릿의 슈가 블룸(Sugar Bloom)현상에 대한 설명으로 틀린 것은?

① 템퍼링이 부족하면 설탕의 재결정화가 일어난다.
② 설탕이 재결정화되어 초콜릿 표면에 작은 흰색 설탕 반점이 생긴 현상이다.
③ 초콜릿 표면에 수분이 응축하며 나타나는 현상이다.
④ 습도가 낮고 온도가 일정한 건조한 곳에 보관해야 한다.

44

비터 초콜릿 32% 중에서 코코아가 얼마나 함유되어 있는가?

① 8%   ② 12%
③ 16%   ④ 20%

45

퐁당 제조 시 시럽을 끓이는 온도는?

① 100~110℃   ② 114~118℃
③ 150~180℃   ④ 160~170℃

46

커스터드 푸딩을 제조할 때 설탕과 달걀의 사용 비율은?

① 1 : 1
② 1 : 2
③ 2 : 1
④ 3 : 2

47

마시멜로 아이싱 설명으로 맞는 것은?

① 흰자나 머랭 가루를 분당과 섞어 만든 순백색의 아이싱이다.
② 거품을 올린 흰자에 뜨거운 시럽을 첨가하면서 젤라틴과 고속으로 믹싱하여 만든 아이싱이다.
③ 단순 아이싱과 크림 형태의 아이싱을 섞어서 만든 조합형 아이싱이다.
④ 유지에 당액을 넣어 크림으로 만든 아이싱이다.

48

넛메그의 종자를 싸고 있는 빨간 껍질을 말린 것은?

① 클로브
② 올스파이스
③ 메이스
④ 오레가노

49

젤리 제조 설명으로 틀린 것은?

① 당분 60~65%
② 펙틴 1.0~1.5%
③ pH 7.8
④ 젤라틴이나 한천을 안정제로 사용한다.

50

다음 중 파이롤러를 사용하지 않는 제품은?

① 데니시 페이스트리
② 케이크 도넛
③ 롤케이크
④ 퍼프 페이스트리

51

주로 크림이나 무스와 같이 열을 가열하지 않는 제품이나 거품의 안정성이 우수하여 케이크의 데코레이션용으로 많이 사용하는 머랭은?

① 스위스 머랭
② 이탈리안 머랭
③ 프렌치 머랭
④ 온제 머랭

52

마카롱 제조 시 머랭과 건조 재료를 혼합하는 과정으로 반죽을 뒤집어 가며 섞는 과정을 무엇이라 하는가?

① 코크
② 삐에
③ 몽타쥬
④ 마카로나주

53

외식 서비스의 특성이 아닌 것은?

① 무형성
② 생산과 소비의 동시성
③ 동일성
④ 소멸성

54

원가 계산의 원칙으로 틀린 것은?

① 진실성의 원칙 : 제품의 제조 등에 발생한 원가를 있는 그대로 계산
② 발생 기준의 원칙 : 모든 비용과 수익은 그 발생 시점을 기준으로 계산
③ 확실성의 원칙 : 정상적으로 발생한 원가만 계산
④ 비교성의 원칙 : 원가 계산은 다른 일정 기간 또는 다른 부문의 원가와 비교

55

패리노그래프에(Farinograph)에 대한 설명으로 틀린 것은?

① 밀가루의 흡수율 측정
② 믹싱 내구성 측정
③ 믹싱 시간 측정
④ 점도의 변화 측정

56

빵 및 케이크에 사용이 허가된 보존료는?

① 프로피온산　　　② 소르빈산
③ 데히드로초산　　④ 안식향산

57

케이크 디자인의 구성 요소가 아닌 것은?

① 개념 요소　　　② 통일 요소
③ 상관 요소　　　④ 시각 요소

58

과일파이 굽기 중 충전물이 끓어 넘치는 원인이 아닌 것은?

① 충전물의 온도가 높다.
② 파이 껍질의 수분이 너무 많다.
③ 파이 바닥 껍질이 얇다.
④ 오븐 온도가 높아 굽는 시간이 너무 짧다.

59

슈 제조공정에 대한 설명으로 잘못된 것은?

① 굽기 중 찬 공기가 들어가면 슈가 주저앉게 되므로 오븐 문을 자주 여닫지 않는다.
② 패닝 후 반죽 표면에 물을 분사하여 오븐에서 껍질이 형성되는 것을 지연시킨다.
③ 굽기 초기에는 윗불을 높여 굽다가 색깔이 나면 윗불을 낮춘다.
④ 슈 기본재료는 밀가루, 달걀, 유지, 물이다.

60

수평적 분업의 실현으로 경영 능률이 향상되며 연구나 개발조직에서 많이 사용하는 조직의 형태로 프랜차이즈 제과점에 적용이 가능한 조직은?

① 라인(line) 조직
② 직능 조직
③ 라인과 스태프(staff) 조직
④ 사업부제

제 2 회 제과산업기사 정답

01	02	03	04	05	06	07	08	09	10
④	②	③	③	①	④	④	③	③	①
11	12	13	14	15	16	17	18	19	20
①	③	②	④	①	④	②	④	①	③
21	22	23	24	25	26	27	28	29	30
③	③	④	①	④	④	④	①	④	②
31	32	33	34	35	36	37	38	39	40
③	④	②	④	④	②	③	①	③	④
41	42	43	44	45	46	47	48	49	50
①	③	①	④	②	②	②	③	③	③
51	52	53	54	55	56	57	58	59	60
②	④	③	③	④	①	②	④	③	②

01

위생복을 입고 작업장 외부로 외출 시 오염물질이 함께 작업장으로 유입될 수 있으므로 외출하면 안 된다.
일회용 장갑은 재사용하지 않는다.
시계, 반지 등 장신구는 착용하거나 소지하지 않는다.

02

역성비누는 화학적 소독방법이다.

03

유통기한이 경과된 식품 등은 전시, 판매하여서는 안 된다.

04

식품 변질의 원인으로는 미생물, 효소반응, 화학반응, 물리적 반응 등이 있다. 미생물 증식에 영향을 주는 요인으로는 영양소, 수분, 온도, 산소, pH 등이다.

05

베네루핀은 모시조개나 굴의 내장선에 함유된 독이다.

06

계량, 반죽, 조리, 정형 작업장 표준 조도는 200Lux이며, 포장실 표준 조도는 500Lux이다.

07

니트로사민은 육류 및 어육 제품의 발색제로 사용되는 아질산염이 산성조건에서 제2급 아민이나 아미드류와 반응하여 생성되는 발암물질이다.

08

- 시큐톡신 – 독미나리 독소
- 엔테로톡신 – 포도상구균 독소, 장독소
- 트리메틸아민 – 어류의 비린내 성분

09

비브리오균은 바닷물에서 잘 발육하는 호염성 세균으로 비브리오균에 오염된 어패류를 생식할 경우 식중독에 걸리기 쉽다.

10

포도상구균 식중독의 가장 주요한 원인은 식품취급자의 화농증이다.

11

결핵균은 산소를 좋아하는 호기성 세균이다.

12

탄수화물이 많이 든 감자를 고온에서 가열하거나 튀길 때 발암물질인 아크릴아마이드가 생성된다.

13

식품접객업(휴게음식점영업, 일반음식점영업, 단란주점 영업) 영업자는 매년 3시간 식품위생교육을 받아야 하며, 영업을 하려는 자는 6시간 식품위생교육을 미리 받아야 한다.

14

■ 식품 위생의 목적
식품으로 인하여 생기는 위생상의 위해 방지, 식품영양의 질적 향상 도모, 식품에 관한 올바른 정보 제공, 국민보건의 증진

15

HACCP의 원칙 1은 식품의 모든 잠재적 위해 요소를 분석하는 것이다.

16

HACCP은 식품의 생산·유통·소비의 전과정을 지속적으로 관리하여 최종 생산되는 식품 또는 음식의 안전성을 확보하고 보증하는 예방차원이다.

17

제품 설명서 작성은 HACCP 적용 준비단계 5절차에 해당된다.

18

멸균은 모든 미생물을 완전히 사멸시키는 것

19

– 필수 아미노산(성인) : 류신, 이소류신, 리신, 발린, 메티오닌, 트레오닌, 페닐알라닌, 트립토판, 히스티딘(9종)
– 성장기 : 성인 필수 아미노산(9종) + 아르기닌(10종)

20

맥아당은 포도당과 포도당이 결합한 이당류이다.

21

탄수화물은 1g당 4kcal의 열량을 낸다.

22

경화공정은 불포화지방산 중 이중결합을 가진 탄소원자에 수소를 첨가하는 공정으로 트랜스지방이 생성된다.

23

단단계법은 모든 재료를 한꺼번에 넣고 거품을 내는 방법으로 믹싱볼에 달걀, 가루 재료, 소금, 유화제를 넣고 믹싱한 후 액체 재료를 넣어 마무리하는 믹싱 방법으로 공정이 간단하다.

24

스펀지 쿠키, 머랭 쿠키, 드롭 쿠키는 반죽을 짤주머니에 넣고 짜는 형태의 쿠키이다.

25

– 반죽형 쿠키 : 드롭 쿠키, 스냅 쿠키, 쇼트 브레드 쿠키
– 거품형 반죽 쿠키 : 스펀지 쿠키, 핑거 쿠키, 머랭 쿠키

26

잉글리시 머핀은 이스트의 발효에 의하여 생성되는 이산화탄소가 팽창을 주도한다.

27

브리오슈는 버터, 설탕, 달걀이 많이 들어간 프랑스 빵으로 이스트를 사용한 생물학적 팽창 방법을 사용한다.

28

반죽형 반죽은 유지의 양이 많아 조직이 부드럽다.

29

스펀지 케이크는 거품형 반죽으로 만든다.

30

반죽형 케이크는 달걀보다 밀가루를 더 많이 사용하는 반죽으로 비중이 높다.

31

1단계법(단단계법)은 유화제와 화학적 팽창제를 사용한다.

32

스펀지 케이크는 밀가루, 달걀, 유지, 소금, 설탕 등이 사용되며 탈지분유는 제빵 재료로 사용된다.

33

시퐁법은 흰자와 설탕을 섞어 거품형의 머랭을 만들고, 노른자는 다른 재료와 혼합하여 반죽형 반죽을 만든 후 두 가지 반죽을 혼합하여 만든다.

34

향을 좋게 하는 것은 반죽 휴지의 목적이 아니다.

35

퍼프 페이스트리 반죽이 질었을 경우 성형 시 수축하지 않는다.

36

퍼프 페이스트리는 유지에 함유된 수분이 수증기로 변하여 증기압으로 팽창하는 제품이다.

37

도넛을 튀기면 수분이나 기름으로 인해 도넛에 묻은 설탕이 녹는 현상이 일어난다.
방지하기 위해서는 도넛을 튀기는 시간을 증가시켜 도넛의 수분을 감소시켜야 한다.

38

- 퍼지 아이싱 : 설탕, 버터, 초콜릿, 우유를 주재료로 만든 것
- 퐁당 아이싱 : 설탕 시럽을 기포하여 만든 것
- 마시멜로 아이싱 : 거품을 올린 흰자에 뜨거운 시럽을 첨가하면서 고속으로 믹싱하여 만든 것
- 조합형 아이싱 : 단순 아이싱과 크림 아이싱을 혼합한 것

39

젤라틴은 동물의 껍질, 연골조직의 콜라겐 단백질에서 얻으며 해조류인 우뭇가사리에서 추출하는 안정제는 한천이다.

40

언더 베이킹은 높은 온도에서 단시간 굽는 방법으로 저율배합, 소량의 반죽일 때 사용한다.

41

마멀레이드는 신맛을 지닌 과일을 이용하는데, 주로 오렌지를 이용한다.

42

이탈리안 머랭은 114~118℃로 끓인 시럽을 흰자 거품에 넣으면서 거품을 만드는 방법으로 무스나 냉과를 만들 때 사용하거나 강한 불에 구워 착색하는 제품을 만드는 데 사용한다.

43

템퍼링이 부족하면 팻 블룸이 일어나며 슈가 블룸은 템퍼링과 관계없다.

44

초콜릿에 함유된 코코아 양은 5/8이므로,
32% × 5/8 = 20% 이다.

45

퐁당은 설탕 100에 물 30을 넣고 114~118℃로 끓여서 시럽을 만든 후 38~48℃로 냉각시켜서 교반하여 새하얗게 만든다.

46

푸딩 제조 시 설탕과 달걀의 비는 1:2의 비율이다.

47

마시멜로 아이싱은 흰자에 114℃로 끓인 시럽을 넣고 머랭을 젤라틴과 고속으로 믹싱한다.

48

넛메그는 육두구과 교목의 열매(종자)를 말린 것이며 메이스는 넛메그의 종자를 싸고 있는 빨간 껍질을 말린 것이다.

49

젤리는 당분 60~65%, 펙틴 1.0~1.5%, pH 3.0~3.5에서 가장 잘 형성된다.

50

롤 케이크는 거품형 반죽으로 잼이나 크림을 발라 말기를 하므로 파이롤러가 필요하지 않다.

51

이탈리안 머랭은 흰자를 믹싱할 때 뜨거운 시럽(114~118℃)을 조금씩 나누어 넣으며 만든다.

52

- 코크 : 프랑스어로 껍질을 의미하며 크림을 뺀 쿠키 부분을 말한다.
- 삐에 : 프랑스어로 발을 의미하고 코크에서 아랫부분 물결 무늬 부분을 가리키며 프릴이라고도 한다.
- 몽타쥬 : 코크에 필링을 넣고 짝을 맞추는 과정을 말한다.

53

외식 서비스의 특성 중 이질성은 표준화가 어렵다는 점이다.

54

확실성의 원칙은 원가 계산 시 여러 방법이 있을 경우 가장 확실한 방법을 선택한다.
정상적으로 발생한 원가만 계산하는 것은 정상성의 원칙이다.

55

전분의 점도를 측정하는 것은 아밀로그래프이다.

56

◙ 보존료

- 데히드로초산 : 치즈, 버터, 마가린 등
- 소르빈산 : 식육, 어육 연제품, 잼, 케첩, 팥앙금류 등
- 안식향산 : 간장, 청량음료, 알로에즙 등
- 피로피온산 : 빵, 과자 및 케이크류

57

◙ 케이크 디자인의 구성 요소

(1) 개념 요소 : 실제로는 존재하지 않으나 존재하는 것처럼 정의된 요소이며 점·선·면·입체가 이에 해당한다.
(2) 시각 요소 : 점·선·면 등 실제로 존재하지 않는 요소들을 실제로 볼 수 있고 느낄 수 있는 요소이며 형태·크기·색채·질감 등이 있다.
(3) 상관 요소 : 각각의 개별적 요소들이 서로 유기적 상관관계를 이루어 상호 작용을 함으로써 나타나는 느낌이며 방향감과 위치감·공간감·중량감이 있다.
(4) 실제 요소 : 디자인의 고유 목적을 충족시키기 위해 존재하는 요소이며 질감 표현을 위한 재료, 의미에 맞는 색상, 디자인 목적에 적합한 기능, 메시지 전달을 위한 상징물 등의 실제적 요소이다.

58

오븐 온도가 낮아 굽는 시간이 길면 충전물이 끓어 넘치는 원인이 된다.

59

슈는 처음부터 윗불을 강하게 하면 껍질 형성이 너무 빠르게 되어 굽기 시 터질 수 있으므로 초기에는 아랫불을 높여 굽다가 표피가 거북이 등처럼 되고 밝은 색깔이 나면 아랫불을 줄이고 윗불을 높여 굽는다.

60

- 라인(line) 조직 – 지휘 명령 계통의 일관화
- 라인과 스태프(staff) 조직 – 관리 기능의 전문화·탄력화, 지휘 명령 계통의 강력화
- 사업부제 – 신속한 의사 결정, 직원의 자주성과 창의성 발휘

01

인수공통 감염병이 아닌 것은?

① 탄저병   ② 결핵
③ 파상열   ④ 폴리오

02

쥐를 매개체로 전염되는 질병이 아닌 것은?

① 쯔쯔가무시병   ② 유행성출혈열
③ 렙토스피라증   ④ 말라리아

03

경구 감염병 중 원인균이 세균이 아닌 것은?

① 이질   ② 발진열
③ 장티푸스   ④ 콜레라

04

자연독 식중독 중 곰팡이와 관련이 없는 것은?

① 셉신   ② 황변미독
③ 아플라톡신   ④ 맥각독

05

식품위생 분야 종사자의 건강진단 항목이 아닌 것은?

① 전염성 피부질환   ② 갑상선 검사
③ 폐결핵   ④ 장티푸스

06

다음 설명과 관계 깊은 식중독균은?

- 호염성 세균이다.
- 60℃ 정도의 가열로도 사멸하므로 가열조리하면 예방할 수 있다.
- 주 원인식품은 어패류, 생선회 등이다.

① 병원성 대장균   ② 살모넬라균
③ 장염 비브리오균   ④ 캠필로박터

07

감염형 식중독에 해당되지 않는 것은?

① 보툴리늄균 식중독
② 장염 비브리오 식중독
③ 병원성 대장균 식중독
④ 살모넬라균 식중독

08

대장균 O-157이 만들어 낸 독성물질은?

① 테트로도톡신   ② 삭시톡신
③ 베로톡신   ④ 베네루핀

09

다음 중 화농성 질병이 있는 사람이 만든 제품을 먹고 식중독에 걸렸다면 가장 관계 깊은 균은?

① 포도상구균   ② 살모넬라균
③ 비브리오균   ④ 웰치균

10

어패류가 감염원이 아닌 기생충은?

① 요코가와흡충   ② 간디스토마
③ 긴촌충   ④ 선모충

11

소독이란 다음 중 어느 것을 뜻하는가?

① 병원성 미생물을 죽이거나 약화시켜 감염의
    위험성을 낮추는 것
② 모든 미생물을 사멸시키는 것
③ 오염된 물질을 깨끗이 닦아내는 것
④ 비병원균만 사멸시키는 것

12

소독제와 소독 시 사용하는 농도의 연결이 틀린
것은?

① 과산화수소 : 3% 수용액
② 승홍수 : 0.1% 수용액
③ 석탄산 : 3~5% 수용액
④ 에틸알코올 : 30% 수용액

13

곡류, 밀가루나 과자에 주로 서식하는 진드기는?

① 참 진드기   ② 긴털가루 진드기
③ 설탕 진드기   ④ 수중다리가루 진드기

14

칼슘과 인이 소변 중으로 유출되는 골연화증 현상이
유발하는 중금속은?

① 납   ② 카드뮴
③ 수은   ④ 주석

15

다음 중 냉동식품에 대한 분변 오염 지표가 되는
식중독균은?

① 대장균   ② 장구균
③ 보툴리누스균   ④ 장염 비브리오균

16

필수 아미노산의 종류가 아닌 것은?

① 발린   ② 페닐알라닌
③ 알라닌   ④ 류신

17

유화제로 사용되는 식품첨가물은?

① 아질산나트륨
② 구연산
③ 글리세린 지방산 에스테르
④ 유동파라핀 1종

18

식품첨가물 중 보존료가 아닌 것은?

① 차아염소산나트륨   ② 프로피온산나트륨
③ 소르빈산칼륨   ④ 안식향산나트륨

19

식물성 안정제가 아닌 것은?

① 젤라틴   ② 한천
③ 펙틴   ④ 로커스트빈 검

20

사람의 손, 조리기구, 식기류의 소독제로 적당한 것은?

① 승홍   ② 석탄산

③ 메틸알콜   ④ 역성비누

21

다음 중 산화제가 아닌 것은?

① 브롬산칼륨   ② 요오드칼륨

③ 아스코르빈산   ④ L-시스테인

22

당과 산에 의해서 젤을 형성하며 젤화제, 증점제, 안정제 등으로 사용되는 것은?

① 씨엠씨(CMC)   ② 젤라틴

③ 한천   ④ 펙틴

23

미생물의 생육에 필요한 수분활성도(Aw)의 크기로 옳은 것은?

① 세균 〉 효모 〉 곰팡이

② 곰팡이 〉 세균 〉 효모

③ 효모 〉 곰팡이 〉 세균

④ 세균 〉 곰팡이 〉 효모

24

식품위생법상 식품위생 교육 대상자가 아닌 것은?

① 식품운반업

② 즉석판매제조업

③ 식품자판기 판매 영업자

④ 식품제조가공업

25

HACCP(해썹) 7원칙에 해당되지 않는 것은?

① 위해분석   ② 공정 흐름도 작성

③ 중요관리점 확인   ④ 한계기준 설정

26

소금이 제과에 미치는 영향이 아닌 것은?

① 반죽의 물성을 좋게 한다.

② 향을 좋게 한다.

③ 잡균의 번식을 억제한다.

④ pH를 조절한다.

27

잎을 건조시켜 만든 향신료는?

① 계피   ② 메이스

③ 넛메그   ④ 오레가노

28

초콜릿의 코코아와 카카오버터 함량으로 옳은 것은?

① 코코아 3/8, 카카오버터 5/8

② 코코아 2/8, 카카오버터 6/8

③ 코코아 5/8, 카카오버터 3/8

④ 코코아 4/8, 카카오버터 4/8

29

버터에는 지방이 얼마나 함유되는 있는가?

① 40%   ② 60%

③ 80%   ④ 100%

30

오렌지 껍질이나 향이 들어있지 않는 것은?

① 쿠앵트로 ② 트리플 섹
③ 그랑 마르니에 ④ 키르슈

31

제과에서 설탕의 기능이 아닌 것은?

① 이스트의 먹이 ② 노화 지연
③ 감미제 ④ 갈변반응

32

불포화지방산을 포화지방산으로 변화시키는 경화유에는 어떤 물질이 첨가되는가?

① 산소 ② 수소
③ 질소 ④ 칼슘

33

유지 중 공기 포집력이 적어 크림성이 가장 낮은 유지는?

① 버터 ② 마가린
③ 면실유 ④ 쇼트닝

34

박력분의 설명으로 틀린 것은?

① 경질소맥으로 만든다.
② 입자가 곱고 부드럽다.
③ 제과용으로 사용한다.
④ 7~9% 단백질을 함유하고 있다.

35

상온에 둔 버터를 수저로 떠서 접시에 올려놓았을 때 모양이 그대로 유지하는 물리적 성질을 무엇이라 하는가?

① 점탄성 ② 가소성
③ 유화성 ④ 크림성

36

튀김기름의 적이 아닌 것은?

① 온도 ② 수분
③ 공기 ④ pH

37

다음 중 거품형 케이크는?

① 파운드 케이크
② 화이트레이어 케이크
③ 젤리롤 케이크
④ 데블스푸드 케이크

38

반죽의 비중과 관련이 없는 것은?

① 완제품의 부피 ② 팬 용적
③ 기공의 크기 ④ 완제품의 조직

39

비중이 높은 제품의 특징이 아닌 것은?

① 부피가 작다. ② 제품이 단단하다.
③ 기공이 조밀하다. ④ 껍질 색이 연하다.

40

퍼프페이스트리 제조 시 굽는 동안 유지가 흘러 나오는 이유로 잘못된 설명은?

① 오븐 온도가 너무 낮았을 때
② 과도한 밀어펴기를 하였을 때
③ 유지 사용량이 적었을 때
④ 오래된 반죽을 사용하였을 때

41

케이크 도넛의 튀김 온도로 가장 적합한 것은?

① 160~175℃
② 180~195℃
③ 200~210℃
④ 220~230℃

42

케이크 도넛의 과도한 흡유 원인이 아닌 것은?

① 반죽 내 수분 과다
② 믹싱 부족
③ 저율배합 제품
④ 반죽의 온도가 낮을 경우

43

슈에 대한 설명으로 틀린 것은?

① 물과 유지를 끓인 후 밀가루를 넣고 호화시킨다.
② 굽기 전 물 분무 또는 침지 시킨다.
③ 슈 반죽이 부풀기 시작하면 오븐 문을 열고 굽는다.
④ 슈의 응용제품으로 에클레어, 파리브레스트가 있다.

44

굽기 전 침지 또는 분무하여 굽는 제품은?

① 슈
② 다쿠와즈
③ 머랭 쿠키
④ 버터 쿠키

45

초콜릿 블룸현상을 방지하기 위한 공정을 무엇 이라 하는가?

① 발효
② 템퍼링
③ 아이싱
④ 선별

46

초콜릿을 템퍼링한 효과에 대한 설명 중 틀린 것은?

① 팻 블룸(Fat Bloom)이 일어나지 않는다.
② 입안에서의 구용성이 좋다.
③ 광택이 좋고 내부 조직이 조밀하다.
④ 불안정한 결정이 형성된다.

47

카카오 매스에서 카카오버터를 제거하고 식물성 유지와 설탕을 첨가하여 만든 초콜릿으로 템퍼링 작업이 필요 없는 초콜릿은?

① 밀크 초콜릿
② 파타글라세
③ 다크 초콜릿
④ 스위트 초콜릿

48

파운드 케이크를 구울 때 뚜껑을 덮는 이유는 무엇인가?

① 껍질 색이 너무 진하지 않고 표피를 얇게 하기 위해
② 케이크 내부가 노란색을 띠게 하기 위해
③ 케이크의 수분 흡수력을 높이기 위해
④ 케이크 바닥이 검게 되는 것을 막기 위해

49

다음 중 엔젤 푸드 케이크에 주석산 크림을 사용하는 이유가 아닌 것은?

① 흡수율을 높인다.
② 흰자를 강하게 한다.
③ 색을 희게 한다.
④ pH 수치를 낮춘다.

50

엔젤 푸드 케이크 제조 시 팬에 사용하는 이형제로 가장 적합한 것은?

① 쇼트닝
② 밀가루
③ 물
④ 라드

51

반죽형 쿠키를 만들 때 퍼짐성이 좋지 않은 이유는?

① 유지 함량이 많다.
② 설탕의 입자가 작다.
③ 반죽이 알칼리성이다.
④ 오븐 온도가 낮았다.

52

다음 쿠키 중에서 상대적으로 수분이 적어서 밀어펴는 형태로 만드는 제품은?

① 드롭 쿠키
② 스냅 쿠키
③ 스펀지 쿠키
④ 머랭 쿠키

53

파이 제조 시 휴지의 목적이 아닌 것은?

① 심한 수축을 방지하기 위하여
② 풍미를 좋게 하기 위하여
③ 글루텐을 부드럽게 하기 위하여
④ 재료의 수화를 돕기 위하여

54

다음 중 파이 롤러를 사용하지 않는 제품은?

① 롤 케이크
② 크로와상
③ 케이크 도넛
④ 데니시 페이스트리

55

커스터드 크림을 제조할 때 결합제의 역할을 하는 것은?

① 달걀
② 우유
③ 밀가루
④ 설탕

56

아이싱에 이용되는 퐁당(Fondant)은 설탕의 어떤 성질을 이용한 것인가?

① 설탕의 용해성
② 설탕의 보습성
③ 설탕의 흡습성
④ 설탕의 재결정성

57

거품을 올린 흰자에 뜨거운 시럽을 첨가하면서 고속으로 믹싱하여 만든 아이싱은?

① 마시멜로 아이싱　　② 콤비네이션 아이싱

③ 초콜릿 아이싱　　　④ 로얄 아이싱

58

도넛에 글레이즈 사용 시 가장 적당한 온도는?

① 15℃　　　　　　② 25℃

③ 35℃　　　　　　④ 45℃

59

다음에서 설명하는 것은?

설탕 시럽을 115℃까지 끓인 후 40℃로 식히면서 교반하면, 결정이 일어나면서 희고 뿌연 상태로 만들어지는 것

① 생크림　　　　　② 가나슈

③ 퐁당　　　　　　④ 마지팬

60

패리노그래프에 관한 설명 중 틀린 것은?

① 밀가루의 흡수율 측정

② 믹싱 내구성 측정

③ 믹싱 시간 측정

④ 전분의 점도 측정

제 3 회 제과산업기사 정답

01	02	03	04	05	06	07	08	09	10
④	④	②	①	②	③	①	③	①	④
11	12	13	14	15	16	17	18	19	20
①	④	②	②	②	③	③	①	①	④
21	22	23	24	25	26	27	28	29	30
④	④	①	③	②	④	④	③	③	④
31	32	33	34	35	36	37	38	39	40
①	②	③	①	①	③	③	②	④	③
41	42	43	44	45	46	47	48	49	50
②	③	③	①	②	④	②	①	①	③
51	52	53	54	55	56	57	58	59	60
②	②	②	①	①	④	①	④	③	④

01

폴리오는 바이러스성 경구 감염병으로 인수공통 감염병에 해당되지 않는다.

02

말라리아는 모기로 인해 전염되는 질병이다.

03

발진열은 리케차성 감염병이다.

04

솔라닌은 썩은 감자의 독성분이다.

05

갑상선 검사는 식품위생 분야 종사자의 건강진단 항목에 해당되지 않는다.

06

장염 비브리오균은 호염성 세균으로 해산 어패류 생식이 주요 발생 원인이다.

07

보툴리늄균 식중독은 독소형 식중독이다.

08

- 테트로도톡신 – 복어
- 삭시톡신 – 섭조개, 대합
- 베네루핀 – 모시조개, 바지락, 굴

09

포도상구균은 장독소인 엔테로톡신을 생성하며 내열성이 강해 화농성 염증이 있는 사람은 식품 취급을 금지해야 함

10

선모충은 돼지로부터 감염되는 기생충이다.

11

- 소독 : 병원균을 죽이거나 약화시켜 감염 위험성을 제거하는 것
- 멸균 : 병원 미생물뿐 아니라 모든 미생물을 사멸시켜 완전한 무균상태로 하는 것

12

에틸알코올은 70% 수용액이 침투력이 강하고 살균력이 좋다.

13

긴털가루 진드기는 여름에 많이 발생하며 곡류, 전분, 빵, 과자 등 각종 식품에서 발견되는 진드기이다.

14

이타이이타이병 : 카드뮴 중독현상으로 칼슘과 인의 대사 이상을 초래하여 골연화증 유발

15

장구균은 사람을 포함한 포유동물의 소화장관에서 발견되는 세균으로 대장균보다 고온, 냉동, 건조에서 저항력이 커 가열식품, 냉동식품, 건조식품의 위생검사에 유용하다.

16

알라닌은 비필수 아미노산에 해당된다.

17

유화제로 사용되는 식품첨가물은 글리세린 지방산 에스테르, 레시틴 등이 있다.
- 아질산나트륨 – 발색제
- 구연산 – 산미료
- 유동파라핀 – 이형제

18

차아염소산나트륨은 살균제에 해당된다.

19

젤라틴은 동물의 껍질이나 연골 속에 있는 콜라겐에서 추출한 동물성 단백질이다.

20

역성비누는 양성비누라고도 하며 살균력이 강하고 무색, 무취, 무미하고 자극성이 없어 조리사의 손소독에 주로 사용한다.

21

L-시스테인은 환원제이다.

22

펙틴은 감귤류, 사과즙에서 추출되는 탄수화물의 중합체로 응고제, 증점제, 안정제, 고화 방지제, 유화제 등으로 사용된다.

23

■ 수분활성도(Aw) 순서
세균(0.95) 〉 효모(0.88) 〉 곰팡이(0.8)

24

식품 자동판매기 영업자는 식품위생 대상자에서 제외한다.

25

공정 흐름도 작성은 HACCP(해썹) 준비단계에 속한다.

26

소금은 반죽에서 pH 조절을 하지 않는다.

27

- 계피 – 나무껍질
- 넛메그와 메이스 – 육두구의 열매와 씨껍질
오레가노는 꿀풀과의 식물로 잎을 건조하여 만드는 향신료이다.

28

초콜릿(카카오 매스)은 코코아 5/8, 카카오버터 3/8으로 구성되어 있다.

29

버터에는 지방이 80% 들어있으며, 쇼트닝은 지방이 100%이다.

30

키르슈는 잘 익은 체리의 과즙을 발효, 증류시켜 만든 술이다.

31

제빵에서 설탕은 반죽이 발효되는 동안 이스트의 먹이가 된다.

32

유지의 경화 : 불포화지방산에 수소를 첨가하여 포화지방산으로 만들어 고체화한 지방을 말한다.

33

액체 유지는 고체 유지에 비해 공기포집력이 매우 작다.

34

- 경질소맥 – 강력분
- 연질소맥 – 박력분

35

가소성은 점토와 같이 모양을 자유롭게 변화시킬 수 있는 성질을 말한다.

36

■ 튀김기름의 4대 적
온도(열), 수분(물), 공기(산소), 이물질

37

거품형 케이크의 종류로는 스펀지 케이크, 젤리롤 케이크 등이 있다.

38

반죽의 비중은 제품의 부피, 기공, 조직에 결정적인 영향을 준다.

39

비중이 높고 낮음에 껍질 색과는 관련이 없다.

40

유지 사용량이 적을 경우 반죽 절단 시 수축이 일어난다.

41

튀김기름의 적정온도는 180~195℃이다.

42

설탕, 유지, 팽창제 사용량이 많은 고율배합 제품일 때 과도한 흡유 현상이 일어난다.

43

굽기 중 색이 날 때까지 오븐 문을 열면 안 된다. 너무 일찍 문을 열면 슈가 주저앉게 된다.

44

슈는 오븐에 넣기 전 침지 또는 분무하여 오븐에 굽는다.

45

초콜릿 블룸현상에는 팻 블룸과 슈가 블룸이 있다.
- 팻블룸 : 초콜릿 표면에 하얀 곰팡이 모양으로 얇은 흰 막이 생기는 현상으로 카카오버터의 용해와 응고가 반복되어 생기는 현상이다.
- 슈가블룸 : 초콜릿 표면에 작은 흰색 설탕 반점이 생기는 현상으로 초콜릿의 설탕이 습기를 빨아들여 설탕이 녹고 다시 수분이 증발하여 설탕이 재결정하여 반점이 나타나는 현상이다.

46

템퍼링을 하면 안정한 결정이 많이 형성되어 매끈한 광택의 초콜릿을 만든다.

47

코팅용 초콜릿(파타글라세)은 카카오 매스에서 카카오 버터를 제거하고 남은 카카오 고형분에 식물성 유지와 설탕 등을 첨가하여 흐름성이 좋게 만든 초콜릿으로 템퍼링 작업 없이 손쉽게 사용 가능한 초콜릿이다.

48

뚜껑을 덮고 굽는 이유는 껍질 색이 너무 진하지 않고 표피를 얇게 하기 위함이다.
케이크의 바닥이 검게 되는 것을 막으려면 두 겹 겹친 팬 위에 파운드 틀을 얹어 오븐의 중간 칸에 넣고 구워야 한다.

49

주석산 크림은 알칼리성인 흰자의 pH 농도를 낮춰 중화시키므로 머랭을 만들 때 산도를 낮추어 거품을 단단하게 해주고 색을 희게 만들어 준다.

50

엔젤 푸드 케이크 틀은 가운데 모양이 있기 때문에 종이나 유지를 사용하지 않고 물을 사용한다.

51

쿠키의 퍼짐성을 좋게 하기 위해서는 설탕 입자 크기가 커야 한다.

52

- 밀어펴기 쿠키 : 스냅 쿠키, 쇼트 브레드 쿠키
- 짜는 쿠키 : 드롭 쿠키, 스펀지 쿠키, 머랭 쿠키

53

■ 파이 제조 시 휴지의 목적
- 재료를 수화시킨다.
- 유지와 반죽의 굳은 정도를 같게 하여 밀어펴기가 쉽다.
- 반죽을 연화 및 이완시킨다.
- 끈적거림을 방지하여 작업성을 좋게 한다.

54

롤 케이크는 거품형 반죽으로 잼이나 크림을 발라 말기로 완성하는 제품으로 파이롤러가 필요하지 않다.

55

커스터드 크림에서 결합제 역할을 하는 재료는 달걀이다.

56

퐁당(Fondant)은 설탕 100에 대하여 물 30을 넣고 114~118℃로 끓인 뒤 다시 재결정화시킨 것으로 38~44℃에서 사용한다.

57

- 콤비네이션 아이싱 : 단순 아이싱과 크림 형태의 아이싱을 섞어서 만든 조합형 아이싱이다.
- 초콜릿 아이싱 : 초콜릿을 녹여 물과 분당을 섞은 것이다.
- 로얄 아이싱 : 흰자나 머랭 가루를 분당과 섞어 만든 순백색의 아이싱이다.

58

도넛이 식기 전에 도넛 글레이즈를 45℃로 데워 토핑한다.

59

- 마지팬 : 아몬드 분말과 분당을 이용하여 만든 것
- 생크림 : 유지방 함량이 18% 이상인 크림
- 가나슈 : 초콜릿에 크림을 섞어 만든 것

60

전분의 점도를 측정하는 것은 아밀로그래프이다.

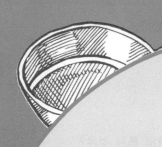

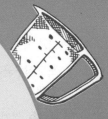

기출복원

제빵편

01

식중독을 일으키는 주요 원인 식품이 해산어패류로 호염성 세균은?

① *Clostridium perfringens*
② *Vibrio parahaemolyticus*
③ *Salmonella*
④ *Staphylococcus*

02

포도상구균에 의한 식중독 예방으로 가장 부적절한 것은?

① 손 씻기 등 개인위생을 철저히 지킨다.
② 화농성 질환자의 조리 업무를 금한다.
③ 멸균 처리한 기구를 사용한다.
④ 섭취 전 60℃ 정도로 가열한다.

03

다음 중 멸균의 설명으로 옳은 것은?

① 미생물의 생육을 약화시키는 것
② 오염된 물질을 세척하는 것
③ 물리적 방법으로 병원체를 감소시키는 것
④ 모든 미생물을 완전히 사멸시키는 것

04

전분식품 가열 시 아미노산과 당의 열에 의한 결합 반응 생성물로 유전자 변형을 일으키는 발암물질은?

① 아크릴아마이드   ② 멜라민
③ 헤테로고리 아민류   ④ 메틸알코올

05

다음 중 필수 아미노산이 아닌 것은?

① 트레오닌, 글루타민
② 트립토판, 발린
③ 메티오닌, 페닐알라닌
④ 이소류신, 히스티딘

06

단백질의 특징에 대해 틀린 것은?

① 1g당 4cal의 에너지를 낸다.
② 체조직을 구성한다.
③ 탄소(C), 수소(H), 산소(O)로 구성되어 있다.
④ 체액의 pH를 항상 일정한 상태로 유지시킨다.

07

액체 상태의 기름을 고체 상태의 기름으로 경화시키는 과정에서 생성되는 지방산은 무엇인가?

① 올레산   ② 리놀레산
③ 트랜스지방산   ④ 아라키돈산

08

체내에서 단백질의 역할에 대한 설명으로 틀린 것은?

① 체조직 구성
② 체성분의 중성 유지
③ 항체 형성
④ 대사작용의 조절

09

무기질의 작용에 대한 설명으로 틀린 것은?

① 체액의 삼투압 조절
② 에너지 발생
③ 골격과 치아 구성
④ 인체의 구성 성분

10

박력분의 설명으로 맞는 것은?

① 연질소맥으로 만든다.
② 단백질 함량이 11~13%이다.
③ 식빵, 마카로니 제조에 사용한다.
④ 탄력성, 점성, 수분 흡착력이 강하다.

11

글루텐의 구성 물질 중 탄력성을 부여하는 물질은?

① 알부민   ② 글리아딘
③ 글루테닌   ④ 펜토산

12

제빵에서 설탕이 하는 주목적과 가장 거리가 먼 것은?

① 유해균의 발효 억제
② 노화 방지
③ 빵 껍질의 착색
④ 이스트의 먹이

13

유당에 대한 설명으로 틀린 것은?

① 우유의 주된 당이다.
② 유산균에 의해 발효되면 유산이 된다.
③ 포도당과 갈락토오스로 이루어진 이당류이다.
④ 제빵용 이스트에 의해 발효된다.

14

튀김 기름의 적이 아닌 것은?

① 열   ② 물
③ 산소   ④ pH

15

초콜릿 템퍼링 목적이 아닌 것은?

① 초콜릿에 광택이 나며 내부 조직이 치밀해짐
② 입안에서 용해성이 좋아진다.
③ 슈가 블룸 현상을 방지한다.
④ 초콜릿 틀을 이용한 작업 시 이탈이 용이하다.

16

초콜릿 제품을 생산하는 데 필요한 도구는?

① 오븐   ② 파이롤러
③ 버티컬 믹서   ④ 디핑 포크

17

고객을 맞이하는 인사법으로 적당한 것은?

① 목례   ② 보통례
③ 정중례   ④ 약례

18

고객 만족의 3요소 중 하드웨어적 요소가 아닌 것은?

① 기업 이미지와 브랜드 파워
② 고객관리 시스템
③ 인테리어 시설
④ 주차 시설

19

피자 제조 시 많이 사용하는 향신료는?

① 박하　　　　　② 넛메그
③ 오레가노　　　④ 클로브

20

원가 관리의 원칙으로 틀린 것은?

① 발생 기준의 원칙　　② 진실성의 원칙
③ 정상성의 원칙　　　④ 독립성의 원칙

21

오버 베이킹(Over Baking)이란?

① 윗불을 낮게, 밑불을 높게 굽는 방법
② 윗불을 높게, 밑불을 낮게 굽는 방법
③ 낮은 온도에서 장시간 굽는 방법
④ 높은 온도에서 단시간 굽는 방법

22

과당과 포도당을 이산화탄소와 에틸알코올로 만드는 효소는?

① 리파아제　　　　② 치마아제
③ 아밀라아제　　　④ 프로테아제

23

강력분의 특징이 아닌 것은?

① 단백질 함량이 11~13% 이다.
② 연질소맥으로 제분한다.
③ 믹싱과 발효 내구성이 크다.
④ 식빵, 마카로니, 스파게티 등을 만든다.

24

제빵용 물로 가장 적합한 것은?

① 알칼리수　　　② 아연수
③ 아경수　　　　④ 증류수

25

제빵에서 소금의 역할이 아닌 것은?

① 글루텐을 약화시킨다.
② 유해균의 번식을 억제한다.
③ 빵의 내상을 누렇게 한다.
④ 맛을 조절한다.

26

설탕은 무엇에 의해 포도당과 과당으로 분해되는가?

① 인버타아제　　　② 말타아제
③ 치마아제　　　　④ 락타아제

27

이스트(효모)에 대한 설명으로 잘못된 것은?

① 엽록소가 없는 단세포 생물이다.
② 효모는 28~32℃에서 발효력이 최대가 된다.
③ 빵, 맥주, 포도주 등을 만들 때 사용되는 미생물이다.
④ 이분법으로 증식한다.

28

재료 계량에 대한 설명으로 틀린 것은?

① 냉장고에서 꺼낸 단단한 유지는 실온에서 유연성을 회복한 후 사용한다.
② 사용할 물은 반죽 온도에 맞추어 조절한다.
③ 이스트와 소금, 설탕은 함께 계량한다.
④ 가루 재료는 섞어서 체질한다.

29

가루 재료를 체질하여 사용하는 이유가 아닌 것은?

① 재료들이 고르게 분산된다.
② 공기를 혼입시켜 이스트의 활성을 돕는다.
③ 불순물이나 뭉친 덩어리를 제거한다.
④ 흡수율을 감소시킨다.

30

다음 중 빵 반죽 시 글루텐이 형성되기 시작하는 믹싱 단계는?

① 픽업 단계   ② 클린업 단계
③ 발전 단계   ④ 최종 단계

31

렛다운 단계까지 믹싱해야 되는 제품은?

① 우유식빵   ② 통밀빵
③ 잉글리시 머핀   ④ 데니쉬 페이스트리

32

식빵 반죽을 믹싱할 때 반죽의 온도 조절에 가장 크게 영향을 미치는 재료는?

① 물   ② 설탕
③ 소금   ④ 제빵 개량제

33

오버 믹싱한 반죽에 대한 설명으로 잘못된 것은?

① 속결이 두꺼운 제품이 된다.
② 오래 반죽한 것을 말한다.
③ 반죽이 끈적이고 작업성이 떨어진다.
④ 구우면 부피가 크다.

34

건포도 식빵 반죽 믹싱 시 건포도는 어느 단계에 넣는 것이 좋은가?

① 픽업 단계 후   ② 클린업 단계 후
③ 발전 단계 후   ④ 최종 단계 후

35

빵 반죽의 흡수율에 대한 설명으로 틀린 것은?

① 설탕 사용량이 많아지면 흡수율이 감소한다.
② 강력분이 박력분보다 흡수율이 낮다.
③ 손상 전분이 많으면 흡수율이 증가한다.
④ 반죽 온도가 높아지면 흡수율이 감소한다.

36

다음 중 스트레이트 반죽에서 보통 유지를 첨가하는 단계는?

① 픽업 단계   ② 클린업 단계
③ 발전 단계   ④ 최종 단계

37

비상 스트레이트법 반죽의 가장 적합한 온도는?

① 15℃   ② 18℃
③ 24℃   ④ 30℃

38

비상 스트레이트법 반죽의 필수 조치사항이 아닌 것은?

① 이스트 2배 증가
② 설탕 1% 증가
③ 믹싱시간 20~30% 증가
④ 1차 발효시간을 줄임

39

제빵 제조 시 물의 기능이 아닌 것은?

① 용매 또는 분산제 작용을 한다.
② 글루텐 형성을 돕는다.
③ 효소 활성화 작용을 한다.
④ 이스트의 먹이 역할을 한다.

40

빵 발효의 목적이 아닌 것은?

① 반죽의 숙성　　② 반죽의 팽창
③ 글루텐의 강화　　④ 빵 특유의 향 생성

41

식빵 제조 시 1차 발효실의 적합한 온도는?

① 24℃　　　　　② 27℃
③ 35℃　　　　　④ 40℃

42

제빵에서 대두분 사용에 대한 설명으로 잘못된 것은?

① 필수 아미노산 리신 함량이 높아 영양 보강제로 사용한다.
② 토스트할 때 황금갈색 색상을 띤 고운 조직의 빵을 만든다.
③ 수분 증발 속도를 증가시켜 저장성이 나쁘다.
④ 대두분은 밀가루와 비교했을 때 신장성이 결여되어 있다.

43

제빵에서 맥아 제품을 사용하는 이유가 아닌 것은?

① 제품 내부의 수분 함유 감소
② 껍질 색 개선
③ 향의 발생
④ 가스 생산의 증가

44

스펀지 도우법에서 스펀지 반죽에 들어가지 않는 재료는?

① 강력분　　　　② 소금
③ 이스트　　　　④ 물

45

스펀지 반죽의 온도로 적당한 것은?

① 20℃　　　　　② 24℃
③ 30℃　　　　　④ 37℃

46

다음 중 호밀빵에 사우어종을 사용하는 이유로 잘못된 것은?

① 보존성이 높아진다.
② 풍미를 향상시킨다.
③ 기공이 조밀해진다.
④ 볼륨이 좋아진다.

47

반죽법의 종류가 다른 것은?

① 오토리즈법　　② 폴리쉬법
③ 비가법　　　　④ 노타임 반죽법

48

데니시 페이스트리에 사용하는 유지에서 가장 중요한 성질은?

① 크리밍성　　　　② 안정성
③ 가소성　　　　　④ 쇼트닝성

49

둥글리기의 목적과 거리가 먼 것은?

① 반죽의 기공을 고르게 유지한다.
② 끈적거림을 제거한다.
③ 표피를 형성시킨다.
④ 껍질 색을 좋게 한다.

50

라운더에 반죽이 달라붙으면 유동 파라핀 용액을 반죽 무게의 얼마를 사용하는가?

① 0.02~0.05%　　② 0.1~0.2%
③ 0.3~0.4%　　　④ 0.6~0.7%

51

제빵 시 팬기름의 조건으로 적합하지 않은 것은?

① 무색일 것　　　② 발연점이 낮을 것
③ 무취일 것　　　④ 무미일 것

52

2차 발효의 상대습도를 가장 낮게 하는 제품은?

① 햄버거빵　　　② 옥수수 식빵
③ 도넛　　　　　④ 데니쉬 페이스트리

53

2차 발효가 과다할 때 일어나는 현상이 아닌 것은?

① 오븐에서 주저앉기 쉽다.
② 껍질 색이 흐리다.
③ 옆면이 터진다.
④ 신 냄새가 난다.

54

다음 중 굽기에 관한 설명으로 틀린 것은?

① 발효로 생성된 알코올, 각종 유기산, 이산화탄소에 의해 빵의 부피가 커진다.
② 굽기 중 빵의 내부 온도는 110℃ 이상으로 상승하여 구조를 형성한다.
③ 발효가 많이 된 반죽은 정상 발효된 반죽보다 높은 온도에서 굽는다.
④ 반죽 중의 전분은 호화되고 단백질은 변성되어 소화가 용이한 상태로 변한다.

55

굽기 단계에서 가장 마지막에 나타나는 현상은?

① 글루텐의 응고　　② 전분의 호화
③ 이스트 사멸　　　④ 캐러멜화 반응

56

저율배합빵이 아닌 것은?

① 캄파뉴　　　　② 브리오슈
③ 바게트　　　　④ 치아바타

57

냉동 반죽의 장점으로 틀린 것은?

① 설비와 공간의 다양화
② 노동력 절약
③ 다품종 소량 생산
④ 배송의 합리화

58

배합표 작성법 중 하나로 밀가루 사용량을 100% 기준으로 한 배합표는?

① 트루 퍼센트   ② 백분율
③ 베이커스 퍼센트   ④ 배합표 퍼센트

59

빵의 포장재에 대한 설명으로 틀린 것은?

① 포장 기계에 쉽게 적용할 수 있어야 한다.
② 값이 저렴해야 한다.
③ 포장을 하였을 때 상품의 가치를 높여야 한다.
④ 방수성이 있고 통기성이 있어야 한다.

60

빵 제품의 냉각 온도로 가장 적합한 것은?

① 22℃   ② 32℃
③ 37℃   ④ 48℃

01	02	03	04	05	06	07	08	09	10
②	④	④	①	①	③	③	④	②	①
11	12	13	14	15	16	17	18	19	20
③	①	④	④	③	④	③	②	③	④
21	22	23	24	25	26	27	28	29	30
③	②	②	③	①	①	④	③	④	②
31	32	33	34	35	36	37	38	39	40
③	①	④	④	②	②	④	②	④	③
41	42	43	44	45	46	47	48	49	50
②	③	①	②	②	③	④	③	④	②
51	52	53	54	55	56	57	58	59	60
②	③	③	②	④	②	①	③	④	③

01

장염 비브리오균은 호염성 세균으로 오염된 어패류의 생식이 식중독 발생의 주요 원인이다.

02

포도상구균의 장독소인 엔테로톡신은 내열성이 있어 열에 쉽게 파괴되지 않는다.

03

멸균은 모든 미생물을 사멸시킨 무균 상태를 말한다.

04

아크릴아마이드는 탄수화물이 많은 식품을 고온에서 조리할 때 생성되는 발암물질이다.

05

■ 필수 아미노산
- 성인 : 이소류신, 류신, 리신, 발린, 메티오닌, 트레오닌, 페닐알라닌, 트립토판, 히스티딘(9종)
- 성장기 : 성인 필수 아미노산(9종) + 아르기닌(10종)

06

단백질은 탄소(C), 수소(H), 산소(O), 질소(N), 황(S), 인(P) 등으로 이루어져 있다.

07

식물성 기름에 함유되어 있는 불포화지방산에 수소를 첨가하는 경화공정에서 트랜스지방산이 만들어진다.

08

- 단백질 기능 : 근육, 피부, 머리카락 등 체조직 구성, 에너지 공급, 항체 형성, 체내 수분함량 조절, 체액의 pH를 유지
- 대사작용을 조절하는 조절 영양소는 무기질, 물, 비타민 등이 있다.

09

무기질은 뼈, 치아, 근육, 신경을 구성하는 구성 영양소 역할과 삼투압 조절, 체액 중성 유지, 혈액 응고 등의 조절 영양소 역할을 하며 에너지는 발생하지 않는다.

10

박력분은 연질소맥을 제분한 것으로 단백질 함량이 7~9% 정도이며 주로 제과 및 튀김 옷 등에 사용된다.

11

글루텐을 형성하는 단백질은 글리아딘과 글루테닌으로 글리아딘은 점성과 신장성을 부여하고, 글루테닌은 탄력성을 부여한다.

12

제빵에서의 설탕의 기능은 단맛 부여, 노화 방지, 껍질색의 형성, 이스트의 먹이 등의 역할을 한다.

13

이스트는 포도당과 과당을 먹이로 이용하며 유당은 먹이로 이용하지 않는다.

14

튀김 기름의 4대 적은 온도(열), 수분(물), 공기(산소), 이물질이다.

15

초콜릿 템퍼링을 하면 팻 블룸 현상을 방지할 수 있다. 설탕 재결정화로 인한 슈가 블룸과는 관련이 없다.

16

디핑 포크는 초콜릿 용액에 담갔다 건질 때 사용한다.

17

고객 응대 시 상체를 30도 정도 숙여 인사하는 보통례가 적당하다.

18

■ 고객 만족의 3요소

(1) 하드웨어적 요소 : 제과점의 상품, 기업 이미지와 브랜드 파워, 인테리어 시설, 주차 시설, 편의 시설 등
(2) 소프트웨어적 요소 : 제과점의 상품과 서비스, 서비스 절차, 접객 시설, 예약, 업무처리, 고객관리 시스템, 사전 사후 관리 등
(3) 휴먼웨어적 요소 : 직원의 서비스 마인드, 접객 태도, 행동 매너 등

19

오레가노는 박하와 비슷한 향을 내며 피자 소스에 필수적으로 사용되는 향신료이다.

20

■ 원가 관리의 원칙

(1) 진실성의 원칙 : 실제로 제품의 제조 판매 및 서비스의 제공에 소비된 원가를 정확하게 파악하여 제시한다.
(2) 발생 기준의 원칙 : 현금 수지에 관계없이 원가 발생의 사실이 있는 발생 시점을 기준으로 한다.
(3) 계산 경제성의 원칙 : 경제성을 우선 기준으로 한다.
(4) 정상성의 원칙 : 정상적으로 발생한 원가만 계산하며 비정상적으로 발생한 원가는 계산하지 않는다.
(5) 비교성의 원칙 : 다른 부분의 원가 또는 다른 일정 기간의 원가를 비교하여 원가 계산을 한다.
(6) 상호 관리의 원칙 : 일반 회계 각 요소별 계산, 부분별 계산, 제품별 계산 간에 유기적 관계를 이루어 상호 관리가 되도록 한다.

21

오버 베이킹은 낮은 온도에서 오래 굽는 방법을 말하며, 언더 베이킹은 높은 온도에서 짧은 시간 굽는 방법을 말한다.

22

• 리파아제 - 지방 분해효소
• 아밀라아제 - 전분 분해효소
• 프로테아제 - 단백질 분해효소

23

강력분은 경질소맥으로 제분하고, 박력분은 연질소맥으로 제분한다.

24

제빵에 가장 적합한 물은 약산성(pH 5.2~5.6)의 아경수 (120~180ppm)이다.

25

소금은 글루텐을 강화시킨다.

26

설탕은 인버타아제에 의해 포도당과 과당으로 분해되고, 포도당과 과당은 치마아제에 의해 이산화탄소와 알코올로 분해된다.

27

이스트는 출아법으로 번식하며, 세균은 이분법으로 증식한다.

28

소금은 이스트의 발효력을 약화시키기 때문에 같이 계량하지 않는다.

29

가루 재료를 체질하여 사용하면 흡수율을 증가시킨다.

30

클린업 단계는 반죽이 한 덩어리로 뭉쳐 믹서 볼 안쪽 면이 깨끗해지는 단계로 글루텐이 형성되기 시작하는 단계이다.

31

잉글리시 머핀, 햄버거빵 등은 퍼짐성이 좋아야 하므로 렛다운 단계까지 반죽을 한다.

32

반죽 온도에 가장 크게 영향을 주는 재료는 밀가루와 물이며 온도 조절이 쉬운 물의 온도를 조절하여 반죽 온도를 맞춘다.

33

오버 믹싱한 반죽을 구우면 부피가 작은 제품이 나온다.

34

건포도는 최종 단계 전에 넣으면 글루텐 형성을 방해하고 건포도가 으깨지므로 최종 단계 후에 첨가한다.

35

밀가루 단백질의 양이 많으면 흡수율도 증가하므로 강력분이 박력분보다 흡수율이 높다.

36

유지는 밀가루의 수화를 방해하므로 반죽이 어느 정도 혼합된 클린업 단계에서 투입하면 믹싱 시간이 단축된다.

37

비상 스트레이트법의 반죽 온도는 30℃이다.

38

비상 스트레이트법 반죽은 발효시간이 짧아 잔류당이 많아지면 껍질 색이 진하게 나오므로 설탕을 1% 감소시킨다.

39

이스트의 먹이 역할을 하는 것은 당분으로 밀가루, 설탕 등을 포도당, 과당으로 분해하여 먹이로 이용한다.

40

발효의 목적은 반죽의 팽창 및 숙성, 풍미의 향상 등으로 글루텐을 발전시켜 가스 포집력과 가스 보유 능력을 향상시킨다.

41

1차 발효실의 온도는 27℃, 상대습도는 75~80%이다.

42

빵, 과자 제품에 대두분을 사용하면 전분의 겔과 글루텐 사이에 있는 물의 상호변화를 늦추며, 빵 속으로부터의 수분 증발 속도를 감소시키고 대두 인산화합물이 항산화제 역할을 하여 저장성을 증가시킨다.

43

맥아와 맥아시럽에는 이스트 활성을 활발하게 해주는 영양물질이 함유되어 있어서 반죽의 조절을 가속시키고 제품 내부의 수분 함유도 증가시키며 완제품의 독특한 향미를 준다.

44

스펀지 반죽에 들어가는 재료는 밀가루, 물, 이스트, 이스트 푸드 등을 넣어 믹싱한 후 발효시킨다.

45

스펀지 반죽의 온도는 일반적으로 23~28℃ 정도이다. 장시간 발효하는 경우에는 23~25℃, 4시간 이내의 경우에는 25~28℃ 정도로 유지한다.

46

호밀에 들어 있는 단백질은 일반 밀과 다르게 글루텐을 형성하지 않으므로 기공이 조밀하고 탄력을 지닌 기공이 형성되지 않기 때문에 사우어종을 사용하면 각종 발효 부산물인 풍부한 향, 독특한 탄성과 볼륨 유지, 수분이 촉촉한 제품으로 완성된다.

47

스펀지 도우 반죽법은 스펀지 반죽과 본반죽을 구분하여 2회의 반죽과 2회의 발효를 거치는 반죽법으로 오토리즈법, 폴리쉬법, 비가법 등이 있다.

- 오토리즈법 : 프랑스빵의 가장 기본이 되는 제법으로 먼저 물과 밀가루만을 저속으로 혼합하여 휴지시킨 다음에 나머지 재료를 넣고 반죽하는 방법이다.
- 폴리쉬법 : 폴란드 제빵법으로 물과 밀가루 1:1의 비율에 소량의 이스트를 넣고 발효시켜 본반죽에 넣어 사용한다.
- 비가법 : 이탈리아에서 사용하는 반죽법으로 "사전 반죽"이란 의미가 있다. 밀가루양의 1%의 이스트에 60%의 물을 사용하여 저속에서 가볍게 반죽한 후 발효 과정을 거쳐 본반죽에 사용한다.

48

가소성은 유지가 상온에서 고체 모양을 유지하는 성질로 유지가 층상구조를 이루는 파이, 크로와상, 데니시 페이스트리, 퍼프 페이스트리 제조 시 가소성의 범위가 넓은 유지가 좋다.

49

껍질 색은 캐러멜화나 마이야르 반응에 의한 것이므로 둥글리기와는 관계가 없다.

50

반죽을 둥글리기할 때 반죽의 끈적거림을 제거하는 방법으로 유동 파라핀 용액을 반죽 무게의 0.1~0.2%를 작업대나 라운더에 바른다.

51

팬 기름은 무색, 무미, 무취이어야 하며, 발연점이 높고 산패에 대한 안정성이 높아야 한다.

52

◼ 2차 발효의 상대습도

- 상대습도 85% : 햄버거빵, 잉글리쉬머핀, 식빵 등
- 상대습도 75~80% : 데니쉬 페이스트리, 크로와상, 프랑스빵 등
- 상대습도 60~70% : 도넛류

53

2차 발효가 부족하면 빵의 옆면이 터지는 현상이 있다.

54

굽기 중 빵의 내부 온도는 100℃를 넘지 않는다.

55

- 전분의 호화 시작 온도 : 54℃
- 이스트의 사멸 온도 : 60~63℃
- 글루텐의 응고 시작 온도 : 74℃
- 캐러멜화 반응 : 160℃

56

저율배합빵은 기본재료인 밀가루, 이스트, 소금, 물을 위주로 만든 빵으로 부재료인 설탕, 유지, 달걀 등의 비율이 낮다.
브리오슈는 부재료의 비율이 40% 이상 첨가되는 고율 배합 빵이다.

57

◼ 냉동 반죽의 장점

- 신선한 빵 공급
- 작업 효율의 극대화
- 휴일 대책
- 설비와 공간의 절약
- 반품의 감소
- 노동력 절약
- 다품종 소량 생산 가능
- 야간 작업 감소 또는 폐지
- 배송의 합리화
- 재고 관리의 용이

58

베이커스 퍼센트는 밀가루의 양을 100%로 보고, 그 외의 재료들이 차지하는 비율을 %로 나타낸 것이다. 백분율을 사용할 때보다 배합표 변경이 용이하다.

59

빵의 포장재는 방수성이 있고, 통기성이 없어야 한다. 통기성이 있으면 산소로 인해 변질될 수 있다.

60

포장 시 빵 제품의 냉각 온도는 35~40℃ 정도가 적합하다.

01

다음 중 독소형 세균성 식중독에 해당되는 것은?

① 살모넬라 식중독
② 장염 비브리오균 식중독
③ 포도상구균 식중독
④ 병원성 대장균 식중독

02

햄버거용 쇠고기 등의 육류에서 주로 기생하며 베로톡신이라는 독소를 생성하는 식중독균은?

① *Escherichia coli* O157:H7
② *Yersinia enterocolitica*
③ *Staphylococcus aureus*
④ *Campylobacter*

03

다음 중 클로스트리디움 보툴리누스균이 생산하는 독소는?

① 엔테로톡신   ② 뉴로톡신
③ 테트로도톡신   ④ 삭시톡신

04

다음 중 인수공통 감염병이 아닌 것은?

① 결핵   ② 탄저
③ 장티푸스   ④ 브루셀라증

05

땅콩과 같은 견과류에서 생기는 곰팡이의 독소는?

① 삭시톡신   ② 시트리닌
③ 에르고톡신   ④ 아플라톡신

06

감염형 식중독을 일으키는 균이 아닌 것은?

① *Staphylococcus aureus*
② *Salmonella Enteritidis*
③ *Vibrio parahaemolyticus*
④ *Listeria monocytogenes*

07

식품 취급에서 교차 오염을 예방하기 위한 행동으로 적절하지 않은 것은?

① 전처리 하지 않은 식품과 전처리 된 식품을 분리 보관한다.
② 위생복을 식품용과 청소용으로 구분하여 사용한다.
③ 칼, 도마를 식품별로 구분하여 사용한다.
④ 하루에 하나씩 고무장갑을 착용하고 작업한다.

08

다음 중 알레르기성 식중독의 원인이 될 수 있는 식품은?

① 민어   ② 광어
③ 갈치   ④ 꽁치

09

탄수화물 분해효소가 아닌 것은?

① 아밀라아제　　　② 리파아제
③ 셀룰라아제　　　④ 말타아제

10

필수 아미노산이 아닌 것은?

① 트립토판　　　② 페닐알라닌
③ 메티오닌　　　④ 시스테인

11

비타민의 결핍 증상이 잘못 짝지어진 것은?

① 비타민 A – 야맹증
② 비타민 B_1 – 각기병
③ 비타민 B_2 – 구순구각염
④ 비타민 C – 구루병

12

델파이 기법에 대한 설명으로 틀린 것은?

① 예측 사안에 대하여 전문가 집단의 의견을 수렴하는 방법이다.
② 수요 예측의 기법 중 하나이다.
③ 객관적 방법에 해당된다.
④ 전문가가 질문서 문항의 응답에 대한 책임을 지지 않는다.

13

총 원가의 구성요소로 옳은 것은?

① 제조 원가, 일반관리비, 판매비
② 직접 재료비, 직접 노무비, 직접 경비
③ 직접 원가, 제조 간접비
④ 기초 원가, 직접 경비

14

다음 중 HACCP 적용의 7가지 원칙에 해당하지 않는 것은?

① 공정 흐름도 작성
② 한계 기준 설정
③ 위해 요소 분석
④ 기록 유지 및 문서 관리

15

효모에 대한 설명으로 틀린 것은?

① 빵, 맥주, 포도주 등을 만들 때 사용한다.
② 이분법으로 주로 증식하여 발효를 일으킨다.
③ 당을 분해하여 이산화탄소와 알코올을 생성한다.
④ 제빵용 효모의 학명은 *Saccharomyces cerevisiae* 이다.

16

제빵용 이스트에 의해 발효가 되지 않는 당은?

① Lactose　　　② Fructose
③ Glucose　　　④ Maltose

17

이스트에 들어 있는 효소가 아닌 것은?

① 인베르타아제　　　② 말타아제
③ 치마아제　　　④ 락타아제

18

달걀의 역할이 아닌 것은?

① 기포성　　　② 가소성
③ 유화성　　　④ 열 응고성

19

제빵에서 유지의 가장 중요한 기능은?

① 글루텐 강화　　　② 윤활 작용
③ 발효 촉진　　　　④ 당 분해

20

크로와상, 데니시 페이스트리는 유지의 어떤 성질을 이용한 것인가?

① 유화성　　　　　② 쇼트닝성
③ 크림성　　　　　④ 가소성

21

튀김용 유지의 조건으로 틀린 것은?

① 발연점이 낮아야 한다.
② 튀김 중이나 튀김 후 불쾌한 냄새가 나지 않아야 한다.
③ 유리지방산 함량이 0.35~0.5%가 적당하다.
④ 튀김 기름의 4대 적은 온도(열), 수분(물), 공기(산소), 이물질이다.

22

다음 중 캐러멜화가 가장 높은 온도에서 일어나는 당은?

① 과당　　　　　　② 설탕
③ 전화당　　　　　④ 포도당

23

호밀가루의 특징이 아닌 것은?

① 호밀은 독특한 맛과 조직의 특성을 부여한다.
② 호밀빵 제조 시 발효종이나 샤워종을 사용한다.
③ 펜토산 함량이 높아 글루텐 형성을 도와준다.
④ 칼슘과 인이 풍부하고 영양가가 높다.

24

제빵 중 설탕을 사용하는 주목적과 거리가 먼 것은?

① 빵 껍질의 착색　　② 효모의 번식
③ 노화 촉진　　　　④ 단맛 부여

25

빵 반죽이 발효되는 동안 이스트의 작용으로 생성되는 주요 물질은?

① 탄산가스, 수분　　② 산소, 초산
③ 유기산, 질소　　　④ 탄산가스, 알코올

26

다음 리큐르 중 오렌지를 이용한 것이 아닌 것은?

① 큐라소(Curacao)
② 그랑 마르니에(Grnad mamier)
③ 키르슈(Kirsch)
④ 쿠앵트로(Cointreau)

27

제빵에 적합한 물의 경도는?

① 0~60ppm　　　　② 60~120ppm
③ 120~180ppm　　④ 180ppm 이상

28

다음 보기의 괄호 안에 들어갈 내용은?

> (　　　)은 초콜릿을 직사광선에 노출된 곳이나 온도가 높은 곳에서 보관하였을 경우 (　　　)이(가) 분리되었다가 다시 굳으면서 얼룩이 생기는 현상이다.

① 슈가블룸(sugar bloom) – 설탕
② 슈가블룸(sugar bloom) – 물
③ 팻블룸(fat bloom) – 카카오 매스
④ 팻블룸(fat bloom) – 카카오버터

29

다음 중 다크 초콜릿을 템퍼링(Tempering)할 때 처음 녹이는 공정의 온도 범위로 가장 적합한 것은?

① 20~30℃ ② 30~40℃
③ 40~50℃ ④ 50~60℃

30

마케팅을 위한 환경분석 방법 SWOT 분석에서 4P에 해당되지 않는 것은?

① Person ② Product
③ Price ④ Promotion

31

저장 및 재고 관리에 대한 설명으로 틀린 것은?

① 선입선출의 원칙을 따른다.
② 적재 시 분류법을 사용하여 체계적인 저장 방법으로 재고 관리한다.
③ 정기적으로 원·부재료와 생산에 필요한 일부 물품의 재고조사를 실시한다.
④ 재고조사는 생산 및 영업에 대한 손익 결과를 알려주는 지표가 된다.

32

나선형 훅이 내장되어 있고 하드계열 빵 반죽에 적합한 믹서는?

① 스파이럴 믹서 ② 수평 믹서
③ 수직 믹서 ④ 연속식 믹서

33

데크 오븐에 대한 설명으로 틀린 것은?

① 굽는 과정을 눈으로 볼 수 있다.
② 반죽을 넣는 입구와 출구가 다르다.
③ 입구 쪽과 뒤쪽의 온도 차가 있다.
④ 소규모 제과점에서 많이 사용한다.

34

컨벡션 오븐에 대한 설명으로 틀린 것은?

① 윗불, 아랫불의 조절이 가능하다.
② 내부에 팬이 부착되어 열풍을 강제 순환시킨다.
③ 굽기의 편차가 적다.
④ 대류식 오븐이라고도 한다.

35

반죽을 냉동, 냉장, 해동, 2차 발효를 프로그래밍에 의해 자동적으로 조절하는 기기는?

① 연속식 믹서 ② 발효기
③ 라운더 ④ 도우 컨디셔너

36

제빵용 도구로 주로 사용하는 것은?

① 스크레이퍼 ② 돌림판
③ 스패츌러 ④ 모양깍지

37

비상 스트레이트법 반죽법의 장점이 아닌 것은?

① 공정시간 단축
② 비상 주문 시 신속 대처
③ 노화 지연
④ 노동력과 임금 절약

38

다음 중 반죽 온도에 많은 영향을 미치는 재료는?

① 소금　　　　② 제빵 개량제
③ 설탕　　　　④ 밀가루

39

원가 계산의 목적과 거리가 먼 것은?

① 가격 결정　　　② 재무제표 작성
③ 예산 편성　　　④ 재고 파악

40

렛 다운 단계(let down stage)에서 믹싱을 마치는 빵은?

① 식빵
② 데니시 페이스트리
③ 햄버거빵
④ 크림빵

41

다음 중 믹싱을 가장 적게 하는 것은?

① 비상식빵
② 데니시 페이스트리
③ 바게트
④ 단과자빵

42

빵의 노화 지연 방법으로 적합하지 않은 것은?

① 유화제 첨가　　② 냉장고 보관
③ 당 첨가량 증가　④ 수분함량 증가

43

둥글리기의 목적이 아닌 것은?

① 수분 흡수력 증가
② 글루텐의 구조와 방향 정돈
③ 반죽의 기공을 고르게 유지
④ 표피 형성

44

2차 발효가 과다할 때 일어나는 현상이 아닌 것은?

① 부피가 너무 크면 오븐에서 주저앉기 쉽다.
② 옆면이 터진다.
③ 신 냄새가 난다.
④ 색상이 여리고 내상이 좋지 않다.

45

건포도 식빵 제조에 대한 설명으로 틀린 것은?

① 건포도는 믹싱 마지막 단계에 투입한다.
② 2차 발효 시간을 일반 식빵보다 길게 한다.
③ 건포도를 물에 푹 담가 부드럽게 한 후 사용한다.
④ 굽기 온도를 낮추어 길게 구워낸다.

46

굽기 중 오븐 스프링이 발생하는 이유와 거리가 먼 것은?

① 단백질의 변성
② 수중기압의 증가
③ 알코올의 증발
④ 탄산가스의 증발

47

제품의 팽창 형태가 다른 것은?

① 잉글리쉬 머핀　　② 팬 케이크
③ 마데라컵 케이크　　④ 와플

48

다음 중 안정제의 종류가 다른 것은?

① 카라기난　　　　② 펙틴
③ 한천　　　　　　④ 젤라틴

49

밀가루 반죽의 신장성을 측정하는 방법은?

① 점도 측정법　　　② 아밀로그래프
③ 패리노그래프　　　④ 익스텐소그래프

50

비상 스트레이트법 반죽의 가장 적합한 온도는?

① 15℃　　　　　　② 20℃
③ 25℃　　　　　　④ 30℃

51

액체 발효법(액종법)에 대한 설명으로 틀린 것은?

① 스트레이트법의 변형으로 스펀지 대신 액종을 만들어 사용한다.
② 제빵에 걸리는 시간, 노력, 공간, 설비가 감소된다.
③ 한번에 많은 양을 발효시킬 수 있다.
④ 균일한 제품의 생산이 가능하다.

52

냉동 반죽법에 대한 설명이 틀린 것은?

① 산화제를 많이 사용한다.
② 단과자빵과 같은 고율배합 제품에 적합하다.
③ 반죽의 저장 기간이 길어진다.
④ 이스트 사용량을 줄일 수 있다.

53

냉동 반죽법에서 동결방식으로 적합한 것은?

① 자연동결법　　　② 완만동결법
③ 급속동결법　　　④ 진공동결법

54

냉동 반죽법에서 반죽의 냉동 온도와 저장 온도의 범위로 가장 적합한 것은?

① −5℃, 0~4℃
② −15℃, 0~−18℃
③ −40℃, −18~−25℃
④ −70℃, 0~−18℃

55

하스 브레드를 구울 때 스팀을 사용하는 목적이 아닌 것은?

① 광택이 나는 빵이 만들어진다.
② 표면이 마르는 시간을 늦춰준다.
③ 오븐 스프링이 좋아져 빵의 볼륨이 커진다.
④ 빵 껍질이 두꺼워진다.

56

커스터드 크림에 대한 설명으로 틀린 것은?

① 우유, 난황, 설탕, 밀가루(전분) 등을 혼합하여 끓여서 만든 크림이다.
② 난황 대신 전란으로 대체 가능하다.
③ 안정제로 박력분 또는 옥수수전분을 6.5~14% 사용한다.
④ 설탕을 50% 이상 넣으면 호화가 촉진된다.

57

빵의 노화 지연 방법으로 틀린 것은?

① 냉장보관한다.
② 유화제를 사용한다.
③ 당류 첨가를 늘린다.
④ 방습 포장 재료로 포장한다.

58

다음 중 빵을 포장할 때 가장 적합한 빵의 온도와 수분함량은?

① 30℃, 35% ② 35℃, 38%
③ 40℃, 45% ④ 45℃, 50%

59

빵 포장의 목적으로 적절하지 않은 것은?

① 상품의 가치 향상 ② 미생물 오염 방지
③ 수분 증발 억제 ④ 노화 촉진

60

다음 중 포장 전 빵의 온도가 너무 낮을 때 일어나는 현상은?

① 노화가 빨라 저장성이 나쁘다.
② 썰기가 나쁘다.
③ 곰팡이가 쉽게 발생한다.
④ 포장지에 수분이 응축된다.

제 2 회 제빵산업기사 정답

01	02	03	04	05	06	07	08	09	10
③	①	②	③	④	①	④	④	②	④
11	12	13	14	15	16	17	18	19	20
④	③	①	①	②	①	④	②	②	④
21	22	23	24	25	26	27	28	29	30
①	②	③	④	③	③	④	③	③	①
31	32	33	34	35	36	37	38	39	40
③	①	②	①	④	①	③	④	④	③
41	42	43	44	45	46	47	48	49	50
②	②	①	②	③	①	①	④	④	④
51	52	53	54	55	56	57	58	59	60
①	④	③	④	④	④	①	②	④	①

01

포도상구균 식중독은 장독소인 엔테로톡신을 생산하는 독소형 세균성 식중독이다.

02

Escherichia coli O157:H7(병원성 대장균 O-157)은 장출혈성 대장균으로 미국에서 햄버거에 의한 집단 식중독 사건으로 발견되었으며 저온에 강하고, 열에 약해 65℃ 이상으로 가열하면 사멸한다.

· *Yersinia enterocolitica*(여시니아균)
· *Staphylococcus aureus*(포도상구균)
· *Campylobacter*(캄필로박터균)

03

보툴리누스균은 신경독소인 뉴로톡신을 생성한다.

04

장티푸스는 세균성 경구 감염병으로 인수공통 감염병에 해당되지 않는다.

05

땅콩에 생기는 곰팡이는 아플라톡신(간장독), 제랄레논(생식기능 장애), 오크라톡신(신장독)의 독소를 가지고 있다.

· 삭시톡신 : 섭조개, 대합 독소
· 시트리닌 : 황변미독
· 에르고톡신 : 맥각독의 독소

06

Staphylococcus aureus(포도상구균)은 장독소인 엔테로톡신을 생성하는 독소형 식중독이다.

· 감염형 식중독
 – *Salmonella Enteritidis*(살모넬라균)
 – *Vibrio parahaemolyticus*(비브리오균)
 – *Listeria monocytogenes*(리스테리아균)

07

교차 오염을 예방하기 위해서는 고무장갑을 용도별로 구분하여 사용해야 한다.

08

알레르기성 식중독은 어육에 다량 함유된 히스티딘에 모르가니균이 침투하여 생성된 히스타민이 주원인이며 꽁치, 고등어, 가다랑어 등 등푸른생선에서 많이 발생한다.

09

리파아제는 지방 분해효소이다.

· 아밀라아제 : 전분 분해효소
· 셀룰라아제 : 섬유소 분해효소
· 말타아제 : 맥아당 분해효소

10

시스테인은 함황아미노산으로 필수 아미노산이 아니다.

▣ **필수 아미노산**

– 성인 : 류신, 이소류신, 리신, 발린, 메티오닌, 트레오닌, 페닐알라닌, 트립토판, 히스티딘(9종)
– 성장기 : 성인 필수 아미노산(9종) + 아르기닌(10종)

11

· 비타민 C – 괴혈병
· 비타민 D – 구루병

12

델파이(Delphi)란 고대 그리스 사람들이 델파이라는 곳에 있는 예언자에게 미래의 상황에 대하여 묻고자 방문한 데서 유래되었으며 델파이 기법은 수요 예측의 기법 중 하나로 사용되며 정성적 방법(주관적인 방법)에 해당된다.

13

· 직접 원가 = 직접 재료비 + 직접 노무비 + 직접 경비
· 제조 원가 = 직접 원가 + 제조 간접비
· 총 원가 = 제조 원가 + 일반 관리비 + 판매비
· 판매 가격 = 총 원가 + 이익

14

공정 흐름도 작성은 HACCP 준비 단계에 해당된다.

15

효모는 주로 출아법으로 증식한다.

16

이스트에는 유당 분해효소(Lactase)가 없어 유당을 분해하지 못하므로 유당은 발효에 이용되지 않는다.

17

이스트에는 유당 분해효소인 락타아제가 들어 있지 않다.
· 인베르타아제 : 설탕을 포도당과 과당으로 분해
· 말타아제 : 맥아당을 2분자의 포도당으로 분해
· 치마아제 : 포도당과 과당을 분해하여 탄산가스와 알코올을 생성

18

가소성은 유지가 상온에서 고체 모양을 유지하는 성질로 빵 반죽의 신장성을 좋게 한다.

■ 달걀의 역할
– 기포성 : 흰자의 단백질에 의해 거품이 일어나는 성질
– 유화성 : 노른자의 레시틴이 유화제로 작용
– 열 응고성 : 단백질이 열에 의해 응고되어 농후화제의 역할

19

유지는 믹싱 중에 얇은 막을 형성하여 글루텐끼리 달라 붙는 것을 막아주고 발효될 때 글루텐층이 원활히 미끌어 지도록 하여 반죽이 잘 늘어나게 한다.

20

가소성이란 외부 압력을 가해 형태가 변형된 고체가 힘을 거둬들여도 고체가 원래 상태로 돌아가지 않는 성질을 말한다. 가소성 유지는 고체 모양을 가지는 쇼트닝, 버터, 마가린 등이 있다.

21

튀김 온도는 180~195℃로 높은 온도이기 때문에 발연 점이 높은 식용유나 팜유를 튀김 기름으로 많이 사용 한다.

22

캐러멜화 반응이 발생하는 온도는 과당 110℃, 포도당 160℃, 설탕 160~180℃, 맥아당 180℃이다.

23

호밀에는 펜토산 함량이 높아 글루텐 형성을 방해하고, 오래 반죽하면 반죽이 끈적이게 된다.

24

제빵에서의 설탕은 제품에 단맛 부여, 노화 방지, 껍질 색 형성, 효모의 먹이 등의 역할을 한다.

25

이스트는 빵반죽의 발효 중에 탄산가스와 알코올을 생성한다.

26

키르슈(Kirsch)는 잘 익은 체리의 과즙을 발효 · 증류 시켜 만든 브랜드이다.

27

제빵에 가장 적합한 물은 약산성(pH 5.2~5.6)의 아경수 (120~180ppm)이다.

28

팻블룸(fat bloom)은 초콜릿 제조 시 온도 조절(템퍼링)이 부적합할 때, 직사광선에 노출된 곳이나 온도가 높은 곳에서 보관하였을 때 주로 생기는 현상이다.
슈가블룸(sugar bloom)은 초콜릿을 습도가 높은 곳에 보관할 때 초콜릿 중의 설탕이 녹았다가 재결정이 되어 표면에 하얗게 피는 현상이다.
초콜릿의 적정 보관 온도는 17~18℃, 습도는 50% 이하 이다.

29

초콜릿을 최초로 녹이는 공정 온도는 40~50℃가 적당하다. 카카오버터가 완전히 용해되고 광택을 유지하기 위하여 50℃를 넘지 않도록 한다.

30

SWOT 분석은 4P(Product(제품), Price(가격), Place (유통경로), Promotion(판매촉진))나 4C(Customer Value (고객가치), Cost to the Customer(구매비용), Convenience (고객 편의성), Communication(고객과의 소통)) 등의 환경 분석을 통한 강점(S), 약점(W), 기회(O), 위협(T) 요인을 찾아내는 방법이다.

31

저장 및 재고 관리 책임자는 정기적으로 원·부재료와 생산에 필요한 모든 물품의 재고조사를 실시하여 원·부재료의 총 가치를 평가해야 한다.

32

- 수직 믹서 : 소규모 제과점에서 케이크 반죽이나 소량의 빵 반죽을 만들 때 사용
- 수평 믹서 : 다량의 빵 반죽을 만들 때 사용
- 스파이럴 믹서 : 나선형 훅이 고정되어 있고 믹싱볼이 회전하는 믹서로 프랑스빵 같이 된 반죽을 치는 데 사용
- 연속식 믹서 : 주로 제과용으로 사용되며 한쪽에서는 재료를 연속적으로 공급되고 다른 쪽에서는 반죽이 인출되는 믹서

33

데크 오븐은 반죽을 넣는 입구와 출구가 같다.

34

컨벡션 오븐은 내부의 팬이 열풍을 순환시키며 굽는 방식으로 윗불, 아랫불의 조절이 불가능하다.

35

도우 컨디셔너는 반죽을 냉동, 냉장, 해동, 2차 발효를 프로그래밍에 의해 자동적으로 조절하는 기기로 심야나 조조 작업을 하지 않아도 원하는 시간에 빵을 구울 수 있다.

36

돌림판, 스패출러, 모양깍지는 제과용 도구로 사용되며 스크레이퍼는 빵 반죽을 분할 할 때 항상 사용한다.

37

비상 스트레이트법은 노화가 빨라 저장성이 나쁘다.

38

제빵 재료 중 반죽 온도에 영향을 미치는 재료는 물과 밀가루이다. 그 외의 재료는 소량이므로 온도에 크게 영향을 미치지 않는다.

39

■ 원가 계산의 목적

- 가격 결정의 목적 　 - 원가 관리의 목적
- 예산 편성의 목적 　 - 재무제표 작성의 목적

40

햄버거빵, 잉글리시 머핀 등은 퍼짐성이 좋아야 하므로 렛다운 단계까지 반죽을 한다.

41

데니시 페이스트리는 픽업 단계까지 믹싱한다.

42

빵의 노화는 냉장 온도(0~5℃)에서 노화가 촉진된다.

43

■ 둥글리기의 목적

- 흐트러진 글루텐의 구조와 방향을 정돈한다.
- 반죽의 기공을 고르게 조절한다.
- 표면에 엷은 표피를 형성시켜 끈적거림을 제거한다.

44

빵의 옆면이 터지는 현상은 2차 발효가 부족할 때 나타나는 현상이다.

45

건포도 전처리는 27℃의 물에 담가 적신 뒤 바로 체에 걸러 4시간 동안 정치시킨다. 물에 오랫동안 담가두면 건포도 속 당이 70% 정도가 녹는다.

46

오븐 스프링은 수증기압의 증가, 알코올과 탄산가스의 증발로 일어난다. 단백질 변성이 일어나면 빵의 팽창을 멈추기 시작한다.

47

잉글리쉬 머핀은 이스트 발효에 의한 생물학적 팽창 방법이며 팬 케이크, 마데라컵 케이크, 와플은 화학적 팽창 방법이다.

48

젤라틴은 동물의 결체조직에 있는 콜라겐에서 추출한 동물성 단백질이다.

49

익스텐소그래프는 반죽을 양쪽으로 잡아당겨 반죽의 신장성을 측정하는 기기이다.

50

비상 스트레이트법은 발효를 촉진시키기 위하여 반죽 온도를 30℃로 한다.

51

액체 발효법(액종법)은 스펀지 도우법의 변형으로 스펀지 대신 액종을 만들어 사용한다.

52

냉동 반죽 시 이스트가 죽어 가스 발생력이 떨어지므로 이스트 사용량은 2배로 늘려야 한다.

53

냉동 반죽법에서 이스트 및 글루텐의 냉해를 방지하기 위해서는 급속동결을 해야 한다.

54

냉동 반죽법에서 반죽 냉동 온도는 −40℃이며, 저장 온도는 −18~−25℃이다.

55

스팀을 사용하면 빵 표면의 껍질이 얇게 형성된다.

56

커스터드 크림 제조 시 우유 100%에 대하여 설탕 30~35%가 적당하며 50% 이상 넣게 되면 호화가 되기 어렵다.

57

냉장 보관(0~5℃)할 때 노화가 가장 빠르다.

58

빵 포장 시 가장 적합한 빵의 온도와 수분함량은 35~40℃, 38%이다.

59

빵 포장의 목적은 빵의 미생물 오염 방지, 빵의 수분 증발 억제, 빵의 저장성 증대, 상품의 가치 향상 등이다.

60

빵 포장 시 적절한 온도인 35~40℃보다 낮은 온도에서 포장하면 껍질이 건조해져서 노화가 빨리 일어나 빵이 딱딱해진다.

01

탄수화물이 많이 든 식품을 고온에서 가열하거나
튀길 때 생성되는 발암성 물질은?

① 니트로사민　　　② 다이옥신
③ 벤조피렌　　　　④ 아크릴아마이드

02

경구 감염병의 특성과 가장 거리가 먼 것은?

① 미량의 균으로도 감염될 수 있다.
② 수인성 전파가 일어날 수 있다.
③ 식중독에 비하여 잠복기가 짧다.
④ 2차 감염이 발생할 수 있다.

03

다음 중 감염형 식중독이 아닌 것은?

① *Yersinia enterocolitica* 식중독
② *Clostridium botulinum* 식중독
③ *Salmonella* 식중독
④ *Vibrio* 식중독

04

사람과 동물이 같은 병원체에 의하여 발생되는
질병을 나타내는 용어는?

① 수인성 감염병
② 경구 감염병
③ 척추동물 감염병
④ 인수공통 감염병

05

다음 중 병원체가 바이러스인 질병은?

① 폴리오　　　　② 성홍열
③ 결핵　　　　　④ 장티푸스

06

대장균 O-157이 내는 독성 물질은?

① 베로톡신　　　② 테트로도톡신
③ 엔테로톡신　　④ 삭시톡신

07

손, 식품, 기구 등에 사용하는 소독제로 무독성
이고 살균력이 강한 양이온계면활성제인 것은?

① 차아염소산나트륨　② 석탄산
③ 역성비누　　　　　④ .크레졸

08

식품위생법상 식품위생 교육 대상자가 아닌 것은?

① 식품운반업　　　② 즉석판매제조업
③ 식품제조가공업　④ 식품자판기 판매영업자

09

HACCP 적용 시 준비단계에서 가장 먼저 시행해야
하는 절차는?

① 중요관리점 결정　② 위해요소 분석
③ 개선조치 설정　　④ HACCP팀 구성

10

경화유 제조 시 수소를 첨가하는 반응에서 사용되는 촉매는?

① Cd　　　　　　② Pb
③ Ni　　　　　　④ Fe

11

다음 혼성주 중 오렌지 성분을 원료로 하여 만들지 않는 것은?

① 큐라소　　　　② 쿠앵트로
③ 그랑 마르니에　④ 마라스키노

12

밀가루 계량제가 아닌 것은?

① 과산화벤조일　② 염화칼슘
③ 브롬산칼륨　　④ 이산화염소

13

강력분의 특성으로 틀린 것은?

① 경질소맥을 원료로 한다.
② 박력분에 비해 점탄성이 크다.
③ 박력분에 비해 글루텐 함량이 적다.
④ 중력분에 비해 단백질 함량이 높다.

14

빵 반죽을 분할기에서 분할 할 때나 구울 때 달라붙지 않게 하고 모양을 그대로 유지하기 위하여 사용되는 첨가물은?

① 카세인　　　　② 레시틴
③ 유동파라핀　　④ 대두인지질

15

다음 중 산화 방지제가 아닌 것은?

① BHA　　　　　② BHT
③ 세사몰　　　　④ 레시틴

16

곰팡이류에 의한 식중독의 원인은?

① 아플라톡신　　② 엔테로톡신
③ 뉴로톡신　　　④ 테트로도톡신

17

이스트에 대한 설명으로 틀린 것은?

① 곰팡이류에 속한다.
② 출아번식한다.
③ 학명은 사카로미세 세레비시에($Saccharomyces Cerevisiae$)이다.
④ 운동성이 없고 광합성작용을 하는 단세포 생물이다.

18

제빵용 효모에 함유되어 있지 않은 효소는?

① 프로테아제　　② 말타아제
③ 인버타아제　　④ 락타아제

19

빵 반죽이 발효되는 동안 이스트는 무엇을 생성하는가?

① 물, 초산
② 산소, 알데히드
③ 수소, 젖산
④ 탄산가스, 알코올

20

이스트 푸드의 구성성분 중 칼슘염의 주요 기능은?

① 이스트 성장에 필요하다.
② 반죽에 탄성을 준다.
③ 오븐 팽창이 커진다.
④ 물 조절제의 역할을 한다.

21

제빵에 적당한 물의 경도는?

① 0~60ppm
② 60~120ppm
③ 120~180ppm
④ 180ppm 이상

22

제빵 시 경수를 사용할 때 조치사항이 아닌 것은?

① 맥아 첨가
② 이스트 사용량 감소
③ 이스트 푸드양 감소
④ 급수량 증가

23

리큐르의 이름과 원료가 다르게 연결된 것은?

① 큐라소 – 오렌지 껍질
② 칼루아 – 커피
③ 슬로우진 – 카카오빈
④ 아마렛토 – 살구씨

24

탄수화물 분해효소가 아닌 것은?

① 말타아제
② 아밀라아제
③ 리파아제
④ 셀룰라아제

25

내부에 팬이 부착되어 열풍을 강제 순환시키면서 굽는 형태의 오븐은?

① 릴 오븐
② 컨벡션 오븐
③ 데크 오븐
④ 터널 오븐

26

제빵에서 설탕의 기능으로 틀린 것은?

① 향을 향상시킨다.
② 껍질 색을 나게 한다.
③ 이스트의 영양분이 된다.
④ 노화를 촉진한다.

27

제빵에서 소금의 역할이 아닌 것은?

① 맛을 조절한다.
② 빵의 내상을 희게 한다.
③ 글루텐을 강화시킨다.
④ 유해균의 번식을 억제한다.

28

글루텐을 형성하는 주된 단백질은?

① 글루테닌, 글리아딘
② 알부민, 글리아딘
③ 글로불린, 레시틴
④ 글루테닌, 글로불린

29

도넛 튀김용 유지로 가장 적당한 것은?

① 버터
② 유화 쇼트닝
③ 라드
④ 면실유

30

일반적으로 반죽을 강화시키는 재료는?

① 소금, 산화제, 설탕
② 유지, 환원제, 설탕
③ 소금, 산화제, 탈지분유
④ 유지, 탈지분유, 달걀

31

다음 제품 중 반죽을 가장 많이 발전시키는 것은?

① 바게트   ② 과자빵
③ 잉글리시 머핀   ④ 식빵

32

발효에 영향을 주는 요소로 볼 수 없는 것은?

① 이스트의 양   ② 쇼트닝의 양
③ 온도   ④ pH

33

건포도 식빵을 만들 때 건포도는 믹싱의 어느 단계에 넣는 것이 좋은가?

① 클린업 단계   ② 발전 단계
③ 최종 단계   ④ 렛 다운 단계

34

둥글리기의 목적이 아닌 것은?

① 가스를 균일하게 조절
② 반죽 표면에 얇은 막 형성
③ 글루텐의 구조와 방향 정돈
④ 수분 흡수력 증가

35

둥글리기를 마친 반죽을 휴식시키고 약간의 발효 과정을 거쳐 다음 단계에서 반죽이 손상되는 일이 없도록 하는 작업은?

① 중간 발효   ② 2차 발효
③ 성형   ④ 패닝

36

둥글리기를 하는 동안 반죽의 끈적거림을 없애는 방법으로 잘못된 것은?

① 반죽에 유화제를 사용한다.
② 덧가루를 사용한다.
③ 반죽에 유동 파라핀 용액을 1% 첨가한다.
④ 반죽의 최적 발효상태를 유지한다.

37

중간 발효에 대한 설명으로 틀린 것은?

① 손상된 글루텐의 구조 재정돈
② 반죽 표면에 얇은 막 형성하여 끈적거림 방지
③ 성형을 쉽게 하기 위함
④ 향의 생성

38

팬 오일에 대한 설명으로 틀린 것은?

① 발연점이 높은 기름을 사용한다.
② 산패에 강한 기름을 사용하여 나쁜 냄새를 방지한다.
③ 면실유, 대두유 등을 사용한다.
④ 반죽 무게에 대해 1%를 사용한다.

39

마이야르 반응에 대한 설명으로 틀린 것은?

① 식품은 갈색화가 되고 독특한 풍미가 형성된다.
② 효소에 의해 일어난다.
③ 당류와 아미노산이 함께 공존할 때 일어난다.
④ 멜라노이딘 색소가 형성된다.

40

제빵 시 굽기 과정에서 일어날 수 있는 변화가 아닌 것은?

① 캐러멜화 반응   ② 중량 증가
③ 단백질의 변성   ④ 전분의 호화

41

오븐 스프링(oven spring)이 일어나는 원인이 아닌 것은?

① 전분 호화   ② 알코올 기화
③ 가스압   ④ 용해 탄산가스

42

프랑스빵, 하드 롤, 호밀빵 등의 하스 브레드를 구울 때 스팀을 사용하는 목적으로 적절하지 않은 것은?

① 표면이 마르는 시간을 늦춰 준다.
② 오븐 스프링을 유도하는 기능을 수행한다.
③ 빵의 표면에 껍질이 두꺼워진다.
④ 윤기가 나는 빵이 만들어진다.

43

식빵 제조 시 밀가루에 뜨거운 물로 전분을 호화시킨 후, 본 반죽에 넣어 사용하는 반죽법은?

① 탕종법   ② 비가법
③ 노타임법   ④ 오토리즈법

44

냉동 반죽법의 설명이 잘못된 것은?

① 냉동 중 이스트가 죽어 이스트 사용량을 2배로 늘린다.
② 가스보유력이 떨어진다.
③ 반죽을 되직하게 해야 한다.
④ 산화제 첨가가 필요 없다.

45

빵의 적절한 포장 온도는?

① 15℃   ② 25℃
③ 35℃   ④ 45℃

46

데니시 페이스트리 제조 시 충전용 유지가 갖추어야 할 가장 중요한 요건은?

① 유화성   ② 크림성
③ 가소성   ④ 산화안정성

47

하스브레드(Hearth Bread)를 구울 때 스팀을 사용하는 목적으로 적절하지 않은 것은?

① 거칠고 불규칙한 터짐 방지
② 껍질에 광택 부여
③ 두꺼운 껍질 형성
④ 오븐 스프링을 유도

48

다음 중 발효시간을 주지 않거나 현저하게 줄이는 반죽법으로, 베이스 믹스(base mix)를 첨가제로 넣어 사용하는 반죽법은?

① 노타임법
② 연속식 제빵법
③ 스트레이트법
④ 오버나이트 스펀지법

49

호밀빵에 사우어종을 사용하는 이유로 잘못된 것은?

① 기공이 조밀해진다.
② 보존성이 높아진다.
③ 풍미를 향상시킨다.
④ 볼륨이 좋아진다.

50

다음 중 재료를 나누어 두 번 믹싱하고, 두 번 발효를 하는 반죽법은?

① 스트레이트법
② 스펀지법
③ 비상 스트레이트법
④ 액체 발효법

51

스펀지 도우법에서 스펀지 반죽의 재료가 아닌 것은?

① 밀가루   ② 설탕
③ 이스트   ④ 물

52

스펀지 도우법으로 반죽을 만들 때 스펀지 반죽 온도로 적정한 것은?

① 24℃   ② 27℃
③ 28℃   ④ 30℃

53

액체 발효법에서 액종 발효 시 완충제 역할을 하는 재료는?

① 설탕   ② 소금
③ 탈지분유   ④ 쇼트닝

54

냉동 반죽법에 적합한 반죽의 온도는?

① 18~24℃   ② 26~30℃
③ 32~36℃   ④ 38~42℃

55

반죽법에 대한 설명 중 틀린 것은?

① 직접법은 스트레이트법이라고 하며, 전재료를 한번에 넣고 반죽하는 방법이다.
② 비상반죽법은 제조 시간을 단축할 목적으로 사용하는 반죽법이다.
③ 재반죽법은 직접법의 변형으로 스트레이트법 장점을 이용한 방법이다.
④ 스펀지법은 반죽을 2번에 나누어 믹싱하는 방법으로 중종법이라고 한다.

56

1인당 생산 가치는 생산 가치를 무엇으로 나누어 계산하는가?

① 인원 수 　　　② 시간

③ 임금 　　　　④ 원재료비

57

식빵을 만드는 데 실내 온도 15℃, 수돗물 온도 10℃, 밀가루 온도 13℃일 때, 믹싱 후의 반죽 온도가 21℃가 되었다면 이때 마찰계수는?

① 23 　　　　② 24

③ 25 　　　　④ 26

58

빵의 포장재에 대한 설명으로 틀린 것은?

① 값이 저렴해야 한다.

② 상품의 가치를 높여야 한다.

③ 포장 기계에 쉽게 적용할 수 있어야 한다.

④ 방수성과 통기성이 있어야 한다.

59

빵의 노화를 지연시키는 경우가 아닌 것은?

① 고율 배합으로 한다.

② 냉장고에서 보관한다.

③ -18℃ 이하에서 냉동보관한다.

④ 모노-디-글리세라이드 계통의 유화제를 사용한다.

60

비상스트레이트법으로 전환 시 필수요건이 아닌 것은?

① 반죽시간을 20~30% 증가

② 1차 발효시간 감소

③ 이스트의 사용량 2배 증가

④ 설탕 사용량 1% 증가

제 3 회 제빵산업기사 정답

01	02	03	04	05	06	07	08	09	10
④	③	②	④	①	①	③	④	④	③
11	12	13	14	15	16	17	18	19	20
④	②	③	③	④	①	④	④	④	④
21	22	23	24	25	26	27	28	29	30
③	②	③	③	②	④	②	①	④	③
31	32	33	34	35	36	37	38	39	40
③	②	③	④	①	③	④	②	②	②
41	42	43	44	45	46	47	48	49	50
①	③	①	④	③	③	③	①	①	②
51	52	53	54	55	56	57	58	59	60
②	①	③	①	③	①	③	④	②	④

01

아크릴아마이드는 주로 고온에서 조리된 탄수화물 식품에서 생성되는 화합물로, 감자튀김, 커피, 빵 등에서 발견된다. 아미노산인 아스파라긴과 당이 반응하여 생성되는 물질로 신경독성 및 발암성 물질로 알려져 있다.

02

경구 감염병은 식중독에 비하여 잠복기가 길다.

03

Clostridium botulinum 식중독은 독소형 식중독이며 신경독소인 뉴로톡신을 생성한다.

04

인수공통 감염병은 사람과 척추동물 사이에 동일한 병원체에 의해 감염되는 감염병을 말한다.

05

◼ 병원체가 바이러스인 질병
폴리오, 유행성간염, 전염성 설사증

06

베로톡신은 대장균 O-157이 내는 독소이며 열에 약하지만 저온과 산에 강하며 복통, 설사, 구토, 발열이 주 증상이다.

07

역성비누(양성비누)는 음성비누(중성세제나 알칼리성 비누)와 같이 사용하면 살균력을 잃게 되므로 혼용하지 않는다.

08

식용얼음판매자와 식품 자동판매기 영업자는 식품위생 대상자에서 제외한다.

09

◼ HACCP 준비단계 5절차
① HACCP팀 구성   ② 제품설명서 작성
③ 사용 용도 확인   ④ 공정 흐름도 작성
⑤ 공정 흐름도 현장 확인

10

경화유는 불포화지방산의 이중결합에 니켈(Ni)을 촉매로 수소를 첨가하여 실온에서 고체가 되게 가공한 유지를 말하며 쇼트닝, 마가린이 있다.

11

마라스키노는 체리 혼성주이다.

12

밀가루 개량제는 밀가루의 표백과 숙성 기간을 단축시키고 제빵 효과의 저해물질을 파괴시켜 분질을 개량하는 것으로 과산화벤조일, 브롬산칼륨, 과황산암모늄, 염소, 이산화염소가 있다.

13

강력분은 박력분보다 글루텐 함량이 많기 때문에 점탄성 및 수분 흡착력이 강하다.

14

이형제는 유동파라핀이다.

15

산화 방지제에는 BHT, BHA, 세사몰, 비타민 E 등이 있다. 레시틴은 천연 유화제로 사용된다.

16

곰팡이 독 종류 : 아플라톡신, 에르고타민, 에르고톡신, 시트리닌, 파툴린

17

이스트는 균사가 없고 광합성작용과 운동성이 없는 단세포 생물이다.

18

이스트에는 유당을 분해하는 락타아제가 없다.

19

이스트는 발효되는 동안 이산화탄소와 알코올을 생성시킨다. 이산화탄소가 물에 용해되면 탄산가스가 된다.

20

칼슘염은 물 조절제의 역할을 한다.

21

제빵에 적당한 물은 아경수(120~180ppm 미만)이다.

22

경수를 사용하면 발효가 늦어지므로 맥아를 첨가하고 이스트량을 늘려 발효를 촉진시킨다. 이스트 푸드는 물의 경도를 올리므로 사용량을 감소시킨다. 경수로 반죽하면 되지므로 급수량은 늘려야 한다.

23

슬로우진 – 야생자두

24

리파아제는 지방 분해효소이다.

25

컨벡션 오븐은 내부에 팬이 부착되어 열풍을 강제 순환시키면서 굽는 형태로 대류식 오븐이라고도 한다. 굽기의 편차가 극히 적으며 제품의 껍질을 바삭하게 구울 수 있다.

26

설탕은 노화를 지연시키는 작용을 한다.

27

소금은 빵의 내상을 누렇게 만든다.

28

글루텐을 구성하는 단백질은 글리아딘과 글루테닌이다.

29

면실유는 목화씨에서 짜내는 반건성유로 발연점이 높아 튀김용으로 적당하다.

30

소금, 산화제, 탈지분유 등은 글루텐에 탄성을 부여하여 반죽을 강화시키는 역할을 한다.

31

잉글리쉬 머핀, 햄버거빵은 반죽의 흐름성을 필요로 하기 때문에 물을 많이 사용하고 믹싱을 렛 다운 단계까지 한다.

32

쇼트닝의 양은 믹싱에 영향을 주며, 발효에 영향을 끼치지 않는다.

33

건포도를 너무 빨리 넣으면 건포도가 뭉그러질 수 있으므로 최종 단계에서 투입한다.

34

■ 둥글리기의 목적
– 반죽 단면을 매끄럽게 하고 가스를 균일하게 조절
– 가스를 보유할 수 있는 반죽 구조로 재정돈
– 기공을 고르게 조절
– 반죽의 절단면을 안으로 넣어 표면에 점착성을 적게 함
– 일정한 형태로 만들어 성형하기 적절한 상태로 만듦

35

중간 발효는 분할과 둥글리기 공정에서 손상된 글루텐 구조를 재정돈하여 가스 발생으로 반죽의 유연성을 회복시켜 성형을 쉽게 할 수 있게 한다.

36

반죽을 둥글리기 할 때 유동 파라핀 용액을 반죽 무게의 0.1~0.2%를 작업대나 라운더에 바른다.

37

향의 생성은 굽기 과정에서 일어나는 변화이다.

38

팬 오일은 반죽 무게의 0.1~0.2%를 사용한다.

39

마이야르 반응은 비효소적 갈변반응이다.

40

빵이 구워지는 동안 수분의 증발로 중량이 줄어든다.

41

오븐 스프링이란 오븐 열에 의해 반죽 내부 탄산가스와 알코올의 기화로 가스압이 증가하여 반죽이 급격히 부풀어 처음 크기의 약 1/3 정도 부피가 팽창하는 것을 말한다.

42

■ 스팀 사용의 목적

반죽을 오븐에 넣고 난 직후에 수분을 공급하여 표면이 마르는 시간을 늦춰 오븐 스프링을 유도하여 빵의 볼륨이 커지고 껍질이 얇아지면서 윤기가 나는 빵이 만들어진다.

43

탕종법으로 만든 식빵은 쫄깃쫄깃한 식감을 만들어준다.

44

냉동 저장 시 환원성 물질이 생성되므로 산화제(비타민 C, 브롬산칼륨 등) 첨가가 필요하다.

45

빵의 적절한 포장 온도는 35~40℃, 수분함량은 38%이다.

46

데니시 페이스트리나 퍼프 페이스트리 등의 제품 제조 시 유지의 가소성이 가장 중요하다.

47

스팀을 사용하면 빵의 표면에 껍질이 얇아지면서 바삭한 껍질을 형성한다.

48

노타임 반죽법은 발효시간을 주지 않거나 현저하게 줄여주는 반죽법으로 글루텐 형성은 환원제와 산화제의 도움을 받아 기계적 혼합에 의해서 이루어진다.

49

호밀빵에 사우어종을 사용하면 각종 발효 부산물인 풍부한 향, 독특한 탄성과 볼륨 유지, 수분이 촉촉한 제품으로 완성된다.

50

스펀지법은 반죽 과정을 두 번 행하는 것으로 먼저 밀가루, 이스트와 물을 섞어 반죽한 스펀지를 3~5시간 발효시킨 후 나머지 밀가루와 부재료를 물과 함께 섞어 반죽한다.

51

스펀지 반죽에는 밀가루, 물, 이스트, 이스트푸드를 사용한다.

52

스펀지 반죽 온도는 24℃, 본(도우)반죽 온도는 27℃ 정도가 적합하다.

53

액체 발효법에서 스펀지 발효에 생기는 결함을 없애기 위하여 분유, 탄산칼슘, 염화암모늄 등의 완충제를 사용하여 발효를 조절하는 방법이다.

54

냉동 반죽법의 반죽온도는 이스트의 활동을 억제하기 위하여 18~24℃의 낮은 온도가 되도록 한다.

55

재반죽법은 스펀지법의 장점을 가지고 있다.

56

1인당 생산 가치 = 생산 가치 ÷ 인원 수

57

마찰계수 = 반죽의 결과 온도 × 3 − (실내 온도 + 밀가루 온도 + 수돗물 온도)
= (21 × 3) − (15 + 13 + 10) = 25

58

빵의 포장재는 방수성이 있고 통기성이 없어야 한다.

59

냉장고(0~10℃)에서 보관하면 노화가 빨라진다.

60

발효시간이 짧아 잔류당이 많아져 껍질 색이 진해지므로 설탕 사용량은 1% 감소시킨다.